人工智能专业核心教材体系建设——建议使用时间

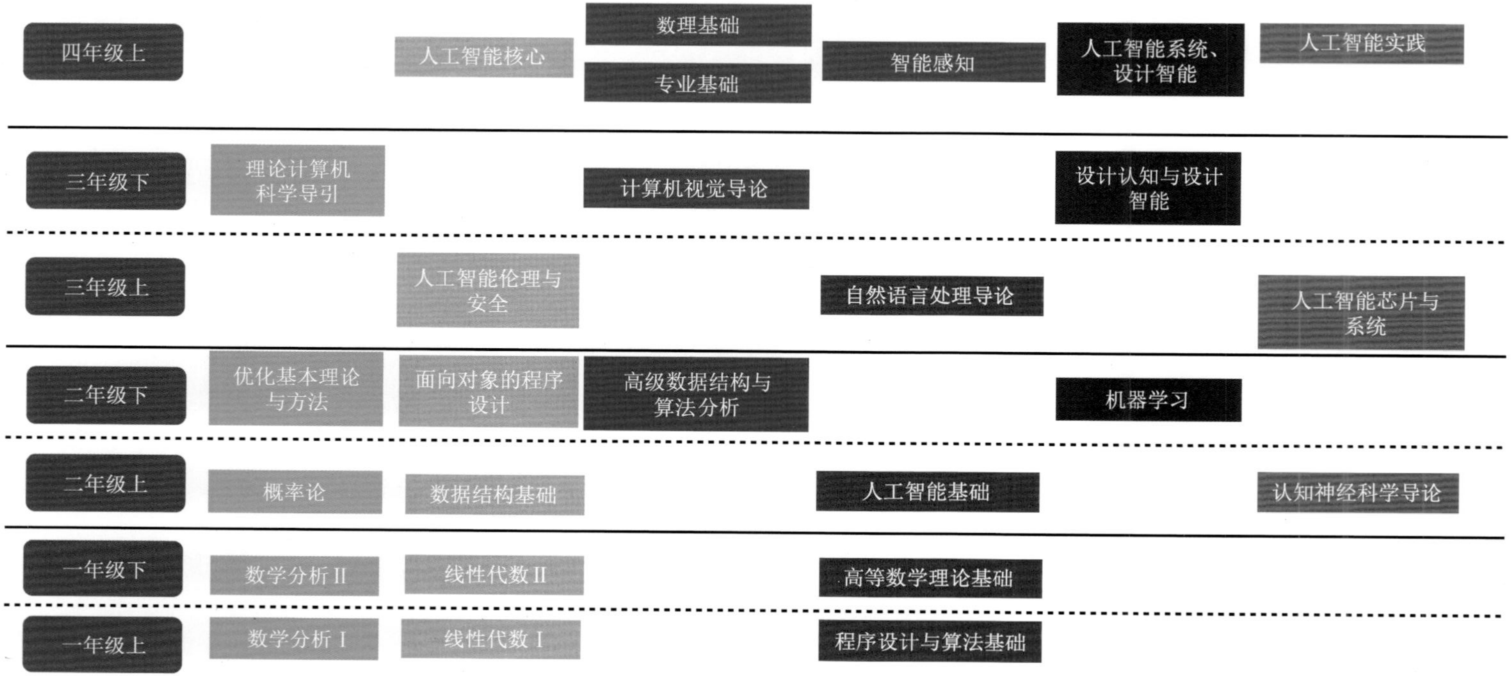
四年级上
人工智能核心
数理基础
专业基础
智能感知
人工智能系统、设计智能
人工智能实践
三年级下
理论计算机科学导引
计算机视觉导论
设计认知与设计智能
三年级上
人工智能伦理与安全
自然语言处理导论
人工智能芯片与系统
二年级下
优化基本理论与方法
面向对象的程序设计
高级数据结构与算法分析
机器学习
二年级上
概率论
数据结构基础
人工智能基础
认知神经科学导论
一年级下
数学分析 II
线性代数 II
高等数学理论基础
一年级上
数学分析 I
线性代数 I
程序设计与算法基础

面向新工科专业建设计算机系列教材

人工智能基础

算法与编程

王洪元　张 继　主编

清華大學出版社
北京

内 容 简 介

人工智能是一门发展极其迅速且内容十分丰富的学科。本书以人工智能理论算法及其编程实现为核心，按照人工智能经典方法到现代算法顺次进行内容编排，全书共 7 章，第 1 章人工智能概论，第 2 章逻辑与推理，第 3 章搜索求解，第 4 章机器学习：监督学习，第 5 章机器学习：无监督学习，第 6 章神经网络与深度学习，第 7 章强化学习。本书还将矩阵运算、最优化方法、概率论等数学知识作为附录。书中每章都附有习题。

本书可作为地方高校人工智能专业和计算机大类专业的本科生或研究生学习人工智能的教材。由于书中各章内容相对独立，教师可以根据不同专业不同学生的需要选择讲授内容。

本书封面贴有清华大学出版社防伪标签，无标签者不得销售。
版权所有，侵权必究。举报：010-62782989，beiqinquan@tup.tsinghua.edu.cn。

图书在版编目(CIP)数据

人工智能基础：算法与编程/王洪元，张继主编. —北京：清华大学出版社，2024.1
面向新工科专业建设计算机系列教材
ISBN 978-7-302-65207-6

Ⅰ. ①人… Ⅱ. ①王… ②张… Ⅲ. ①程序设计－高等学校－教材 Ⅳ. ①TP311.1

中国国家版本馆 CIP 数据核字(2024)第 020140 号

责任编辑：白立军　薛　阳
封面设计：刘　键
责任校对：李建庄
责任印制：宋　林

出版发行：清华大学出版社
网　　址：https://www.tup.com.cn，https://www.wqxuetang.com
地　　址：北京清华大学学研大厦 A 座　　**邮　　编**：100084
社 总 机：010-83470000　　**邮　　购**：010-62786544
投稿与读者服务：010-62776969，c-service@tup.tsinghua.edu.cn
质量反馈：010-62772015，zhiliang@tup.tsinghua.edu.cn
课件下载：https://www.tup.com.cn，010-83470236
印 装 者：三河市龙大印装有限公司
经　　销：全国新华书店
开　　本：185mm×260mm　　**印　张**：17.25　　**插　页**：1　　**字　　数**：420 千字
版　　次：2024 年 2 月第 1 版　　**印　　次**：2024 年 2 月第1 次印刷
定　　价：59.00 元

产品编号：094698-01

出版说明

一、系列教材背景

人类已经进入智能时代，云计算、大数据、物联网、人工智能、机器人、量子计算等是这个时代最重要的技术热点。为了适应和满足时代发展对人才培养的需要，2017年2月以来，教育部积极推进新工科建设，先后形成了“复旦共识”“天大行动”和“北京指南”，并发布了《教育部高等教育司关于开展新工科研究与实践的通知》《教育部办公厅关于推荐新工科研究与实践项目的通知》，全力探索形成领跑全球工程教育的中国模式、中国经验，助力高等教育强国建设。新工科有两个内涵：一是新的工科专业；二是传统工科专业的新需求。新工科建设将促进一批新专业的发展，这批新专业有的是依托于现有计算机类专业派生、扩展而成的，有的是多个专业有机整合而成的。由计算机类专业派生、扩展形成的新工科专业有计算机科学与技术、软件工程、网络工程、物联网工程、信息管理与信息系统、数据科学与大数据技术等。由计算机类学科交叉融合形成的新工科专业有网络空间安全、人工智能、机器人工程、数字媒体技术、智能科学与技术等。

在新工科建设的“九个一批”中，明确提出“建设一批体现产业和技术最新发展的新课程”“建设一批产业急需的新兴工科专业”。新课程和新专业的持续建设，都需要以适应新工科教育的教材作为支撑。由于各个专业之间的课程相互交叉，但是又不能相互包含，所以在选题方向上，既考虑由计算机类专业派生、扩展形成的新工科专业的选题，又考虑由计算机类专业交叉融合形成的新工科专业的选题，特别是网络空间安全专业、智能科学与技术专业的选题。基于此，清华大学出版社计划出版“面向新工科专业建设计算机系列教材”。

二、教材定位

教材使用对象为“211工程”高校或同等水平及以上高校计算机类专业及相关专业学生。

三、教材编写原则

(1) 借鉴 *Computer Science Curricula* 2013(以下简称CS2013)。CS2013

的核心知识领域包括算法与复杂度、体系结构与组织、计算科学、离散结构、图形学与可视化、人机交互、信息保障与安全、信息管理、智能系统、网络与通信、操作系统、基于平台的开发、并行与分布式计算、程序设计语言、软件开发基础、软件工程、系统基础、社会问题与专业实践等内容。

(2) 处理好理论与技能培养的关系，注重理论与实践相结合，加强对学生思维方式的训练和计算思维的培养。计算机专业学生能力的培养特别强调理论学习、计算思维培养和实践训练。本系列教材以"重视理论，加强计算思维培养，突出案例和实践应用"为主要目标。

(3) 为便于教学，在纸质教材的基础上，融合多种形式的教学辅助材料。每本教材可以有主教材、教师用书、习题解答、实验指导等。特别是在数字资源建设方面，可以结合当前出版融合的趋势，做好立体化教材建设，可考虑加上微课、微视频、二维码、MOOC 等扩展资源。

四、教材特点

1. 满足新工科专业建设的需要

系列教材涵盖计算机科学与技术、软件工程、物联网工程、数据科学与大数据技术、网络空间安全、人工智能等专业的课程。

2. 案例体现传统工科专业的新需求

编写时，以案例驱动，任务引导，特别是有一些新应用场景的案例。

3. 循序渐进，内容全面

讲解基础知识和实用案例时，由简单到复杂，循序渐进，系统讲解。

4. 资源丰富，立体化建设

除了教学课件外，还可以提供教学大纲、教学计划、微视频等扩展资源，以方便教学。

五、优先出版

1. 精品课程配套教材

主要包括国家级或省级的精品课程和精品资源共享课的配套教材。

2. 传统优秀改版教材

对于已经出版、得到市场认可的优秀教材，由于新技术的发展，计划给图书配上新的教学形式、教学资源的改版教材。

3. 前沿技术与热点教材

反映计算机前沿和当前热点的相关教材，例如云计算、大数据、人工智能、物联网、网络空间安全等方面的教材。

六、联系方式

联系人：白立军

联系电话：010-83470179

联系和投稿邮箱：bailj@tup.tsinghua.edu.cn

面向新工科专业建设计算机系列教材编委会

2019年6月

面向新工科专业建设计算机系列教材编委会

主　任：

张尧学	清华大学计算机科学与技术系教授　中国工程院院士/教育部高等学校软件工程专业教学指导委员会主任委员	

副主任：

陈　刚	浙江大学计算机科学与技术学院	院长/教授
卢先和	清华大学出版社	常务副总编辑、副社长/编审

委　员：

毕　胜	大连海事大学信息科学技术学院	院长/教授
蔡伯根	北京交通大学计算机与信息技术学院	院长/教授
陈　兵	南京航空航天大学计算机科学与技术学院	院长/教授
成秀珍	山东大学计算机科学与技术学院	院长/教授
丁志军	同济大学计算机科学与技术系	系主任/教授
董军宇	中国海洋大学信息科学与工程学部	部长/教授
冯　丹	华中科技大学计算机学院	院长/教授
冯立功	战略支援部队信息工程大学网络空间安全学院	院长/教授
高　英	华南理工大学计算机科学与工程学院	副院长/教授
桂小林	西安交通大学计算机科学与技术学院	教授
郭卫斌	华东理工大学信息科学与工程学院	副院长/教授
郭文忠	福州大学	副校长/教授
郭毅可	香港科技大学	副校长/教授
过敏意	上海交通大学计算机科学与工程系	教授
胡瑞敏	西安电子科技大学网络与信息安全学院	院长/教授
黄河燕	北京理工大学计算机学院	院长/教授
雷蕴奇	厦门大学计算机科学系	教授
李凡长	苏州大学计算机科学与技术学院	院长/教授
李克秋	天津大学计算机科学与技术学院	院长/教授
李肯立	湖南大学	副校长/教授
李向阳	中国科学技术大学计算机科学与技术学院	执行院长/教授
梁荣华	浙江工业大学计算机科学与技术学院	执行院长/教授
刘延飞	火箭军工程大学基础部	副主任/教授
陆建峰	南京理工大学计算机科学与工程学院	副院长/教授
罗军舟	东南大学计算机科学与工程学院	教授
吕建成	四川大学计算机学院(软件学院)	院长/教授
吕卫锋	北京航空航天大学	副校长/教授
马志新	兰州大学信息科学与工程学院	副院长/教授

毛晓光	国防科技大学计算机学院	副院长/教授
明　仲	深圳大学计算机与软件学院	院长/教授
彭进业	西北大学信息科学与技术学院	院长/教授
钱德沛	北京航空航天大学计算机学院	中国科学院院士/教授
申恒涛	电子科技大学计算机科学与工程学院	院长/教授
苏　森	北京邮电大学	副校长/教授
汪　萌	合肥工业大学	副校长/教授
王长波	华东师范大学计算机科学与软件工程学院	常务副院长/教授
王劲松	天津理工大学计算机科学与工程学院	院长/教授
王良民	东南大学网络空间安全学院	教授
王　泉	西安电子科技大学	副校长/教授
王晓阳	复旦大学计算机科学技术学院	教授
王　义	东北大学计算机科学与工程学院	教授
魏晓辉	吉林大学计算机科学与技术学院	教授
文继荣	中国人民大学信息学院	院长/教授
翁　健	暨南大学	副校长/教授
吴　迪	中山大学计算机学院	副院长/教授
吴　卿	杭州电子科技大学	教授
武永卫	清华大学计算机科学与技术系	副主任/教授
肖国强	西南大学计算机与信息科学学院	院长/教授
熊盛武	武汉理工大学计算机科学与技术学院	院长/教授
徐　伟	陆军工程大学指挥控制工程学院	院长/副教授
杨　鉴	云南大学信息学院	教授
杨　燕	西南交通大学信息科学与技术学院	副院长/教授
杨　震	北京工业大学信息学部	副主任/教授
姚　力	北京师范大学人工智能学院	执行院长/教授
叶保留	河海大学计算机与信息学院	院长/教授
印桂生	哈尔滨工程大学计算机科学与技术学院	院长/教授
袁晓洁	南开大学计算机学院	院长/教授
张春元	国防科技大学计算机学院	教授
张　强	大连理工大学计算机科学与技术学院	院长/教授
张清华	重庆邮电大学	副校长/教授
张艳宁	西北工业大学	副校长/教授
赵建平	长春理工大学计算机科学技术学院	院长/教授
郑新奇	中国地质大学(北京)信息工程学院	院长/教授
仲　红	安徽大学计算机科学与技术学院	院长/教授
周　勇	中国矿业大学计算机科学与技术学院	院长/教授
周志华	南京大学计算机科学与技术系	系主任/教授
邹北骥	中南大学计算机学院	教授

秘书长：

白立军	清华大学出版社	副编审

FOREWORD

前言

人工智能是研究和开发用于模拟、延伸和扩展人的智能的理论、方法、技术及应用系统的一门综合学科，其涉及领域十分广泛。

20世纪90年代初，常州大学借助国内外优质资源，开始人工智能教学工作，并着手培养师资。借此，笔者有幸先后师从浙江大学钱积新教授、南京理工大学夏德深教授，开始从事人工智能有关领域的理论学习与应用研究。2002年开始在常州大学给计算机本科生和自动化本科生讲授“人工智能基础(神经网络技术)”专业课程，2007年开始给计算机硕士研究生讲授“人工智能”学位课程，2016年开始给全校理工类本科生讲授“人工智能导论”公选课程，2020年开始给人工智能专业本科生讲授“人工智能导论”专业基础课程。经过多年的教学实践，笔者强烈感觉到需要一部适合于地方高校使用的人工智能教材，该教材应该既能比较完整地反映人工智能理论方法发展至今的全貌，又强调人工智能理论算法的编程实现。基于这样的考虑，笔者于2020年年初开始着手本教材的编写工作，经过3年的边编写边教学，于2023年春完成主体编写工作。

本教材以人工智能理论算法及其编程实现为核心，按照经典方法到现代算法顺次进行内容编排，具体如下：第1章人工智能概论，介绍人工智能的定义、发展历程、现状、研究和应用领域；第2章介绍命题逻辑、谓词逻辑、知识图谱；第3章介绍经典和现代搜索策略，包括盲目搜索策略、启发式搜索策略、Alpha-Beta剪枝算法和蒙特卡罗搜索算法及它们的编程实现；第4章介绍有监督机器学习方法，包括回归分析、线性判别分析、AdaBoosting、支持向量机、决策树及它们的编程实现；第5章介绍无监督机器学习方法，包括K-means聚类、主成分分析、特征脸方法、局部线性嵌入、独立成分分析及它们的编程实现；第6章介绍BP前馈神经网络模型、经典卷积神经网络模型、若干新型卷积神经模型、循环神经网络模型及它们的编程实现；第7章介绍强化学习，包括马尔可夫决策过程与强化学习问题、策略优化与策略评估、基于价值的强化学习(Q学习)、Q学习的编程实现。为适应不同读者需要，本书还通过附录形式，介绍了与本书内容相关的数学基础知识，包括矩阵运算、最优化方法、概率论。

本书可作为国内地方高校的人工智能、智能科学与技术、计算机大类及自动化等专业的“人工智能导论”和“人工智能基础”课程的本科生或研究生教材。由于各章内容相对独立，所以教师可根据需要选择内容讲授。本书对应课程的教学时数一般为48～64学时。

特别感谢浙江工业大学王万良教授、南京大学周志华教授、浙江大学吴飞教授、清华大学马少平教授，在笔者从事人工智能教学和编写本书的过程中，得到了他们的大力支持与帮助。

感谢常州大学计算机与人工智能学院的张继副教授、丁宗元讲师、毕卉讲师、倪彤光副教授、顾晓清副教授、肖宇副教授、刘锁兰副教授、王军讲师、程起才讲师，他们认真参与了本教材的编写工作和算法编程调试工作。

感谢常州大学、清华大学出版社、全国高校计算机教学研究会等单位对本书编写与出版的大力支持。

目前人工智能各个子领域发展迅速，尽管笔者在整个教材编写过程中时刻保持学习、严谨、仔细认真的态度，但由于水平及时间所限，书中内容一定会存在不足，真诚欢迎读者朋友批评指正。

王洪元

2023年12月

CONTENTS

目录

第1章

人工智能概论

人工智能是研究和开发用于模拟、延伸和扩展人的智能的理论、方法、技术及应用系统的一门新兴技术科学，它被认为是21世纪三大科技成果之一。人工智能所涉及的科学与技术十分广泛，包括机器学习、专家系统、模式识别、自然语言处理、人工神经网络、自动驾驶、机器人技术等，它比其他技术科学领域拥有更复杂、更丰富的内涵，并以自己独特的方式影响着世界。

本章将讨论人工智能的定义、发展历程、现状，并简单介绍人工智能的三个代表性学派、主要应用领域等。

1.1 人工智能定义

1.1.1 生物智能与人类智能

1. 生物智能

生物智能(Biological Intelligence，BI)，就是指各种生物所表现出来的智能，尤其是动物和人对低级动物来讲，它的生存、繁衍是一种智能。为了生存，它必须表现出某种适当的行为，如觅食、避免危险、占领一定的地域、吸引异性以及生育和照料后代等。因此，从个体的角度看，大多数生物智能都是安静和无意识的，是生物为达到某种目标而产生正确行为的生理机制。

自然界智能水平最高的生物就是人类自身，不但具有很强的生存能力，而且具有感受复杂环境、识别物体、表达和获取知识以及进行复杂的思维推理和判断的能力。

2. 人类智能

人类智能(Human Intelligence，HI)是“人类根据初始信息来生成和调度知识、进而在目标引导下由初始信息和知识生成求解问题的策略并把智能策略转换为智能行为从而解决问题的能力”。人类智能具有感知、记忆与思维、学习、行为等能力。人类具有通过视觉、听觉、触觉、嗅觉等感觉器官感知外部世界的能力。研究表明，人类80%以上的信息通过视觉得到，10%的信息通过听觉得到。人类能够存储通过感知能力获得的外部信息，也能存储通过人类的思维能力对信息进行处理后所产生的新信息。人类具有学习能力，学习的方式可以是自觉的、有意识的；不自觉的、无意识的；也可以是有导师的和通过自己实践(无导师)的学习。

人类通过感知能力，输入信息；通过行为能力，输出信息。

而人工智能（Artificial Intelligence，AI）则是人类智能的衍生产品；换句话说，人工智能是一种为人们设计和使用的工具。与其他旨在增强或取代人类身体功能的仪器不同，人工智能是基于人类智能开发的，不仅通过常规和重复性活动解决问题，还通过智能层面的行为来解决问题。在研究 AI 和 HI 之间的关系之前，重要的是建立一个整体的人类智能定义，这样对应关系才能有说服力和全面性。人类智能定义的重点是：人类认知的特征是什么？这些特征是如何分类的？这些分类的层次结构是什么？这些特征如何导致个体之间的差异？

1.1.2 智能与人工智能

人工智能是人工智能科学的总称。它使用计算机来模拟人类的智能行为，并训练计算机学习人类行为，例如，学习、判断和决策。人工智能是以知识为对象，获取知识，分析研究知识的表达方式，并利用这些方式达到模拟人类智力活动的效果的知识工程。

人工智能这个术语源于约翰·麦卡锡在 1956 年达特茅斯会议中提出的概念。"人工"是指人类创造的，智能能力是指系统存储知识和执行动作的能力，它由推理、记忆、情感和表达等多维度指标组成。从学科的角度来看，人工智能从一开始就与自然科学联系在一起。它以数学、逻辑、统计学、工程学、计算机科学和生物学等科学为基础。随着研究的深入，它越来越多地与计算机科学、逻辑学、生物学、心理学、哲学等学科相结合，融合了多个学科的精华。

目前，人工智能领域公认的人工智能之父是英国数学家、逻辑学家艾伦·图灵。图灵提出了著名的"图灵机"。"图灵机"与"冯·诺依曼机"齐名，被永远载入计算机的发展史中。图灵还提出了著名的测试一台机器是否具有智能的图灵测试。为了纪念图灵，美国计算机协会(ACM)于 1966 年设立图灵奖(Turing Award)，全称为 ACM A. M. 图灵奖(ACM A. M. Turing Award)，旨在奖励全球范围内对计算机事业做出重要贡献的个人。图灵奖是计算机领域的国际最高奖项，被誉为"计算机界的诺贝尔奖"。

1.2 人工智能的历史

人工智能经历了漫长的发展过程，如图 1.1 所示，其发展过程可分为几个阶段：1943 年提出了人工神经元模型，开启了人工神经网络研究的时代。1956 年，召开达特茅斯会议，提出了人工智能的概念，标志着人工智能的诞生。这一时期，国际学术界对人工智能的研究呈上升趋势，学术交流频繁。20 世纪 60 年代，连接主义的主要类型被废弃，智能技术发展陷入低谷。反向传播算法的研究始于 20 世纪 70 年代，计算机的成本逐渐提高，使得专家系统的研究和应用变得困难，前进变得困难，但人工智能正在逐渐取得突破。20 世纪 80 年代，反向传播神经网络得到广泛认可，基于人工神经网络的算法研究迅速发展，计算机硬件功能迅速提升，互联网的发展加快了人工智能的发展。21 世纪前十年，移动互联网的发展带来了更多的人工智能应用场景。2012 年，深度学习，在语音和视觉识别方面取得的突破，使人工智能实现了突破性发展。

图 1.1 彩图

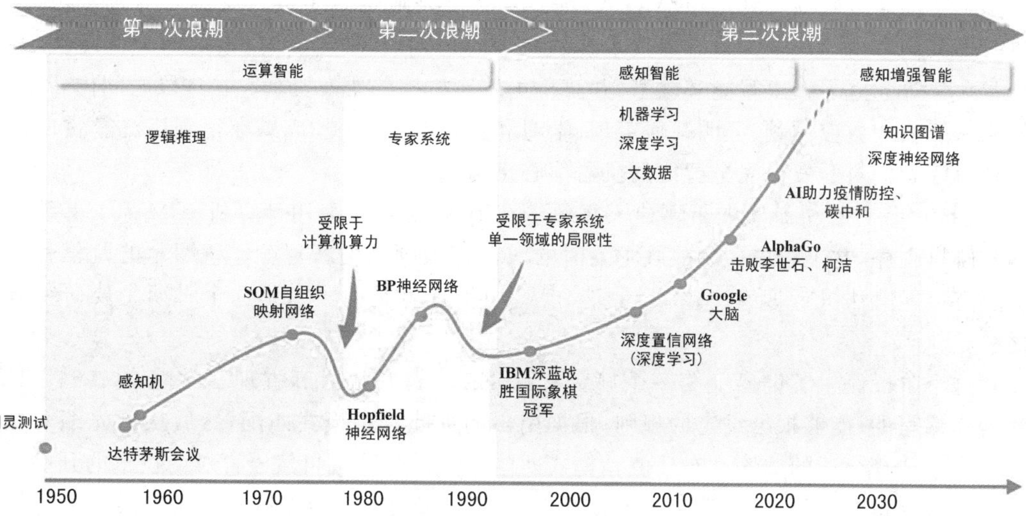

图 1.1　人工智能的发展过程

1. 人工智能的诞生

虽然很难确定，但人工智能的根源大概可以追溯到 20 世纪 40 年代，特别是 1942 年，当时美国科幻作家艾萨克·阿西莫夫发表了他的短篇小说 *Runaround*。*Runaround* 的情节——一个由工程师 Gregory Powell 和 Mike Donovan 开发的机器人的故事——围绕机器人的三项定律发展：①机器人不得伤害人类，或者通过不作为而允许人类前来伤害；②机器人必须服从人类的命令，除非该命令与第一定律相抵触；③机器人必须保护自己的存在，只要这种保护不与第一定律或第二定律相冲突。阿西莫夫的工作启发了机器人、人工智能和计算机科学领域的一代又一代科学家。

大约在同一时间，英国数学家艾伦·图灵为英国政府开发了一种名为 Bombe 的密码破解机器，目的是破译在第二次世界大战中德国军队使用的 Enigma 密码。Bombe 大约 7 英尺×6 英尺×2 英尺大，重约 1t，通常被认为是第一台工作的机电计算机。Bombe 能够以强大的方式破解 Enigma 密码，这是一项以前即使是最优秀的人类数学家也无法完成的任务，这让图灵对这种机器的智能感到好奇。1950 年，他发表了开创性的文章“计算机器与智能”，其中描述了如何制造智能机器，特别是如何测试它们的智能。这个图灵测试今天仍然被认为是识别人工系统智能的基准：如果一个人与另一个人和一台机器交互，并且无法区分机器和人，那么机器就被认为是智能的。

1956 年夏天，在达特茅斯学院举行了一场学术会议，会议的组织者是马文·闵斯基、约翰·麦卡锡和另外两位资深科学家 Claude Shannon 以及 Nathan Rochester，后者来自 IBM。参会者包括 Ray Solomonoff、Oliver Selfridge、Trenchard More、Allen Newell 和 Herbert Simon，他们中的每一位都在 AI 研究的第一个十年中做出了重要贡献。在会议上，这些杰出的科学家讨论了如何让机器模拟智能。约翰·麦卡锡首先提出了人工智能这个术语，从而催生了人工智能这一新兴学科，那一刻是研究机器如何模拟人类智能活动的新课题的第一步。

2. 人工智能的黄金时代

达特茅斯会议之后，人工智能研究进入了 20 年的黄金时代。在美国，成立于 1958 年的美国国防部高级研究计划局(DARPA)对人工智能领域进行了数百万美元的投资，让计算机科学家们自由地探索人工智能技术新领域。同时，麻省理工学院、卡内基·梅隆大学、斯坦福大学等建立了人工智能实验室，并获得了政府机构的研发资金。在这段时间内，计算机被用来解决代数应用题、证明几何定理、学习和使用英语，这些成果在得到广泛赞赏的同时也让研究者们对开发出完全智能的机器信心倍增。

1959 年，计算机游戏先驱阿瑟·塞缪尔在 IBM 的首台商用计算机 IBM 701 上编写了西洋跳棋程序，这个程序顺利战胜了当时的西洋棋大师罗伯特尼赖。塞缪尔的跳棋程序会对所有可能跳法进行搜索，并找到最佳方法。“推理就是搜索”，是这个时期主要研究方向之一。

这个阶段诞生了世界上第一个聊天程序 ELIZA，它是由麻省理工学院在 1964—1966 年期间编写的，能够根据设定的规则，根据用户的提问进行模式匹配，然后从预先编写好的答案库中选择合适的回答，“对话就是模式匹配”，这是计算机自然语言对话技术的开端。

在这个黄金时代里，约翰·麦卡锡开发了 LISP 语音，成为以后几十年来人工智能领域最主要的编程语言；马文·闵斯基对神经网络有了更深入的研究，也发现了简单神经网络的不足；多层神经网络、反向传播算法开始出现；专家系统也开始起步，DENDRAL 化学质谱系统、MYCIN 疾病诊治系统、PROSPECTOR 探矿系统、HEARSAY 语言理解系统等专家系统的研究和开发，将人工智能引向了实用化；第一台工业机器人走上了通用汽车的生产线；也出现了第一个能够自主动作的移动机器人。

3. 人工智能的第一次低谷

早期，人工智能使用传统的人工智能方法进行研究。什么是传统的人工智能研究呢?简单来讲，就是首先了解人类是如何产生智能的，然后让计算机按照类似的流程去做，虽然专家系统等技术发展迅速，其应用也产生了巨大的效益，然而，从专家系统中获取知识的难度等一系列问题逐渐显现，这导致人工智能进入了第一个低谷。

20 世纪 70 年代初，AI 遭遇了瓶颈。人们发现逻辑证明器、感知器、增强学习等只能做很简单、非常专门且很窄的任务，稍微超出范围就无法应对。当时的计算机有限的内存和处理速度不足以解决任何实际的 AI 问题。研究者们很快发现，要求程序对这个世界具有儿童水平的认识这个要求都太高了——1970 年没人能够做出人工智能需要的巨大数据库，也没人知道一个程序怎样才能学到如此丰富的信息。另一方面，有很多计算复杂度以指数程度增加，这成为不可能完成的计算任务。

1973 年，美国国会开始强烈批评人工智能研究的高支出。同年，英国数学家詹姆斯·莱特希尔(James Lighthill)发表了一份受英国科学研究委员会委托的报告，质疑人工智能研究人员给出的乐观前景。Lighthill 表示，机器在国际象棋等游戏中只能达到“经验丰富的业余爱好者”的水平，而常识推理总是超出它们的能力范围。作为回应，英国政府停止了对人工智能研究的支持，除了三所大学(爱丁堡、苏塞克斯和埃塞克斯)之外，美国政府很快效仿了英国的例子。这一时期开始了人工智能的冬天。

4. 人工智能的繁荣期

1981 年，日本经济产业省拨款 8.5 亿美元支持第五代计算机项目。其目标是造出能够与人对话、翻译语言、解释图像，并且像人一样推理的机器。

受到日本的影响，其他国家纷纷做出响应。英国开始了耗资 3.5 亿英镑的 AlveyX 工程，向 AI 等信息技术提供资助。美国一个企业协会组织了 MCC（Microelectronics and Computer Technology Corporation，微电子与计算机技术集团），向 AI 和信息技术的大规模项目提供资助。DARPA 也行动起来，组织了战略计算促进会（Strategic Computing Initiative），其 1988 年向 AI 的投资是 1984 年的 3 倍。彼时，人工智能又迎来了大发展。

同一时期，人工神经网络的研究取得了突破性进展。1982 年，John Hopefield 发明了一种循环神经网络，即 Hopfield 神经网络；1985 年，Hopfield 用这种模型成功地解决了"旅行商问题"。

1986 年，David Everett Rumelhart 发明了反向传播方法，该方法在人工神经网络中用于计算网络中使用的权重计算所需的梯度。反向传播解决了多层人工神经网络的学习问题，成为一种广泛使用的神经网络学习算法。此后，掀起了新的人工神经网络研究热潮，提出了许多新的神经网络模型，广泛应用于模式识别、故障诊断、预测和智能控制等诸多领域。

5. 人工智能的冬天

"AI 之冬"一词由经历过 1974 年经费削减的 AI 研究者们创造出来。专家系统的能力来自于它们存储的专业知识，知识库系统和知识工程成为 20 世纪 80 年代 AI 研究的主要方向。但是专家系统的实用性仅局限于某些特定情景，不久后，人们对专家系统的狂热追捧转向巨大的失望。另一方面，1987—1993 年现代 PC 出现，其费用远远低于专家系统所使用的 Symbolics 和 Lisp 等机器。相比于现代 PC，专家系统被认为古老陈旧而非常难以维护。于是，政府经费开始下降，寒冬又一次来临。

1991 年，人们发现十年前日本人宏伟的"第五代工程"并没有实现。事实上其中一些目标，如"与人展开交谈"，直到 2010 年也没有实现。与其他 AI 项目一样，期望比真正可能实现的要高得多。

6. 人工智能的新春

1993 年后，出现了新的数学工具、新的理论和方法。人工智能也在确定自己的方向，其中一个选择就是要做实用性、功能性的人工智能，这导致了一个新的人工智能路径。深度学习为核心的机器学习算法获得发展，积累的数据量极大丰富，新型芯片和云计算的发展使得可用的计算能力获得飞跃式发展，现代 AI 的曙光又再次出现了，AI 与多个应用场景结合落地、产业焕发新生机。

1997 年，IBM 的计算机系统"深蓝"战胜了国际象棋世界冠军卡斯帕罗夫，又一次在公众领域引发了现象级的 AI 话题讨论。这是人工智能发展的一个重要里程碑。

2006 年，Hinton 在神经网络的深度学习领域取得突破，人类又一次看到机器赶超人类的希望，也是标志性的技术进步。

2016 年，Google 的 AlphaGo 战胜了韩国棋手李世石，再度引发 AI 热潮。

AI 不断爆发热潮，伴随着高性能计算机、云计算、大数据、传感器的普及，以及计算成本的下降，深度学习全面兴起。它通过模仿人脑的神经网络来学习大量数据的方法，使它可以像人类一样辨识声音及影像，或是针对问题做出合适的判断。在这次浪潮中，人工智能技术及应用有了巨大的提高，深度学习算法的突破居功至伟。

深度学习最擅长的是能辨识图像数据或波形数据这类无法符号化的数据。自 2010 年以来，Apple、Microsoft 及 Google 等国际知名 IT 企业，都投入大量人力物力财力开展深度学习的研究。例如，Apple Siri 的语音识别，Microsoft 搜索引擎 Bing 的影像搜寻等，Google

的深度学习项目也在不断增加。

近年来，人工智能已成为世界各国提升国家竞争力、维护国家安全的重要发展战略。为了在新一轮国际竞争中领先，许多国家出台了优惠政策，人工智能已成为科技领域的研究热点，Google、Microsoft、百度、华为、腾讯等大公司都致力于人工智能，并将人工智能应用到越来越多的领域，极大地改变了政府的服务方式、工业的生产方式、人们的生活方式，为人类社会的发展注入了新的活力。

1.3 人工智能研究的不同学派

由于对人工智能本质的不同理解，形成了许多不同的研究路径。不同的研究路径有不同的研究方法和不同的学术观点，形成不同的研究流派，符号主义、连接主义和行为主义则代表了人工智能研究领域的三个主要流派，它们是人工智能学科发展中最重要的理论基础。正是在这三个理论基础上，诞生了各种具体的人工智能分析模型、实现方法和算法。

1.3.1 符号主义

符号主义(Symbolism)是一种基于逻辑推理的智能模拟方法，又称为逻辑主义(Logicism)、心理学派(Psychologism)或计算机学派(Computerism)。符号主义的原理主要为物理符号系统假设和有限合理性原理。长期以来，符号主义一直在人工智能中处于主导地位。

1. 基本内容

符号主义学派认为人类认知的基本要素是符号，认知过程就是符号运作的过程。同时，人可以看作一个物理符号系统，计算机也是一个物理符号系统。因此，可以用计算机来模拟人类的智能行为，即用计算机符号运算来模拟人类的认知过程。它还认为知识是一种信息形式，是智力的基础。人工智能的核心问题是知识表示、知识推理和知识应用。知识可以用符号来表示，符号也可以用于推理，从而使构建基于知识的人工智能成为可能。

符号就是图案，只要能区分出具体的含义。例如，不同的英文字母是符号。物理符号的基本任务是比较符号，识别相同的符号，区分不同的符号。

符号主义的重要性之一是它指出构成这个物理符号系统的东西并不重要。这个假设是完全中立的。智能实体可以处理由蛋白质、机械运动、半导体或其他材料(如人类神经系统)组成的符号。计算机具有计算符号处理的能力。这种能力天生就包含推理的能力。因此，通过运行相应的程序来反映基于逻辑思维的智能行为，计算机可以被认为是有思维的。

2. 代表性成果

符号主义学派的主要研究内容是基于逻辑的知识表示和推理技术。早期的人工智能主要研究国际象棋、逻辑和数学定理的机器证明、机器翻译。后来发展起来的专家系统和知识工程是人工智能的重要应用领域，许多著名的专家系统已经被开发出来，为数据分析和处理、医学诊断、计算机设计、符号运算和定理证明提供了强大的工具。

符号主义的代表成果是 Newell 和 Simon 开发的数学定理证明程序“逻辑理论家”。从符号学的角度来看，知识表示是人工智能的核心。认知是对符号的处理。推理是通过使用启发式知识和启发式搜索来解决问题的过程。推理过程可以用在一些形式化的语言描述中。符号主义在解决逻辑问题方面取得了巨大成功。例如，人工智能解决了尚未被手工证明的"四色猜想"问题，以及20世纪70年代专家系统的成功开发和应用等。

1.3.2 连接主义

连接主义(Connectionism)又称为仿生学派(Bionicsism)或生理学派(Physiologism)，是一种基于神经网络及网络间的连接机制与学习算法的智能模拟方法。连接主义强调智能活动是由大量简单单元通过复杂连接后，并行运行的结果，其基本思想是：既然生物智能是由神经网络产生的，那就通过人工方式构造神经网络，再训练人工神经网络产生智能。

1. 基本内容

连接主义学派主要研究类似于人类大脑的适应环境变化的非程序性的信息处理方法的性质和能力，该学派以神经网络和连接机制和学习算法为基础。持这种观点的学者认为，认知的基本要素不是符号。认知过程需要大量神经元的连接。因此，从大脑神经元及其连接机制出发进行研究，以了解大脑的结构和信息处理机制。希望揭示人类智能的奥秘，从而实现对人类智能在机器上的模拟。连接学派试图模拟大脑的结构，建立分布式计算系统，使系统具有自学习、自组织、自适应的能力。连接主义研究的是非程序的、实际的、大脑工作的信息处理的性质和能力。它也被称为神经计算。由于近年来神经网络的快速发展，出现了大量的神经网络、模型和算法。

2. 代表性成果

连接主义认为人类认知的基本单位是人脑的神经元，认知过程是人脑对信息进行处理的过程。因此，连接主义主张从结构和工作方式上模仿人脑，真正实现在机器上模拟人的智能。连接主义研究的主要内容是神经网络。20世纪40年代，神经生理学家 Warren McCulloch 和 Walter Pitts 制作了第一个神经网络的数学模型。20世纪50年代，Frank Rosenblatt 设计了感知器。试图用人工神经网络模拟动物和人类的感知和学习能力，形成人工智能的一个分支——模式识别，创造一种学习的决策方法。但是，由于计算机水平的限制，很多理论假设都没有实现。20世纪60年代后期，Seymour Papert 和 Marvin Minsky 在数学上分析了感知器的原理并指出了它的局限性。这使人工神经网络的研究陷入了低谷，许多研究团队迅速瓦解。

20世纪80年代以来，古典符号主义学派的局限性逐渐清晰。然而，一些发起人工神经网络的学者及其继任者经过多年潜心研究取得了重要突破，计算机硬件的发展突飞猛进，使得复杂网络的实现成为可能，神经网络在声音识别和图像处理方面取得了巨大成功。

1.3.3 行为主义

行为主义又称进化主义(Evolutionism)或控制论学派(Cyberneticsism)，是一种基于"感知-行动"的行为智能模拟方法，主要原则是智力取决于感知和行动，它不需要知识、表示或推理。

1. 基本内容

行为主义最早来源于20世纪初的一个心理学流派，行为主义认为，智能不需要知识，不需要表征，不需要推理；人工智能可以像人类智能一样逐渐进化(所谓的进化论)；智能行为只能与现实世界中的周围环境相互作用。1948年，诺伯特·维纳在《控制论》中指出："控制论是在自我控制理论、统计信息论和生物学的基础上发展起来的。机器的自适应、自组织、自修复和学习功能是系统性的，是由输入和输出反馈行为决定的”。有这种观点的学者认为人类智能已经在地球上进化了十亿年。要制造真正的人工智能，必须遵循这些进化步骤。

因此，行为主义学者认为应该在复杂的现实世界的背景下研究、模拟和复制昆虫等简单动物的信号处理能力，人工智能应该具备这些处理能力，以提升进化的阶梯。该方案不仅创造了实用的工件，也为建立更高级的智能奠定了坚实的基础。行为主义的基本思想可以概括如下：①知识的形式化表达和建模是人工智能的重要障碍之一；②智能依赖于感知和动作，应该直接利用机器在环境中的作用，以环境对动作的反应为原型；③智能行为体现在世界中，并通过与周围环境的相互作用来表达；④人工智能可以像人类智能一样进化，分阶段发展和增强。

2. 代表性成果

行为主义方法使用信号在最低阶段的概念。学者们模拟人在控制过程中的智能行为和作用，研究控制论中的自我优化、自我适应、自我修复、自我稳定、自我组织和自我学习等。在这方面的研究取得了一定进展。20 世纪 80 年代，随着计算机技术和仿生学的发展，以麻省理工学院 CSAIL 科学家罗德尼·布鲁克斯(Rodney Brooks)为代表的一群研究人员将行为主义的视角引入人工智能的研究，并逐渐发展出不同于传统的新研究方法。1991 年在悉尼举行的国际人工智能联合会议(IJCAI)上，布鲁克斯提出了一个具有挑战性的“无知识”和“无推理”的智能系统。他说：“首先要做的是了解复杂自然环境中的生命系统。生存和反应能力的本质就有可能进一步探索人类高级智力问题。”他认为智力只在与环境的相互作用中表现出来。不采用集中的模型，需要不同的行为模块与环境交互，以生成复杂的行为。因此，智能系统应该属于特定的环境。它应该有感觉，如身体和眼睛。它应该与环境相互作用。它只能是系统各组成部分相互作用以及系统与环境之间相互作用的总行为。布鲁克斯认为，既然人工智能的最终目标是复制人类的智能，那么它可以从复制动物的智能开始。他的代表作是六足“机器昆虫”。这种机器昆虫利用一些相对独立的功能单元来实现躲避、前进和平衡的功能。

1.4 人工智能主要应用领域

1. 机器定理证明

机器定理证明是人工智能的重要研究领域。数学定理证明的过程尽管每一步都很严格有据，但决定采取什么样的证明步骤，却依赖于经验、直觉、想象力和洞察力，需要人的智能。因此，数学定理的机器证明和其他类型的问题求解，就成为人工智能研究的起点。定理证明的实质是证明由前提 P 得到结论 Q 的永真性，通常使用反证法。1958 年，王浩证明了有关命题演算的全部定理(220 条)、谓词演算中 150 条定理的 85%。1965 年，鲁宾逊(Robinson)提出了归结原理，使机器定理证明成为现实。我国著名数学家、中国科学院吴文俊院士把几何代数化，建立了一套机器证明方法，被称为“吴方法”。机器定理证明的成果广泛应用于各种人工智能系统，如问题求解、自动程序设计、自然语言理解等方面。

2. 专家系统

专家系统是基于人类专家现有知识的知识系统，广泛应用于医学诊断、地质勘测、石油化工等领域，使得人工智能实用化。专家系统通常指各种知识系统，这是一个基于知识的智能计算机程序，它利用人类专家提供的专业知识来模拟人类专家的思维过程，并利用知识和推理来解决只有领域专家才能解决的复杂问题。专家系统具有特定领域的大量信息和推理过程，包括大量的专业知识和经验，可以同时存储、推理和判断，其核心是知识库和推理引擎。最早的专家系统是 1968 年由费根鲍姆研发的 DENDRAL 系统，可以帮助化学家判断某特定物质的分子结构；DENDRAL 首次对知识库提出定义，也为第二次 AI 发展浪潮埋下伏笔。

3. 计算机视觉

计算机视觉是一门研究如何让机器"看见"的科学，它使用相机和计算机代替人眼来识别、跟踪和测量物体。根据待解决的问题，计算机视觉可分为计算成像学、图像理解、三维视觉、动态视觉和视频编解码等。

目前，计算机视觉已经扩展到广阔的领域，从记录原始数据到提取图像模式和信息解释。它结合了来自数字图像处理、模式识别、人工智能和计算机图形学的概念、技术和思想。计算机视觉中的大多数任务都与从输入场景(数字图像)和特征提取中获取事件或描述信息的过程有关。用于解决计算机视觉问题的方法取决于应用领域和所分析数据的性质。

近年来深度学习技术的快速发展为计算机视觉领域带来了新的突破，大大提高了计算机视觉任务的准确性和效率。

4. 自然语言处理

自然语言处理是计算机科学、人工智能和语言学等的交叉学科。它侧重于计算机与人类(自然)语言之间的交互。它研究能实现人与计算机之间用自然语言进行有效通信的各种理论和方法。从广义上讲，自然语言处理可分为两部分：自然语言理解和自然语言生成。自然语言理解是使计算机能理解自然语言文本的意义，而自然语言生成是让计算机能以自然语言文本来表达给定的意图、思想等。

自然语言理解是个综合的系统工程，它又包含很多细分学科，有代表声音的音系学，代表构词法的词态学，代表语句结构的句法学，代表理解的语义句法学和语言学。语言理解涉及语言、语境和各种语言形式的学科。而自然语言生成则恰恰相反，它是从结构化数据中以读取的方式自动生成文本。该过程主要包含三个阶段：文本规则(完成结构化数据中的基础内容规则)、语句规则(从结构化数据中组合语句来表达信息流)、实现(产生语法通顺的语句来表达文本)。

自然语言处理可以被应用于很多领域，如：机器翻译、语音识别、文本分类、知识图谱、信息抽取、自动摘要、智能问答、话题推荐、主题词识别、深度文本表示、文本生成、文本分析、情感分析等。

5. 机器人学

机器人学是一项涵盖了机器人设计、建造以及应用的跨领域科技，涉及计算机系统的控制、感知反馈和信息处理等。这些科技催生出能够取代人力的自动化机器，可以在险境或制造工厂运作，或塑造成外表、行为、心智仿人的机器人。

对机器人的研究经历了以下三代发展。

第一代是程序控制机器人。这种机器人可以由设计者进行编程，然后存储在机器人中，在程序的控制下工作。

第二代是自适应机器人。这种机器人配备了相应的感官传感器（如视觉、听觉、触觉传感器），可以获取简单的信息（如工作环境、操作对象等）。机器人由计算机处理以控制操作活动。

第三代是智能机器人。智能机器人具有类人智能，并配备高灵敏度传感器。它的感官能力超过了普通人。机器人可以分析它感知到的信息，控制它的行为，响应环境的变化，完成复杂的任务。

6. 机器博弈

机器博弈是指构建和训练计算机系统使之能够模仿人类的方式进行信息获取、信息分类、智能决策和自动学习，进而成为一个智能体。它主要研究博弈策略、博弈模型等。其研究成果广泛应用于商业竞争、战争模拟、决策制定，以及国际象棋和围棋等智力游戏中。

7. 机器学习

机器学习是一门多学科交叉学科，涉及概率论、统计学、逼近论、凸分析、算法复杂性理论等学科。机器学习专门研究计算机如何模拟或实现人类的学习行为以获得新的知识或技能，并重组现有的知识结构以不断提高自身的性能。它是人工智能的核心，是使计算机具有智能的根本途径，其应用遍及人工智能的各个领域。目前研究热点包括深度学习、强化学习、自动化机器学习、量子机器学习等。

8. 知识图谱

知识图谱是一种结构化的语义知识体，它以符号形式描述物理世界中的概念及其相互关系，其基本组成单位是"实体-关系-实体"三元组以及实体及其相关属性-值对。实体间经过关系相互联结，构成网状的知识结构。知识图谱研究内容包括知识的获取、组织、运用和传承等，在多个领域都有广泛的应用，如搜索引擎、自然语言处理、智能问答与推荐等。

9. 自动驾驶

自动驾驶汽车使用视频摄像头、雷达传感器，以及激光测距器来了解汽车周围的交通状况，并通过一个详尽的地图（通过有人驾驶汽车采集的地图）对前方的道路进行导航。这一切都通过数据中心来实现。数据中心能处理汽车收集的有关周围地形的大量信息。所以，自动驾驶汽车相当于数据中心的遥控汽车或者智能汽车。

10. 智能教育

智能教育研究如何利用机器学习、自然语言处理、计算机视觉等技术，提高教育的效率、效果和体验。智能教育具备下列智能特征。

（1）自动生成各种问题与练习。

（2）根据学生的学习情况自动选择与调整教学内容与进度。

（3）在理解教学内容的基础上自动解决问题并生成解答。

（4）具有自然语言生成和理解能力。

（5）对教学内容有理解咨询能力。

（6）能诊断学生错误，分析原因并采取纠正措施。

（7）能评价学生的学习行为。

（8）能不断地在教学中改善教学策略等。

11. 类脑计算

类脑计算是指借鉴大脑中进行信息处理的基本规律，在硬件实现与软件算法等多个层面，对现有的传统冯·诺依曼存算分离的计算体系与系统进行本质的变革，实现在计算能耗、计算能力与计算效率等方面的大幅改进。

习　　题

1.1　什么是人类智能？什么是人工智能？人类智能和人工智能有什么区别和联系？

1.2　在人工智能的发展历程中，它经历了哪些阶段？

1.3　人工智能有哪些学派？它们的代表成果是什么？

1.4　人工智能的主要研究和应用领域是什么？其中，当下最新的研究热点是什么？

1.5　人工智能的应用场景有哪些？

第2章

逻辑与推理

逻辑与推理是人工智能的核心问题。人类思维活动的重要功能就是设定一些逻辑规则，然后进行分析，如通过归纳和演绎等手段对现有观测现象由果溯因(归纳)或由因溯果(推理)，从观测现象中得到结论。

命题逻辑和谓词逻辑都是数理逻辑的一部分。命题逻辑是以命题为基本单位进行推理的系统。命题是应用一套形式化规则对以符号表示的描述性陈述。进一步地，针对无法对原子命题进行分离其主语和谓语，引入更加强大的逻辑表示方法谓词逻辑。有了命题逻辑和谓词逻辑这两种工具以后，可以将人类的知识转换成计算机能读懂的图的形式，建立知识图谱并在其上进行推理得到结论。

本章先介绍知识表示的方法，再介绍命题逻辑、谓词逻辑、知识图谱的基本概念及推理方法。

2.1 逻　辑

命题是反映事物情况的思想。逻辑是基于知识发展起来的，充分理解知识和知识表示的概念，才能对逻辑有更好的理解。

2.1.1 知识表示

知识指的是在长期的生活及社会实践中、在科学研究及实验中积累起来的对客观世界的认识与经验；是把所有信息关联在一起形成的信息结构；可以反映客观世界中事物之间的关系。不同事物或者相同事物间的不同关系形成了不同的知识。

1. 知识的特性

(1) 相对正确性。任何知识都是在一定的条件及环境下产生的，在这种条件及环境下才是正确的。

(2) 不确定性。包括随机性引起的不确定性、模糊性引起的不确定性、经验引起的不确定性和不完全性引起的不确定性。

(3) 可表示性与可利用性。知识的可表示性：知识可以用适当形式表示出来，如用语言、文字、图形、神经网络等。知识的可利用性：知识可以被利用。

2. 知识的分类

(1) 按知识的作用范围，可以分为常识性知识和领域性知识。常识性知识指的是通用性知识;领域性知识指的是专业性的知识。

(2) 按知识的作用及表示,可以分为事实性知识、过程性知识和控制性知识。事实性知识指的是有关概念、事实、事物的属性及状态等。过程性知识指的是有关系统状态变化、问题求解过程的操作、演算和行动的知识。控制性知识(深层知识或元知识)指的是关于如何运用已有的知识进行问题求解的知识。

(3) 按知识的结构及表现形式,可以分为逻辑性知识和形象性知识。逻辑性知识指的是可以反映人类逻辑思维过程的知识。形象性知识指的是通过事物的形象建立起来的知识。

(4) 按知识的确定性,可以分为确定性知识和不确定性知识。确定性知识指的是可指出其真值为“真”或“假”的知识,是精确性的知识。不确定性知识指的是具有不精确、不完全及模糊性等特性的知识。

例 2.1 从北京到上海是乘飞机还是火车的问题,不同的形式知识表示如下。

事实性知识:北京、上海、飞机、时间、费用。

过程性知识:乘飞机、坐火车。

控制性知识:乘坐飞机较快、较贵;坐火车较慢、较便宜。

2.1.2 逻辑的基本概念

逻辑是探索、阐述和确立有效推理原则的学科。一般而言,逻辑是用数学方法来研究关于推理和证明等问题的研究。

古希腊学者亚里士多德提出了演绎推理中“三段论”方法,被誉为“逻辑学之父”。逻辑与推理是人工智能的核心问题。人类思维活动一个重要功能是逻辑推理,即通过演绎和归纳等手段对现有知识进行分析,得出判断。在人工智能发展初期,脱胎于逻辑推理的符号主义人工智能(另有连接主义人工智能和行为主义人工智能)是人工智能研究的主流学派。

在符号主义人工智能中,所有概念均可通过人类可理解的“符号”及“符号”之间的关系来表示。

例 2.2 使用符号 A 来表示对象概念、IsCar(·)来表示某个对象是否为“汽车”,那么 IsCar(A)表示“A 是一辆轿车”这样的概念。

注意:IsCar(A)由对象 A 和 IsCar(·)两部分所构成。如果 A 是轿车,则 IsCar(A)为正确描述,否则为错误描述。

符号主义人工智能方法基于如下假设:通过逻辑方法来对符号及其关系进行计算,实现逻辑推理,辨析符号所描述内容是否正确。

2.2 命题逻辑

命题逻辑研究由简单命题和命题连接词构成的复合命题以及研究命题连接词的逻辑性质和推理规律。演绎逻辑研究推理的有效性,其核心是复合命题的逻辑特征与复合命题的推理。

2.2.1 命题的基本概念

命题：命题是一个能确定为真或为假的陈述句。命题通常用小写符号来表示，如 p。命题总是具有一个“值”，称为真值。真值有为真或为假两种，分别用符号 T（True）和 F（False）表示。只有具有确定真值的陈述句才是命题，无法判断正确或错误的描述性句子都不能作为命题。需要注意的是，一个命题可以在一种条件下为真，另一种条件下为假。

原子命题：指不包含其他命题作为其组成部分的命题，也称为简单命题。

例 2.3 命题示例。

（1）彗星是围绕太阳运行的一种质量较小的天体。

（2）北京是中国的首都。

（3）社会生活噪声是指人为活动所产生的除工业噪声、建筑施工噪声和交通噪声之外的干扰周围生活环境的声音。

（4）数学是研究现实世界中的空间形式和数量关系的科学。

（5）太阳从西边升起。

例 2.4 不是命题的示例。

（1）明天会下雨吗？

（2）请出去。

（3）我太生气了！

命题连接词：与 $\wedge$、或 $\vee$、非 $\neg$、条件 $\rightarrow$、双向条件 $\leftrightarrow$。优先级：$\neg$，$\wedge$，$\vee$，$\rightarrow$，$\leftrightarrow$。假设存在命题 p 和 q，下面介绍五种主要的命题连接词，如表 2.1 所示。

表 2.1 命题连接词

命题连接符号	表示形式	意义
与(and)	$p \wedge q$	命题合取，即“p 且 q”
或(or)	$p \vee q$	命题析取，即“p 或 q”
非(not)	$\neg p$	命题否定，即“非 p”
条件(conditional)	$p \rightarrow q$	命题蕴含，即“如果 p 则 q”
双向条件(bi-conditional)	$p \leftrightarrow q$	命题双向蕴含，即“p 当且仅当 q”

复合命题：通过命题连接词对原子命题进行组合得到的新命题。

例 2.5 复合命题的示例。

换个角度看，复合命题可以看作由命题构造而成的命题。例如，原子命题 p：由“小张努力学习”和 q：“小张成绩优秀”可以构造成以下复合命题。

（1）并非小张成绩优秀。 $\neg p$

（2）如果小张努力学习，那么小张成绩优秀。 $p \rightarrow q$

（3）或者小张努力学习，或者小张成绩优秀。 $p \vee q$

（4）小张努力学习并且小张成绩优秀。 $p \wedge q$

（5）小张努力学习当且仅当小张成绩优秀。 $p \leftrightarrow q$

复合命题的真假可以通过真值表来计算，如表 2.2 所示。需要注意的是，在数学或其他自然科学中，“如果 p，则 q”往往表达的是前件 p 为真，后件 q 也为真的推理关系，不讨论前件 p 为假的情况；但在数理逻辑中，作为一种规定，当 p 为假时，无论 q 是真是假，$p \to q$ 均为真。也就是说，只有 p 为真且 q 为假这一种情况，使得复合命题 $p \to q$ 为假。在自然语言中，“如果 p，则 q”中的前件 p 与后件 q 往往具有某种内在联系；而在数理逻辑中，p 与 q 可以无任何内在联系。

表 2.2 复合命题真值表

p	q	$\neg p$	$p \wedge q$	$p \vee q$	$p \to q$	$p \leftrightarrow q$
False	False	True	False	False	True	True
False	True	True	False	True	True	False
True	False	False	False	True	False	False
True	True	False	True	True	True	True

2.2.2 命题逻辑推理

逻辑等价：给定命题 p 和命题 q，如果 p 和 q 在所有情况下都具有同样真假结果，那么 p 和 q 在逻辑上等价。一般用“$\equiv$”或“$\Leftrightarrow$”来表示逻辑等价，即 $p \equiv q$ 或 $p \Leftrightarrow q$。逻辑等价为命题进行形式转换带来了可能，基于这些转换不再需要逐一列出 p 和 q 的真值表来判断两者是否在逻辑上等价，而是可直接根据已有逻辑等价公式来判断 p 和 q 在逻辑上是否等价。

例 2.6 判断下面两个式子是否逻辑等价：

$$\neg(p \vee q) \quad 与 \quad \neg p \wedge \neg q$$

解：用真值表法判断 $\neg(p \vee q) \Leftrightarrow \neg p \wedge \neg q$ 是否为重言式(又称为永真式，即对于它的任一解释其真值都为真)。此等价式的真值表如表 2.3 所示，从表 2.3 可知它是重言式，因而 $\neg(p \vee q)$ 与 $\neg p \wedge \neg q$ 等值，即 $\neg(p \vee q) \Leftrightarrow \neg p \wedge \neg q$。

表 2.3 $\neg(p \vee q) \Leftrightarrow \neg p \wedge \neg q$ 的真值表

p q	$\neg p$	$\neg q$	$p \vee q$	$\neg(p \vee q)$	$\neg p \wedge \neg q$	$\neg(p \vee q) \Leftrightarrow \neg p \wedge \neg q$
0 0	1	1	0	1	1	1
0 1	1	0	1	0	0	1
1 0	0	1	1	0	0	1
1 1	0	0	1	0	0	1

其实，在用真值表法判断 $A \leftrightarrow B$ 是否为永真式时，若 A 与 B 的真值表相同，真值表的最后一列(即 $A \leftrightarrow B$ 的真值表的最后结果)可以省略。逻辑等价的规律表如表 2.4 所示。

表 2.4 逻辑等价的规律表

$\wedge$ 的交换律	$\alpha \wedge \beta \equiv \beta \wedge \alpha$
$\vee$ 的交换律	$\alpha \vee \beta \equiv \beta \vee \alpha$

续表

∧的结合律	$(\alpha\wedge\beta)\wedge\gamma\equiv\alpha\wedge(\beta\wedge\gamma)$
∨的结合律	$(\alpha\vee\beta)\vee\gamma\equiv\alpha\vee(\beta\vee\gamma)$
双重否定	$\neg(\neg\alpha)\equiv\alpha$
逆否命题	$(\alpha\rightarrow\beta)\equiv\neg\beta\rightarrow\neg\alpha$
蕴含消除	$(\alpha\rightarrow\beta)\equiv\neg\alpha\vee\beta$
双向消除	$(\alpha\leftrightarrow\beta)\equiv(\alpha\rightarrow\beta)\wedge(\beta\rightarrow\alpha)$
德摩根律	$\neg(\alpha\wedge\beta)\equiv(\neg\alpha\vee\neg\beta)$
德摩根律	$\neg(\alpha\vee\beta)\equiv(\neg\alpha\wedge\neg\beta)$
∧对∨的结合律	$(\alpha\wedge(\beta\vee\gamma))\equiv(\alpha\wedge\beta)\vee(\alpha\wedge\gamma)$
∨对∧的结合律	$(\alpha\vee(\beta\wedge\gamma))\equiv(\alpha\vee\beta)\wedge(\alpha\vee\gamma)$

例 2.7 用逻辑等价规律证明：

$$(p\vee q)\rightarrow r\Leftrightarrow(p\rightarrow r)\wedge(q\rightarrow r)$$

证明：可以从左边开始演算，也可以从右边开始演算。现在从右边开始演算。

$$\begin{aligned}&(p\rightarrow r)\wedge(q\rightarrow r)\\ \Leftrightarrow&(\neg p\vee r)\wedge(\neg q\vee r)\text{（蕴含等值式）}\\ \Leftrightarrow&(\neg p\wedge\neg q)\vee r\text{（分配律）}\\ \Leftrightarrow&\neg(p\vee q)\vee r\text{（德摩根律）}\\ \Leftrightarrow&(p\vee q)\rightarrow r\text{（蕴含等值式）}\end{aligned}$$

所以，原等值式成立。可以从左边开始演算验证。

例 2.8 用逻辑等价规律证明如下公式为重言式：

$$(p\rightarrow q)\wedge p\rightarrow q$$

证明：

$$\begin{aligned}&(p\rightarrow q)\wedge p\rightarrow q\\ \Leftrightarrow&(\neg p\vee q)\wedge p\rightarrow q\\ \Leftrightarrow&\neg((\neg p\vee q)\wedge p)\vee q\\ \Leftrightarrow&(\neg(\neg p\vee q)\vee\neg p)\vee q\\ \Leftrightarrow&((p\wedge\neg q)\vee\neg p)\vee q\\ \Leftrightarrow&((p\vee\neg p)\wedge(\neg q\vee\neg p))\vee q\\ \Leftrightarrow&(1\wedge(\neg q\vee\neg p))\vee q\\ \Leftrightarrow&(\neg q\vee\neg p)\vee q\\ \Leftrightarrow&(\neg q\vee q)\vee\neg p\\ \Leftrightarrow&1\vee\neg p\\ \Leftrightarrow&1\end{aligned}$$

例 2.9 利用逻辑等价解决实际问题。

在某次研讨会的中间休息时间，3 名与会者根据王教授的口音对他是哪个省市的人判断如下。

甲：王教授不是苏州人，是上海人。

乙：王教授不是上海人，是苏州人。

丙：王教授既不是上海人，也不是杭州人。

听完这 3 人的判断后，王教授笑着说，你们 3 人中有一人说得全对，有一人说对了一半，另一人说得全不对。试用逻辑演算分析王教授到底是哪里人。

解：设命题

p：王教授是苏州人

q：王教授是上海人

r：王教授是杭州人

p,q,r 中必有一个真命题、两个假命题，要通过逻辑演算将真命题找出来。

甲的判断为 $\neg p \wedge q$

乙的判断为 $p \wedge \neg q$

丙的判断为 $\neg q \wedge \neg r$

于是：

甲的判断全对为 $B_1 = \neg p \wedge q$

甲的判断对一半为 $B_2 = (\neg p \wedge \neg q) \vee (p \wedge q)$

甲的判断全错为 $B_3 = p \wedge \neg q$

乙的判断全对为 $C_1 = p \wedge \neg q$

乙的判断对一半为 $C_2 = (p \wedge q) \vee (\neg p \wedge \neg q)$

乙的判断全错为 $C_3 = \neg p \wedge q$

丙的判断全对为 $D_1 = \neg q \wedge \neg r$

丙的判断对一半为 $D_2 = (\neg q \wedge r) \vee (q \wedge \neg r)$

丙的判断全错为 $D_3 = q \wedge r$

由王教授所说

$$E = (B_1 \wedge C_2 \wedge D_3) \vee (B_1 \wedge C_3 \wedge D_2) \vee (B_2 \wedge C_1 \wedge D_3) \vee (B_2 \wedge C_3 \wedge D_1) \vee (B_3 \wedge C_1 \wedge D_2) \vee (B_3 \wedge C_2 \wedge D_1)$$

为真命题，而

$$\begin{aligned} B_1 \wedge C_2 \wedge D_3 &= (\neg p \wedge q) \wedge ((p \wedge q) \vee (\neg p \wedge \neg q)) \wedge (q \wedge r) \\ &\Leftrightarrow (\neg p \wedge q) \wedge ((p \wedge q \wedge q \wedge r) \vee (\neg p \wedge \neg q \wedge q \vee r)) \\ &\Leftrightarrow (\neg p \wedge q) \wedge ((p \wedge q \wedge r) \vee 0) \\ &\Leftrightarrow (\neg p \wedge q) \wedge (p \wedge q \wedge r) \\ &\Leftrightarrow 0 \end{aligned}$$

$$\begin{aligned} B_1 \wedge C_3 \wedge D_2 &= (\neg p \wedge q) \wedge (\neg p \wedge q) \wedge ((\neg q \wedge r) \vee (q \wedge \neg r)) \\ &\Leftrightarrow (\neg p \wedge q \wedge \neg q \wedge r) \vee (\neg p \wedge q \wedge q \vee \neg r) \\ &\Leftrightarrow \neg p \wedge q \wedge \neg r \end{aligned}$$

$$\begin{aligned} B_2 \wedge C_1 \wedge D_3 &= ((\neg p \wedge \neg q) \vee (p \wedge q)) \wedge (p \wedge \neg q) \wedge (q \wedge r) \\ &\Leftrightarrow ((\neg p \wedge \neg q) \vee (p \wedge q)) \wedge (p \wedge \neg q \wedge q \wedge r) \\ &\Leftrightarrow ((\neg p \wedge \neg q) \vee (p \wedge q)) \wedge 0 \\ &\Leftrightarrow 0 \end{aligned}$$

类似可得

$$B_2 \wedge C_3 \wedge D_1 \Leftrightarrow 0$$

$$B_3 \wedge C_1 \wedge D_2 \Leftrightarrow p \wedge \neg q \wedge r$$

$$B_3 \wedge C_2 \wedge D_1 \Leftrightarrow 0$$

于是，由同一律可知

$$E \Leftrightarrow (\neg p \wedge q \wedge \neg r) \vee (p \wedge \neg q \wedge r)$$

但因为王教授不能既是上海人，又是杭州人，因而 p，r 必有一个假命题，即 $p \wedge r \Leftrightarrow 0$。于是

$$E \Leftrightarrow \neg p \wedge q \wedge \neg r$$

为真命题，因而必有 p，q 为真命题，即王教授是上海人。甲说的全对，丙说对一半，而乙全说错了。

命题公式规范的表达式能表达真值表所能提供的一切信息，有两种规范表示方法：析取范式和合取范式，统称为范式（Normal Form）。任一命题公式都存在着与之等值的析取范式与合取范式。需要注意的是，命题公式的析取范式与合取范式都不是唯一的。

析取范式：由有限个简单合取式构成的析取式称为析取范式。

解释：假设 $\alpha_i(i=1,2,\cdots,k)$ 为简单的合取式，则 $\alpha=\alpha_1 \vee \alpha_2 \vee \cdots \vee \alpha_k$ 为析取范式。例如，$(\neg\alpha_1 \wedge \alpha_2) \vee \alpha_3$，$\neg\alpha_1 \vee \alpha_3 \vee \alpha_2$ 等。

一个析取范式是不成立的，当且仅当它的每个简单合取式都不成立。

合取范式：由有限个简单析取式构成的合取式称为合取范式。

解释：假设 $\alpha_i(i=1,2,\cdots,k)$ 为简单的析取式，则 $\alpha=\alpha_1 \wedge \alpha_2 \wedge \cdots \wedge \alpha_k$ 为合取范式。例如，$(\alpha_1 \vee \alpha_2) \wedge \neg\alpha_3$，$\neg\alpha_1 \wedge \alpha_3 \wedge \neg\alpha_2 \vee \alpha_4$ 等。

一个合取范式是成立的，当且仅当它的每个简单析取式都是成立的。

例 2.10 求 $\neg(\alpha \rightarrow \beta) \vee \neg\gamma$ 的析取范式与合取范式。

解：

$$\neg(\alpha \rightarrow \beta) \vee \neg\gamma$$

$$\Leftrightarrow \neg(\neg\alpha \vee \beta) \vee \neg\gamma$$

$$\Leftrightarrow (\alpha \wedge \neg\beta) \vee \neg\gamma \text{（析取范式）}$$

$$\Leftrightarrow (\alpha \vee \neg\gamma) \wedge (\neg\beta \vee \neg\gamma) \text{（合取范式）}$$

2.3 谓词逻辑

命题逻辑是数理逻辑的一部分。在命题逻辑中，原子命题是最基本的单位。从原子命题出发可以通过使用命题连接词构成复合命题，进而实现逻辑推理的过程。然而，命题逻辑无法对原子命题所包含的丰富语义进行刻画，无法表达局部与整体、一般与个别的关系。考虑下面的推理：

凡是偶数都能被 2 整除。6 是偶数，所以 6 能被 2 整除。

这个推理是数学中的真命题，但在命题逻辑中却无法判断它的正确性。使用命题逻辑进行推理，需要将出现的 3 个简单命题依次符号化为 p、q、r，将推理的形式结构符号化为

$$(p \wedge q) \rightarrow r$$

上式不能判断推理的正确性。问题出在“凡”字，在命题逻辑中不能很好地描述“凡偶数都能被 2 整除”的本意，只能把它作为一个简单命题。为了克服命题逻辑的这种局限性，需要引入量词，以期达到表达出个体与总体之间的内在联系和数量关系，这就是谓词逻辑所研究的内容。

2.3.1 谓词的基本概念

谓词逻辑的三个核心概念包括个体、谓词和量词。

个体：个体是指所研究领域中可以独立存在的具体或抽象的概念。个体包括常量和变量两种，**个体常量**指的是表示具体或特定个体的个体词，一般用小写英文字母 $a,b,c,\cdots$ 表示；**个体变量**指的是表示抽象或泛指的个体词，常用 $x,y,z,\cdots$ 表示。个体变量的取值范围为个体域，个体域可以是有穷集合，例如，$\{1,2,3\}$，$\{a,b,c,d\}$，$\{a,b,c,\cdots,x,y,z\}\cdots$；也可以是无穷集合，例如，自然数集合 **N**、实数集合 **R** 等。

谓词：谓词是用来刻画个体词性质及个体词之间相互关系的词，其值为真或为假，常用 $F,C,H,\cdots$ 表示。

***n* 元谓词**：n 元谓词指的是含 $n(n\geqslant 1)$ 个个体变量 $x_1,x_2,\cdots,x_n$ 的谓词，记作 $P(x_1,x_2,\cdots,x_n)$。

注意：当 $n=1$ 时，$P(x_1)$ 表示 x_1 具有性质 P；当 $n\geqslant 2$ 时，$P(x_1,x_2,\cdots,x_n)$ 表示 $x_1,x_2,\cdots,x_n$ 具有关系 P。n 元谓词是以个体域为定义域，以 $\{0,1\}$ 为值域的 n 元函数或关系。

有时将不带个体变量的谓词称为 0 元谓词，例如，$F(a)$，$C(a,b)$，$P(a,a,a)$ 等都是 0 元谓词。当 F,C,P 为谓词常项时，0 元谓词为命题。反之，任何命题均可以表示成 0 元谓词，因而可将命题看成特殊的谓词。

例 2.11 考虑下面 4 个命题，将其符号化。

(1) $\sqrt{2}$ 是无理数。

(2) x 是有理数。

(3) 小王与小李同岁。

(4) x 与 y 具有关系 L。

解：

(1) $\sqrt{2}$ 是个体常项，“…是无理数”是谓词，记为 F。这个命题可表成 $F(\sqrt{2})$。

(2) x 是个体变项，“…是有理数”是谓词，记为 G。这个命题可表成 $G(x)$。

(3) 小王、小李都是个体常项，“…与…同岁”是谓词，记为 H，这个命题可符号化为 $H(a,b)$，其中，a 表示小王，b 表示小李。

(4) x，y 为两个个体变项，L 是谓词，这个命题的符号化形式为 $L(x,y)$。

量词：包括全称量词和存在量词两种。

全称量词：全称量词表示一切的、所有的、凡是、每一个等，用符号 $\forall$ 表示。$\forall x$ 表示定义域中的所有个体，$\forall x\,P(x)$ 表示定义域中的所有个体具有性质 P。

存在量词：存在量词表示存在、有一个、某些等，用符号 $\exists$ 表示。$\exists x$ 表示定义域中存在一个或若干个个体，$\exists x\,P(x)$ 表示定义域中存在一个个体或若干个体具有性质 P。

量词的辖域：量词的辖域指的是位于量词后面的单个谓词或者用括号括起来的谓词公式。

约束变元与自由变元：辖域内与量词中同名的变元称为约束变元，不同名的变元称为自由变元。

例 2.12 在个体域分别限制为(a)和(b)条件时，将下面两个命题符号化。

(1) 凡人都呼吸。

(2) 有的人用左手写字。

其中，(a)个体域 $\boldsymbol{D}_1$ 为人类集合；(b)个体域 $\boldsymbol{D}_2$ 为全总个体域。

解：

(a) 令 $F(x)$表示 x 呼吸，$G(x)$表示 x 用左手写字。

在 $\boldsymbol{D}_1$ 中除人外，再无别的东西，因而：

(1) 符号化为

$$\forall x F(x)$$

(2) 符号化为

$$\exists x G(x)$$

(b) $\boldsymbol{D}_2$ 中除有人外，还有万物，因而在符号化时必须考虑将人先分离出来。为此引入谓词 $M(x)$表示 x 是人。在 $\boldsymbol{D}_2$ 中，把(1)、(2)分别说得更清楚些。

(1) 对于宇宙间一切个体而言，如果个体是人，则他呼吸。

(2) 在宇宙间存在用左手写字的人(或者更清楚地，在宇宙间存在这样的个体，它是人且用左手写字)。

于是，(1)、(2)的符号化形式应分别为

$$\forall x(M(x) \rightarrow F(x))$$

和

$$\exists x(M(x) \wedge G(x))$$

其中，$F(x)$与 $G(x)$的含义同(a)中。

量词形式转换 1：全称量词的描述形式可以用相应的存在量词的描述形式替换，即，任意用全称量词描述的事实都存在对应的用存在量词描述的形式。设 $P(x)$是谓词，则全称量词和存在量词有如下关系。

$$(\forall x)P(x) \equiv \neg(\exists x)\neg P(x)$$
$$\neg(\forall x)P(x) \equiv (\exists x)\neg P(x)$$
$$\neg(\forall x)\neg P(x) \equiv (\exists x)P(x)$$

量词形式转换 2：自由变元可以存在于量词的约束范围之内，也可以存在于量词的约束范围之外。

量词形式转换 3：在约束变元相同的情况下，量词的运算满足分配律。设 $A(x)$和 $B(x)$是包含变元 x 的谓词，则如下逻辑等价关系成立：

$$(\forall x)(A(x) \vee B(x)) \equiv (\forall x)A(x) \vee (\forall x)B(x)$$
$$(\forall x)(A(x) \wedge B(x)) \equiv (\forall x)A(x) \wedge (\forall x)B(x)$$
$$(\exists x)(A(x) \vee B(x)) \equiv (\exists x)A(x) \vee (\exists x)B(x)$$
$$(\exists x)(A(x) \wedge B(x)) \equiv (\exists x)A(x) \wedge (\exists x)B(x)$$

例 2.13 全称量词和存在量词示例，$F(\cdot)$表示朋友关系。

(1) $(\forall x)(\exists y)\ F(x, y)$

(2) $(\exists x)(\forall y)F(x,y)$

(3) $(\exists x)(\exists y)F(x,y)$

(4) $(\forall x)(\forall y)F(x,y)$

解：

(1) 表示对于个体域中的任何个体 x，都存在个体 y，x 与 y 是朋友。

(2) 表示在个体域中存在个体 x，与个体域中的任何个体 y 都是朋友。

(3) 表示在个体域中存在个体 x 与个体 y，x 与 y 是朋友。

(4) 表示对于个体域中的任何两个个体 x 和 y，x 与 y 都是朋友。

例 2.14　全称量词和存在量词分析。

(1) $(\forall x)(\exists y)(\mathrm{Employee}(x)\rightarrow \mathrm{Manager}(y,x))$

(2) $(\exists y)(\forall x)(\mathrm{Employee}(x)\rightarrow \mathrm{Manager}(y,x))$

解：

(1) 表示每个雇员都有一个经理。

(2) 表示有一个人是所有雇员的经理。

分析：全称量词和存在量词出现的次序将影响命题的意思。

量词形式转换 4：在公式中存在多个量词时，若多个量词都是全称量词或者都是存在量词，则量词的位置可以互换；若多个量词中既有全称量词又有存在量词，则量词的位置不可以随意互换。设 $A(x,y)$ 是包含变元 x,y 的谓词公式，则如下关系成立。

$$(\forall x)(\forall y)A(x,y)\leftrightarrow(\forall y)(\forall x)A(x,y)$$
$$(\exists x)(\exists y)A(x,y)\leftrightarrow(\exists y)(\exists x)A(x,y)$$
$$(\forall x)(\forall y)A(x,y)\rightarrow(\exists y)(\forall x)A(x,y)$$
$$(\forall x)(\forall y)A(x,y)\rightarrow(\exists x)(\forall y)A(x,y)$$
$$(\forall x)(\exists y)A(x,y)\rightarrow(\exists y)(\exists x)A(x,y)$$
$$(\forall y)(\exists x)A(x,y)\rightarrow(\exists x)(\exists y)A(x,y)$$

2.3.2　谓词逻辑推理

1. 谓词逻辑

谓词逻辑：谓词逻辑是将原子命题分解出个体、谓词和量词，从而表达个体与总体的内在联系和数量关系的逻辑推理。

一阶谓词逻辑：一阶谓词逻辑指的是只包含个体谓词和个体量词的谓词逻辑。

谓词公式通过连接词将多个谓词整构成复合命题。连接词与命题逻辑一样，也是有 5 种，分别是与∧、或∨、非¬、条件→、双向条件↔。使用这些连接词的好处就是：可以将复杂命题表示成简单的符号公式。连接词的优先级别从高到低排列为¬、∧、∨、→、↔。

(1) ∧：表示“合取”(conjunction)——与的关系。

举例：

Like(I, music)：表示我喜欢音乐。

Like(I, painting)：表示我喜欢画画。

Like(I, music)∧Like(I, painting)：表示我喜欢音乐和画画。

(2) ∨：表示“析取”(disjunction)——或的关系。

举例：

Plays(Liming，basketball)：表示李明打篮球。

Plays(Liming，football)：表示李明踢足球。

Plays(Liming，basketball) ∨ Plays (Liming，football)：表示李明打篮球或者踢足球。

(3) ¬：表示“否定”(negation)——非的关系。

举例：

Inroom(robot，room2)：表示机器人在第二个房间里。

¬Inroom(robot，room2)：表示机器人不在第二个房间里。

(4) →：“蕴含”(implication)——条件关系。

举例：

RUNS(Liuhua，faster)：表示刘华跑得快。

WINS(Liuhua，champion)：表示刘华取得冠军。

RUNS(Liuhua，faster)→WINS(Liuhua，champion)：表示如果刘华跑得最快，那么他取得冠军。

(5) ↔：“等价”(equivalence)——双条件(bicondition)。

举例：

Study(Zhangjun，good)：表示张军好好学习。

Score(Zhangjun，High)：表示张军取得高分。

Study(Zhangjun，good)↔Score(Zhangjun，High)：表示当且仅当张军好好学习，才能取得高分。

谓词公式：谓词公式是谓词按下述规则进行演算得到的。

(1) 单个谓词是谓词公式，称为原子谓词公式。

(2) 若 A 是谓词公式，则 $\neg A$ 也是谓词公式。

(3) 若 A，B 都是谓词公式，则 $A \wedge B$，$A \vee B$，$A \rightarrow B$，$A \leftrightarrow B$ 也都是谓词公式。

(4) 若 A 是谓词公式，则 $(\forall x)A$，$(\exists x)A$ 也是谓词公式。

(5) 有限步应用(1)～(4)生成的公式也是谓词公式。

(6) 合式公式是由逻辑连接词和原子公式构成用于陈述事实的语句。

例 2.15 使用谓词公式描述下列事实。

(1) Tom 不仅喜欢踢足球，还喜欢打篮球。

(2) Tom 的所有同学都喜欢他。

(3) 不是所有的男生都喜欢打篮球。

(4) 一个人是华侨，当且仅当他在国外定居并且具有中国国籍。

(5) 男生都爱看世界杯。

解：

(1) Like(Tom，Football) ∧ Like(Tom，Basketball)

(2) $(\forall x)$(Classmate(Tom，x)) → Like(x，Tom)

(3) ¬$(\exists x)$(Boy(x) → Like(x，Basketball)

(4) $(\forall x)$(Oversea-Chinese(x) ↔ (Overseas(x) ∧ Chinese(x))

(5) $(\forall x)(\mathrm{Boy}(x) \to \mathrm{Like}(x, \mathrm{WorldCup})$

谓词公式的性质：

(1) 永真性：如果谓词公式 P 对个体域 D 上的任何一个解释都取得真值 T，则称 P 在 D 上是永真的；如果 P 在每个非空个体域上均永真，则称 P 永真。

(2) 永假性：如果谓词公式 P 对个体域 D 上的任何一个解释都取得真值 F，则称 P 在 D 上是永假的；如果 P 在每个非空个体域上均永假，则称 P 永假。

(3) 可满足性：对于谓词公式 P，如果至少存在一个解释使得 P 在此解释下的真值为 T，则称 P 是可满足的。

(4) 不可满足性：对于谓词公式 P，如果一个解释都不存在使得 P 在此解释下的真值为 T，则称 P 是不可满足的。

谓词公式的等价性：

设 P 与 Q 是两个谓词公式，D 是它们共同的个体域，若对 D 上的任何一个解释，P 与 Q 都有相同的真值，则称公式 P 和 Q 在 D 上是等价的。如果 D 是任意个体域，则称 P 和 Q 是等价的，记为 $P \Leftrightarrow Q$。

谓词公式主要的等价式如表 2.5 所示。

表 2.5　谓词逻辑等价式

说　明	等　价　式
(1) 双重否定	$\neg(\neg P) \Leftrightarrow P$
(2) 连接词归化律	$P \to Q \Leftrightarrow \neg P \vee Q$
(3) 德摩根定律	$\neg(P \vee Q) \Leftrightarrow \neg P \wedge \neg Q$ $\neg(P \wedge Q) \Leftrightarrow \neg P \vee \neg Q$
(4) 分配律	$P \wedge (Q \vee R) \Leftrightarrow (P \wedge Q) \vee (P \wedge R)$ $P \vee (Q \wedge R) \Leftrightarrow (P \vee Q) \wedge (P \vee R)$
(5) 交换律	$P \vee Q \Leftrightarrow Q \vee P$ $P \wedge Q \Leftrightarrow Q \wedge P$
(6) 结合律	$(P \wedge Q) \wedge R \Leftrightarrow P \wedge (Q \wedge R)$ $(P \vee Q) \vee R \Leftrightarrow P \vee (Q \vee R)$
(7) 逆否律	$P \to Q \Leftrightarrow \neg Q \to \neg P$
(8) 量词转换律	$\neg(\exists x)P(x) \Leftrightarrow (\forall x)(\neg P(x))$ $\neg(\forall x)P(x) \Leftrightarrow (\exists x)(\neg P(x))$
(9) 量词分配	$(\forall x)[P(x) \wedge Q(x)] \Leftrightarrow (\forall x)P(x) \wedge (\forall x)Q(x)$ $(\exists x)[P(x) \vee Q(x)] \Leftrightarrow (\exists x)P(x) \vee (\exists x)Q(x)$
(10) 吸收律	$P \vee (P \wedge Q) \Leftrightarrow P$ $P \wedge (P \vee Q) \Leftrightarrow P$
(11) 约束变量的虚元性	$(\forall x)P(x) \Leftrightarrow (\forall y)P(y)$ $(\exists x)P(x) \Leftrightarrow (\exists y)P(y)$

谓词公式的永真蕴含：对于谓词公式 P 与 Q，如果 $P \to Q$ 永真，则称公式 P 永真蕴含 Q，且称 Q 为 P 的逻辑结论，称 P 为 Q 的前提，记为 $P \Rightarrow Q$。

以下是几个主要的永真蕴含式。

(1) 假言推理：$P, P\rightarrow Q \Rightarrow Q$。

(2) 拒取式推理：$\neg Q, P\rightarrow Q \Rightarrow \neg P$。

(3) 假言三段论：$P\rightarrow Q, Q\rightarrow R \Rightarrow R$。

谓词逻辑一些其他的推理规则如下。

(1) P 规则：在推理的任何步骤上都可引入前提。

(2) T 规则：在推理过程中，如果前面步骤中有一个或多个公式永真蕴含公式 S，则可把 S 引入推理过程中。

(3) CP 规则：如果能从任意引入的命题 R 和前提集合中推出 S，则可从前提集合推出 $R\rightarrow S$。

(4) 反证法：$P\Rightarrow Q$，当且仅当 $P\wedge\neg Q\Rightarrow \mathrm{F}$。即，$Q$ 为 P 的逻辑结论，当且仅当 $P\wedge\neg Q$ 是不可满足的。

补充：Q 为 $P_1, P_2, \cdots, P_n$ 的逻辑结论，当且仅当$(P_1\wedge P_2\wedge\cdots\wedge P_n)\wedge\neg Q$ 是不可满足的。

全称量词和存在量词的推理规则如下。

(1) 全称量词消去：$(\forall x)A(x) \Rightarrow A(y)$。

(2) 全称量词引入：$A(y)\Rightarrow(\forall x)A(x)$。

(3) 存在量词消去：$(\exists x)A(x)\Rightarrow A(a)$。

(4) 存在量词引入：$A(a)\Rightarrow(\exists x)A(x)$。

2. 谓词逻辑推理

谓词逻辑指的是利用谓词逻辑的推理规则进行推理。

例 2.16

已知$(\forall x)(P(x)\rightarrow Q(x))$，$(\forall x)(Q(x)\rightarrow R(x))$，试证明$(\forall x)(Q(x)\rightarrow R(x))$。

解：

(1) $(\forall x)(P(x)\rightarrow Q(x))$	(P 规则)
(2) $P(x)\rightarrow Q(x)$	(全称量词消去)
(3) $(\forall x)(Q(x)\rightarrow R(x))$	(P 规则)
(4) $Q(x)\rightarrow R(x)$	(全称量词消去)
(5) $P(x)\rightarrow R(x)$	(由(2)、(4)可知)
(6) $(\forall x)(P(x)\rightarrow Q(x))$	(全称量词引入)

例 2.17

已知$(\forall x)(F(x)\rightarrow G(x)\wedge H(x))$，$(\exists x)(F(x)\wedge P(x))$，试证明$(\exists x)(P(x)\wedge H(x))$。

解：

(1) $(\exists x)(F(x)\wedge P(x))$	(P 规则)
(2) $F(a)\wedge P(a)$	(存在量词消去)
(3) $(\forall x)(F(x)\rightarrow(G(x)\wedge H(x)))$	(P 规则)
(4) $F(a)\rightarrow(G(a)\wedge H(a))$	(全称量词消去)
(5) $F(a)$	(由(2)可知)
(6) $G(a)\wedge H(a)$	(由(4)、(5)的假言推理可知)
(7) $P(a)$	(由(2)可知)

(8) $H(a)$ (由(6)可知)

(9) $P(a)\wedge H(a)$ (由(7)、(8)合取可知)

(10) $(\exists x)(P(x)\wedge H(x))$ (由(9)的存在量词引入)

例 2.18

证明苏格拉底三段论“所有人都是要死的，苏格拉底是人，所以苏格拉底是要死的。”

解：

定义谓词 $F(x)$：x 是人，$G(x)$：x 是要死的人。

定义个体 a：苏格拉底。

已知：$(\forall x)(F(x)\rightarrow G(x))$，$F(a)$

结论：$G(a)$

证明：

(1) $(\forall x)(F(x)\rightarrow G(x))$ (P 规则)

(2) $F(a)\rightarrow G(a)$ ((1)的全称量词消去)

(3) $F(a)$ (P 规则)

(4) $G(a)$ ((2)、(3)的假言推理)

例 2.19 利用谓词公式推理解决实际问题。

已知每架飞机或者停在地面或者飞在天空，且并非每架飞机都飞在天空，请证明：有些飞机停在地面。

解：

定义谓词 plane(x)：x 是飞机，on-ground(x)：x 停在地面，in_ sky(x)：x 飞在天空。

已知：$(\forall x)(\text{plane}(x)\rightarrow \text{on\_ground}(x)\vee \text{in\_sky}(x))$

$\neg(\forall x)(\text{plane}(x)\rightarrow \text{in\_sky}(x))$

结论：$(\exists x)(\text{plane}(x)\wedge \text{on\_ground}(x))$

证明：

(1) $\neg(\forall x)(\text{plane}(x)\rightarrow \text{in\_sky}(x))$ (P 规则)

(2) $(\exists x)\neg(\text{plane}(x)\rightarrow \text{in\_sky}(x))$ (量词转换)

(3) $(\exists x)\neg(\neg \text{plane}(x)\vee \text{in\_sky}(x))$ (蕴含消除)

(4) $(\exists x)(\text{plane}(x)\wedge \neg \text{in\_sky}(x))$ (德摩根律)

(5) $\text{plane}(a)\wedge \neg \text{in\_sky}(a)$ (存在量词消去)

(6) $\text{plane}(a)$ (由(5)可知)

(7) $\neg \text{in\_sky}(a)$ (由(5)可知)

(8) $(\forall x)(\text{plane}(x)\rightarrow \text{on\_ground}(x)\vee \text{in\_sky}(x))$ (P 规则)

(9) $\text{plane}(a)\rightarrow \text{on\_ground}(a)\vee \text{in\_sky}(a)$ (全称量词消去)

(10) $\text{on\_ground}(a)\vee \text{in\_sky}(a)$ ((6)、(9)假言推理)

(11) $\text{on\_ground}(a)$ (由(7)、(10)可知)

(12) $\text{plane}(a)\wedge \text{on\_ground}(a)$ (由(6)、(11)可知)

(13) $(\exists x)(\text{plane}(x)\wedge \text{on\_ground}(x))$ (由(5)可知)

2.4 知识图谱

一阶逻辑的两个实体通过连线的形式表达两者之间的关系，也被称为三元组形式。知识图谱(Knowledge Graph)由代表实体的结点构成，两个结点之间的连线表示结点具有某一关系，可以用来描述现实世界中实体及实体之间的关系，是人工智能中进行知识表达的重要方式。

知识图谱是人工智能的重要分支技术。知识图谱的起源可以追溯至1960年，在人工智能的早期发展中，有两个主要的分支，也就是两派系，一个是符号派，注重模拟人的心智，研究如何用计算机符号表示人脑中的知识，以此模拟人的思考、推理过程；一个则是连接派，注重模拟人脑的生理结构，由此发展了人工神经网络。这个时候提出了 Semantic Networks，也就是语义网络，作为一种知识表示的方法，主要用于自然语言理解领域。1970年，随着专家系统的提出和商业化发展，知识库(Knowledge Base)构建和知识表示得到重视。专家系统的主要思想认为专家是基于脑中的知识来进行决策的，所以为了实现人工智能，应该用计算机符号来表示这些知识，通过推理机来模仿人脑对知识进行处理。早期的专家系统常用的知识表示方法有基于框架的语言(Frame-based Languages)和产生式规则(Production Rules)。框架语言用来描述客观世界的类别、个体、属性等，多用于辅助自然语言理解；产生式规则主要用于描述逻辑结构，用于刻画过程性知识。1980年，哲学概念“本体”(Ontology)被引入人工智能领域来刻画知识，我们理解的本体大概可以说是知识的本体，一条知识的主体可以是人，可以是物，可以是抽象的概念，本体就是这些知识的本体的统称。1989年，Tim Berners-Lee 在欧洲高能物理研究中心发明了万维网，人们可以通过链接把自己的文档链入其中。在万维网概念的基础上，1998年又提出了语义网(Semantic Web)的概念，与万维网不同的是，链入网络的不只是网页，还包括客观实际的实体(如人、机构、地点等)。2012年，Google 发布了基于知识图谱的搜索引擎，使用结构化的语义知识库，用于以符号形式描述物理世界中的概念及其相互关系，其基本组成单位是“实体-关系-实体”三元组，以及实体及其相关属性-值对，实体间通过关系相互连接，构成网状的知识结构。

知识图谱旨在从数据中识别、发现和推断事物与概念之间的复杂关系，是事物关系的可计算模型。知识图谱的构建涉及知识建模、关系抽取、图存储、关系推理、实体融合等方面的技术，而知识图谱的应用则涉及语义搜索、智能问答、语言理解、决策分析等多个领域。构建并利用好知识图谱需要系统性地利用包括知识表示(Knowledge Representation)、图数据库、自然语言处理、机器学习等方面的技术。知识图谱发展如图2.1所示。

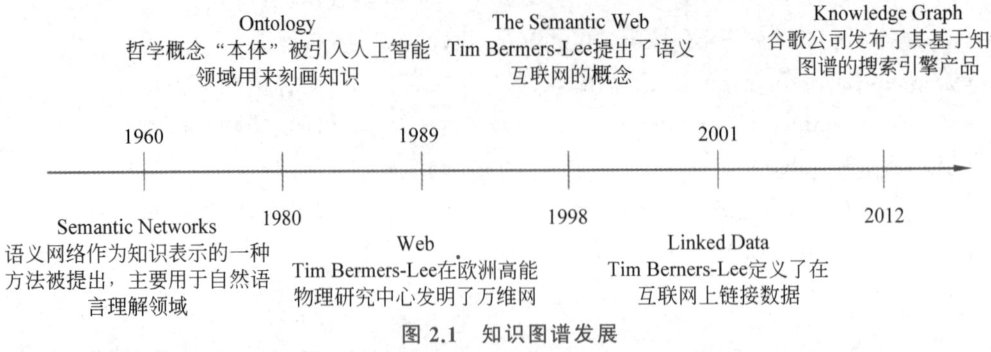

图2.1 知识图谱发展

2.4.1 知识图谱的基本概念

知识图谱是一种用图模型来描述知识和建模世界万物之间的关联关系的技术方法。知识图谱由结点和边组成。结点可以是实体，如一个人、一本书等，或是抽象的概念，如人工智能、知识图谱等。边可以是实体的属性，如姓名、书名，或是实体之间的关系，如朋友、配偶。从图的角度来看，知识图谱是一个语义网络，即一种用互连的结点和弧表示知识的一个结构。语义网络中的结点可以代表一个概念（concept）、一个属性（attribute）、一个事件（event）或者一个实体（entity）；而弧表示结点之间的关系；弧的标签指明了关系的类型。语义网络中的语义主要体现在图中边的含义。

一阶谓词逻辑用谓词和变量表示知识，是知识图谱的典型知识表示方法。

例 2.20 将下列事实分别以一阶谓词、三元组的形式进行表示。

（1）艾伦·佩利是图灵奖得主。

（2）小明是小亮的哥哥。

（3）奥巴马出生在夏威夷。

解：

（1）这个命题由两个实体构成，分别是人名艾伦·佩利、奖项图灵奖，二者之间的关系为获奖者，可以得到：

一阶谓词表示：Turing(Alan J. Perlis)

三元组表示：(Alan J. Perlis，winner，Turing)

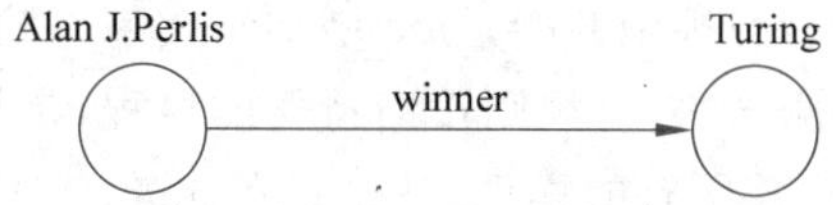

（2）这个命题由两个实体构成，分别是人名小明和人名小亮，二者之间的关系为小明是小亮的哥哥，可以得到：

一阶谓词表示：brother(小明，小亮)

三元组表示：(小明，brother，小亮)

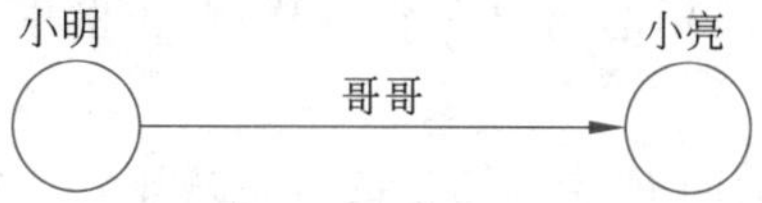

（3）这个命题由两个实体构成，分别是人名奥巴马、地点名夏威夷，二者之间的关系为出生地，可以得到：

一阶谓词表示：birthplace(奥巴马，夏威夷)

三元组表示：(奥巴马，birthplace，夏威夷)

2.4.2 知识图谱推理

面向知识图谱的推理主要围绕关系的推理展开，即基于图谱中已有的事实或关系推断出未知的事实或关系，一般着重考察实体、关系和图谱结构三方面的特征信息。具体来说，知识图谱推理主要能够辅助推理出新的事实、新的关系、新的公理以及新的规则等。

关系推理：关系推理指的是通过对实体之间存在的关系进行推理，能够从现有知识中发现新的知识，在实体间建立新关联，从而达到扩充和丰富现有知识库的目的。

本节主要介绍知识图谱推理中具有代表性的两个方法：归纳逻辑程序设计（Inductive Logic Programming，ILP）和路径排序算法（Path Ranking Algorithm，PRA）。

1. 归纳逻辑程序设计算法

归纳逻辑程序设计是基于一阶逻辑的归纳方法，采用的是反向归结（Inverse Resolution）过程。归纳逻辑程序设计可以生成新的谓词，因此被称为构造性归纳。归纳逻辑程序设计是机器学习的一种形式。与基于统计的机器学习类似，归纳逻辑程序设计也是需要给定一些例子作为训练样本。所不同的是，基于统计的机器学习输出的是一个统计学的分类模型，而归纳逻辑程序设计输出的是一个逻辑程序。

下面将介绍 FOIL（First Order Inductive Learner）算法。FOIL 是归纳逻辑程序设计的代表性方法，FOIL 是著名的一阶规则学习算法，它遵循序贯覆盖框架采用自顶向下的规则归纳策略。

序贯覆盖：规则学习的目标是产生一个能覆盖尽可能多的样例的规则集。最直接的做法是序贯覆盖，即逐条归纳：在训练集上每学到一条规则，就将该规则覆盖的训练样例去除，然后以剩下的训练样例组成训练集重复上述过程。由于每次只处理一部分数据，因此也称为分治策略。

自顶向下：即从比较一般的规则开始，逐渐增加新文字以缩小规则覆盖范围，直到满足预定条件为止，也称为生成-测试法，是规则逐渐特化的过程，是从一般到特殊的过程（例如，不含任何属性的空规则，它覆盖所有的样例，就是一条比较一般的规则）。

FOIL 算法从一般到特殊，逐步添加目标谓词的前提约束谓词，直到所构成的推理规则不覆盖任何反例。从一般到特殊指的是对目标谓词或前提约束谓词中的变量赋予具体值，算法步骤如下。

（1）确定输入和输出。

输入指的是目标谓词 P、目标谓词 P 的训练样例（正例集合 T 和反例集合 F）以及其他背景知识样例。

输出指的是可得到目标谓词 P 这一结论的推理规则。

（2）求解推理规则。

第 1 步，将目标谓词作为所学习推理规则的结论。

第 2 步，将其他谓词逐一作为前提约束谓词加入推理规则，计算所得到推理规则的 FOIL 信息增益值，选取可带来最大信息增益值的前提约束谓词；并将其加入原来的推理规则，得到新的推理规则，并将训练样例集合中与该推理规则不符的样例去掉。

需要注意的是，在推理过程中，添加前提约束谓词后所得推理规则的质量好坏由信息增益值这一评估准则来判断。在 FOIL 中，信息增益值计算方法如下。

$$\text{FOIL\_Gain} = \hat{m}_+ \cdot \left(\log_2 \frac{\hat{m}_+}{\hat{m}_+ + \hat{m}_-} - \log_2 \frac{m_+}{m_+ + m_-}\right) \tag{2.1}$$

其中，$\hat{m}_+$ 和 $\hat{m}_-$ 指的是增加前提约束谓词后所得新推理规则能够覆盖的正例和反例数目，

m_+和 m_-是原推理规则所覆盖正例和反例的数目。

第 3 步，重复第 2 步，直到所得到的推理规则不覆盖任何反例。

例 2.21　通过分析下面的知识图谱（见图 2.2），利用 FOIL 算法得到新规则（David，father，Ann）。

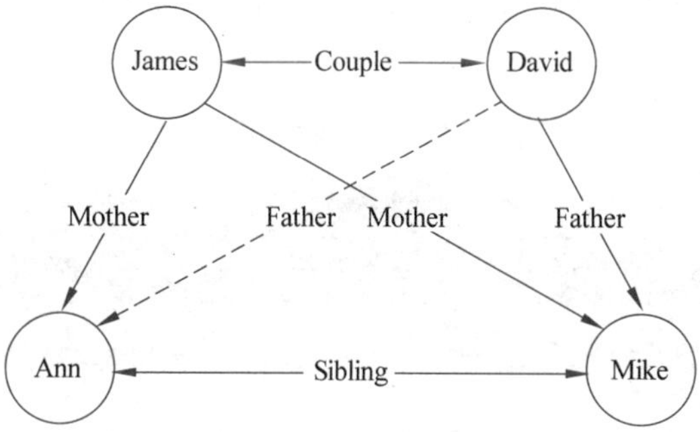

图 2.2　知识图谱

解：

（1）确定输入和输出。

输入：

目标谓词 P：Father(x，y)

目标谓词 P 的训练样例：

正例集合 T：Father(David，Mike)

反例集合 F：¬Father(David，James)，¬Father(James，Ann)，¬Father(James，Mike)，¬Father(Ann，Mike)

需要注意的是，在知识图谱中，一般不会显式给出反例，但可从知识图谱中构造出来。例如，¬Father(David，James)是通过知识图谱中已有的 Couple(David，James)构造的；¬Father(James，Ann)是通过知识图谱已有的 Mother(James，Ann)构造的；¬Father(James，Mike)、¬Father(Ann，Mike)是通过知识图谱已有的 Mother(James，Mike)构造的。

其他背景知识样例：Sibling(Ann，Mike)、Couple(David，James)、Mother(James，Ann)、Mother(James，Mike)

背景知识样例指的是目标谓词以外的其他谓词实例化结果。样例集合如表 2.6 所示。

表 2.6　样例集合

目标谓词训练样例集合		背景知识样例集合
正　例	反　例	
Father(David，Mike)	¬Father(David，James)	Couple(David，James)
	¬Father(James，Ann)	Mother(James，Ann)
	¬Father(James，Mike)	Mother(James，Mike)
	¬Father(Ann，Mike)	Sibling(Ann，Mike)

输出：什么样的规则可以得到 Father(David，Ann)成立。

(2) 求解推理规则。

第 1 步，将目标谓词 Father(x, y)作为所学习推理规则的结论，其中，x=David，y=Ann。

给定目标谓词，此时推理规则只有目标谓词，因此推理规则所覆盖的正例和反例的样本数分别是训练样本中正例和反例的数量，即 1 和 4，因此 $m_+=1$，$m_-=4$。无前提约束谓词增加如表 2.7 所示。

表 2.7 无前提约束谓词增加

推理规则		推理规则覆盖的正例和反例数目		FOIL 信息增益
目标谓词	增加的前提约束谓词	正例数目	反例数目	
Father(x, y)←	无	1	4	不需要计算

第 2 步，将谓词 Mother(·，·)、Sibling(·，·)、Couple(·，·)逐一作为前提约束谓词加入推理规则，并计算所得到推理规则的 FOIL 信息增益值。

计算加入 Mother(·，·)的 FOIL 信息增益：

加入 Mother(x,y)前提约束条件后，Father(x,y)←Mother(x,y)，正例数目从 $m_+=1$ 变成了 $\hat{m}_+=0$，反例数目从 $m_-=4$ 变成了 $\hat{m}_-=2$，代入式(2.1)得到：

$$\text{FOIL\_Gain}=\text{NA}$$

加入 Mother(x,z)前提约束条件后，Father(x,y)←Mother(x,z)，正例数目从 $m_+=1$ 变成了 $\hat{m}_+=0$，反例数目从 $m_-=4$ 变成了 $\hat{m}_-=2$，代入式(2.1)得到：

$$\text{FOIL\_Gain}=\text{NA}$$

加入 Mother(y,x)前提约束条件后，Father(x,y)←Mother(y,x)，正例数目从 $m_+=1$ 变成了 $\hat{m}_+=0$，反例数目从 $m_-=4$ 变成了 $\hat{m}_-=0$，代入式(2.1)得到：

$$\text{FOIL\_Gain}=\text{NA}$$

加入 Mother(y,z)前提约束条件后，Father(x,y)←Mother(y,z)，正例数目从 $m_+=1$ 变成了 $\hat{m}_+=0$，反例数目从 $m_-=4$ 变成了 $\hat{m}_-=1$，代入式(2.1)得到：

$$\text{FOIL\_Gain}=\text{NA}$$

加入 Mother(z,x)前提约束条件后，Father(x,y)←Mother(z,x)，正例数目从 $m_+=1$ 变成了 $\hat{m}_+=0$，反例数目从 $m_-=4$ 变成了 $\hat{m}_-=1$，代入式(2.1)得到：

$$\text{FOIL\_Gain}=\text{NA}$$

加入 Mother(z,y)前提约束条件后，Father(x,y)←Mother(z,y)，正例数目从 $m_+=1$ 变成了 $\hat{m}_+=0$，反例数目从 $m_-=1$ 变成了 $\hat{m}_-=3$，代入式(2.1)得到：

$$\text{FOIL\_Gain}=0.32$$

增加前提约束谓词 Mother(·，·)，如表 2.8 所示。

同样的方法可以得到加入 Sibling(·，·)的 FOIL 信息增益，如表 2.9 所示。

同样的方法可以得到加入 Couple(·，·)的 FOIL 信息增益，如表 2.10 所示。

表 2.8　增加前提约束谓词 Mother(· , ·)

推理规则		推理规则覆盖的正例和反例数目		FOIL 信息增益
目标谓词	增加的前提约束谓词	正例数目	反例数目	
Father(x, y) ←	Mother(x, y)	0	2	NA
	Mother(x, z)	0	2	NA
	Mother(y, x)	0	0	NA
	Mother(y, z)	0	1	NA
	Mother(z, x)	0	1	NA
	Mother(z, y)	1	3	0.32

表 2.9　增加前提约束谓词 Sibling(· , ·)

推理规则		推理规则覆盖的正例和反例数目		FOIL 信息增益
目标谓词	增加的前提约束谓词	正例数目	反例数目	
Father(x, y) ←	Sibling(x, y)	0	1	NA
	Sibling(x, z)	0	1	NA
	Sibling(y, x)	0	0	NA
	Sibling(y, z)	0	0	NA
	Sibling(z, x)	0	0	NA
	Sibling(z, y)	1	2	0.74

表 2.10　增加前提约束谓词 Couple(· , ·)

推理规则		推理规则覆盖的正例和反例数目		FOIL 信息增益
目标谓词	增加的前提约束谓词	正例数目	反例数目	
Father(x, y) ←	Couple(x, y)	0	1	NA
	Couple(x, z)	1	1	1.32
	Couple(y, x)	0	0	NA
	Couple(y, z)	0	0	NA
	Couple(z, x)	0	2	NA
	Couple(z, y)	0	1	NA

通过此轮的 FOIL_Gain 的计算,得到将 Couple(x, z)作为前提约束谓词加入的时候可带来最大信息增益值,可以得到: Couple(x, z) → Father(x, y)。

整理训练样例,去除与 Couple(x, z) → Father(x, y) 推理规则不符的样例。当 x=David,¬Father(James, Ann)、¬Father(James, Mike)、¬Father(Ann, Mike)的 x 取值均不匹配,予以去除。那么,训练样例更新如表 2.11 所示。

表 2.11 样例集合更新

目标谓词训练样例集合		背景知识样例集合
正例	反例	
Father(David, Mike)	¬Father(David, James)	Couple(David, James)
		Mother(James, Ann)
		Mother(James, Mike)
		Sibling(Ann, Mike)

通过分析样例发现，仍然存在反例 ¬Father(David, James)，算法重复第 2 步。

此时的目标谓词更新为 Couple(x, z) → Father(x, y)，如表 2.12 所示，因此推理规则所覆盖的正例和反例的样本数分别是训练样本中正例和反例的数量，即 1 和 4，因此 $m_+ = 1$，$m_- = 4$。

表 2.12 目标谓词更新

现有规则	推理规则覆盖的正例和反例数目		FOIL 信息增益
	正例数目	反例数目	
Father(x, y) ← Couple(x, z)	1	1	1.32

同样地，将谓词 Mother(·，·)、Sibling(·，·)、Couple(·，·)逐一作为前提约束谓词加入推理规则，并利用式(2.1)计算所得到推理规则的 FOIL 信息增益值，如表 2.13～表 2.15 所示。

表 2.13 增加前提约束谓词 Mother(·，·)的正、反例及 FOIL 增益值

推理规则		推理规则覆盖的正例和反例数目		FOIL 信息增益
现有规则	增加的前提约束谓词	正例数目	反例数目	
Father(x, y) ← Couple(x, z)	∧Mother(x, y)	0	0	NA
	∧Mother(x, z)	0	0	NA
	∧Mother(y, x)	0	0	NA
	∧Mother(y, z)	0	0	NA
	∧Mother(z, x)	0	0	NA
	∧Mother(z, y)	1	0	1

表 2.14 增加前提约束谓词 Sibling(·，·)的正、反例及 FOIL 增益值

推理规则		推理规则覆盖的正例和反例数目		FOIL 信息增益
现有规则	增加的前提约束谓词	正例数目	反例数目	
Father(x, y) ← Couple(x, z)	∧Sibling(x, y)	0	0	NA
	∧Sibling(x, z)	0	0	NA

续表

推理规则		推理规则覆盖的正例和反例数目		FOIL 信息增益
现有规则	增加的前提约束谓词	正例数目	反例数目	
Father(x, y) ← Couple(x, z)	∧Sibling(y, x)	0	0	NA
	∧Sibling(y, z)	0	0	NA
	∧Sibling(z, x)	0	0	NA
	∧Sibling(z, y)	0	0	NA

表 2.15　增加前提约束谓词 Couple(·，·)的正反例及 FOIL 增益值

推理规则		推理规则覆盖的正例和反例数目		FOIL 信息增益
现有规则	增加的前提约束谓词	正例数目	反例数目	
Father(x, y) ← Couple(x, z)	∧Couple(x, y)	0	1	NA
	∧Couple(x, z)	1	1	0
	∧Couple(y, x)	0	0	NA
	∧Couple(y, z)	0	0	NA
	∧Couple(z, x)	0	0	NA
	∧Couple(z, y)	0	0	NA

通过此轮的 FOIL_Gain 的计算，得到将 Mother(z, y)作为前提约束谓词加入的时候可带来最大信息增益值，可以得到：Couple(x, z)∧Mother(z, y) → Father(x, y)。通过分析训练样例，发现此时的推理规则不覆盖任何反例。至此，从知识图谱得到满足(David, father, Ann)的推理规则：

$$\text{Couple}(x, z) = \text{Mother}(z, y) \rightarrow \text{Father}(x, y)$$

其中，x = David，y = Mike，z = James。

2. 路径排序算法

路径排序算法是一种将关系路径作为特征的推理算法，通常用于知识图谱中的链接预测任务。路径排序算法计算的路径特征可以转换为逻辑规则，便于人们发现和理解知识图谱中隐藏的知识。路径排序算法的基本思想是通过发现连接两个实体的一组关系路径来预测实体间可能存在的某种特定关系。

路径排序算法的特点。优点：一是可解释性强；二是自动发现推理规则。缺点：一是处理低频关系效果不好；二是处理低连通图(数据稀疏情况)的效果不好；三是当图足够大时，路径抽取工作比较费时。

路径排序算法的算法步骤如下。

(1) 确定输入和输出。

输入指的是目标关系 P、目标关系 P 的训练样例(正例集合 T 和反例集合 F)。

(2) 特征抽取：目的是生成并选择路径特征集合。

生成路径的方式有随机游走、广度优先搜索、深度优先搜索等。

(3) 特征计算：计算每个训练样例的特征值 $P(s \rightarrow t; \pi_j)$。

该特征值表达的是从实体结点 s 出发，通过关系路径 π_j 到达实体结点 t 的概率；也可以表示为布尔值，表示实体 s 到实体 t 之间是否存在路径 π_j；还可以是实体 s 和实体 t 之间路径出现频次、频率等。

(4) 分类器训练：根据训练样例的特征值，为目标关系训练分类器。当训练好分类器后，即可将该分类器用于推理两个实体之间是否存在目标关系。

例 2.22 通过分析图 2.2 所示的知识图谱，利用路径排序算法判断 David 和 Ann 之间的路径关联是否足够支持表述 Father 这一关系。

解：

(1) 确定输入和输出。

目标关系：Father(s, t)。

根据知识图谱提取，目标关系 Father 的训练样例：1 个正例，3 个反例。

正例：(David, Mike)，标签记为 +1。

反例：(David, James)，(James, Ann)，(James, Mike)，标签记为 −1。

(2) 从知识图谱采样得到路径，每个路径链接上述每个训练样例中两个实体：

(David, Mike)对应路径：Couple →Mother

(David, James)对应路径：Father →Mother^{-1}(Mother^{-1}与 Mother 为相反关系)

(James, Ann)对应路径：Mother →Sibling

(James, Mike)对应路径：Couple →Father

(3) 对于每个正例/负例，判断上述 4 条路径可否链接其包含的两个实体，将可链接(记为 1)和不可链接作为特征，每个训练样例得到一个 4 维的特征向量。

(David, Mike)特征向量：[1, 0, 0, 0]

(David, James)特征向量：[0, 1, 0, 0]

(James, Ann)特征向量：[0, 0, 1, 0]

(James, Mike)特征向量：[0, 0, 1, 1]

至此，可以得到 4 个训练样例的特征表示及标签信息。

(David, Mike)：{[1, 0, 0, 0], +1}

(David, James)：{[0, 1, 0, 0], −1}

(James, Ann)：{[0, 0, 1, 0], −1}

(James, Mike)：{[0, 0, 1, 1], −1}

(4) 依据训练样本，训练分类器 M。

(5) 判断 David 和 Ann 之间的路径关联是否足够支持表述 Father 这一关系。

(David,Ann) 特征向量：[1, 0, 0, 0]

输入到分类器 M 中，会得到分类结果是+1，说明 Father(David, Ann)成立。

习 题

2.1 判断下列句子是否命题。

(1) 4 是素数。

(2) x 大于 y，其中，x 和 y 是任意的两个数。

(3) 火星上有水。

(4) 请不要吸烟！

(5) 这朵花真美丽啊！

2.2 将下列陈述句符号化。

(1) $\sqrt{2}$ 是有理数是不对的。

(2) 2 是偶素数。

(3) 2 或 4 是素数。

(4) 如果 2 是素数，则 3 也是素数。

(5) 2 是素数当且仅当 3 也是素数。

2.3 写出下列公式的真值表。

(1) $\neg p \wedge q \rightarrow \neg r$

(2) $(p \wedge \neg q) \leftrightarrow (q \wedge \neg p)$

(3) $\neg (p \rightarrow p) \wedge q \wedge r$

2.4 判断下列命题是否等值。

(1) $p \rightarrow (q \rightarrow r)$ 与 $p \wedge q \rightarrow r$

(2) $(p \rightarrow q) \rightarrow r$ 与 $p \wedge q \rightarrow r$

2.5 写出下列式子的析取范式。

(1) $(\neg p \wedge q) \rightarrow (\neg q \wedge p)$

(2) $(\neg p \wedge q) \wedge (q \wedge r)$

2.6 写出下列式子的合取范式。

(1) $\neg (q \rightarrow \neg p) \wedge \neg p$

(2) $(p \wedge q) \vee (\neg p \wedge r)$

2.7 请说明知识图谱是怎么构建的？

2.8 根据下列信息，构建知识图谱。

实体[人类，城市，商品]

关系[小明居住在上海，小明买了一箱可口可乐，小明经常喝碳酸饮料]

2.9 如果将例 2.21 里的 James 和 Ann 之间的 Mother 关系去掉，同时添加 David 和 Ann 之间的 Father 关系，请画出新的知识图谱结构；同时，试运用 FOIL 算法推出 James 和 Ann 的 Mother 关系。

2.10 在 2.9 题构建的知识图谱结构图上，试运用路径排序算法推出 James 和 Ann 的 Mother 关系。

第3章

搜索求解

3.1 搜索概述

搜索是人工智能的一个基本问题，是一种求解问题的一般方法，也是人工智能的一个主要应用领域。

在求解一个问题时，一般涉及两方面：一是如何表示问题，即将问题用合适的方法描述出来；二是如何解决问题，即找到一种可行的问题求解方法。求解问题的基本方法包含搜索法、归纳法、归结法、推理法、产生式法等多种方法。由于大多数需要采用人工智能方法求解的问题缺乏直接的解法，因此，搜索法可以作为问题求解的一般方法。在人工智能领域中，搜索法被广泛应用于下棋等游戏软件中。

本章首先讨论搜索的基本概念，然后着重介绍状态空间知识表示和搜索策略，主要有宽度优先搜索、深度优先搜索等盲目的图搜索策略、A 及 A^* 搜索算法等启发式图搜索策略，以及 Alpha-Beta 剪枝算法和蒙特卡罗搜索算法。

3.1.1 搜索的基本问题与主要过程

1. 什么是搜索

人工智能所研究的对象大多属于结构不良或者非结构化的问题，一般很难获得问题的全部信息，也没有现成求解算法使用，只能依靠经验，利用已有知识逐步摸索求解。像这种根据问题的实际情况，不断寻找可利用知识，从而构造一条代价最小的推理路线，使问题得以解决的过程称为搜索。

2. 搜索中需要解决的基本问题

(1) 是否一定能找到一个解。

(2) 找到的解是否是最佳解。

(3) 时间与空间复杂性如何。

(4) 是否终止运行或是否会陷入一个死循环。

3. 搜索的主要过程

(1) 从初始或目的状态出发，并将它作为当前状态。

(2) 扫描操作算子集，将适用当前状态的一些操作算子作用于当前状态而得到新的状态，并建立指向其父结点的指针。

(3) 检查所生成的新状态是否满足结束状态，如果满足，则得到问题的一个解，并可沿着有关指针从结束状态反向到达开始状态，给出一解答路径；否则，将新状态作为当前状态，返回第(2)步再进行搜索。

3.1.2　搜索算法分类

搜索算法可根据其是否采用智能方法分为盲目搜索算法和启发式搜索算法。

1. 盲目搜索

指在搜索之前就预定好控制策略，在不具有对特定问题的任何有关信息的条件下，按固定的步骤(依次或随机调用操作算子)进行的搜索。因整个搜索过程中的策略不再改变，盲目搜索算法的灵活性较差，搜索效率较低，不便于复杂问题的求解。

2. 启发式搜索

指可以利用搜索过程得到的中间信息来引导搜索过程向最优方向发展的算法。算法动态地确定调用操作算子的步骤，优先选择较适合的操作算子，尽量减少不必要的搜索，以求尽快地到达结束状态。

3.2　状态空间表示法

状态空间的搜索是人工智能中最基本的求解问题方法，它采用状态空间表示法来表示要求解的问题。状态空间搜索的基本思想是利用“状态”和“操作算子”来表示和求解问题。

3.2.1　状态空间表示的基本概念

首先介绍状态空间表示法，它主要包含以下三个概念。

1. 状态

状态是指问题在任意确定时刻的状况，它用来表征问题的特征、结构等属性。状态一般以一组变量或数组进行表示。在状态空间图中，状态表示为结点。在程序中，状态可以用字符、数字、记录、数组、结构、对象等进行表示。

2. 操作

操作是能够使问题状态发生改变的某种规则、行为、变换、关系、函数、算子、过程等，也被称为状态转换规则。在状态空间图中，操作表示为边。在程序中，操作可以用数据对条件语句、规则、函数、过程等进行表示。

3. 状态空间

状态空间是由一个问题的全部状态，以及这些状态之间的相互关系所构成的集合，可用一个三元组表示：

$$(S, F, G)$$

其中，S 是问题的初始状态集合；G 是问题的目标状态集合；F 是问题的状态转化规则集合。

下面以一个具体的例子描述状态空间表示法。

例 3.1　迷宫问题。走迷宫是人们熟悉的一种游戏，图 3.1 是一个迷宫，目标是从迷宫左侧的入口出发，找到一条到达右侧出口的路径。

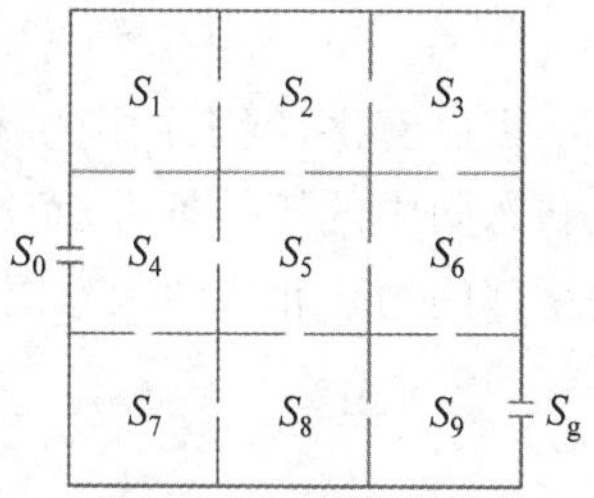

图 3.1　迷宫问题

解：以每个格子作为一个状态，并用其标识符表示。那么两个标识符的序对就是一个状态转换规则，即操作。于是迷宫的状态空间表示为

S：S_0

F：$\{(S_0,S_4),(S_4,S_0),(S_4,S_1),(S_1,S_4),(S_1,S_2),(S_2,S_1),(S_2,S_3),(S_3,S_2),(S_4,S_7),(S_7,S_4),(S_4,S_5),(S_5,S_4),(S_5,S_6),(S_6,S_5),(S_5,S_8),(S_8,S_5),(S_8,S_9),(S_9,S_8),(S_9,S_g)\}$

G：S_g

3.2.2 状态空间的图描述

状态空间可以用有向图来描述，图的结点表示问题的状态，图的弧表示从一个状态转换为另一个状态的操作，状态空间图可以描述问题求解的步骤。初始状态对应于实际问题的已知信息，是图中的根结点。在问题的状态空间描述中，寻找从一种状态转换为另一种状态的某个操作算子序列就等价于在状态空间中寻找某一路径。

图 3.2 描述了一个有向图表示的状态空间。其中，初始状态为 S_0，针对 S_0 允许使用操作 F_1、F_2 和 F_3 并分别使 S_0 转换为 S_1、S_2 和 S_3。这样一步步利用操作转换下去，可以得到目标状态，如 $S_{10} \in G$，则路径 F_2、F_6、F_{10} 就是一个解。

仍以例 3.1 中的迷宫问题为例，如果把迷宫的每个空间和出入口作为一个结点，把通道作为边，则迷宫可以由一个有向图表示，如图 3.3 所示，那么走迷宫其实就是从该有向图的初始结点（入口）出发，寻找目标结点（出口）的问题，或者是寻找通向目标结点的路径的问题。

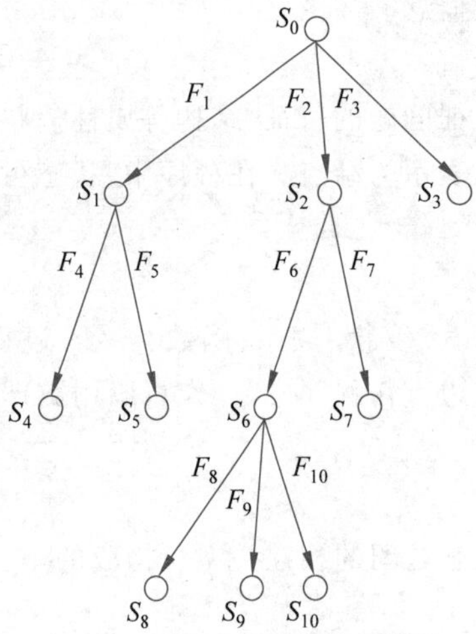

图 3.2 状态空间的有向图描述

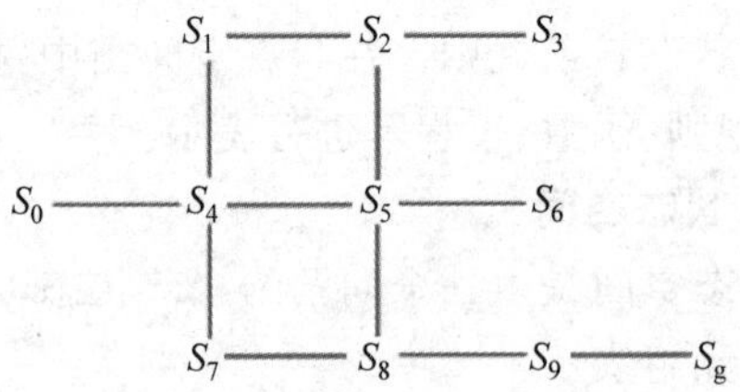

图 3.3 迷宫的有向图表示

可以看出，例 3.1 中的状态转换规则（操作）是迷宫的任意两个格子间的通道，也就是对应状态图中的任一条边，而这个规则正好描述了图中的所有的结点和边。类似于这样罗列出全部的结点和边的状态图称为显示状态图，或者说状态图的显示表示。

3.3 盲目搜索

3.3.1 盲目搜索概述

针对一些通用性较强、较为简单的问题，往往采用盲目搜索策略解决。盲目搜索策略又称非启发式搜索，是一种无信息搜索。一般来说，盲目搜索是按预定的搜索策略进行搜索，而没有利用与问题有关的有利于找到问题解的信息或知识。本节主要介绍两种盲目搜索算法：深度优先搜索和宽度优先搜索。

3.3.2 深度优先搜索算法

在深度优先搜索（Depth First Search，DFS）中，当分析一个结点时，在分析它的任何“兄弟”结点之前分析它的所有“后代”，如图3.4所示。深度优先搜索尽可能地向搜索空间的更深层前进，如图3.4所示的深度优先搜索顺序为A、B、D、E、C、F、G。

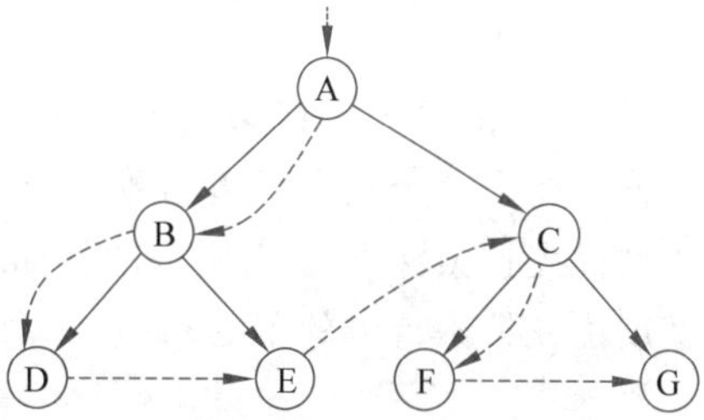

图3.4 深度优先搜索排序

首先介绍一下扩展的概念。所谓扩展，就是用合适的算符对某个结点进行操作，生成一组后继结点，扩展过程实际上就是求后继结点的过程。所以，对于状态空间图中的某个结点，如果求出了它的后继结点，则此结点为已扩展的结点，而尚未求出后继结点的结点称为未扩展结点。在实际搜索过程中，为了保存状态空间搜索的轨迹，引入了两张表：open表和closed表。open表保存了未扩展的结点，open表中的结点排列次序就是搜索次序。closed表用于存放将要扩展或者已经扩展的结点，它是一个搜索记录器，保存了当前搜索图上的结点。open表和closed表的数据结构分别如表3.1和表3.2所示。

表3.1 open表的结构

状态结点	父结点

表3.2 closed表的结构

编号	状态结点	父结点

对于许多问题，深度优先搜索状态空间树的深度可能为无限深，为了避免算法向空间深入时“迷失”（防止搜索过程沿着无用的路径扩展下去），往往给出一个结点扩展的最大深度——深度界限。

含有深度界限的深度优先搜索算法如下。

（1）建立一个只含初始结点 S_0 的搜索图 G，把 S_0 放入open表。

（2）如果open表是空的，则搜索失败。

（3）从open表中取出第一个结点，置于closed表中，给这个结点编号为 n。

（4）如果 n 是目标结点，则得解，算法成功退出。解路径可从目标结点开始直到初始结点的返回指针中得到。

(5) 扩展结点 n。如果它没有后继结点，则转到步骤(2)；否则，生成 n 的所有后继结点集 $M=\{m_i\}$，把 m_i 作为 n 的后续结点添入 G。为 m_i 添加一个返回到 n 的指针，并把它们放入 open 表的前端。

(6) 返回第(2)步。

注意：*在深度优先搜索中，open 表是一个堆栈结构，即先进后出(FILO)的数据结构。open 表用堆栈实现的方法使得搜索偏向于最后生成的状态。*

整个搜索过程产生的结点和指针构成一棵隐式定义的状态空间树的子树，称为搜索树。下面以八数码问题为例，描述搜索树的构建过程。

例 3.2 八数码问题的状态空间：在一个 3×3 的方棋盘上放置着 1,2,3,4,5,6,7,8 八个数码，每个数码占一格，且有一个空格。这些数码可以在棋盘上移动，其移动规则是：与空格相邻的数码方格可以移入空格。需要找到一个移动序列使初始排列布局变为指定的目标排列布局，如图 3.5 所示。

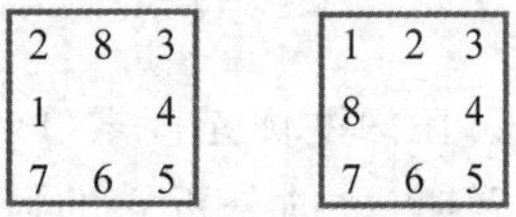

图 3.5 八数码难题

解：图 3.6 绘出了把深度优先搜索应用于八数码难题的搜索树。搜索树上每个结点旁边的数字表示结点扩展的先后顺序，设置深度优先搜索深度为 5，空格的移动顺序为左、上、右、下。图 3.6 中加粗实线表示的路径是宽度优先搜索得到的解的路径。

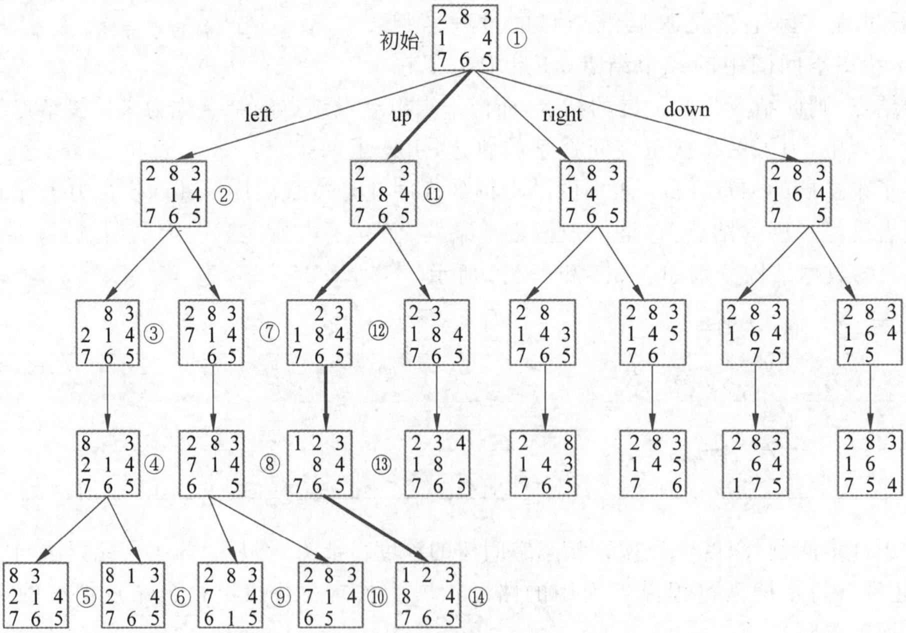

图 3.6 八数码难题的深度优先搜索树

3.3.3 宽度优先搜索算法

如果搜索是以接近起始结点的程度依次扩展结点的，那么这种搜索就叫作宽度优先搜索(Breadth First Search,BFS)，如图 3.7 所示。宽度优先搜索是逐层进行的，在对下一层的任意结点搜索之前，必须完成本层的所有结点。如图 3.7 所示的宽度优先搜索顺序为 A、B、C、D、E、F、G。

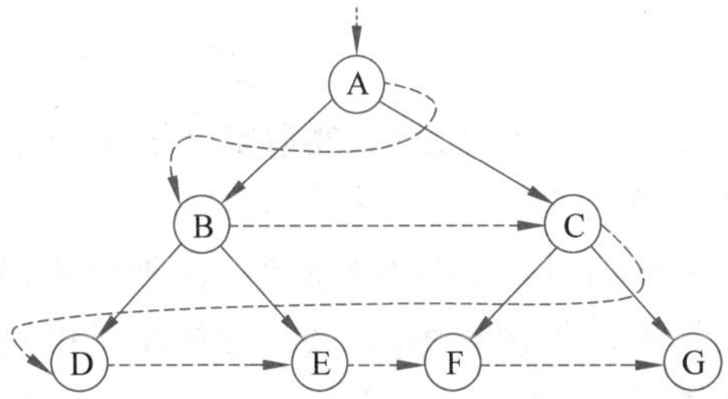

图 3.7 宽度优先搜索排序

宽度优先搜索算法如下。

(1) 建立一个只含初始结点 S_0 的搜索图 G，把 S_0 放入 open 表。

(2) 如果 open 表是空的，则搜索失败。

(3) 从 open 表中取出第一个结点，置于 closed 表中，给这个结点编号为 n。

(4) 如果 n 是目标结点，则得解，算法成功退出。解路径可从目标结点开始直到初始结点的返回指针中得到。

(5) 扩展结点 n。如果它没有后继结点，则转到步骤(2)；否则，生成 n 的所有后继结点集 $M=\{m_i\}$，把 m_i 作为 n 的后续结点添入 G。为 m_i 添加一个返回到 n 的指针，并把它们放入 open 表的末端。

(6) 返回第(2)步。

注意：宽度优先搜索中，open 表示一个队列结构，即先进先出(FIFO)的数据结构。

显然，宽度优先搜索算法能够保证在搜索树中找到一条通往目标结点的最短路径，图 3.8 绘出了宽度优先搜索应用于八数码难题的搜索树，包含所有存在的路径。

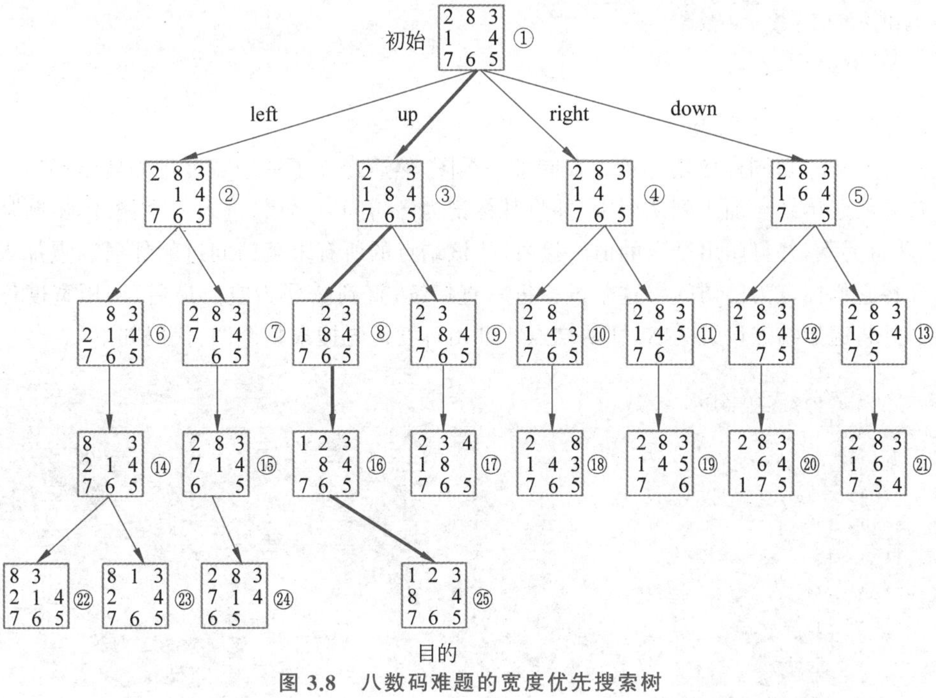

图 3.8 八数码难题的宽度优先搜索树

3.3.4 盲目搜索算法的 Python 实现

1. 深度优先算法 Python 实现

在这个例子里，使用邻接表存储了一个图，然后定义了一个深度优先搜索函数。在函数中，首先将起始结点加入到已访问的集合中，并打印出结点的值。然后对于起始结点的每个邻居结点，如果该结点没有被访问过，则递归调用深度优先搜索函数，并将该结点加入到已访问的集合中。最后，调用深度优先搜索函数，并将起始结点设置为'A'，即从结点'A'开始深度优先搜索整个图，代码如下。

```
#定义一个邻接表存储图
graph = {
    'A': ['B', 'C'],
    'B': ['D', 'E'],
    'C': ['F'],
    'D': [],
    'E': ['F'],
    'F': []
}
#定义深度优先搜索函数
def dfs(graph, start, visited=None):
    if visited is None:
        visited = set()
    visited.add(start)
    print(start)
    for next_node in graph[start]:
        if next_node not in visited:
            dfs(graph, next_node, visited)
#调用深度优先搜索函数
dfs(graph, 'A')
```

2. 宽度优先算法 Python 实现

在这个例子里，同样使用邻接表存储了一个图，然后定义了一个宽度优先搜索函数。在函数中，首先将起始结点加入到队列中，并将其标记为已访问。然后，进入一个循环，不断从队列中取出队首元素，并打印出结点的值。接着，将该结点的所有未被访问过的邻居结点加入到队列中，并将它们标记为已访问。这个过程将一直持续，直到队列为空。最后，调用宽度优先搜索函数，并将起始结点设置为'A'，即从结点'A'开始宽度优先搜索整个图，代码如下。

```
#定义一个邻接表存储图
graph = {
    'A': ['B', 'C'],
    'B': ['D', 'E'],
    'C': ['F'],
    'D': [],
    'E': ['F'],
    'F': []
}
```

```python
#定义宽度优先搜索函数
def bfs(graph, start):
    visited = set()
    queue = [start]
    while queue:
        node = queue.pop(0)
        if node not in visited:
            visited.add(node)
            print(node)
            queue.extend(graph[node] - visited)
#调用宽度优先搜索函数
bfs(graph, 'A')
```

3.4 启发式搜索

3.4.1 启发式搜索概述

盲目搜索方法需要产生大量的结点才能找到解路径，所以其搜索的复杂性往往是很高的。如果能找到一种搜索算法，充分利用待求解问题自身的某些特性信息，来指导搜索朝着最有利于问题求解的方向发展，即在选择结点进行扩展时，选择那些最有希望的结点加以扩展，那么搜索效率会大大提高。这种利用问题自身特性信息来提高搜索效率的搜索策略，称为启发式搜索。本节首先介绍启发式搜索策略及其所涉及的概念、启发信息、估价函数，然后具体介绍启发式图搜索算法——A 及 A^* 算法。

3.4.2 启发信息和估价函数

在搜索过程中，关键的一步是确定如何选择下一个要被考察的结点，不同的选择方法就是不同的搜索策略。如果在确定要被考察的结点时，能够利用被求解问题的有关特性信息，估计出各结点的重要性，那么就可以选择重要性较高的结点进行扩展，以便提高求解的效率。像这样的可用于指导搜索过程且与具体问题求解有关的控制性信息称为启发信息。

启发信息按作用不同可分为以下三种。

(1) 用于扩展结点的选择，即用于决定应先扩展哪一个结点，以免盲目扩展。

(2) 用于生成结点的选择，即用于决定要生成哪一个或哪几个后继结点，以免盲目生成过多无用的结点。

(3) 用于删除结点的选择，即用于决定删除哪些无用结点，以免造成进一步的时空浪费。

为提高搜索效率就需要利用上述三种启发信息作为搜索的辅助性策略，在搜索过程中需要根据这些启发信息估计各个结点的重要性。本节所描述的启发信息属于第一种启发信息，即决定哪个结点是下一步要扩展的结点，把这一结点称为“最有希望”的结点。那么如何来度量结点的“希望”程度呢？通常可以构造一个函数来度量，称这种函数为估价函数。

估价函数用于估算待搜索结点“希望”程度，并依次给它们排定次序。因此，估价函数 $f(n)$ 定义为从初始结点经过结点 n 到达目标结点的路径的最小代价估计值，其一般形式是

$$f(n)=g(n)+h(n)$$

其中，$g(n)$是从初始结点到结点 n 的实际代价，而 $h(n)$是从结点 n 到目标结点的最佳路径估计代价，称为启发函数。

$g(n)$的作用一般是不可忽略的，因为它代表了从初始结点经过结点 n 到达目标结点的总代价估值中实际已付出的那一部分。保持 $g(n)$项就保持了搜索的宽度优先成分，$g(n)$的比重越大，越倾向于宽度优先搜索方式。而 $h(n)$的比重越大，则表示启发性越强。

3.4.3 A 算法

启发式搜索是在搜索路径的控制信息中增加关于被求解问题的相关特征，从而指导搜索向最有希望到达目标结点的方向前进，提高搜索效率。在实际问题求解中，需要用启发信息引导搜索，从而减少搜索量。启发式策略及算法设计一直是人工智能的核心问题之一。它的基本特点是如何寻找并设计一个与问题有关的启发式函数 $h(n)$及构造相应的估价函数 $f(n)$。有了 $f(n)$就可以按照 $f(n)$的大小来安排带扩展结点的次序，选择 $f(n)$最小的结点先进行扩展。

启发式图搜索法使用两张表记录状态信息：在 open 表中保留所有未扩展的结点；在 closed 表中记录已扩展的结点。进入 open 表的状态是根据其估值的大小插入到表中合适的位置，每次从表中优先取出启发估价函数值最小的状态加以扩展。

A 算法是基于估价函数的一种加权启发式图搜索算法，具体步骤如下。

(1) 建立一个只含初始结点 S_0 的搜索图 G，把 S_0 放入 open 表，并计算 $f(S_0)$的值。

(2) 如果 open 表是空的，则搜索失败。

(3) 从 open 表中取出 f 值最小的结点(第一个结点)，置于 closed 表中，给这个结点编号为 n。

(4) 如果 n 是目标结点，则得解，算法成功退出。解路径可从目标结点开始直到初始结点的返回指针中得到。

(5) 扩展结点 n。如果它没有后继结点，则转到步骤(2)；否则，生成 n 的所有后继结点集 $M=\{m_i\}$，把 m_i 作为 n 的后续结点添入 G，并计算 $f(m_i)$。

(6) 若 m_i 未曾在 G 中出现过，即未曾在 open 表或 closed 表中出现过，就将它配上刚计算过的 $f(m_i)$值并添加一个返回到 n 的指针，把它们放入 open 表中。

(7) 若 m_i 已在 open 表中，则需要把原来的 g 值与现在刚计算过的 g 值相比较：若前者不大于后者，则不做任何修改；若前者大于后者，则将 open 表中该结点的 f 值更改为刚计算的 f 值，返回指针更改为 n。

(8) 若 m_i 已在 closed 表中，但 $g(m_i)$小于原先的 g 值，则将表中该结点的 g、f 值及返回指针进行类似第(7)步的修改，并要考虑修改表中通向该结点的后继结点的 g、f 值及返回指针。

(9) 按 f 值自小至大的次序，对 open 表中的结点重新排序。

(10) 返回第(2)步。

例 3.3 用 A 算法求解八数码难题。

解：图 3.9 给出了利用 A 算法求解八数码难题的搜索树，解的路径为 S(4)→B(4)→E(5)→I(5)→K(5)→L(5)。图 3.9 中状态旁括号内的数字表示该状态的估价函数值，其估

价函数定义为

$$f(n)=g(n)+w(n)$$

式中，$g(n)$代表状态的深度，每步为单位代价；$w(n)$表示以"不在位"的数码作为启发信息的度量。例如，B 的状态深度为 1，不在位的数码数为 3，所以 B 的启发函数值为 4，记为 B(4)，搜索过程如图 3.9 所示。

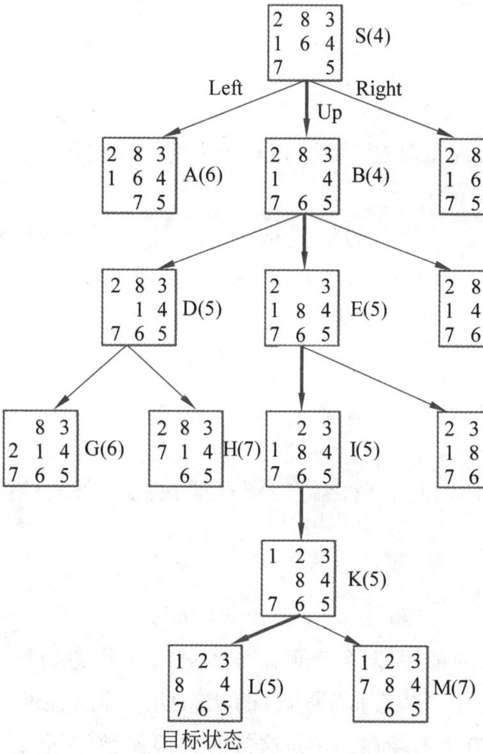

图 3.9　八数码难题的 A 算法搜索树

搜索过程中 open 表和 closed 表内状态排列的变化情况如表 3.3 所示。

表 3.3　open 表和 closed 表状态排列的变化表

Open 表	Closed 表
初始化：(S(4))	(　)
一次循环后： (B(4)，A(6)，C(6))	(S(4))
二次循环后： (D(5)，E(5)，A(6)，C(6)，F(6))	(S(4)，B(4))
三次循环后： (E(5)，A(6)，C(6)，F(6)，G(6)，H(7))	(S(4)，B(4)，D(5))
四次循环后： (I(5)，A(6)，C(6)，F(6)，G(6)，H(7)，J(7))	(S(4)，B(4)，D(5)，E(5))
五次循环后： (K(5)，A(6)，C(6)，F(6)，G(6)，H(7)，J(7))	(S(4)，B(4)，D(5)，E(5)，I(5))

续表

Open 表	Closed 表
六次循环后： (L(5)，A(6)，C(6)，F(6)，G(6)，H(7)，J(7)，M(7))	(S(4)，B(4)，D(5)，E(5)，I(5)，K(5))
七次循环后： L 为目的状态，则成功退出，结束搜索	(S(4)，B(4)，D(5)，E(5)，I(5)，K(5)，L(5))

3.4.4 A* 搜索算法

A* 搜索算法是由著名的人工智能学者 Nilsson 提出的，它是目前最有影响的启发式图搜索算法，也称为最佳图搜索算法。

定义 $h^*(n)$为状态 n 到目的状态的最优路径的代价，对所有结点 n，当 A 搜索算法的启发函数 $h(n)$小于或等于 $h^*(n)$，即满足 $h(n)\leqslant h^*(n)$时，称为 A* 搜索算法。

如果某一问题有解，那么利用 A* 搜索算法对该问题进行搜索则一定能搜索到解，并且一定能搜索到最优解。

A* 搜索算法有以下三点特性。

1. 可采纳性

如果一个搜索算法对于任何具有解路径的图都能找到一条最佳路径，则称此算法为可采纳的。

定义最优估价函数为

$$f^*(n)=g^*(n)+h^*(n)$$

式中，$g^*(n)$为起点到 n 状态的最短路径代价值；$h^*(n)$是 n 状态到目的状态路径的代价值。这样，$f^*(n)$就是起点出发通过 n 状态而到达目的状态的最佳路径的总代价。

尽管在大部分实际问题中并不存在 $f^*(n)$这样的先验函数，但可以将 $f(n)$作为 $f^*(n)$的近似值函数。在 A 及 A* 搜索算法中，$g(n)$作为 $g^*(n)$的近似代价，则 $g(n)\geqslant g^*(n)$，仅当搜索过程已发现了到达 n 状态的最佳路径时，它们才相等。同样，可以使用 $h(n)$代替 $h^*(n)$作为 n 状态到目的状态的最小代价估计值。如果 A 搜索算法所使用的估价函数 $f(n)$能达到 $f(n)$中的 $h(n)\leqslant h^*(n)$时，则称为 A* 搜索算法。

可以证明，所有的 A* 搜索算法都是可采纳的。

2. 单调性

如果启发函数 h 对任何结点 n_i 和 n_j，只要 n_j 是 n_i 的后继，都有 $h(n_i)-h(n_j)\leqslant c(n_i, n_j)$，其中，$c(n_i, n_j)$是从 n_i 到 n_j 的实际代价，且 $h(t)=0$(t 是目标结点)，则称启发函数 h 是单调的。

搜索算法的单调性：在整个搜索空间都是局部可采纳的。一个状态和任一个子状态之间的差由该状态与其子状态之间的实际代价所限定。A* 搜索算法中采用单调性启发函数，可以减少比较代价和调整路径的工作量，从而减少搜索代价。

3. 信息性

在两个 A* 启发策略的 h_1 和 h_2 中，如果对搜索空间中的任一状态 n 都有 $h_1(n)\leqslant h_2(n)$，就称策略 h_2 比 h_1 具有更多的信息性。

如果某一搜索策略的 $h(n)$ 越大,则 A* 算法搜索的信息性越多,所搜索的状态越少,但更多的信息性需要更多的计算时间,可能抵消减少搜索空间所带来的益处。

3.4.5 A* 算法的 Python 实现

下面是使用 Python 实现 A* 算法的一个实例,基本步骤如下。

(1) 定义地图:定义一个地图通常可以使用二维列表来表示。例如,0 代表可以通过的空地,1 代表墙壁或障碍物等。

(2) 定义起点和终点:需要指定起点和终点的坐标。

(3) 定义结点:需要定义一个结点类,包含结点的坐标、父结点、g 值、h 值、f 值等信息。

(4) 实现 A* 算法:根据算法流程,首先从起点开始,计算周围结点的 f 值,并将其加入开放列表中。从开放列表中选取 f 值最小的结点,计算周围结点的 f 值,并将其加入开放列表中。直到找到终点或者开放列表为空。

Python 代码实现:

```
import heapq

class Node:
    def __init__(self, x, y, parent=None):
        self.x = x
        self.y = y
        self.parent = parent
        self.g = 0
        self.h = 0
        self.f = 0

    def __lt__(self, other):
        return self.f < other.f

def astar(start, end, grid):
    open_list = []
    closed_list = set()
    heapq.heappush(open_list, start)

    while open_list:
        current = heapq.heappop(open_list)
        if current.x == end.x and current.y == end.y:
            path = []
            while current:
                path.append((current.x, current.y))
                current = current.parent
            return path[::-1]

        closed_list.add(current)

        for i, j in [(0, 1), (1, 0), (0, -1), (-1, 0)]:
```

```
            x = current.x + i
            y = current.y + j

            if x < 0 or y < 0 or x >= len(grid) or y >= len(grid[0]):
                continue

            if grid[x][y] == 1:
                continue

            neighbor = Node(x, y, current)
            neighbor.g = current.g + 1
            neighbor.h = abs(x - end.x) + abs(y - end.y)
            neighbor.f = neighbor.g + neighbor.h

            if neighbor in closed_list:
                continue

            if neighbor not in open_list:
                heapq.heappush(open_list, neighbor)

    return None
    #创建一个示例的地图
    grid = [
        [0, 0, 0, 0, 0],
        [0, 1, 1, 0, 0],
        [0, 1, 0, 0, 0],
        [0, 1, 0, 1, 0],
        [0, 0, 0, 0, 0]
    ]

    #设置起始结点和目标结点
    start = Node(0, 0)
    end = Node(4, 4)

    #执行A*搜索
    path = astar(start, end, grid)
    print("A*搜索结果:", path)
```

3.5 对抗搜索

3.5.1 博弈概述

博弈是一类富有智能行为的竞争活动，如下棋、打牌、摔跤等。博弈可分为双人完备信息博弈和机遇性博弈。双人完备信息博弈就是两位选手对垒，轮流走步，每方不仅知道对方已经走过的棋步，还能估计出对方未来的走步。对弈的结果是一方赢，另一方输或者双方和局。这类博弈的实例有象棋、围棋等。机遇性博弈是指存在不可预测性的博弈，如掷币等。由于机遇性博弈不具备完备信息，因此不讨论。本节主要讨论双人完备信息博弈问题。

在双人完备信息博弈过程中，双方都希望自己能够获胜，因此当任何一方走步时，都是选择对自己最有利的而对另一方最不利的行动方案。假设博弈的一方为 MAX，另一方为 MIN。在博弈过程的每步，可供 MAX 和 MIN 选择的行动方案都可能有多种，从 MAX 方的观点看，可供自己选择的那些行动方案之间是“或”的关系，原因是主动权掌握在 MAX 手里，选择哪个方案完全是自己决定的；而那些可供对方选择的行动方案之间是“与”的关系，原因是主动权掌握在 MIN 的手里，任何一个方案都有可能被 MIN 选中，MAX 必须防止那种对自己最不利的情况发生。

若把双人完备信息博弈过程用图表示出来，就可以得到一棵与/或树，这种与/或树被称为博弈树。在博弈树中，下一步该 MAX 走步的结点称为 MAX 结点，而下一步该 MIN 走步的结点称为 MIN 结点。博弈树具有如下特点。

（1）博弈的初始状态是初始结点。

（2）博弈树中的 MAX 结点和 MIN 结点是逐层交替出现的。

3.5.2 极大极小过程

简单的博弈问题可以生成整个博弈树，找到必胜的策略。但复杂的博弈，如国际象棋，大约有 10^{120} 个结点，要生成整个搜索树是不可能的，一种可行的方法是用当前正在考察的结点生成一棵部分博弈树，由于该博弈树的叶结点一般不是哪一方的获胜结点，因此需要利用估价函数 $f(n)$ 对叶结点进行静态估值。一般来说，那些对 MAX 有利的结点，其估价函数取正值；那些对 MIN 有利的结点，其估价函数取负值；那些使双方利益均等的结点，其估价函数取接近于 0 的值。

为了计算非叶结点的值，必须从叶结点向上倒推。由于 MAX 方总是选择估值最大的走步，因此，MAX 结点的收益应该取其后继结点估值的最大值。由于 MIN 方总是选择使估值最小的走步，因此 MIN 结点的收益应取其后继结点估值的最小值。这样一步一步地计算收益，直至求出初始结点的收益为止。由于我们是站在 MAX 的立场上，因此应选择具有最大收益的走步，这一过程称为极大极小过程。

下面给出一个极大极小过程的例子。

例 3.4 一字棋游戏。设有一个三行三列的棋盘，如图 3.10 所示，两个棋手轮流走，每个棋手走步时往空格上摆一个自己的棋子，谁先使自己的棋子成三子一线为赢。设 MAX 方的棋子用×标记，MIN 方的棋子用○标记，并规定 MAX 方先走步。

解：为了对叶结点进行静态估值，规定估价函数 $e(P)$ 如下。

若 P 是 MAX 的必胜局，则 $e(P)=+\infty$。

若 P 是 MIN 的必胜局，则 $e(P)=-\infty$。

若 P 对 MAX、MIN 都是胜负未定局，则是 $e(P)=e(+P)-e(-P)$。式中，$e(+P)$ 表示棋局 P 上有可能使×成三子一线的数目，$e(-P)$ 表示棋局 P 上有可能使○成三子一线的数目。例如，对如图 3.11 所示的棋局有估价函数值 $e(P)=6-4=2$。

在搜索过程中，具有对称性的棋局认为是同一棋局。例如，如图 3.12 所示的棋局可以认为是同一个棋局，这样可以大大减少搜索空间。图 3.13 给出了第一招走棋以后生成的博弈树。叶结点下面的数字是该结点的静态估值，非叶结点旁边的数字是计算出的收益。可以看出，对 MAX 来说，S_3 是一招最好的走棋，它具有较大的收益。

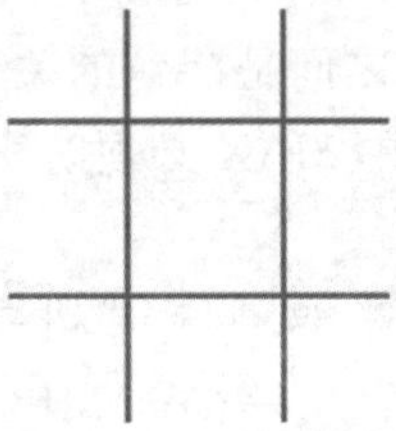

图 3.10　一字棋棋盘

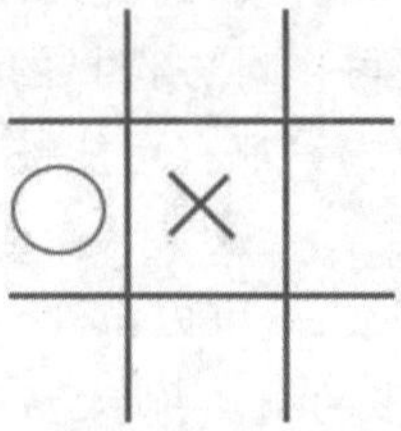

图 3.11　棋局 1

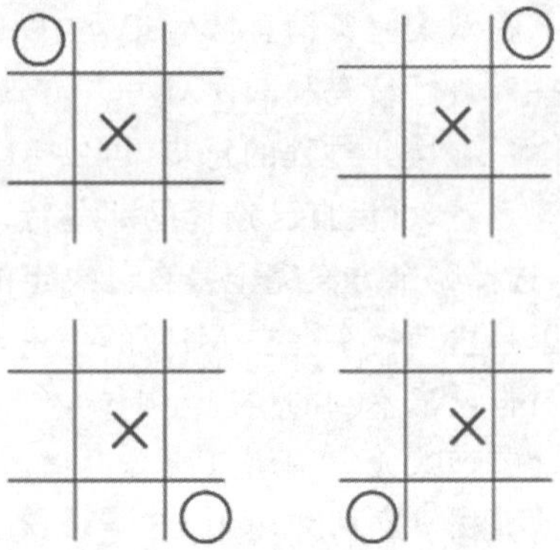

图 3.12　对称棋局的棋子

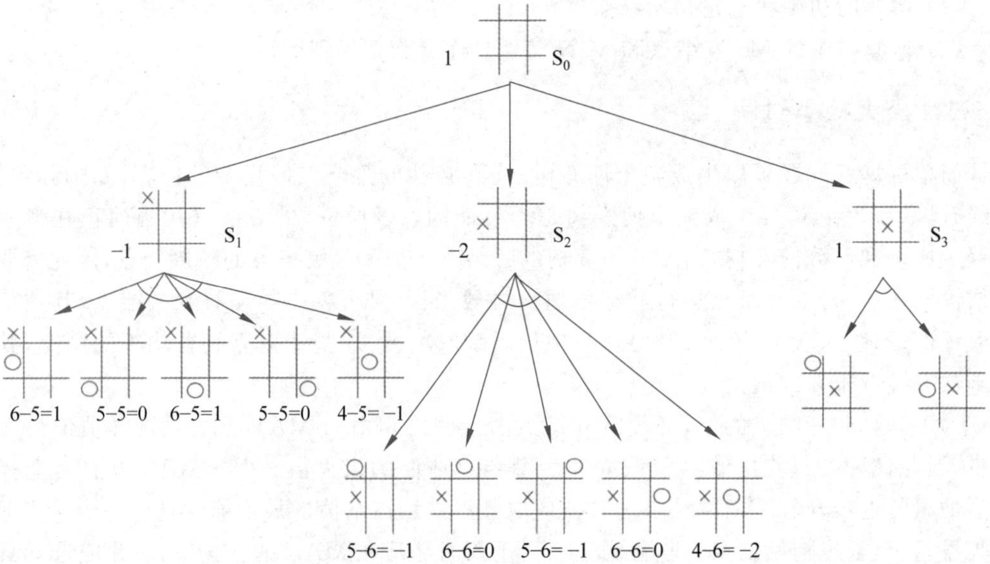

图 3.13　一字棋游戏的极大/极小搜索

3.5.3　Alpha-Beta 剪枝

上述极大/极小过程是先生成与/或树，再计算各结点的布置，这种生成结点和计算估值相分离的搜索方式，需要生成规定深度内的所有结点，因此搜索效率较低。如果能边生成结点边对结点估值，可以剪去一些没用的分支，这种方法称为 Alpha-Beta 剪枝，简写成 α-β 剪枝。通过这种剪枝方法，可以大幅提高搜索效率。

1. α-β 剪枝的方法

(1) MAX 结点的 α 值为当前子结点的最大收益。

(2) MIN 结点的 β 值为当前子结点的最小收益。

2. α-β 剪枝的规则

(1) 任何 MAX 结点 n 的 α 值大于或等于它前辈结点的 β 值，则 n 以下的分支可停止搜索，并令结点 n 的收益为 α。这种剪枝称为 β 剪枝。

(2) 任何 MIN 结点 n 的 β 值小于或等于它的前辈结点的 α 值，则 n 以下的分支可停止搜索，并令结点 n 的收益为 β。这种剪枝称为 α 剪枝。

假设一棵完整的最小最大搜索树如图 3.14 所示，图 3.15 给出了每个结点 α 值和 β 值的详细变化过程。

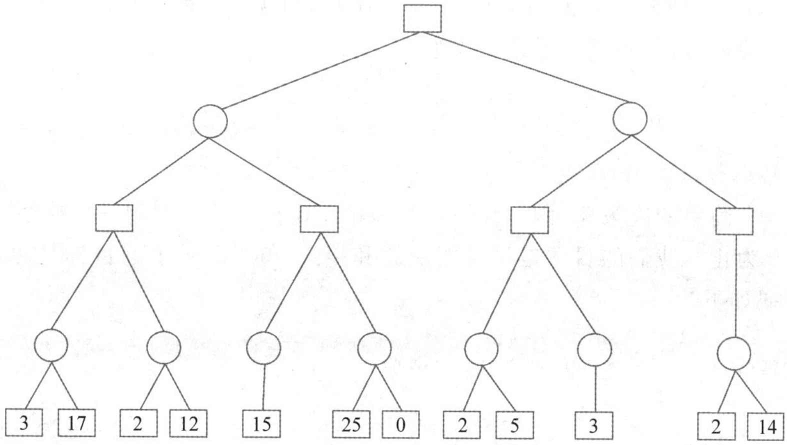

图 3.14　一棵完整的最小最大搜索树

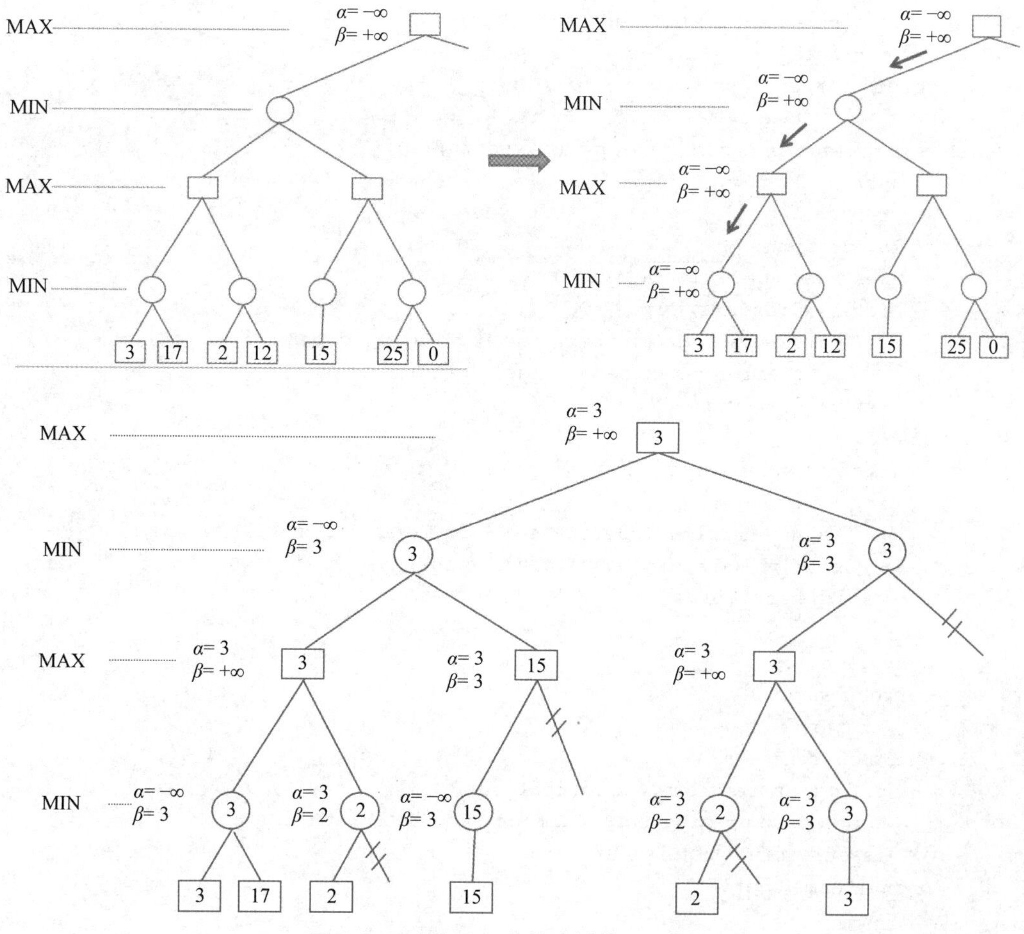

图 3.15　对图 3.14 中搜索树的 **α-β** 剪枝

图 3.15 中每幅子图对应了扩展一个终局状态或进行剪枝后的搜索树状态，结点上数字表示该结点当前的收益值，结点旁标记了该结点的 α 值和 β 值。原本最小最大搜索树中有 26 个结点，经过 α-β 剪枝后只扩展了其中 17 个结点，可见 α-β 剪枝算法能够有效地减少搜索树中的结点的数目，从而提高了算法效率。

3.5.4 对抗搜索算法的 Python 实现

1. 极大极小算法 Python 实现

假设玩一个简单的决策树游戏，我们和对手轮流选择 1～10 中的一个数字，直到总和达到或超过 100 为止。我们的目标是尽可能使总和接近 100，而对手的目标是尽可能使总和远离 100，代码如下。

```
def play_turn(current_sum, is_our_turn):
    if is_our_turn:
        choice = int(input("Please choose a number between 1 and 10: "))
        current_sum += choice
    else:
        choice = minimax(current_sum, False, 0)
        current_sum += choice
    return current_sum

def minimax(current_sum, is_our_turn, depth):
    if current_sum >= 100:
        return 0
    if is_our_turn:
        best_value = -float('inf')
        for i in range(1, 11):
            value = minimax(current_sum + i, False, depth + 1)
            best_value = max(best_value, value)
        return best_value
    else:
        best_value = float('inf')
        for i in range(1, 11):
            value = minimax(current_sum + i, True, depth + 1)
            best_value = min(best_value, value)
        return best_value

def play_game():
    current_sum = 0
    is_our_turn = True
    while current_sum < 100:
        print("Current sum: ", current_sum)
        current_sum = play_turn(current_sum, is_our_turn)
        is_our_turn = not is_our_turn
    print("Game over!")

play_game()
```

2. Alpha-Beta 剪枝算法 Python 实现

假设需要对一个二叉搜索树进行 Alpha-Beta 剪枝，代码如下。

```
    #定义一个 Node 类表示搜索树中的结点
class Node:
    def __init__(self, val):
        self.val = val
        self.left = None
        self.right = None

#实现 Alpha-Beta 剪枝算法
def alphabeta(node, alpha, beta, maximizingPlayer):
    if node is None:
        return 0

    if maximizingPlayer:
        value = float('-inf')
        #遍历左子树
        value = max(value, alphabeta(node.left, alpha, beta, False))
        alpha = max(alpha, value)
        #如果 beta 小于或等于 alpha,就剪枝
        if beta <= alpha:
            return value
        #遍历右子树
        value = max(value, alphabeta(node.right, alpha, beta, False))
        alpha = max(alpha, value)
        return value
    else:
        value = float('inf')
        #遍历左子树
        value = min(value, alphabeta(node.left, alpha, beta, True))
        beta = min(beta, value)
        #如果 beta 小于或等于 alpha,就剪枝
        if beta <= alpha:
            return value
        #遍历右子树
        value = min(value, alphabeta(node.right, alpha, beta, True))
        beta = min(beta, value)
        return value
```

3.6 蒙特卡罗搜索

无论是 3.1 节中介绍的一般搜索问题，还是 3.5 节中介绍的对抗搜索问题，在问题特别复杂时，搜索树都有可能会变得十分巨大，以至于搜索算法很难在短时间内搜索整棵搜索树。为了解决这个问题，3.4 节探讨了如何利用辅助信息来找到高效的结点扩展顺序，3.5 节介绍了 α-β 剪枝算法来减少需扩展的结点数量。不难发现，对搜索算法进行优化以提高搜索效率基本上是在解决如下两个问题：优先扩展哪些结点以及放弃扩展哪些结点，综合

来看也可以概括为如何高效地扩展搜索树。

如果将目标稍微降低，改求解一个近似最优解，则上述问题可以看成是如下的探索性问题：算法从根结点开始，每一步动作为选择（在非叶子结点）或扩展（在叶子结点）一个子结点。可以用执行该动作后所收获的收益来判断该动作优劣。收益可以根据从当前结点出发到达目标结点的路径的代价或下棋最终的胜负来定义。算法会倾向于扩展获得收益较高的结点。

算法事先并不知道每个结点将会得到怎样的代价分布，所以只能通过采样式搜索来得到计算收益的样本。由于算法利用的是蒙特卡罗方法来采样估计每个动作的优劣，因此被称为蒙特卡罗搜索算法。下面首先来学习下什么是蒙特卡罗方法。

3.6.1 蒙特卡罗方法

蒙特卡罗方法是一类基于概率方法的统称，它是通过将一个计算问题转换为概率问题后，利用随机性，通过求解概率的方法来求解原始问题的解，最早由冯·诺依曼和乌拉姆等发明。这类方法的特点是，可以在随机采样上计算得到近似结果，随着采样的增多，得到的结果是正确结果的概率逐渐加大，但在（放弃随机采样，而采用类似全采样这样的确定性方法）获得真正的结果之前，无法知道目前得到的结果是不是真正的结果。例如，一个有 1000 个整数的集合，要求其中位数，可以从中抽取 $m<1000$ 个数，把它们的中位数近似地看作这个集合的中位数。随着 m 增大，近似结果是最终结果的概率也在增大，但除非把整个集合全部遍历一遍，否则无法知道近似结果是不是真实结果。

对于简单问题来说，蒙特卡罗是个“笨”办法，例如上面求中位数的例子，可直接用排序算法得出计算结果。但对有些问题来说，蒙特卡罗往往是有效，有时甚至是唯一可行的方法。如 3.5 节介绍的 α-β 剪枝算法在国际象棋中取得了成功，但采用这种方法设计的围棋软件水平却很低。原因主要是国际象棋的棋局局面特征比较明显，通过对每颗棋子单独评分再求和就可以实现对整个局面的评估。但对于围棋来说，棋子之间是紧密联系的，单个棋子一定要与其他棋子联系在一起考虑，才有可能体现出它的作用。棋局评判能力要求更高，上述方法基本不起任何作用。再者，国际象棋的棋盘大小为 64，围棋的棋盘大小为 361。由于棋盘大小不同，每走一步国际象棋和围棋的计算量的要求是不一样的，围棋明显要求更高。另外一个可以说明计算能力要求不同的指标是搜索空间，在该指标上国际象棋和围棋也存在指数级的差异，国际象棋是 10^{50}，而围棋是 10^{171}。宇宙中的原子总数总共大约也才 10^{80}，因此围棋的搜索空间绝对算是天文数字，以目前的运算能力是无法达到的。所以采用蒙特卡罗这种基于概率的方法，通过随机模拟的办法来评判棋局，求解一个近似最优解。

同时因为下棋是甲乙双方一步一步轮流进行的，甲方希望走对自己最有利的棋，乙方也希望走对自己最有利的棋，双方是一个对抗的过程。所以在模拟过程中需要考虑到这种一人一步的对抗性，将搜索树考虑进来。在这样的思想指导下，研究者将蒙特卡罗方法与下棋问题的搜索树相结合，即提出了蒙特卡罗树搜索算法。

3.6.2 蒙特卡罗树搜索算法

蒙特卡罗搜索算法分为以下 4 个步骤。

选择(Selection)：选择指算法从搜索树的根结点开始，向下递归选择子结点，直至到达叶子结点或者到达具有还未被扩展过的子结点的结点 L，如图 3.16(a)所示。

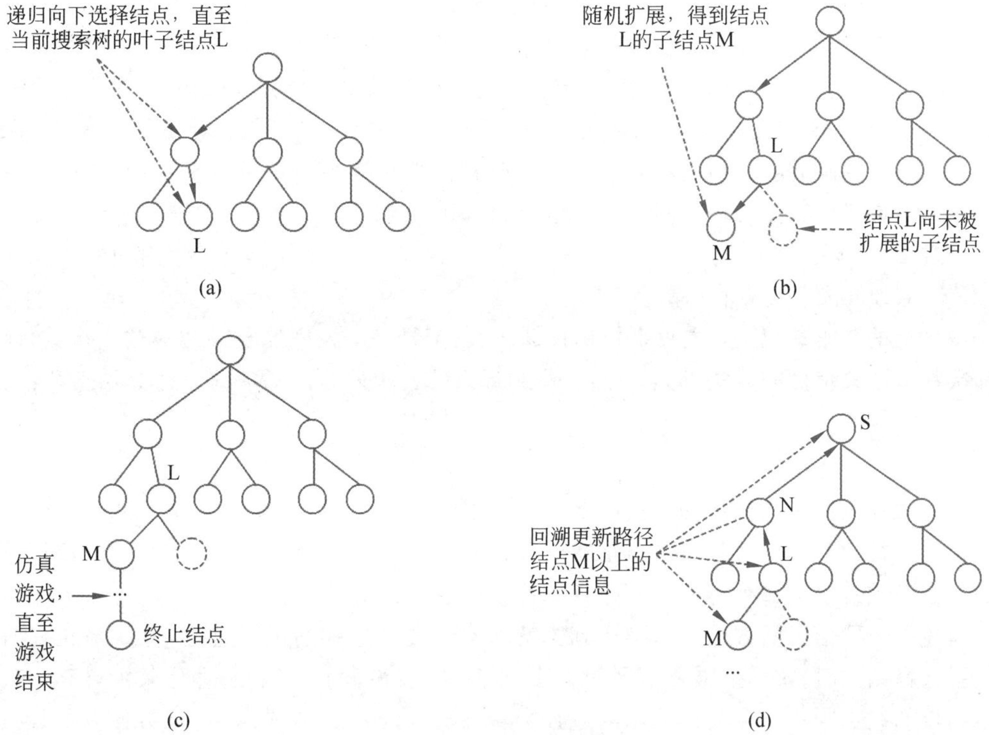

图 3.16　蒙特卡罗搜索算法

扩展(Expansion)：如果结点 L 不是一个终止结点(或对抗搜索的终局结点)，则随机扩展它的一个未被扩展过的后继边缘结点 M，如图 3.16(b)所示。

模拟(Simulation)：从结点 M 出发，模拟扩展搜索树，直到找到一个终止结点，如图 3.16(c)所示。

反向传播(Back Propagation)：用模拟所得结果(终止结点的代价或游戏终局分数)回溯更新模拟路径中 M 以上(含 M)结点的收益均值和被访问次数，如图 3.16(d)所示。

在第一个步骤选择过程中，主要目的就是在有限的时间内选出重点结点来进行模拟，从下围棋的角度来说，就是能挑选出最好的行棋走步。这里的模拟不一定是直接对该结点做随机模拟，也可能是通过对其后辈结点的模拟达到对该结点模拟的目的。在选择过程中，如果一个结点的子结点全部生成完了，则要继续从其子结点中进行选择，直到发现某个结点它还有未生成的子结点为止。

在蒙特卡罗树搜索的过程中，根据到目前为止的模拟结果，搜索树上的每个结点都获得了一定的模拟次数和一个收益值，模拟次数可能有多有少，收益值也有大有小。对于那些模拟次数比较少的结点，由于模拟的次数比较少，不知道它的真实情况，所以无论收益值高低，都应该优先选择以便进一步模拟，了解其真实收益情况。那么收益值大的结点就一定是真的收益值高吗？这也很有可能是因为模拟得不够充分暂时体现出虚假的高分，需要进一步模拟考察。所以在选择结点时应该要同时考虑目前为止结点的收益值和模拟次数，例如，对于某个结点 L，如果它的收益值又高、模拟次数又少，这样的结点肯定要优先选择，以便确认它的收益值的真实性。如果它的收益值很低、模拟次数又多，说明这个低收益值已经比较可靠了，没有必要再进一步模拟了。所以可以得出结论：结点被选择的可能性与其收益值正相关，而与其模拟次数负相关，可以将收益值和模拟次数综合在一起确定选择哪个结点。

那该如何具体选择呢？这方面学者已经做了很多研究，其中，多臂老虎机的案例最为经典，下面以多臂老虎机为例讲解。多臂老虎机是一个具有多个拉杆的赌博机，投入一个筹码之后，可以选择拉动一个拉杆，每个拉杆的中奖概率不一样。多臂老虎机问题就是在有限次行动下，通过选择不同的拉杆，以获得最大的收益。选择哪个结点进行模拟，就相当于选择拉动多臂老虎机的哪个拉杆，而模拟得到的收益，则相当于拉动拉杆后获得的收益。

经过学者们的研究，对于多臂老虎机问题，提出了一种称作上限置信区间（Upper Confidence Bound，UCB）的算法。

该算法的基本思想是：先每个拉杆拉动一次，记录每个拉杆的收益和被拉动次数，此时拉动次数上限置信区间算法都是 1，然后按照下面的公式计算拉杆 j 的信息上限值 I_j：

$$I_j = \overline{X}_J + \sqrt{\frac{2\ln(n)}{T_j(n)}}$$

每次选择拉动 I_j 值最大的拉杆，其中，$\overline{X}_J$ 表示第 j 个拉杆到目前为止的平均收益；n 是所有拉杆被拉动的总次数；$\ln(n)$是取对数；$T_j(n)$是总拉动次数为 n 时，第 j 个拉杆被拉动的次数。重复以上过程直到达到拉杆被拉动的总次数结束。

上述上限置信区间方法可以推广到蒙特卡罗树搜索过程的选择过程，也就是从上向下一层层选择结点时，按照上限置信区间方法，选择 I_j 值最大的子结点，直到某个含有未被生成子结点的结点为止。在具体使用的过程中，一般会增加一个调节系数，以方便调节收益和模拟次数间的权重：

$$I_j = \overline{X}_J + c\sqrt{\frac{2\ln(n)}{T_j(n)}}$$

下面通过一个具体的例子来说明蒙特卡罗树搜索 4 个步骤的过程。首先给出记录收益和模拟次数的方法，对于搜索树中的每个结点，用 m/n 记录该结点的获胜次数 m 和模拟次数 n，收益用胜率表示，即 m/n。注意这里的“获胜”均是从结点本方考虑的，也就是这个结点是由 MAX 方走成的，则获胜是指 MAX 方获胜，如果这个结点是由 MIN 方走成的，则获胜指 MIN 方获胜。例如，在图 3.16(d)中，假设对结点 M 的模拟结果是获胜，则 M 的获胜数加 1，同时向上传递该结果，由于 L 是对方走过的结点，我方获胜就是对方失败，所以 L 的获胜次数不增加。模拟收益再向上传到结点 N，N 是我方走成的结点，M 获胜也相当于 N 获胜，所以 N 的获胜数也加 1。同样，结点 S 是对方走成的结点，所以 S 的获胜次数也不增加。

图 3.17(a)是当前的搜索树，从结点 S 开始进行选择，在结点 S 的两个子结点中，左侧结点的 UCB 值为$\frac{2}{3}+\sqrt{\frac{2\ln 7}{3}}=1.81$，右侧结点的 UCB 值为$\frac{1}{4}+\sqrt{\frac{2\ln 7}{4}}=1.22$，因此算法选择第二层左侧的结点 L，由于该结点有尚未扩展的子结点，因此选择阶段结束。

在图 3.17(b)中，算法随机扩展了 L 的子结点 C，将其总分数和被访问次数均初始化为 0。注意，为了清晰地展示算法选择扩展的结点，图 3.17(b)中画出了 L 的其他未被扩展的子结点，并标记其 UCB 值为正无穷大，以表示算法下次访问到 L 时必然扩展这些未被扩展的结点。

图 3.17(c)中，进入模拟过程，对结点 C 进行随机模拟，MAX、MIN 双方随机选择子结点，直到决出胜负。假定模拟结果是胜利，也就是说，结点 C 经模拟后获得了一次胜利。模拟过程结束。

最后图 3.17(d)是反向传播过程，首先记录结点 C 的模拟情况为 1/1，表示 C 被模拟了一次，获胜一次。向上传递。结点 L 之前的模拟结果是 2/3，这次由于 C 被模拟一次，所以相当于 L 也被模拟了一次，但是从 L 的角度来说，这次模拟是失败的。所以 L 的模拟次数增加一次，但获胜次数保持不变，更新 L 的模拟结果为 2/4。继续回传到 S，S 之前的模拟结果为 3/7，这次模拟次数和获胜次数均被加 1，所以更新 S 的模拟结果为 4/8。

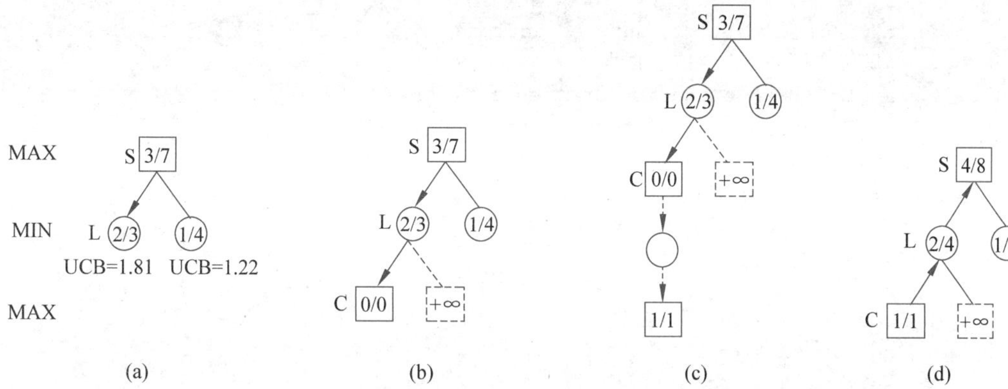

图 3.17　蒙特卡罗树搜索算法

至此完成了一轮蒙特卡罗树搜索，反复进行该过程，直到达到一定的模拟次数或者规定的时间到，结束蒙特卡罗树搜索。搜索结束后，根据根结点 S 的子结点的胜率，选择胜率最大的子结点作为行棋点。因为按照刚刚结束的蒙特卡罗树搜索结果，可以获得最大收益。

3.6.3　蒙特卡罗树搜索算法的 Python 实现

下面通过具体案例看下如何用 Python 实现蒙特卡罗树搜索，在这个示例中，我们将添加一个简单的#字游戏引擎和用户界面，以让用户与计算机进行#字游戏，其中计算机使用蒙特卡罗树搜索，算法选择下一步动作，代码如下。

```
import random
import math

class Node:
    def __init__(self, state):
        self.state = state                          #当前结点的状态
        self.wins = 0                               #当前结点赢的次数
        self.visits = 0                             #当前结点被访问的次数
        self.children = []                          #当前结点的子结点

    def select_child(self, c_param=1.4):
        best_score = -float("inf")
        best_child = None
```

```
        #使用 UCB 策略选择最优子结点
        for child in self.children:
            exploit = child.wins / child.visits
            explore = math.sqrt(2 * math.log(self.visits) / child.visits)
            score = exploit + c_param * explore
            if score > best_score:
                best_score = score
                best_child = child

        return best_child

    def expand(self, state, untried_actions):
        #随机选择一个未尝试过的动作
        action = random.choice(untried_actions)
        new_state = state.do_action(action)
        new_node = Node(new_state)
        self.children.append(new_node)
        untried_actions.remove(action)
        return new_node

    def update(self, result):
        self.visits += 1
        self.wins += result

class State:
    def __init__(self):
        self.player = 1
        self.board = [[0] * 3 for _ in range(3)] #3×3 的棋盘

    def get_actions(self):
        #返回可以执行的动作列表
        actions = []
        for i in range(3):
            for j in range(3):
                if self.board[i][j] == 0:
                    actions.append((i, j))
        return actions

    def do_action(self, action):
        #执行一个动作并更新状态
        i, j = action
        new_state = State()
        new_state.board = [row.copy() for row in self.board]
        new_state.board[i][j] = self.player
        new_state.player = 3 - self.player
        return new_state

    def get_result(self):
        #返回游戏结果,1 表示先手获胜,-1 表示后手获胜,0 表示平局
        def all_same(lst):
```

```
        return lst[1:] == lst[:-1] and lst[0] ! = 0

    #检查行是否胜利
    for row in self.board:
        if all_same(row):
            return 1 if row[0] == 1 else -1

    #检查列是否胜利
    for col in range(3):
        if all_same([self.board[row][col] for row in range(3)]):
            return 1 if self.board[0][col] == 1 else -1

    #检查对角线是否胜利
    if all_same([self.board[i][i] for i in range(3)]):
        return 1 if self.board[0][0] == 1 else -1
    if all_same([self.board[i][2-i] for i in range(3)]):
        return 1 if self.board[0][2] == 1 else -1
```

习　题

3.1　有一个农夫带着一只狼、一头羊和一筐菜，欲从河的左岸乘船到右岸，但受到下列条件限制。

(1) 船太小，农夫每次只能带一样东西过河。

(2) 如果没有农夫看管，则狼要吃羊，羊要吃菜。

请设计一个过河方案，使得农夫、狼、羊、菜都能不受损失地过河，画出相应的状态空间图。

提示：(1) 用四元组(农夫，狼，羊，菜)表示状态，其中每个元素都为 0 或 1，用 0 表示在左岸，用 1 表示在右岸。

(2) 把每次过河的一种安排作为一种操作，每次过河都必须有农夫，因为只有他可以划船。

3.2　简述宽度优先搜索算法，并写出图 3.18 的搜索序列。

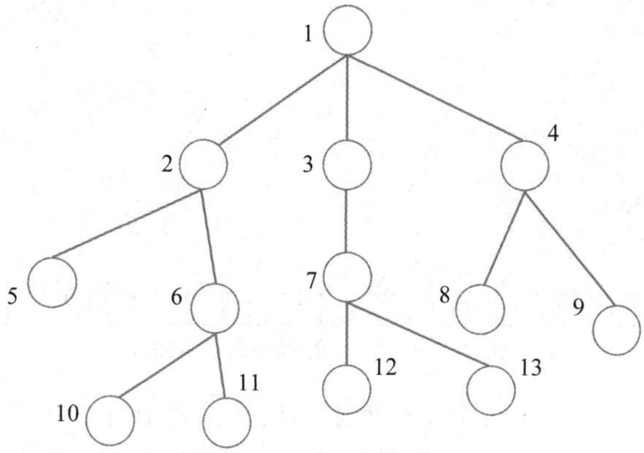

图 3.18　习题 3.2 的搜索树

3.3　设有如下结构的移动将牌游戏：

W	W	B	B	E

其中，W 表示白色将牌，B 表示黑色将牌，E 表示空格。游戏的规定走法如下。

(1) 任意一个将牌可移入相邻的空格，规定其代价为 1。

(2) 任何一个将牌可相隔 1 个其他的将牌跳入空格，其代价为跳过将牌的数目加 1。

游戏要达到的目标是把所有 B 都移到 W 的左边。请定义一个启发函数 $h(n)$，并给出用于这个启发函数产生的搜索树。判别这个启发函数是否满足下界要求？在求出的搜索树中，对所有结点是否满足单调限制？

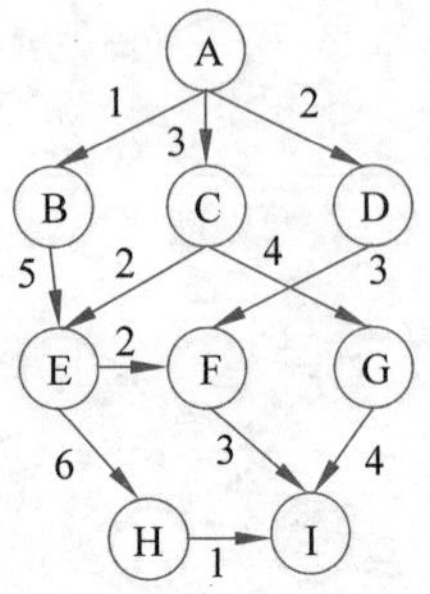

图 3.19　习题 3.4 的有向图

3.4　如图 3.19 所示，假设每个结点代表一个状态，结点之间箭头表示状态转移关系，箭头旁的数字表示状态转移的代价。每个状态的启发函数如表 3.4 所示。以 A 为初始状态，I 为终止状态，试使用 A^* 算法求解从 A 到 I 的路径。若有多个结点拥有相同的扩展优先度，则优先扩展对应路径字典较小的结点。

表 3.4　每个状态的启发函数

状　态	A	B	C	D	E	F	G	H	I
启发函数	5	4	3	2	5	6	2	1	0

3.5　图 3.20 展示了一棵最小最大搜索树，可采用 Alpha-Beta 剪枝算法进行对抗搜索，假设对于每个结点的后继结点，算法按照从左到右的方向拓展，请对图中所示的搜索树进行搜索，画出在算法结束时搜索树的状态，用“x”符号标出被剪枝的子树，标记每个结点最终的 α 值和 β 值，并计算算法拓展的结点数量。

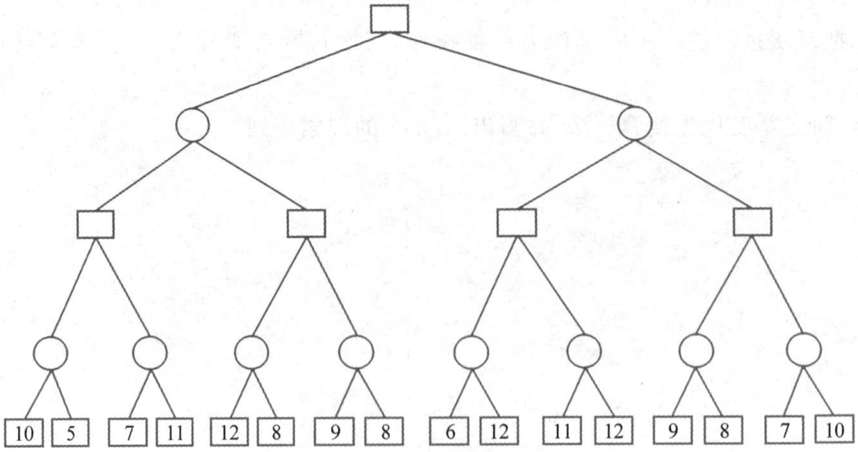

图 3.20　习题 3.5 的最小最大搜索树

3.6　图 3.21 展示了一个蒙特卡罗树搜索的例子。其中每个叶子结点(终止结点)下标出了该结点对应的收益。为了最大化取得收益，可利用蒙特卡罗搜索求解收益最大的路径。

假设执行了若干步骤后，算法的状态如图 3.21 所示，结点内的数字分别表示“总收益/访问次数”，虚线结点表示尚未扩展的结点。假设 UCB 算法中的超参数 $C=1$，请计算并画出算法选择过程经过的路径。

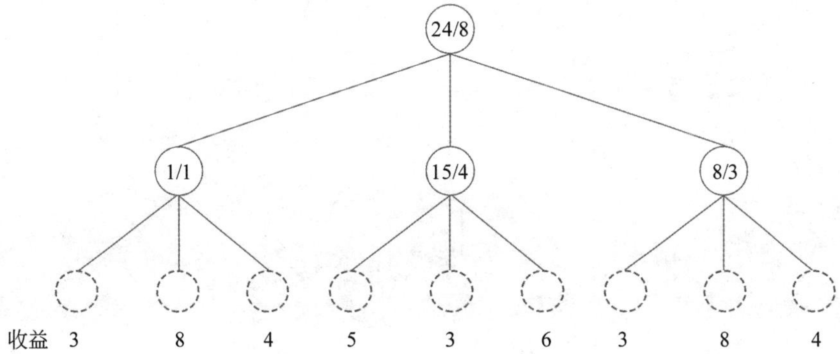

图 3.21　习题 3.6 的蒙特卡罗树

第4章 机器学习：监督学习

4.1 机器学习概述

4.1.1 引言

机器学习是一门人工智能的科学，旨在从数据中自动分析获得规律，并利用规律对未知数据进行预测。目前，机器学习已广泛应用于数据挖掘、计算机视觉、自然语言处理、生物制药、医学诊断、信息安全、金融市场分析、语音和手写识别等领域。

机器学习最初的研究动机是为了让计算机具有人类一样的学习能力以便实现人工智能。显然没有学习能力的系统很难被认定是智能的。而这个所谓的学习，就是指基于一定的“经验”而构建起属于自己的“知识”的过程。由于经验在计算机中主要是以数据的形式存在的，而在大量数据背后可能隐藏了某些有用的信息或知识，机器学习就是从数据中提取这些知识的过程，从另外一个角度来说，也可以认为它是从数据中提取知识的一类方法的总称。机器学习是统计学、人工智能和计算机科学交叉的研究领域，也被称为统计学习。机器学习要想对数据进行分析，通常为所研究数据构建一个“模型”，这个模型就是机器最终学到的“知识”。相应地，机器学习的过程则是从“数据”学到“模型”的过程。正是因为机器学习能够从数据中学到“模型”，所以机器学习才逐渐成为数据挖掘最为重要的智能技术供应者而备受重视。近年来，机器学习方法已经应用到日常生活的方方面面。例如，在访问电子商务网站时，机器学习算法会根据用户的购买记录以及用户资料中的信息来进行有针对性的定向广告推荐。再如，在新药研发过程中，机器学习算法可以用来筛选出最有可能产生疗效的药物化学结构。在自然语言处理领域中，新的机器学习模型正在应用于不同语言之间的自动翻译，并取得了可喜的进展。

4.1.2 机器学习的发展历史

20世纪50年代，人工智能的发展经历了“推理期”，通过赋予机器逻辑推理能力使机器获得智能，当时的人工智能程序能够证明一些著名的数学定理，但由于机器缺乏知识，远不能实现真正的智能。因此，20世纪70年代，人工智能的发展进入“知识期”，即将人类的知识总结出来教给机器，使机器获得智能。在这一时期，大量的专家系统问世，在很多领域取得大量成果，但由于人类知识量巨大，故出现“知识工程瓶颈”。

无论是“推理期”还是“知识期”，机器都是按照人类设定的规则和总结的知识运作，永远无法超越其创造者，其次人力成本太高。于是一些学者就想到，如果机器能够自我学习问题不就迎刃而解了吗！机器学习方法应运而生，人工智能进入“机器学习时期”。“机器学习时期”也分为三个阶段，20 世纪 80 年代，连接主义较为流行，代表性工作有感知机和神经网络；20 世纪 90 年代，统计学习方法开始占据主流舞台，代表性方法有支持向量机；进入 21 世纪，深度神经网络被提出，连接主义再次被关注，随着数据量和计算能力的不断提升，以深度学习为基础的诸多 AI 应用逐渐成熟。总的来说，在过去半个多世纪里，机器学习经历了五大发展阶段。

第一阶段是 20 世纪 40 年代的萌芽时期。在这一时期，心理学家 McCulloch 和数理逻辑学家 Pitts 引入生物学中的神经元概念（神经网络中的最基本成分），在分析神经元基本特性的基础上，提出“M-P 神经元模型”。在该模型中，每个神经元都能接收到来自其他神经元传递的信号，这些信号往往经过加权处理，再与神经元内部的阈值进行比较，经过神经元激活函数产生对应的输出。

第二阶段是 20 世纪 50 年代中叶至 20 世纪 60 年代中叶的热烈时期。1957 年，Rosenblatt 提出了最简单的前向人工神经网络——感知器，开启了有监督学习的先河。感知器的最大特点是能够通过迭代试错解决二元线性分类问题。在感知器被提出的同时，求解算法也相应诞生，包括感知器学习法、梯度下降法和最小二乘法等。在热烈时期，感知器被广泛应用于文字、声音、信号识别、学习记忆等领域。

第三阶段是 20 世纪 60 年代中叶至 20 世纪 70 年代中叶的冷静时期。由于感知器结构单一，并且只能处理简单线性可分问题，所以如何突破这一局限，成为理论界关注的焦点。

第四阶段是 20 世纪 70 年代中叶至 20 世纪 80 年代末的复兴时期。1980 年，美国卡内基·梅隆大学举办了首届机器学习国际研讨会，标志着机器学习在世界范围内的复兴。1986 年，机器学习领域的专业期刊 *Machine Learning* 面世，意味着机器学习再次成为理论及业界关注的焦点。在复兴时期，机器学习领域的最大突破是人工神经网络种类的丰富，由此弥补了感知器单一结构的缺陷。1983 年，Hopfield 采用新型的全互连神经网络，很好地解决了旅行商问题。1986 年，Rumelhart 与 McClelland 提出了应用于多层神经网络的学习规则——误差反向传播算法（BP 算法），推动了人工神经网络发展的第二次高潮。除了 BP 算法，包括 SOM（自组织映射）网络、ART（竞争型学习）网络、RBF（径向基函数）网络、CC（级联相关）网络、RNN（递归神经网络）、CNN（卷积神经网络）等在内的多种神经网络也在该时期得到迅猛发展。

第五阶段是 20 世纪 90 年代后的多元发展时期。通过对前面四个阶段的梳理可知，虽然每一阶段都存在明显的区分标志，但几乎都是围绕人工神经网络方法及其学习规则的衍变展开。事实上，除了人工神经网络，机器学习中的其他算法也在这一时期崭露头角。例如，1986 年，罗斯·昆兰提出了著名的 ID3 算法，带动了机器学习中决策树算法的研究。20 世纪 90 年代，自 1995 年瓦普尼克提出支持向量机（SVM）起，以 SVM 为代表的统计学习便大放异彩，并迅速对符号学习的统治地位发起挑战。与此同时，集成学习与深度学习的提出，成为机器学习的重要延伸。集成学习的核心思想是通过多个基学习器的结合来完成学习任务，最著名的是 1990 年 Schapire 提出的 Boosting 算法、1995 年 Freund 和 Schapire 提出的 AdaBoosting 算法、1996 年 Breiman 提出的 Bagging 算法以及 2001 年 Breiman 提出的随机森林算法。2006 年，Hinton 等提出深度学习，其核心思想是通过逐层学习方式解决多隐层神经网络的初值选择问题，从而提升分类学习效果。当前，集成学习和深度学习已经成为机器学习中最为热门的研究领域。

4.1.3 机器学习的基本概念

机器学习中有两大类问题，即分类问题和聚类问题。

1. 分类

分类(Classification)：分类任务就是通过学习得到一个目标函数 f，把每个属性集 x 映射到一个预先定义的类标号 y 中。其中，根据一些给定的已知类别标号的样本，训练某种分类模型，使它能够对未知类别的样本进行分类。也就是本章所要介绍的内容——监督学习(Supervised Learning)。

换个更通俗的说法，分类就是根据已知的一些样本(包括属性与类标号)来得到分类模型(即得到样本属性与类标号之间的函数)，然后通过此分类模型来对只包含属性的样本数据进行分类。

分类作为一种监督学习方法，要求必须事先明确知道各个类别的信息，并且断言所有待分类项都有一个类别与之对应。但是很多时候上述条件得不到满足，尤其是在处理海量数据的时候，如果通过预处理使得数据满足分类算法的要求，则代价非常大，这时候可以考虑使用无监督算法，如聚类算法。

要构造分类器，需要有一个训练样本数据集作为输入。训练集由一组数据记录或元组构成，每个元组是一个由有关字段(又称属性或特征值)组成的特征向量，此外，训练样本还有一个类别标记。一个具体样本的形式可表示为$(v_1,v_2,\cdots,v_n;c)$，其中，v_i 表示样本，c 表示样本类别，n 为样本个数。分类器的构造方法有统计方法、机器学习方法、神经网络方法等。

分类算法的评价标准包括预测准确度、计算复杂度和模型描述的简洁度等。

2. 聚类

聚类(Clustering)：指事先并不知道任何样本的类别标号，希望通过某种算法把一组未知类别的样本划分成若干类别，聚类的时候，并不关心某一类是什么，需要实现的目标只是把相似的东西聚到一起，这在机器学习中被称作无监督学习(Unsupervised Learning)。

通常，人们根据样本间的某种距离或者相似性来定义聚类，即把相似的(或距离近的)样本聚为同一类，而把不相似的(或距离远的)样本归在其他类。

聚类的目标：组内的对象相互之间是相似的(相关的)，而不同组中的对象是不同的(不相关的)。组内的相似性越大，组间差别越大，聚类就越好。

与分类技术不同，聚类是在预先不知道欲划分类的情况下，根据信息相似度原则进行信息聚类的一种方法。聚类的目的是使得属于同类别的对象之间的差别尽可能小，而不同类别的对象的差别尽可能大。因此，聚类的意义就在于将观察到的内容组织成类分层结构，把类似的事物组织在一起。通过聚类，人们能够识别密集的和稀疏的区域，因而发现全局的分布模式，以及数据属性之间的有趣的关系。

常见的聚类方法有 K-均值聚类算法、K-中心点聚类算法、CLARANS、BIRCH、CLIQUE、DBSCAN 等。

4.1.4　机器学习主要研究领域

机器学习主要研究领域大致包括监督学习、无监督学习、半监督学习、强化学习等。

1. 监督学习

监督学习即从给定的训练数据集中学习出一个函数(模型参数)，当新的数据到来时，可以根据这个函数预测结果。监督学习的训练集要求包括输入和输出，也可以说是特征和目标。训练集中的目标是由人标注的。监督学习就是最常见的分类问题，通过已有的训练样本(即已知数据及其对应的输出)去训练得到一个最优模型(这个模型属于某个函数的集合，最优表示某个评价准则下是最佳的)，再利用这个模型将所有的输入映射为相应的输出，对输出进行简单的判断从而实现分类的目的。也就具有了对未知数据分类的能力。监督学习的目标往往是让计算机去学习已经创建好的分类系统(模型)。

监督学习的常见应用场景有分类问题和回归(Regression)问题。

(1) 回归：$\boldsymbol{Y}$ 是实数向量(Vector)。回归问题，就是拟合($\boldsymbol{X}$,$\boldsymbol{Y}$)的一条曲线，使得下式中损失函数(Cost Function) L 的值最小。

$$L(f,(\boldsymbol{X},\boldsymbol{Y}))=\| f(\boldsymbol{X})-\boldsymbol{Y} \|^2$$

(2) 分类：Y 是一个有穷数，Y 可以看作数据的类标识。分类问题需要首先给定带标签的数据用于训练分类器，故属于有监督学习过程。分类问题中，损失函数 $L(\boldsymbol{X},\boldsymbol{Y})$是 X 属于类 Y 的概率的负对数，$L(f,(\boldsymbol{X},\boldsymbol{Y}))=-\log f_Y(\boldsymbol{X})$，其中：

$$f_i(\boldsymbol{X})=P(Y=i \mid \boldsymbol{X}), f_i(\boldsymbol{X}) \geqslant 0, \sum_i f_i(\boldsymbol{X})=1$$

分类和回归都可用于预测，两者的目的都是从历史数据记录中自动推导出对给定数据的推广描述，从而能对未来数据进行预测。与回归不同的是，分类的输出是离散的类别值，而回归的输出是连续数值。二者常表现为决策树的形式，根据数据值从树根开始搜索，沿着数据满足的分支往上走，走到树叶就能确定类别。

常见的属于监督学习的算法有回归模型、决策树、随机森林、K 邻近算法、逻辑回归等。

2. 无监督学习

在无监督学习中，数据并不被特别标识，学习模型是为了推断出数据的一些内在结构。常见的应用场景包括关联规则的学习以及聚类等。常见算法包括 Apriori 算法以及 K-means 算法。

无监督学习的目的是学习一个函数 f，使它可以描述给定数据 Z 的位置分布 $P(Z)$。常见的无监督算法有两种：密度估计和聚类。

密度估计是估计该数据在任意位置的分布密度。

聚类是聚类过程，例如，将数据聚集成几类，或者给出一个样本属于每一类的概率。

常见的属于无监督学习的算法有关联规则、K-means(K-均值)聚类算法等。

3. 半监督学习

在半监督学习方式下，输入数据部分被标识，部分没有被标识，这种学习模型可以用来进行预测，但是模型首先需要学习数据的内在结构以便合理地组织数据来进行预测。

应用场景包括分类和回归，算法包括一些对常用监督式学习算法的延伸，这些算法首先试图对未标识数据进行建模，在此基础上再对标识的数据进行预测。

常见半监督的算法有图论推理算法（Graph Inference）或者拉普拉斯支持向量机（Laplacian SVM）等。

4. 强化学习

在强化学习模式下，输入数据直接反馈到模型，模型必须对此立刻做出调整。常见的应用场景包括动态系统以及机器人控制等。常见算法包括 Q-Learning 以及时间差学习。

4.2 回归分析

监督学习中，如果预测的变量是离散的，称其为分类（如决策树、支持向量机等）；如果预测的变量是连续的，如房价、降水量或人数等，称其为回归。在大数据分析中，回归分析是一种预测性的建模技术，它研究的是因变量（目标）和自变量（预测器）之间的关系。这种技术通常用于预测分析、时间序列模型以及发现变量之间的因果关系。回归分析（Regression Analysis）是确定两种或两种以上变量间相互依赖的定量关系的一种统计分析方法，应用十分广泛。例如，司机的鲁莽驾驶与道路交通事故数量之间的关系，最好的研究方法就是回归。

回归问题的具体例子很多，简单来说，各个数据点都沿着一条主轴来回波动的问题都算是回归问题。回归问题中有许多非常接地气的问题，譬如根据历史气象记录预测第二天的温度、根据历史行情预测第二天股票的走势、根据历史记录预测某篇文章的点击率等都是回归问题。

4.2.1 线性回归分析原理

线性回归对已有数据进行建模，可以对未来数据进行预测。

一个简单的有监督机器学习场景可以描述为：给定 N 个数据对 $(x_i, y_i)_{i=1}^N$，使用最常见的机器学习模型对其进行建模，得到模型，其中，数据对为样本，x 为特征，y 为标签或真实值。

例如，图 4.1 使用离散点数据展示了受教育程度与年收入的关系。根据社会经济常识，人们的收入会随着受教育时间的增长而增长。这个结论的得出过程其实可以看作对于收入与受教育时间这个数据集上进行的线性回归模型分析。

1. 一元线性回归

线性方程：

$$y = mx + b$$

描述了变量 y 随着变量 x 的变化趋势。在图形上，此方程的表现形式是一条直线。给定一个 x，就可以预测相应的一个 $\tilde{y}$ 值，因为 $\tilde{y}$ 值是预测值，所以一般与真实值 y 之间存在差距。因为只有一个自变量 x，所以被称为一元线性方程。

针对图 4.1 的收入与受教育时间数据集，采用不同的 m 值和 b 值的线性方程，可以构建不同的直线拟合数据，这些直线对数据的拟合效果也是不同的，如图 4.2 所示。那么对于 N

图 4.1 彩图

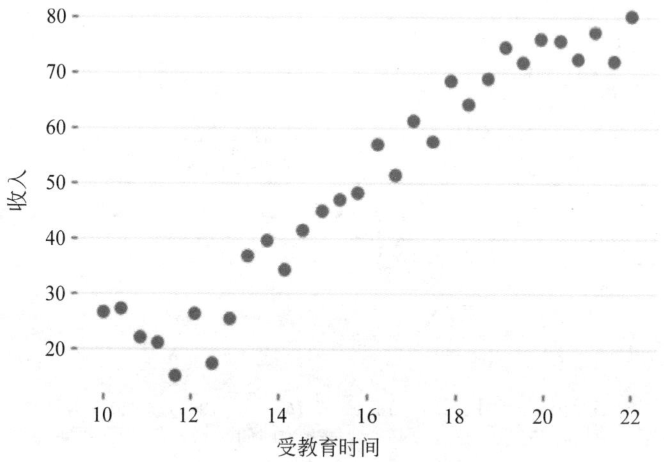

图 4.1　受教育程度与年收入关系数据分布图

个数据对$(x_i, y_i)_{i=1}^{N}$，寻找最佳参数 m^* 和 b^* 的过程，就是一个有监督回归建模的过程。

图 4.2 彩图

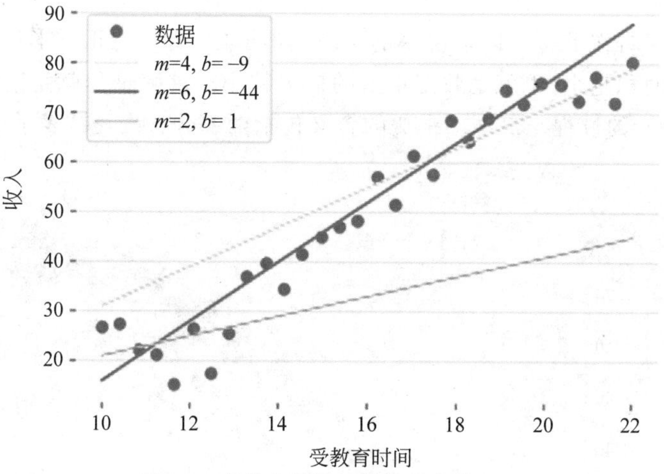

图 4.2　各种参数下的线性拟合效果图

为了评价建模效果的好坏，用损失函数作为评价依据。损失函数又称为代价函数，它表示预测值 $\tilde{y}$ 与真实值 y 之间的差异程度。误差如图 4.3 所示。为了计算方便，线性回归里常用的一个损失函数为预测值与真实值差的平方。

$$L(\tilde{y}_i, y_i) = (\tilde{y}_i - y_i)^2$$

对所有数据建模效果的估计，将数据集中所有数据的误差求和再取平均，可得

$$L(\tilde{y}_i, y_i) = \frac{1}{N}\sum_{i=1}^{N}(\tilde{y}_i - y_i)^2$$

在上式中代入线性方程 $\tilde{y} = mx + b$，得

$$L(\tilde{y}_i, y_i) = \frac{1}{N}\sum_{i=1}^{N}((mx_i + b) - y_i)^2$$

综上所述，可将求解公式写成

$$(m^*, b^*) = \underset{m,b}{\operatorname{argmin}} L(m, b) = \underset{m,b}{\operatorname{argmin}} \frac{1}{N}\sum_{i=1}^{N}((mx_i + b) - y_i)^2$$

图 4.3 彩图

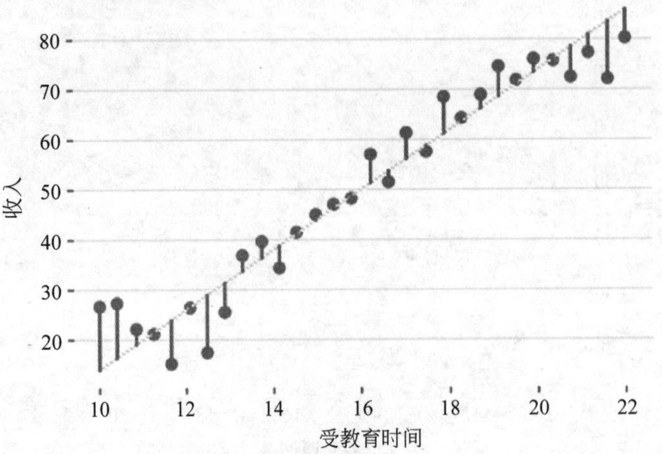

图 4.3 误差的含义

其中，argmin 是一种常见的数学符号，表示求解让 L 函数取得最小值的参数 m^* 和 b^* 的过程。

上述公式可以看作求每个样本误差的平方，如图 4.4 所示的正方形。公式的含义就是所有正方形平均面积越小，也就是数据集上的损失越小。求解过程就是给定数据 x 和标签 y，求解参数 m 和 b 的过程。最小二乘法的含义包括两部分："二乘"表示平方，"最小"表示损失最小。

图 4.4 彩图

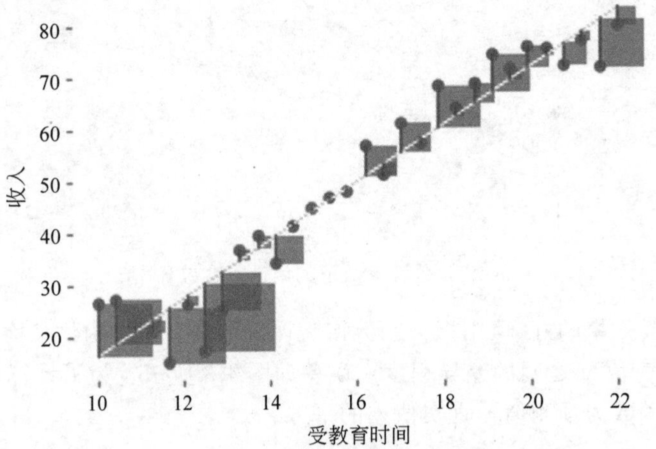

图 4.4 误差平方的含义

这里取误差平方的目的是使用求导的方式快速找到最小值，而如果采用其他方法，如绝对值的情况下将增加运算的复杂性。

求解上述最小二乘目标函数的最优参数的方法是对上式分别对 m 和 b 求偏导数，导数为 0 时，方程取得最小值。最优参数的解为

$$m^* = \frac{\Gamma - \bar{x}\bar{y}}{\Delta - \bar{x}^2}$$

$$b^* = \bar{y} - \bar{x}m^*$$

其中，$\Delta - \frac{1}{N}\sum_{i=1}^{N} x_i y_i, \Gamma = \frac{1}{N}\sum_{i=1}^{N} x_i^2, \bar{x} = \frac{1}{N}\sum_{i=1}^{N} x_i, \bar{y} = \frac{1}{N}\sum_{i=1}^{N} y_i$。

以上就是一元线性回归的最小二乘法的求解过程。

例 4.1　如表 4.1 所示为某房地产公司所提供的房屋售价数据，其中，x 表示房屋的面积(单位：m^2)，y 表示房屋售价(万元)。

表 4.1　房屋售价数据

房屋面积 x/m^2	价格/万元
70	148
95	216
130	298
150	362
170	396
190	446
215	496
250	580
285	640
310	680

请根据上述数据，使用一元线性回归模型，预测一个房屋面积为 200 m^2 的房子售价是多少？

解：一元线性回归模型的数学表达式为

$$y = mx + b$$

其中，y 表示因变量(价格)，x 表示自变量(房屋面积)，m 和 b 分别表示截距和斜率。

为了求出最佳的拟合直线，可以使用上述最小二乘法。首先，需要计算 x 和 y 的均值：

$$\bar{x} = \frac{\sum_{i=1}^{n} x_i}{n} = \frac{70+95+130+150+170+190+215+250+285+310}{10} = 186.5$$

$$\bar{y} = \frac{\sum_{i=1}^{n} y_i}{n} = \frac{148+216+298+362+396+446+496+580+640+680}{10} = 426.2$$

接下来，需要计算斜率 m：

$$m = \frac{\sum_{i=1}^{n}(x_i - \bar{x})(y_i - \bar{y})}{\sum_{i=1}^{n}(x_i - \bar{x})^2}$$

将数据代入，可得

$$m = \frac{(70-186.5)(148-426.2)+\cdots+(310-186.5)(680-426.2)}{(70-186.5)^2+\cdots+(310-186.5)^2} = 2.2273$$

然后，需要计算截距 b：

$$b=\bar{y}-m\bar{x}=426.2-2.2273\times186.5=10.8085$$

因此，一元线性回归模型为

$$y=2.2273x+10.8085$$

使用该模型，预测一个房屋面积为 200m^2 的房子的售价为

$$y=2.2273\times200+10.8085=456.27$$

因此，预测一个房屋面积为 200m^2 的房子的售价为 456.27 万元。

2. 多元线性回归

多元线性回归是一种用于建立多个自变量和一个因变量之间关系的统计方法，它可以用于预测因变量在给定自变量的情况下的值。在多元线性回归中，因变量与自变量之间的关系被建模为一个线性函数，即

$$y=\beta_0+\beta_1x_1+\beta_2x_2+\cdots+\beta_px_p+\epsilon$$

其中，y 是因变量，$x_1,x_2,\cdots,x_p$ 是自变量，$\beta_0,\beta_1,\beta_2,\cdots,\beta_p$ 是回归系数，ϵ是误差项。回归系数表示因变量在每个自变量上的变化量，误差项表示模型不能解释的部分。

求解多元线性回归模型的回归系数可以使用最小二乘法。最小二乘法的目标是找到一组回归系数，使得所有观测值的预测值与实际值之间的残差平方和最小。残差指的是预测值与实际值之间的差异。

为了求解多元线性回归模型的回归系数，需要找到最小化残差平方和的回归系数，即

$$\min_{\beta_0,\beta_1,\beta_2,\cdots,\beta_p}\sum_{i=1}^{n}(y_i-\beta_0-\beta_1x_{i1}-\beta_2x_{i2}-\cdots-\beta_px_{ip})^2$$

其中，n 是样本数量。

对上式进行求导，令导数为 0，可以得到多元线性回归的回归系数解析解（即最小二乘估计）：

$$\boldsymbol{\beta}=(\boldsymbol{X}^{\mathrm{T}}\boldsymbol{X})^{-1}\boldsymbol{X}^{\mathrm{T}}\boldsymbol{y}$$

其中，$\boldsymbol{\beta}$ 是回归系数向量，$\boldsymbol{X}$ 是 $n\times(p+1)$的自变量矩阵，$\boldsymbol{y}$ 是 $n\times1$ 的因变量向量。

与一元线性回归相比，多元线性回归可以考虑多个自变量对因变量的影响，因此可以更准确地建立因变量与自变量之间的关系。但是，多元线性回归也有一些缺点，例如，在自变量之间存在多重共线性时，回归系数会不稳定，且多元线性回归需要更多的样本来支持模型的训练。

为了更好地理解多元线性回归的求解过程，可以将其与一元线性回归进行比较。

在一元线性回归中，回归模型可以表示为

$$y=\beta_0+\beta_1x+\epsilon$$

其中，y 是因变量，x 是自变量，β_0 和 β_1 是回归系数，ϵ是误差项。

对于一元线性回归，最小二乘法的目标是找到一组回归系数，使得所有观测值的预测值与实际值之间的残差平方和最小。因此，一元线性回归的回归系数可以使用以下公式求解：

$$\beta_1=\frac{\sum_{i=1}^{n}(x_i-\bar{x})(y_i-\bar{y})}{\sum_{i=1}^{n}(x_i-\bar{x})^2}$$

$$\beta_0=\bar{y}-\beta_1\bar{x}$$

其中，$\bar{x}$ 和 $\bar{y}$ 分别是自变量 x 和因变量 y 的均值，n 是样本数量。

对于多元线性回归，最小二乘法的目标是找到一组回归系数，使得所有观测值的预测值与实际值之间的残差平方和最小。因此，多元线性回归的回归系数也可以使用以下公式求解：

$$\boldsymbol{\beta}=(\boldsymbol{X}^{\mathrm{T}}\boldsymbol{X})^{-1}\boldsymbol{X}^{\mathrm{T}}\boldsymbol{y}$$

可以看出，一元线性回归的回归系数可以使用样本的均值和方差来求解，而多元线性回归的回归系数需要使用矩阵运算来求解。另外，多元线性回归的回归系数可以考虑多个自变量对因变量的影响，而一元线性回归只考虑一个自变量对因变量的影响。

总的来说，多元线性回归可以更准确地建立因变量与自变量之间的关系，但是需要更多的样本来支持模型的训练。而一元线性回归的优势在于其计算过程简单，可以在样本量较小的情况下进行建模。

例 4.2　表 4.2 为某地区某房地产公司所提供的房屋售价数据，其中，x_1 表示房屋的面积(单位：m^2)，x_2 表示房屋的房间数(个)，y 表示房屋售价(万元)。

表 4.2　房屋售价数据

房屋面积/m^2	房间数/个	售价/万元
70	2	148
95	3	216
130	4	298
150	5	362
170	5	396
190	6	446
215	7	496
250	8	580
285	9	640
310	10	680

请根据上述数据，建立多元线性回归模型，预测一个房屋面积为 $200m^2$ 有 3 个房间的房子售价是多少？假设自变量 x_1 和 x_2 之间没有相关性。

解：多元线性回归模型的一般形式为

$$y=\beta_0+\beta_1x_1+\beta_2x_2+\cdots+\beta_kx_k+\epsilon$$

其中，y 为因变量(房屋售价)，$x_1,x_2,\cdots,x_k$ 为自变量(房屋面积、房间数等)，$\beta_0,\beta_1,\beta_2,\cdots,\beta_k$ 为回归系数，ϵ为误差项。

根据上述数据，建立的多元线性回归模型为

$$y=\beta_0+\beta_1x_1+\beta_2x_2+\epsilon$$

其中，x_1 表示房屋的面积，x_2 表示房屋的房间数，y 表示房屋售价。

为了求出回归系数 β_0,β_1,β_2 的估计值，需要使用最小二乘法。最小二乘法的基本思想

是使得误差平方和最小化，即

$$\min_{\beta_0,\beta_1,\beta_2}\sum_{i=1}^{n}(y_i-\beta_0-\beta_1x_{i1}-\beta_2x_{i2})^2$$

对上述式子进行求导并令导数为 0，可得

$$\frac{\partial}{\partial\beta_0}\sum_{i=1}^{n}(y_i-\beta_0-\beta_1x_{i1}-\beta_2x_{i2})^2=0$$

$$\Rightarrow\sum_{i=1}^{n}(y_i-\beta_0-\beta_1x_{i1}-\beta_2x_{i2})=0$$

$$\frac{\partial}{\partial\beta_1}\sum_{i=1}^{n}(y_i-\beta_0-\beta_1x_{i1}-\beta_2x_{i2})^2=0$$

$$\Rightarrow\sum_{i=1}^{n}(y_i-\beta_0-\beta_1x_{i1}-\beta_2x_{i2})x_{i1}=0$$

$$\frac{\partial}{\partial\beta_2}\sum_{i=1}^{n}(y_i-\beta_0-\beta_1x_{i1}-\beta_2x_{i2})^2=0$$

$$\Rightarrow\sum_{i=1}^{n}(y_i-\beta_0-\beta_1x_{i1}-\beta_2x_{i2})x_{i2}=0$$

将样本数据代入上述式子，得到以下方程组：

$$\begin{cases}10\beta_0+\sum_{i=1}^{10}x_{i1}\beta_1+\sum_{i=1}^{10}x_{i2}\beta_2=\sum_{i=1}^{10}y_i\\ \sum_{i=1}^{10}x_{i1}\beta_0+\sum_{i=1}^{10}x_{i1}^2\beta_1+\sum_{i=1}^{10}x_{i1}x_{i2}\beta_2=\sum_{i=1}^{10}x_{i1}y_i\\ \sum_{i=1}^{10}x_{i2}\beta_0+\sum_{i=1}^{10}x_{i1}x_{i2}\beta_1+\sum_{i=1}^{10}x_{i2}^2\beta_2=\sum_{i=1}^{10}x_{i2}y_i\end{cases}$$

将数据代入上述方程组，可得

$$\begin{cases}10\beta_0+1300\beta_1+54\beta_2=3404\\ 1300\beta_0+162\ 575\beta_1+6770\beta_2=444\ 470\\ 54\beta_0+6770\beta_1+305\beta_2=149\ 130\end{cases}$$

解上述方程组，可得

$$\beta_0=28.668,\beta_1=1.452,\beta_2=18.445$$

因此，得到多元线性回归方程：

$$y=28.668+1.452x_1+18.445x_2$$

假设某个房屋的面积为 200m^2、房间数量为 3 个，则将其代入多元线性回归方程中：

$$y=28.668+1.452\times200+18.445\times3=374.403$$

因此，预测该房屋的售价为 374.403 万元。

4.2.2 非线性回归分析原理

1. 非线性回归

从之前到现在关注的问题都是在自变量和因变量之间存在因果关系的时候，通过构造一个线性函数去定量地衡量二者之间的数量关系。问题也就在这个线性函数上。实际的例子中变量之间的关系并不会那么简单，并且基本上都是非线性的，这个时候就需要使用别的方法来衡量这种关系。

2. 可化为线性回归的曲线回归

有些非线性回归看起来虽然是曲线回归的形式，但是如果对它进行换元这样的数学变换，它的形式就又变成了线性关系，例如：

$$y=\beta_0+\beta_1 e^x+\varepsilon$$

公式中有一个元素 e^x 是非线性的项，但是这个公式很简单地变成线性回归形式，只需要换元 $z=e^x$，就可以把模型写成 $y=\beta_0+\beta_1 z+\varepsilon$，这显然关于 z 是一个线性模型。

这里要说明的是，真实情况不是总像上面所说的那么简单。因为非线性回归公式里，非线性的项可能不只包含自变量，可能相关误差也是非线性的。例如下面的两个例子：

$$y=a e^{bx} e^{\varepsilon}$$

$$y=a e^{bx}+\varepsilon$$

第一个式子带的误差项叫乘性误差项，第二个叫加性误差项。这两个公式如果拿掉误差项，公式的形式其实是一样的，但是对于它们的处理方法不一样。因为线性模型处理的误差项都是加性误差项。但是对于第一个包含乘性误差项的公式，要得到加性误差项的形式，需要对这类公式采用取对数的方法。但是第二个就不需要。结合上面的分析知道，第一个是要先取对数，得到 $\ln y=\ln a+bx+\varepsilon$ 再换元，而第二个只需要令 $z=e^x$ 即可。当然，这也要在参数 b 已知的情况下。

要注意，误差项不同，对应的 G-M 条件（期望值相等，相互独立）就不一样。例如，误差项是 e^{ε}，那么实际上就假设了数据 $\ln y$ 是等方差的。如果对应的是 ε，那么数据 y 是等方差的。因此乘性误差项拟合的结果一定程度上会淡化因变量值较大的数据的作用，而会对因变量值较小的数据作用加强。

还有一个比较常见的函数是双曲函数。它的形式是 $y=\dfrac{x}{ax+b}$，它可以两边取倒数，得到 $\dfrac{1}{y}=a+b\dfrac{1}{x}$。类似地，还可以将 S 形曲线 $y=\dfrac{1}{a+be^{-x}}$ 换元为线性函数。

3. 多项式回归

顾名思义，多项式回归模型是一个多项式。这种回归模型的应用也非常广泛。例如，有二次项 x^2，那就换元为 x_2 就可以。实际情况中，因为三次以上的方程在解释性上就会出现很大的困难，所以不会再采用三次以上的多项式回归模型。

4. 一般非线性模型

非线性模型的形式是

$$y_i=f(x_i,\boldsymbol{\theta})+\varepsilon_i, i=1,2,\cdots,n$$

$\{x_i\}$ 不是随机向量。$\boldsymbol{\theta}$ 就是要估计的未知参数向量。注意在一般的非线性模型中，参数的数目和自变量的数目没有一定的对应关系。

类似地，如果还是使用最小二乘法估计，那么式子就应该是 $Q(\boldsymbol{\theta})=\sum_{i=1}^{n}[y_i-f(x_i,\boldsymbol{\theta})]^2$，对这个公式求导可得

$$\frac{\partial Q}{\partial \theta_j}=-2\sum_{i=1}^{n}[y_i-f(x_i,\boldsymbol{\theta})]\frac{\partial f}{\partial \theta_j}=0$$

这个表达式不一定有解析解，所以一般都需要使用计算数学中的方法（诸如数值逼近、凸优化等涉及的方法）来解。

4.2.3 回归分析 Python 实例

实验环境采用 Anaconda3 集成开发环境，所有程序均在 Jupyter Notebook 下调试成功。

例 4.3 一元线性回归。

本例采用程序员工资水平数据集作为研究目标，目的是找出程序员工资和算法工程师的关系，采用的方法就是对该数据集进行一元线性回归。

```
import numpy as np
import matplotlib.pyplot as plt
%matplotlib inline
#生成数据点如下，含义为 5 个城市程序员工资和算法工程师的工资
x = [13854,12213,11009,10655,9503]        #程序员工资，顺序为北京，上海，杭州，深圳，广州
y = [21332, 20162, 19138, 18621, 18016]   #算法工程师，顺序和程序员工资中顺序一致
#数据分布图，如图 4.5 所示。
```

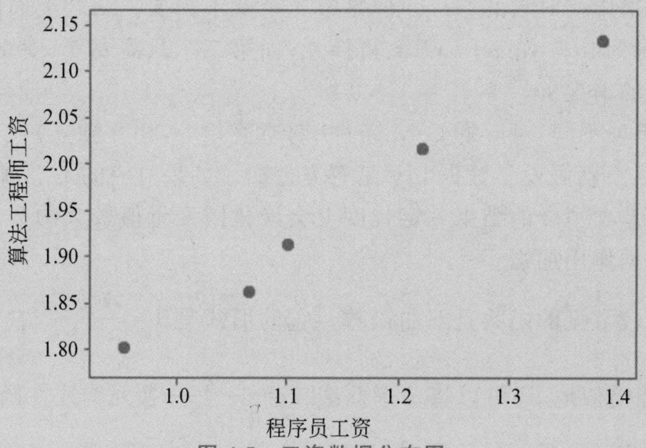

图 4.5 工资数据分布图

```
#线性模型
def model(a, b, x):
    return a * x + b
#损失函数
def cost_function(a, b, x, y):
    n = 5
    return 0.5/n * (np.square(y-a * x-b)).sum()
#优化函数
def optimize(a,b,x,y):
    n = 5
    alpha = 1e-1
    y_hat = model(a,b,x)
    da = (1.0/n) * ((y_hat-y) * x).sum()
    db = (1.0/n) * ((y_hat-y).sum())
    a = a - alpha * da
```

```
        b = b - alpha * db
        return a, b
#训练一次回归效果图,如图 4.6 所示。
```

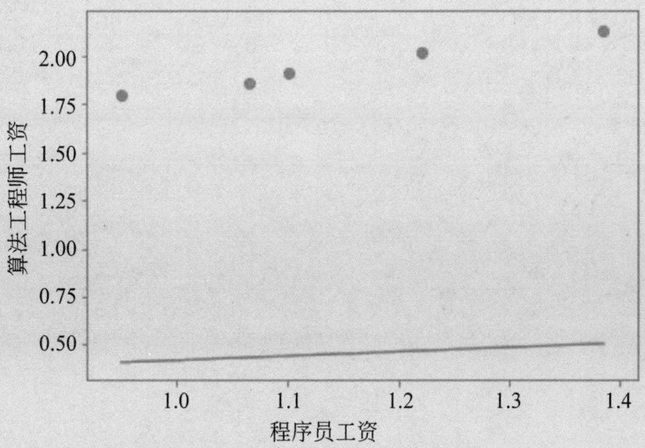

图 4.6　回归效果图(一次训练)

```
#迭代 1000 次
a,b = iterate(a,b,x,y,1000)
#输出结果(如图 4.7 所示)
0.8505560785076288 0.9710872023538262 0.00010710264569567503
```

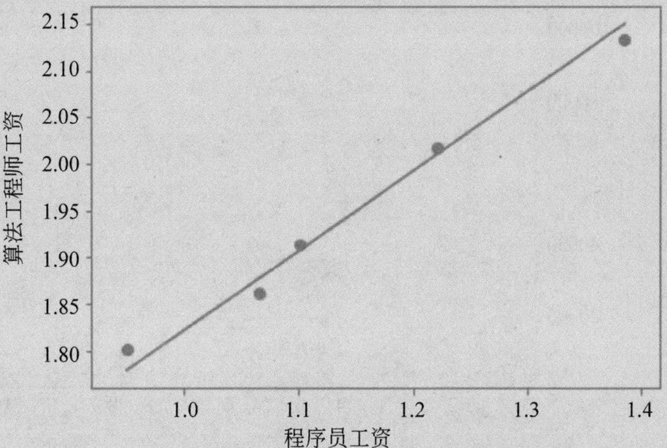

图 4.7　回归效果图(迭代 1000 次)

```
#迭代 10000 次
a,b = iterate(a,b,x,y,10000)
#输出结果(如图 4.8 所示)
0.7884707126333258 1.042833291685438 6.454779324956897e-05
#模型评价
y_hat=model(a,b,x)
y_bar = y.mean()
SST = np.square(y - y_bar).sum()
SSR = np.square(y_hat - y_bar).sum()
SSE = np.square(y_hat - y).sum()
SST, SSR, SSE
```

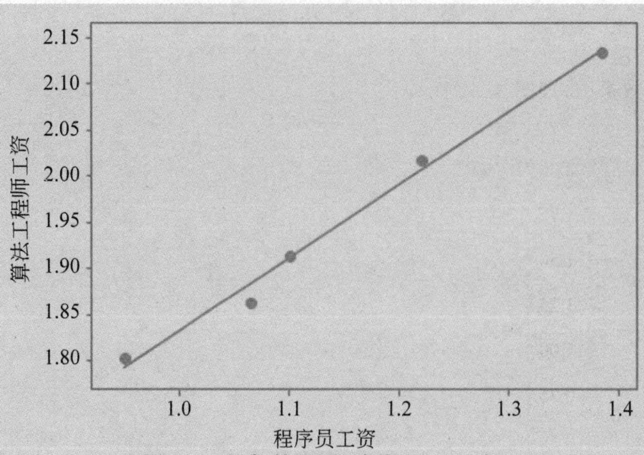

图 4.8 回归效果图(迭代 10 000 次)

例 4.4 非线性回归。

本例将演示当数据呈现非线性时,非线性回归方法相比较线性回归拟合效果方面的优势。

```
#首先生成非线性分布的数据集(如图 4.9 所示)
```

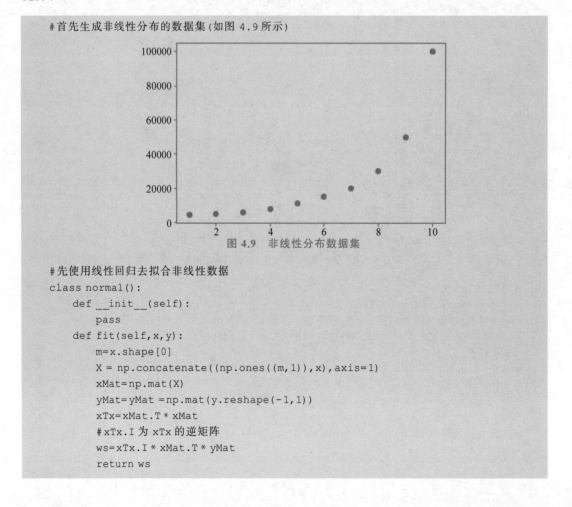

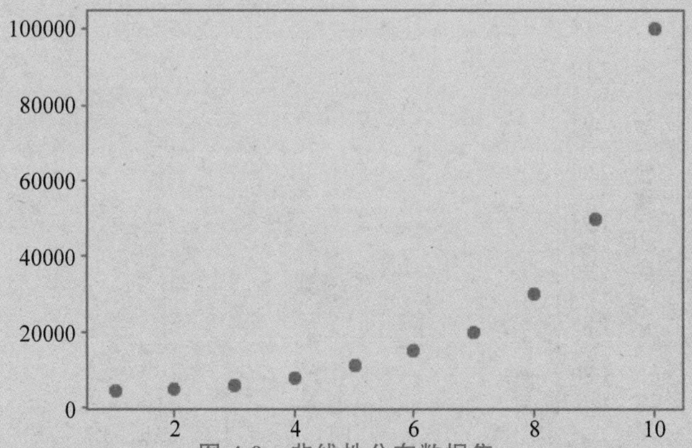

图 4.9 非线性分布数据集

```
#先使用线性回归去拟合非线性数据
class normal():
    def __init__(self):
        pass
    def fit(self,x,y):
        m=x.shape[0]
        X = np.concatenate((np.ones((m,1)),x),axis=1)
        xMat=np.mat(X)
        yMat=yMat =np.mat(y.reshape(-1,1))
        xTx=xMat.T * xMat
        #xTx.I 为 xTx 的逆矩阵
        ws=xTx.I * xMat.T * yMat
        return ws
```

```
model=normal()
w = model.fit(x,y)
#画图
x_test=np.array([[1],[10]])
y_test = w[0] + x_test * w[1]
ax1= plt.subplot()
ax1.plot(x_test,y_test,c='r',label='线性回归拟合线')
ax1.scatter(x,y,c='b',label='真实分布')
ax1.legend()
plt.show()
#线性回归效果图(如图 4.10 所示)
```

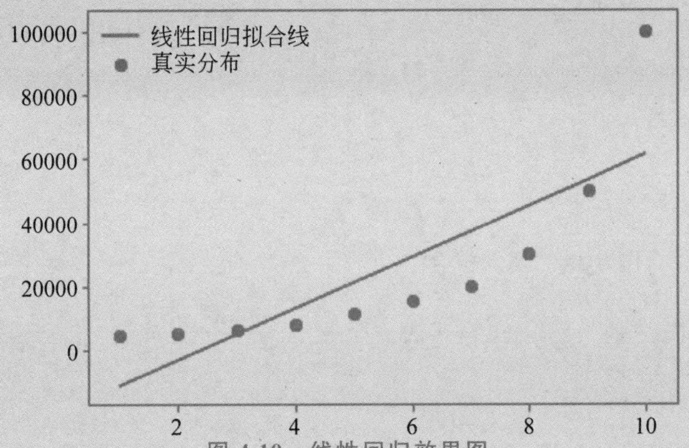

图 4.10　线性回归效果图

```
#使用多项式进行拟合,类似 y=α+βx+γx²
class normal():
    def __init__(self):
        pass
    def fit(self,x,y):
        #m=x.shape[0]
        #X = np.concatenate((np.ones((m,1)),x),axis=1)
        xMat=np.mat(x)
        yMat=yMat=np.mat(y.reshape(-1,1))
        xTx=xMat.T * xMat
        #xTx.I 为 xTx 的逆矩阵
        ws=xTx.I * xMat.T * yMat
        return ws
model=normal()
w = model.fit(x_1,y)
w
#计算 x_1 的拟合效果,下面是矩阵乘法
y_1=np.dot(x_1,w)
ax1=plt.subplot()
ax1.plot(x,y_1,c='r',label='n=2 时,拟合效果图')
ax1.scatter(x,y,c='b',label='真实分布图')
ax1.legend(prop={'size':15})  #此参数改变标签字号的大小
plt.show()
#多项式回归效果图(如图 4.11 所示)
```

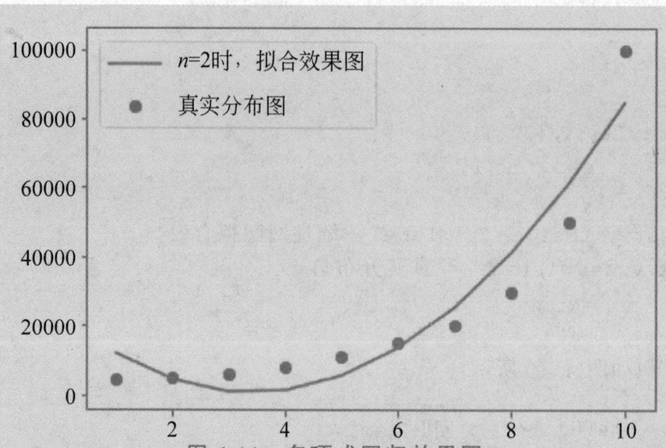

图 4.11　多项式回归效果图

```
#改善拟合效果
#设置 n=5
x_2 = multi_feature(x,5)
model=normal()
#用新生成的 x_2 作为输入,重新拟合
w = model.fit(x_2,y)
#计算 x_2 的拟合效果,下面是矩阵乘法
y_2 = np.dot(x_2,w)
ax1= plt.subplot()
ax1.plot(x,y_2,c='r',label='n=5时,拟合效果图')
ax1.scatter(x,y,c='b',label='真实分布图')
ax1.legend(prop={'size':15})  #此参数改变标签字号的大小
plt.show()
#n=5时的非线性回归效果图(如图 4.12 所示)
```

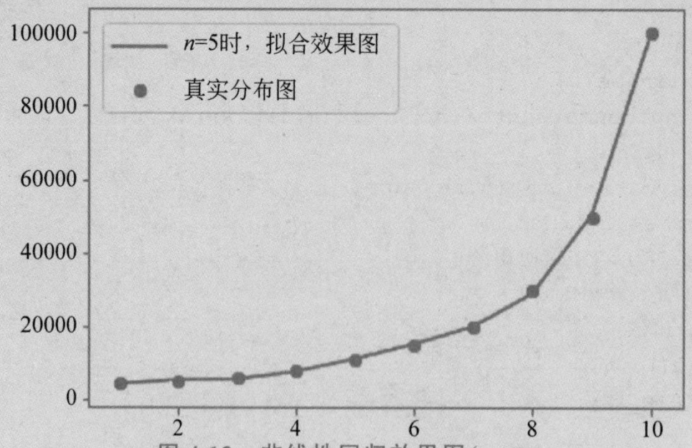

图 4.12　非线性回归效果图（$n=5$）

```
#前面的拟合图已经很完美了,由于点太少,显得拟合曲线不是那么平滑,下面的程序增加 x 值
x_test=np.linspace(1,10,100)
x_3=multi_feature(x_test,5)
#生成预测值 y_3
y_3=np.dot(x_3,w)
ax1=plt.subplot()
ax1.plot(x_test,y_3,c='r',label='n=5时,拟合效果图')
```

```
ax1.scatter(x,y,c='b',label='真实分布图')
ax1.legend(prop={'size':15})  #此参数改变标签字号的大小
plt.show()
#效果图(如图 4.13 所示)
```

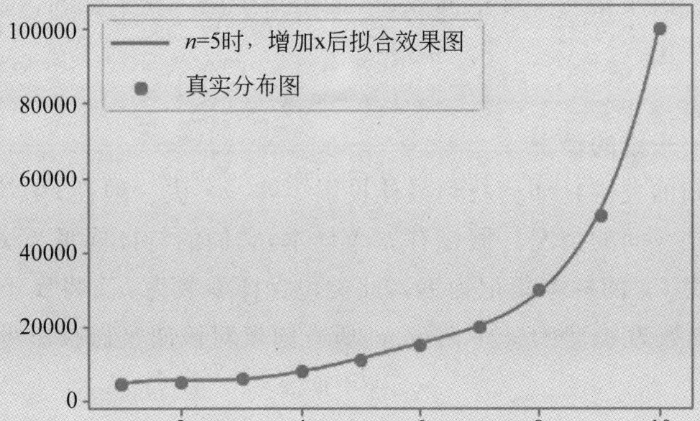

图 4.13　增加 x 值后的非线性回归效果图(n=5)

4.3　线性判别分析

4.3.1　线性判别分析算法原理

线性判别分析（Linear Discriminant Analysis，LDA)的基本思想是使用数据向量在低维空间的投影近似代替原始向量，投影向量和原始向量越接近越好。本节介绍的线性判别回归一般是用于执行分类任务，是一种有监督学习。

由于需要尽量使得投影向量得到很好的分类效果，在投影过程中通过线性投影来最小化同类样本间的差异，最大化不同类样本间的差异，提高最终的分类精度。具体做法是寻找一个向低维空间的投影矩阵 $\boldsymbol{W}$，样本的特征向量 $\boldsymbol{x}$ 经过投影之后得到新向量：

$$\boldsymbol{y}=\boldsymbol{W}\boldsymbol{x}$$

通常情况下，希望同一类样本投影后的结果向量差异尽可能小，不同类的样本差异尽可能大。直观来看，就是经过投影之后同一类样本聚集在一起，不同类的样本尽可能离得远。图 4.14 是这种投影的示意图。

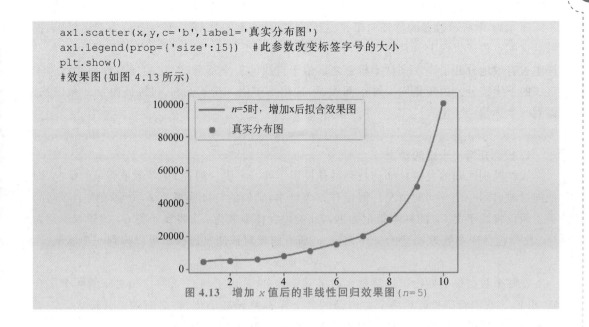

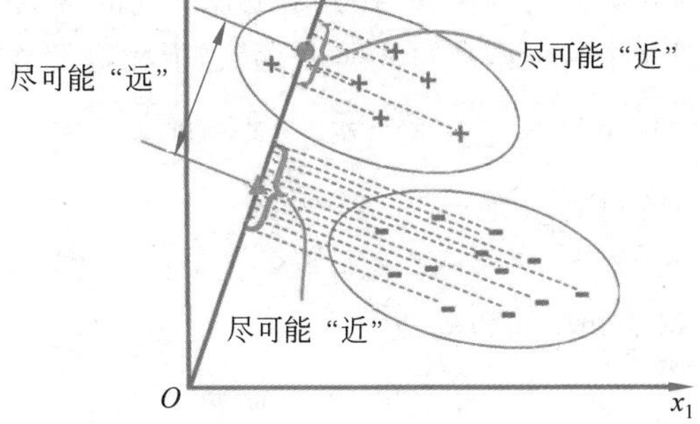

图 4.14　投影示意图

图 4.14 彩图

图 4.14 中所示数据的特征向量是二维的，这些数据投影到一维空间称为直线投影，投影后这些点位于直线上。从图 4.14 中可以看出有两类样本，通过向左边的直线投影，两类样本被有效地分开了。“+”样本投影之后位于直线的上半部分，“－”的样本投影之后位于直线的下半部分。由于是向一维空间投影，这相当于用一个向量 $\boldsymbol{w}$ 和特征向量 $\boldsymbol{x}$ 做内积，得到一个标量：

$$y=\boldsymbol{w}^{\mathrm{T}}\boldsymbol{x}$$

1. 投影矩阵：一维的情况

线性判别回归的关键是如何找到最佳投影矩阵。不失一般性，先考虑最简单的情况，即把向量映射到一维空间的情况。假设有 n 个样本，它们的特征向量为 $\boldsymbol{x}$，分属于两个不同的类。假设将属于类 C_1 的样本集记为 D_1，此类包含样本数为 n_1；将属于类 C_2 的样本集记为 D_2，此类包含样本数为 n_2。有一个向量 $\boldsymbol{w}$，所有向量对该向量做投影可以得到一个标量：

$$y=\boldsymbol{w}^{\mathrm{T}}\boldsymbol{x}$$

在整个数据集上做投影运算就生成了 n 个标量，分属于与 C_1 和 C_2 相对于的两个集合 Y_1 和 Y_2。我们希望投影后两个类内部的各个样本差异最小化，类之间的差异最大化。类间差异可以用投影之后两类样本均值的差来衡量。投影之前每类样本的均值为

$$\boldsymbol{m}_i=\frac{1}{n_i}\sum_{x\in D_i}\boldsymbol{x}$$

投影后的均值为

$$\widetilde{\boldsymbol{m}}_i=\frac{1}{n_i}\sum_{x\in D_i}\boldsymbol{w}^{\mathrm{T}}\boldsymbol{x}=\boldsymbol{w}^{\mathrm{T}}m_i$$

它等价于样本均值在 $\boldsymbol{w}$ 上的投影。投影后两类样本均值差的绝对值为

$$|\widetilde{\boldsymbol{m}}_1-\widetilde{\boldsymbol{m}}_2|=|\boldsymbol{w}^{\mathrm{T}}(\boldsymbol{m}_1-\boldsymbol{m}_2)|$$

类内的差异大小可以用方差来衡量。第 i 类 C_i 的类内散布为

$$\bar{s}_i^2=\sum_{y\in Y_i}(y-\widetilde{m}_i)^2$$

这是一个标量，与方差相差一个倍数，其含义可以理解为评估某一类的所有样本与该类中心的距离。$\left(\frac{1}{n}\right)(\bar{s}_1^2+\bar{s}_2^2)$是全体样本的方差，$\bar{s}_1^2+\bar{s}_2^2$ 称为总类内散布。要寻找的最佳投影需要使下面的目标函数最大化：

$$L(\boldsymbol{w})=\frac{(\widetilde{\boldsymbol{m}}_1-\widetilde{\boldsymbol{m}}_2)^2}{\bar{s}_1^2+\bar{s}_2^2}$$

上式同时包含对类内和类间的约束，即在分子上让类间的均值差最大化，同时在分母上让类内的差异最小化。把这个目标函数写成 $\boldsymbol{w}$ 的函数，下面定义类内散布矩阵为

$$\boldsymbol{S}_i=\sum_{x\in D_i}(\boldsymbol{x}-\boldsymbol{m}_i)(\boldsymbol{x}-\boldsymbol{m}_i)^{\mathrm{T}}$$

两类总的类间散布矩阵可表示为

$$\boldsymbol{S}_{\mathrm{W}}=\boldsymbol{S}_1+\boldsymbol{S}_2$$

投影后，各类的类内散布矩阵可以写成

$$\bar{s}_i^2=\sum_{x\in D_i}(\boldsymbol{w}^{\mathrm{T}}\boldsymbol{x}-\boldsymbol{w}^{\mathrm{T}}\boldsymbol{m}_i)^2$$

$$= \sum_{x \in D_i} \boldsymbol{w}^{\mathrm{T}} (\boldsymbol{x} - \boldsymbol{m}_i)(\boldsymbol{x} - \boldsymbol{m}_i)^{\mathrm{T}} \boldsymbol{w}$$

$$= \boldsymbol{w}^{\mathrm{T}} \boldsymbol{S}_i \boldsymbol{w}$$

各类类内散布矩阵之和可以写成

$$\bar{s}_1^2 + \bar{s}_2^2 = \boldsymbol{w}^{\mathrm{T}} \boldsymbol{S}_W \boldsymbol{w}$$

现在来探讨类间散布矩阵，各类样本的均值之差可以写成

$$(\widetilde{\boldsymbol{m}}_1 - \widetilde{\boldsymbol{m}}_2)^2 = (\boldsymbol{w}^{\mathrm{T}} (\boldsymbol{m}_1 - \boldsymbol{m}_2))^2 = \boldsymbol{w}^{\mathrm{T}} (\boldsymbol{m}_1 - \boldsymbol{m}_2)(\boldsymbol{m}_1 - \boldsymbol{m}_2)^{\mathrm{T}} \boldsymbol{w}$$

可定义类间散布矩阵如下。

$$\boldsymbol{S}_B = (\boldsymbol{m}_1 - \boldsymbol{m}_2)(\boldsymbol{m}_1 - \boldsymbol{m}_2)^{\mathrm{T}}$$

各类样本的均值之差可以改写成

$$(\widetilde{\boldsymbol{m}}_1 - \widetilde{\boldsymbol{m}}_2)^2 = \boldsymbol{w}^{\mathrm{T}} \boldsymbol{S}_B \boldsymbol{w}$$

综合上式公式，总体要优化的目标函数为

$$L(w) = \frac{\boldsymbol{w}^{\mathrm{T}} \boldsymbol{S}_B \boldsymbol{w}}{\boldsymbol{w}^{\mathrm{T}} \boldsymbol{S}_W \boldsymbol{w}}$$

其中，$\boldsymbol{S}_B$ 称为总类间散布矩阵，$\boldsymbol{S}_W$ 称为总类内散布矩阵，这个公式同时考虑了类内和类间双重约束情况。

可以看出这个最优化问题的解不唯一。可以证明，如果 $\boldsymbol{w}^*$ 是最优解，将它乘上一个非零系数 k 之后，$k\boldsymbol{w}^*$ 还是最优解。因此，可以考虑进行相应的数学变换来简化问题，如加上一个约束条件，将分数形式的公式化简，令

$$\boldsymbol{w}^{\mathrm{T}} \boldsymbol{S}_W \boldsymbol{w} = 1$$

这样，上面的最优化问题转换为带等式约束的极大值问题：

$$\max \boldsymbol{w}^{\mathrm{T}} \boldsymbol{S}_B \boldsymbol{w}$$

$$\text{s.t. } \boldsymbol{w}^{\mathrm{T}} \boldsymbol{S}_W \boldsymbol{w} = 1$$

上面的公式可用拉格朗日乘数法求解，构造拉格朗日乘子函数如下。

$$L = \boldsymbol{w}^{\mathrm{T}} \boldsymbol{S}_B \boldsymbol{w} + \lambda (\boldsymbol{w}^{\mathrm{T}} \boldsymbol{S}_W \boldsymbol{w} - 1)$$

其中，λ 为拉格朗日乘子。

对 $\boldsymbol{w}$ 求梯度并令梯度为 0，可以得到

$$\boldsymbol{S}_B \boldsymbol{w} + \lambda \boldsymbol{S}_W \boldsymbol{w} = 0$$

变换可得

$$\boldsymbol{S}_B \boldsymbol{w} = \lambda \boldsymbol{S}_W \boldsymbol{w}$$

如果 $\boldsymbol{S}_W$ 可逆，上式两边左乘 $\boldsymbol{S}_W^{-1}$ 后可以得到

$$\boldsymbol{S}_W^{-1} \boldsymbol{S}_B \boldsymbol{w} = \lambda \boldsymbol{w}$$

即 λ 是矩阵 $\boldsymbol{S}_W^{-1} \boldsymbol{S}_B$ 的特征值，$\boldsymbol{w}$ 为对应的特征向量。假设 λ 和 $\boldsymbol{w}$ 是上面广义特征值问题的解，代入目标函数可以得到

$$\frac{\boldsymbol{w}^{\mathrm{T}} \boldsymbol{S}_B \boldsymbol{w}}{\boldsymbol{w}^{\mathrm{T}} \boldsymbol{S}_W \boldsymbol{w}} = \frac{\boldsymbol{w}^{\mathrm{T}} (\lambda \boldsymbol{S}_W \boldsymbol{w})}{\boldsymbol{w}^{\mathrm{T}} \boldsymbol{S}_W \boldsymbol{w}} = \lambda$$

这里的目标是要让该比值最大化，因此，最大的特征值 λ 及其对应的特征向量是最优解。

上面的做法只将样本向量投影到一维空间，并没有说明在这个空间中怎么分类。如果

得到了投影后的值，一个方案是比较它离所有类的均值的距离，取最小的那个作为分类的结果。

$$\arg\min_i |\boldsymbol{w}^{\mathrm{T}}\boldsymbol{x}-\widetilde{\boldsymbol{m}}_i|$$

这类似于 KNN 算法，不同的是计算待分类样本和各类训练样本均值向量的距离，也可以用其他分类器完成分类。

2. 投影矩阵：推广到高维

接下来将上面的方法推广到多个类，向高维空间投影的情况。对于 c 类分类问题，需要把特征向量投影到 $c-1$ 维的空间中。类内散布矩阵定义为

$$\boldsymbol{S}_W=\sum_{i=1}^{c}\boldsymbol{S}_i$$

它仍然是每个类的类内散布矩阵之和，与单个类的类内散布矩阵和之前的定义相同：

$$\boldsymbol{S}_i=\sum_{\boldsymbol{x}\in D_i}(\boldsymbol{x}-\boldsymbol{m}_i)(\boldsymbol{x}-\boldsymbol{m}_i)^{\mathrm{T}}$$

其中，$\boldsymbol{m}_i$ 为每个类的均值向量。定义总体均值向量为

$$\boldsymbol{m}=\frac{1}{n}\sum_{i=1}^{n}\boldsymbol{x}_i=\frac{1}{n}\sum_{i=1}^{c}n_i\boldsymbol{m}_i$$

定义总体散布矩阵为

$$\boldsymbol{S}_T=\sum_{i=1}^{n}(\boldsymbol{x}_i-\boldsymbol{m}_i)(\boldsymbol{x}_i-\boldsymbol{m}_i)^{\mathrm{T}}$$

则有

$$\begin{aligned}\boldsymbol{S}_T&=\sum_{i=1}^{n}\sum_{\boldsymbol{x}\in D}(\boldsymbol{x}-\boldsymbol{m}_i+\boldsymbol{m}_i-\boldsymbol{m})(\boldsymbol{x}-\boldsymbol{m}_i+\boldsymbol{m}_i-\boldsymbol{m})^{\mathrm{T}}\\&=\sum_{i=1}^{n}\sum_{\boldsymbol{x}\in D}(\boldsymbol{x}-\boldsymbol{m}_i)(\boldsymbol{x}-\boldsymbol{m}_i)^{\mathrm{T}}+\sum_{i=1}^{n}\sum_{\boldsymbol{x}\in D}(\boldsymbol{m}_i-\boldsymbol{m})(\boldsymbol{m}_i-\boldsymbol{m})^{\mathrm{T}}\\&=\boldsymbol{S}_W+\sum_{i=1}^{c}n_i(\boldsymbol{m}_i-\boldsymbol{m})(\boldsymbol{m}_i-\boldsymbol{m})^{\mathrm{T}}\end{aligned}$$

把上式右边的第二项定义为类间散布矩阵，总散布矩阵是类内散布矩阵和类间散布矩阵之和。

$$\boldsymbol{S}_B=\sum_{i=1}^{c}n_i(\boldsymbol{m}_i-\boldsymbol{m})(\boldsymbol{m}_i-\boldsymbol{m})^{\mathrm{T}}$$

$$\boldsymbol{S}_T=\boldsymbol{S}_W+\boldsymbol{S}_B$$

相应地，从 d 维空间向 $c-1$ 维空间投影变为矩阵和向量的乘积：

$$\boldsymbol{y}=\boldsymbol{W}^{\mathrm{T}}\boldsymbol{x}$$

其中，$\boldsymbol{W}$ 是 $d\times(c-1)$ 的矩阵。可以证明，最后的目标为求解下面的最优化问题：

$$\max L(\boldsymbol{W})=\frac{\operatorname{tr}(\boldsymbol{W}^{\mathrm{T}}\boldsymbol{S}_B\boldsymbol{W})}{\operatorname{tr}(\boldsymbol{W}^{\mathrm{T}}\boldsymbol{S}_W\boldsymbol{W})}$$

其中，tr 为矩阵的迹。同样地，通过构造拉格朗日函数可以证明使该目标函数最大的 $\boldsymbol{W}$ 的列 $\boldsymbol{w}$ 必须满足

$$\boldsymbol{S}_B\boldsymbol{w}=\lambda\boldsymbol{S}_W\boldsymbol{w}$$

最优解还是矩阵 $\boldsymbol{S}_W^{-1}\boldsymbol{S}_B$ 的特征值和特征向量。实现时的关键步骤是计算矩阵 $\boldsymbol{S}_B$、$\boldsymbol{S}_W$

以及矩阵乘法 $\boldsymbol{S}_W^{-1}\boldsymbol{S}_B$ 和对矩阵 $\boldsymbol{S}_W^{-1}\boldsymbol{S}_B$ 进行特征值分解。矩阵 $\boldsymbol{S}_W^{-1}\boldsymbol{S}_B$ 可能有 d 个特征值和特征向量，我们要将向量投影到 $c-1$ 维，为此挑选出最大的 $c-1$ 个特征值以及它们对应的特征向量，组成矩阵 $\boldsymbol{W}$。

计算投影矩阵的处理流程如下。

(1) 计算各个类的均值向量与总均值向量。

(2) 计算类间散布矩阵 $\boldsymbol{S}_B$ 和类内散布矩阵 $\boldsymbol{S}_W$。

(3) 计算矩阵乘法 $\boldsymbol{S}_W^{-1}\boldsymbol{S}_B$。

(4) 对 $\boldsymbol{S}_W^{-1}\boldsymbol{S}_B$ 进行特征值分解，得到特征值和特征向量。

(5) 对特征值从大到小排序，截取部分特征值和特征向量构成投影矩阵。

4.3.2　线性判别分析 Python 实例

本节中，使用线性判别分析实现了数字图像的识别。实验环境采用 Anaconda3 集成开发环境，所有程序均在 Jupyter Notebook 下调试成功。

本节程序安装了 sklearn 工具包，sklearn(scikit-learn)是机器学习中常用的第三方模块，对常用的机器学习方法进行了封装，包括回归(Regression)、降维(Dimensionality Reduction)、分类(Classfication)、聚类(Clustering)等方法。sklearn 具有以下特点。

(1) 简单高效的数据挖掘和数据分析工具。

(2) 让每个人能够在复杂环境中重复使用。

(3) 建立在 NumPy、Scipy、MatPlotLib 之上。

sklearn 已经集成在 Anaconda3 集成开发环境中，使用非常方便。

本节的研究对象是 sklearn 程序包里自带的数字图像数据集。数据集包含 6 类数字，最后实现效果是将不同类别(以不同颜色显示)投影到二维空间平面，如图 4.15 所示。

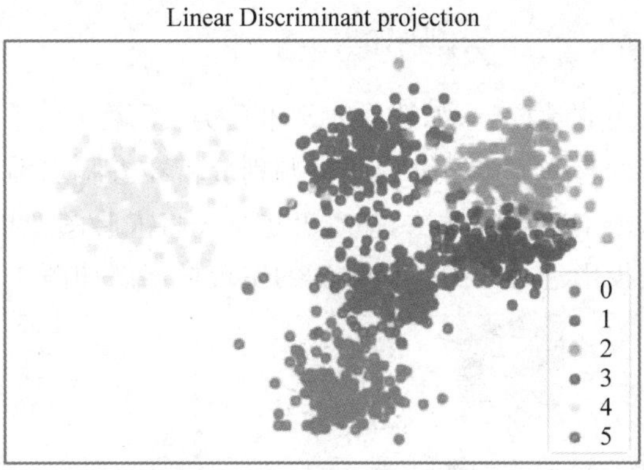

图 4.15　二维平面投影效果图

图 4.15 彩图

例 4.5　LDA 在数字图片识别中的应用。

```
import matplotlib.pyplot as plt
import numpy as np
import sklearn.datasets
import sklearn.discriminant_analysis
import matplotlib
```

```
%matplotlib inline
#初始化
digits = sklearn.datasets.load_digits(n_class=6)
x = digits.data
y = digits.target
n_neighbors = 30

def plot_embedding(x, title):
    x_min, x_max = np.min(x, 0), np.max(x, 0)
    x = (x - x_min) / (x_max - x_min)
    plt.figure()

    c = ['red', 'blue', 'lime', 'black', 'yellow', 'purple']
    for l in range(6):
        p = x[y == l]
        plt.scatter(p[:, 0], p[:, 1], s=25, c=c[l], alpha=0.5, label=str(l))

    plt.legend(loc='lower right')
    plt.xticks([])
    plt.yticks([])

    plt.title(title)
    plt.show()

x2 = x.copy()
x2.flat[::x.shape[1] + 1] += 0.01  #防止不可逆情况
x_lda = sklearn.discriminant_analysis.LinearDiscriminantAnalysis(n_
components=2).fit_transform(x2, y)
plot_embedding(x_lda, 'Linear Discriminant projection')
```

4.3.3 线性判别分析在人脸识别中的应用

线性判别分析的应用非常广泛，如图像和文本分类、图像分类及其他数据分析领域中都可以看到线性判别分析的身影。本节介绍线性判别分析在人脸识别方面的应用。

线性判别分析属于子空间学习方法，基本思想是先将人脸图像投影到低维子空间中，然后使用人脸图像的低维投影进行分类。该方法的实现框架图如图 4.16 所示。

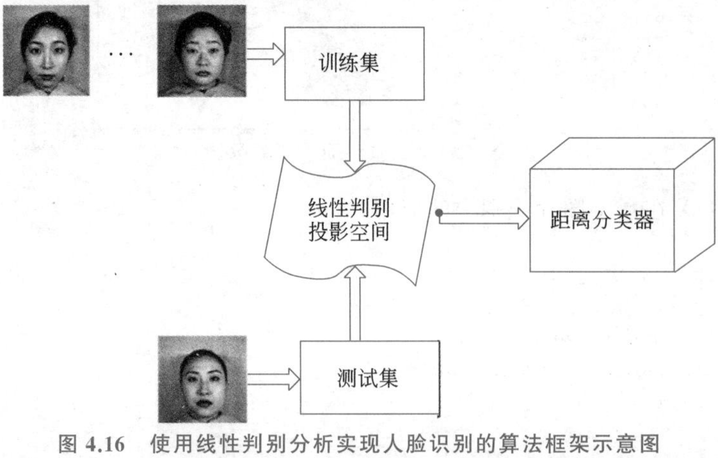

图 4.16 使用线性判别分析实现人脸识别的算法框架示意图

线性判别分析先将人脸图像按行或按列产生向量，然后对训练集中的人脸图像计算线性判别分析的投影矩阵，将这些人脸图像向量投影到低维子空间中。在识别人脸图像时，也将测试集人脸图像投影到上述子空间中，在投影子空间中计算测试集投影和训练集投影的距离，从而得出分类结果。

4.4　K 最近邻算法

4.4.1　K 最近邻算法原理

1. 基本原理

K 最近邻算法(K-Nearest Neighbor，KNN)采用测量不同特征值之间的距离方法进行分类。它的思想很简单：如果一个样本在特征空间中的 K 个最相似(即特征空间中最邻近)的样本中的大多数属于某一个类别，则该样本也属于这个类别。确定样本所属类别的一种最简单的方法是直接比较它和所有训练样本的相似度，然后将其归类为最相似的样本所属的那个类，这是一种模板匹配的思想。K 最近邻算法采用了这种思路，图 4.17 是使用 KNN 算法思想进行分类的一个例子。

图 4.17 彩图

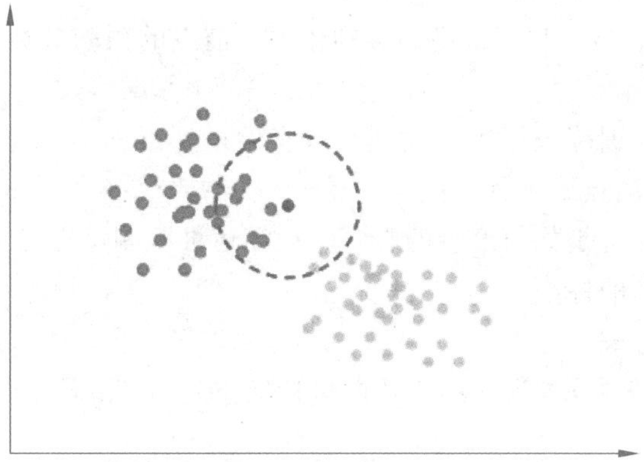

图 4.17　KNN 算法示意图

图 4.17 中假设有两类数据，分别是红色和绿色两类样本，这两类样本分布在一个二维空间中。那么假如现在有一个黑色点作为待测数据，需要判断这个数据是属于红色这一类，还是属于绿色这一类。这需要怎么做呢？可以按照这样的算法思想：寻找离该样本最近的一部分训练样本，在图中是以这个矩形样本为圆心的某一圆范围内的所有样本。然后统计这些样本所属的类别，在这里红色点有 12 个，绿色有 2 个，因此把这个样本判定为红色这一类。上面的数字就是 K 的值。从这里可以看到，K 的值还是很重要的。上面的例子是二分类的情况，可以推广到多类，K 最近邻算法天然支持多类分类问题。

KNN 算法中，所选择的邻居都是已经正确分类的对象。该方法在定类决策上只依据最邻近的一个或者几个样本的类别来决定待分样本所属的类别。由于 KNN 方法主要靠周围有限的邻近的样本，而不是靠判别类域的方法来确定所属类别的，因此对于类域的交叉或重叠较多的待分样本集来说，KNN 算法较其他方法更为适合。

KNN 算法在分类时有个主要的不足之处，就是当样本不平衡时，如一个类的样本容量很大，而其他类样本容量很小时，有可能导致当输入一个新样本时，该样本的 K 个邻居中大容量类的样本占多数。这个算法缺陷可以采用权值的方法（和该样本距离小的邻居权值大）来改进。KNN 算法的另一个不足之处是计算量较大，因为对每一个待分类的样本都要计算它到全体已知样本的距离，才能求得它的 K 个最近邻点。缓解这个问题目前常用的解决方法是事先对已知样本点进行剪辑，事先去除对分类作用不大的样本。KNN 算法比较适用于样本容量比较大的类域的自动分类，而那些样本容量较小的类域采用这种算法比较容易产生误分。

总的来说，KNN 算法的应用场景是已经存在了一个带标签的数据库，然后输入没有标签的新数据后，将新数据的每个特征与样本集中数据对应的特征进行比较，然后算法提取样本集中特征值最相似（最近邻）的分类标签。一般来说，只选择样本数据库中前 K 个最相似的数据。最后，选择 K 个最相似数据中出现次数最多的分类。其算法描述如下。

（1）计算已知类别数据集中的点与当前点之间的距离。

（2）按照距离递增次序排序。

（3）选取与当前点距离最小的 K 个点。

（4）确定前 K 个点所在类别的出现频率。

（5）返回前 K 个点出现频率最高的类别作为当前点的预测分类。

2. 距离函数

K 最近邻算法是在训练数据集中找到与该实例最邻近的 K 个样本，这 K 个样本的多数属于某个类，就说预测点属于哪个类。

定义中所说的最邻近是如何度量的呢？怎么知道谁跟测试点最邻近？这里就会引出几种度量两个点之间距离的标准。

有以下几种度量方式。

设有样本 $\boldsymbol{x}_i, \boldsymbol{x}_j \in R^n$，$R^n$ 为 n 维实数向量特征空间，$\boldsymbol{x}_i$ 和 $\boldsymbol{x}_j$ 的 L_p 距离定义为

$$L_p(\boldsymbol{x}_i, \boldsymbol{x}_j) = \left(\sum_{l=1}^{n} \mid \boldsymbol{x}_i^{(l)} - \boldsymbol{x}_j^{(l)} \mid^p\right)^{\frac{1}{p}}，其中，p \geqslant 1。$$

常用的距离是 p 为 1 和 2 的情况。例如，当 $p=2$ 时，就是欧氏距离（Euclidean Distance），即

$$L_2(\boldsymbol{x}_i, \boldsymbol{x}_j) = \left(\sum_{l=1}^{n} \mid \boldsymbol{x}_i^{(l)} - \boldsymbol{x}_j^{(l)} \mid^2\right)^{\frac{1}{2}}$$

当 $p=1$ 时，就是曼哈顿距离（Manhattan Distance），即

$$L_2(\boldsymbol{x}_i, \boldsymbol{x}_j) = \sum_{l=1}^{n} \mid \boldsymbol{x}_i^{(l)} - \boldsymbol{x}_j^{(l)} \mid$$

这里要说明的是，在实际应用中，距离函数的选择应该根据数据的特性和分析的需要而定，一般选取 $p=2$ 欧氏距离表示。

4.4.2 K 最近邻算法 Python 实例

实验环境采用 Anaconda3 集成开发环境，所有程序均在 Jupyter Notebook 下调试成功。本节演示了基于 sklearn 的 iris 数据集分类程序。

例 **4.6**　KNN 算法。

```
#初始化
import numpy as np
import matplotlib.pyplot as plt
import seaborn as sns
from matplotlib.colors import ListedColormap
from sklearn import neighbors, datasets
%matplotlib inline

#设置 k=15
n_neighbors = 15

#加载 iris 测试数据集
iris = datasets.load_iris()

#仅采用前两维特征

X = iris.data[:, :2]
y = iris.target

#在平面上,用一条折线将多个类别区分开,下面这个变量决定了折线的精细程度
h = .2  #网格步长

#对应于分类器和数据分类颜色
cmap_light = ListedColormap(['orange', 'cyan', 'cornflowerblue'])
cmap_bold = ['darkorange', 'c', 'darkblue']

#uniform 是等权重,distance 是按距离的倒数给权重
for weights in ['uniform', 'distance']:

    #初始化分类器
    clf = neighbors.KNeighborsClassifier(n_neighbors, weights=weights)
    clf.fit(X, y)

    #画出分类边界
    x_min, x_max = X[:, 0].min() - 1, X[:, 0].max() + 1
    y_min, y_max = X[:, 1].min() - 1, X[:, 1].max() + 1
    xx, yy = np.meshgrid(np.arange(x_min, x_max, h),
                         np.arange(y_min, y_max, h))
    Z = clf.predict(np.c_[xx.ravel(), yy.ravel()])

    #使用彩色图展示效果
    Z = Z.reshape(xx.shape)
    plt.figure(figsize=(8, 6))
    plt.contourf(xx, yy, Z, cmap=cmap_light)

    #画出训练样本
    sns.scatterplot(x=X[:, 0], y=X[:, 1], hue=iris.target_names[y],
                    palette=cmap_bold, alpha=1.0, edgecolor="black")

    #可视化数据样例
    plt.xlim(xx.min(), xx.max())
```

```
    plt.ylim(yy.min(), yy.max())
    plt.title("3-Class classification (k = %i, weights = '%s')"
          % (n_neighbors, weights))
    plt.xlabel(iris.feature_names[0])
    plt.ylabel(iris.feature_names[1])

plt.show()
#程序输出(如图 4.18 所示)
```

图 4.18 彩图

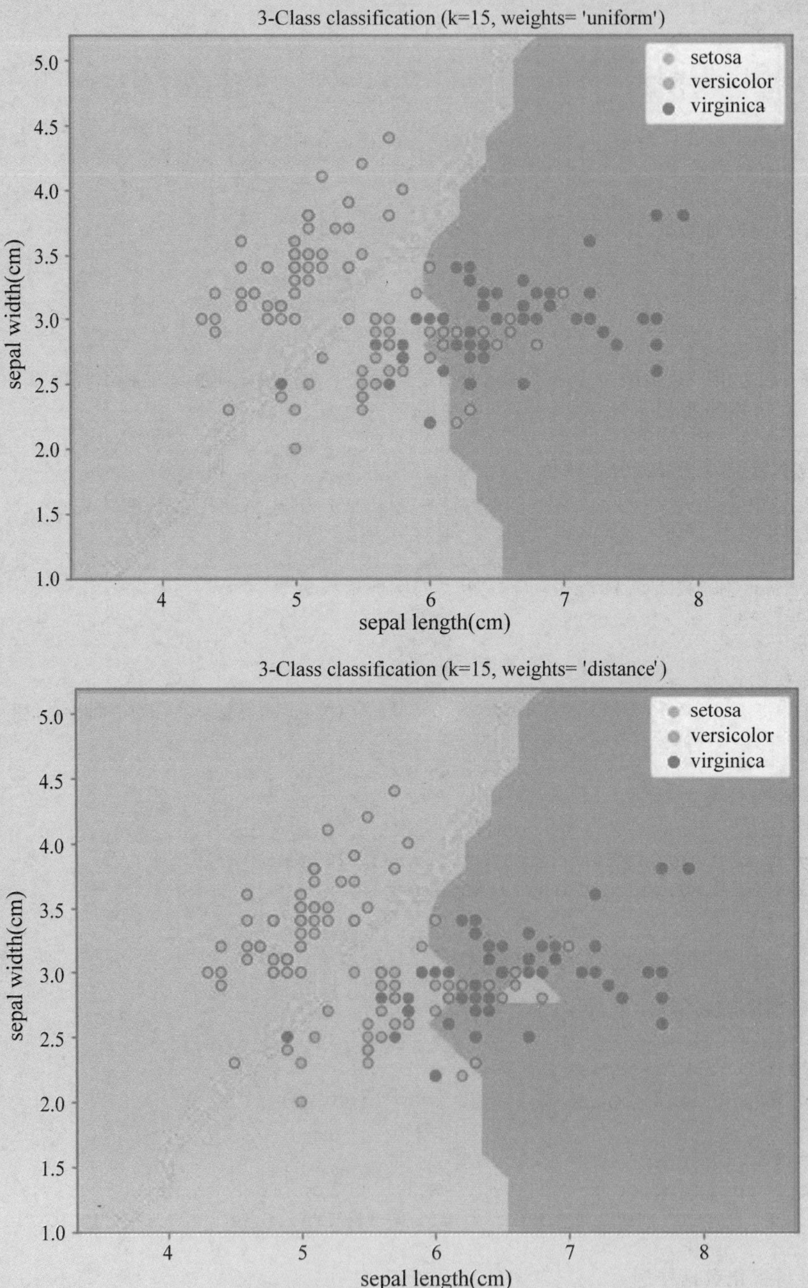

图 4.18　KNN 算法程序输出示意图

4.5　AdaBoosting

4.5.1　AdaBoosting 算法原理

AdaBoosting 算法由 Freund 等人提出，是 Boosting 算法的一种实现版本，属于增强学习范畴。增强学习与前面所讲的监督学习和无监督学习不同。例如，某人得了疑难杂症，觉得头部、身体和内脏等都不舒服。医生就组织了消化科、呼吸科、脑科和心血管科等许多医生进行会诊。综合各个科室专家的联合判断，一般要比单一一个科室的医生诊断得更准确。可以把各个科室医生的诊断结果看作一个"弱分类器"，多个"弱分类器"构成了一个"增强分类器"。

1. Boosting 基本概念

Boosting 算法是一种框架算法，包括如 AdaBoosting、GradientBoosting、LogitBoost 等算法。Boosting 算法的实现过程如图 4.19 所示。由图中可见训练过程为阶梯状，弱分类器按次序训练，为了提高效率，在实际应用中通常并行操作，弱分类器的训练数据集按照某种策略每次都进行一定的转换，最后将弱分类器组合成一个增强分类器，对测试集进行分类。

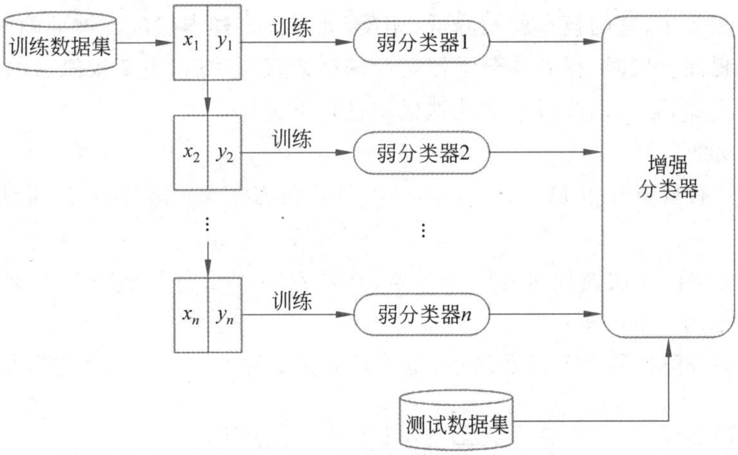

图 4.19　Boosting 算法的实现过程

2. AdaBoosting 基本概念

早期的 Boosting 要求事先知道弱分类器算法的分类正确的下限，并不能做到自适应，使得算法的应用受到很大的限制。AdaBoosting 算法可以有效解决这个问题。

AdaBoosting 算法的全称是 Adaptive Boosting(自适应 Boosting)，是一种迭代算法，用于二分类问题。它用弱分类器的加权和来构造强分类器。弱分类器的性能不用太好，仅比随机猜测强，依靠它们可以构造出一个非常准确的强分类器。

它的自适应在于：前一个弱分类器分错的样本的权值(样本对应的权值)会得到加强，权值更新后的样本再次被用来训练下一个新的弱分类器。在每轮训练中，用总体(样本总体)训练新的弱分类器，产生新的样本权值、该弱分类器的话语权，一直迭代直到达到预定的错误率或达到指定的最大迭代次数。

AdaBoosting 算法通常使用的弱分类器是单层决策树。单层决策树算法的处理过程，如图 4.20 所示。单层决策树其实就是决策树的简化版本，只有一个决策点。若训练数据有多维特征，单层决策树也只能选择其中一维特征做决策，具体算法见 4.7 节描述。

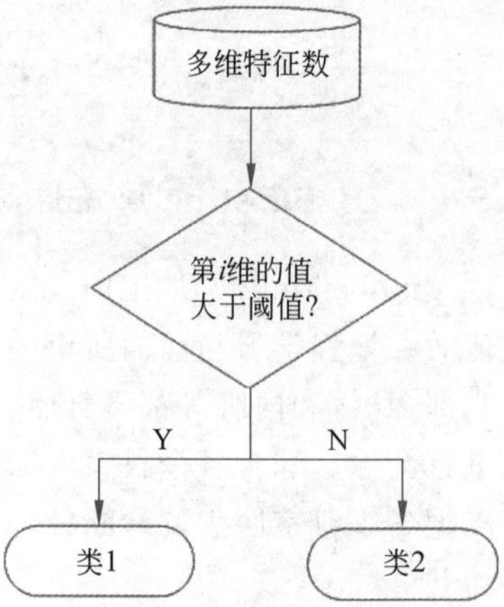

图 4.20 单层决策树

3. AdaBoosting 算法流程

一般的算法流程如下。给定包含 N 个标注数据的训练数据 $\{(x_1,y_1),(x_2,y_2),\cdots,(x_N,y_N)\}$。$x_i\in\mathbf{R}^n$，$y_i\in\{-1,1\}$，$i=1,2,\cdots,N$。

第一步：初始化训练数据(每个样本)的权值分布。

每一个训练样本，初始化时赋予同样的权值 $w=1/N$。

$$D_1=(w_{11},\cdots,w_{1i},\cdots,w_{1N}),w_{1i}=\frac{1}{N},i=1,2,\cdots,N$$

其中，D_1 表示第一次迭代每个样本的权值；w_{11} 表示第 1 次迭代时的第 1 个样本的权值，后面的权重以此类推；N 为样本总数。

第二步：训练弱分类器。在具体训练过程中，如果某个样本已经被准确地分类，那么在构造下一个训练集中，它的权重就被降低；相反，如果某个样本点没有被准确地分类，那么它的权重就得到提高。同时，得到弱分类器对应的话语权。然后，更新权值后的样本集被用于训练下一个分类器，整个训练过程如此迭代地进行下去。

具体操作如下。

(1) 使用具有权值分布 $D_m(m=1,2,\cdots,N)$ 的训练样本集进行学习，得到弱分类器。

$$G_m(x):x\rightarrow\{-1,+1\}$$

该式子表示，第 m 次迭代时的弱分类器，将样本 x 要么分类成 -1，要么分类成 1。此时分类的标准采用如下准则。

准则：该弱分类器的误差函数最小，也就是分错的样本对应的权值之和最小，即

$$\varepsilon_m=\sum_{i=1}^{N}w_{m,i}I(G_m(x_i)\neq y_i)$$

(2) 计算弱分类器 $G_m(x)$ 的话语权。话语权 a_m 表示 $G_m(x)$ 在最终分类器中的重要程度。

$$a_m=\frac{1}{2}\log\frac{1-\varepsilon_m}{\varepsilon_m}$$

该式是随 ε_m 减小而增大的。即误差率小的分类器，在最终分类器中的重要程度大。

(3) 更新训练样本集的权值分布，用于下一轮迭代。其中，被误分的样本的权值会增大，被正确分的样本的权值会减小。

$$D_{m+1}=(w_{m+1,1},\cdots,w_{m+1,i},\cdots,w_{m+1,N})$$

$$w_{m+1,i}=\frac{w_{mi}}{Z_m}\exp(-a_my_iG_m(\boldsymbol{x}_i)),i=1,2,\cdots,N$$

D_{m+1} 是用于下次迭代时样本的权值分布，$w_{m+1,i}$ 是下一次迭代时第 i 个样本的权值。其中，y_i 代表第 i 个样本对应的类别(1 或 -1)，$G_m(\boldsymbol{x}_i)$ 表示弱分类器对样本 $\boldsymbol{x}_i$ 的分类(1

或-1)。如果分对，$y_iG_m(\boldsymbol{x}_i)$的值为 1，反之为-1。其中，Z_m 是归一化因子，使得所有样本对应的权值之和为 1。

$$Z_m = \sum_{i=1}^{N} w_{mi} \exp(-a_m y_i G_m(\boldsymbol{x}_i))$$

第三步：迭代完成后，将各个训练得到的弱分类器组合成强分类器。

各个弱分类器的训练过程结束后，分类误差率小的弱分类器的话语权较大，其在最终的分类函数中起着较大的决定作用，而分类误差率大的弱分类器的话语权较小，其在最终的分类函数中起着较小的决定作用。换言之，误差率低的弱分类器在最终分类器中占的比例较大，反之较小。

首先得到分类器函数

$$f(\boldsymbol{x}) = \sum_{m=1}^{M} a_m G_m(\boldsymbol{x})$$

然后加上 sign 函数，可用于求数值的正负。数值大于 0，为 1；小于 0，为-1；等于 0，为 0。最后得到最终的强分类器 $G(\boldsymbol{x})$。

$$G(x) = \text{sign}(f(x))$$

例 4.7　假设现在有一个二分类问题，利用 AdaBoosting 算法来构建强分类器。训练数据集如表 4.3 所示。

表 4.3　训练数据集

样　例	特　征	标　签
1	0.7	1
2	0.1	−1
3	0.5	−1
4	0.3	1
5	0.9	1
6	0.4	−1

其中，特征为实数，标签为$+1$或-1。

解：本例中定义每个弱分类器 G 为一种分段函数，由一个阈值ϵ构成，形式如下：

$$G(x_i) = \begin{cases} -1 & x_i < \epsilon \\ 1 & x_i > \epsilon \end{cases}$$

或

$$G(x_i) = \begin{cases} -1 & x_i > \epsilon \\ 1 & x_i < \epsilon \end{cases}$$

(1) 数据样本权重初始化。

$$D_1 = (w_{11}, w_{12}, \cdots, w_{16}), \quad w_{1i} = \frac{1}{6} (1 \leqslant i \leqslant 6)$$

(2) 分别训练 m 个弱分类器。

当 $m=1$ 时：

① 使用具有分布权重 D_1 的训练数据来学习得到第 $m=1$ 个弱分类器 G_1。不难看出，当阈值 $0.5<\epsilon<0.7$ 时，弱分类器 G_1 都具有最小错误率，故可任意取一个值，例如$\epsilon=0.55$。则 G_1 分类器表示如下：

$$G_1=\begin{cases}-1 & x_i<0.55\\ 1 & x_i>0.55\end{cases}$$

② 计算 $G_1(x)$在训练数据集上的分类误差，样例 4 被错误分类，因此 G_1 的分类误差为 $\mathrm{err}_1=\sum_{i=1}^{N} w_{1i}I(G_1(x_i)\neq y_i)=0.1667$。

③ 根据分类误差计算弱分类器 $G_1(x)$的话语权：$\alpha_1=\frac{1}{2}\log\frac{1-\mathrm{err}_1}{\mathrm{err}_1}=0.8047$。

④ 更新下一轮第 $m=2$ 个分类器训练时第 i 个训练样本的权重：$D_2=\{w_{2i}\}_1^6$，$w_{2i}=\frac{w_{1i}}{Z_1}\mathrm{e}^{-\alpha_1 y_i G_1(x_i)}$，可以得到数据样本新的权重：

$$D_2=(0.1,0.1,0.1,0.5,0.1,0.1)$$

⑤ 通过加权线性组合得到当前的分类器：

$$f_1(x)=\sum_{i=1}^{M}\alpha_m G_m(x)=0.8047G_1(x)$$

当 $m=2$ 时：

① 使用具有分布权重 D_2 的训练数据来学习得到第 $m=2$ 个弱分类器 G_2。可以看出，当阈值 $0.1<\epsilon<0.3$ 时，弱分类器 G_2 具有最小错误率，故任意取一个值，例如$\epsilon=0.25$。则 G_2 分类器表示如下：

$$G_2=\begin{cases}-1 & x_i<0.25\\ 1 & x_i>0.25\end{cases}$$

② 计算 $G_2(x)$在训练集上的分类误差，样例 3,6 分类错误，则 $\mathrm{err}_2=\sum_{i=1}^{N} w_{2i}I(G_2(x_i)\neq y_i)=0.2$。

③ 弱分类器 $G_2(x)$的话语权 $\alpha_2=\frac{1}{2}\log\frac{1-\mathrm{err}_2}{\mathrm{err}_2}=0.6931$。

④ 下一轮分类器训练时的样本权重更新如下：

$$D_3=(0.0625,0.0625,0.25,0.3125,0.0625,0.25)$$

⑤ 通过线性加权得到当前的分类器：

$$f_2(x)=0.8047G_1(x)+0.6931G_2(x)。$$

当 $m=3$ 时：

① 使用具有分布权重 D_3 的训练数据来学习得到第 $m=3$ 个弱分类器 G_3。可以看出，当阈值为 $0.3<\epsilon<0.4$ 时，弱分类器 G_3 具有最小错误率，故任意取一个值，例如$\epsilon=0.35$。则 G_3 分类器表示如下：

$$G_3=\begin{cases}1 & x_i<0.35\\ -1 & x_i>0.35\end{cases}$$

② 计算 $G_3(x)$在训练集上的分类误差，样例 1,2,5 分类错误，则 $\mathrm{err}_3=\sum_{i=1}^{N} w_{3i}I(G_3(x_i)\neq$

y_i)=0.1875。

③ 弱分类器 $G_3(x)$的话语权 $\alpha_3=\frac{1}{2}\log\frac{1-err_3}{err_3}=0.7331$。

④ 下一轮分类器训练时的样本权重更新如下：

$$D_4=(0.17,0.17,0.15,0.19,0.17,0.15)$$

⑤ 通过线性加权得到当前的分类器：

$$f_3(x)=0.8047G_1(x)+0.6931G_2(x)+0.7331G_3(x)$$

在 $f_3(x)$的基础上，构造强分类器 $G(x)=\text{sign}(f_3(x))=\text{sign}(0.8047G_1(x)+0.6931G_2(x)+0.7331G_3(x))$。

这里的 sign(·)是符号函数，其输入值大于 0 时，符号函数输出为 1，反之为−1。由于 $G(x)$在训练样本上分类错误为 0，算法终止，得到最终的强分类器。

4.5.2　AdaBoosting 算法 Python 实例

下面通过实验程序介绍 AdaBoosting 分类器的使用。实验环境采用 Anaconda3 集成开发环境，所有程序均在 Jupyter Notebook 下调试成功。程序基于 sklearn 程序包，使用 sklearn 自带的鸢尾花(iris)数据集。在创建和训练 AdaBoosting 分类器时，需要指定决策树的最大深度、弱分类器的最大数量这两个参数。

例 4.8　AdaBoosting 算法。

```
#初始化
import numpy as np
import matplotlib.pyplot as plt
from sklearn import datasets
from sklearn.tree import DecisionTreeClassifier
from sklearn.ensemble import AdaBoostClassifier
%matplotlib inline

#生成测试样本数据
def make_meshgrid(x, y, h=.02):
    x_min, x_max = x.min() - 1, x.max() + 1
    y_min, y_max = y.min() - 1, y.max() + 1
    xx, yy = np.meshgrid(np.arange(x_min, x_max, h),
                         np.arange(y_min, y_max, h))
    return xx, yy

#对测试样本进行预测,并显示结果
def plot_test_results(ax, clf, xx, yy, **params):
    Z = clf.predict(np.c_[xx.ravel(), yy.ravel()])
    Z = Z.reshape(xx.shape)
    ax.contourf(xx, yy, Z, **params)
#载入 iris 数据集
iris = datasets.load_iris()
#只使用前两个特征分量
X = iris.data[:, :2]
#训练样本标签值
y = iris.target
```

```
#创建 AdaBoosting 分类器,决策树最大深度为 1,最大弱分类器数为 200
clf = AdaBoostClassifier(DecisionTreeClassifier(max_depth = 1),
                         algorithm="SAMME",
                         n_estimators = 200)
#训练分类器
clf.fit(X,y)
title = ('AdaBoostClassifier')
fig, ax = plt.subplots(figsize = (5, 5))
plt.subplots_adjust(wspace = 0.4, hspace = 0.4)
#特征向量的两个分量
X0, X1 = X[:, 0], X[:, 1]
#生成测试样本
xx, yy = make_meshgrid(X0, X1)
#对测试集进行预测,并显示
plot_test_results(ax, clf, xx, yy, cmap = plt.cm.coolwarm, alpha = 0.8)
#显示训练样本
ax.scatter(X0, X1, c = y, cmap = plt.cm.coolwarm, s = 20, edgecolors = 'k')
ax.set_xlim(xx.min(), xx.max())
ax.set_ylim(yy.min(), yy.max())
ax.set_xlabel('x1')
ax.set_ylabel('x2')
ax.set_xticks(())
ax.set_yticks(())
ax.set_title(title)
plt.show()
#程序运行结果如图 4.21 所示。
```

图 4.21 彩图

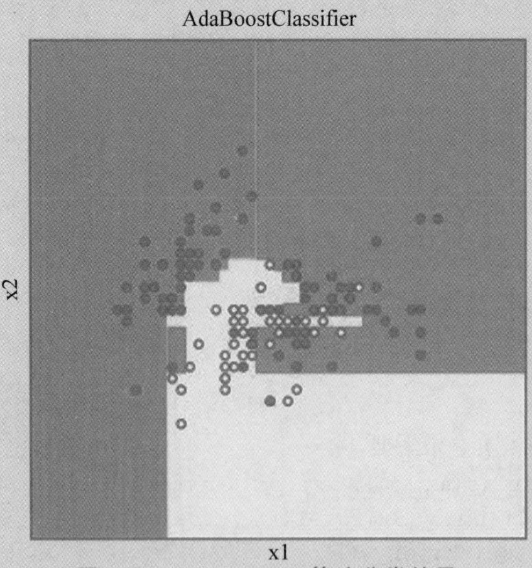

图 4.21　AdaBoosting 算法分类结果

图中显示了 AdaBoosting 算法对 iris 数据集的分类结果。容易看出,分类界线是分段直线,这也说明了使用决策树作为弱分类器的 AdaBoosting 算法是一个非线性模型。可以调整弱分类器的数量以及弱分类器的参数如决策树的深度,以达到更好的分类效果。

4.6　支持向量机

4.6.1　支持向量机原理

支持向量机(SVM)由 Vapnik 等人提出，在出现后的几十年里它是最有影响力的机器学习算法之一。在深度学习技术出现之前，使用高斯核(RBF)的支持向量机在很多分类问题上一度取得了最好的结果。

支持向量机的核心思想是最大化分类间隔，以提升分类器的泛化性能。

通过使用核函数，支持向量机可以解决非线性分类问题。

支持向量机不仅可以用于分类问题，还可以用于回归问题，具有泛化性能好、适合小样本和高维特征等优点。

1. 线性分类器

线性分类器用线性函数(超平面)对空间进行切分，从而实现对样本的分类。

对于二分类问题，样本标签值为+1 或−1，可以用一个超平面将两类样本分开。对于二维空间，超平面是直线；对于三维空间，超平面是一个平面；超平面是在更高维空间的推广。其方程为

$$\boldsymbol{w}^{\mathrm{T}}\boldsymbol{x}+b=0$$

其中，$\boldsymbol{x}$ 为输入向量，$\boldsymbol{w}$ 是权重向量，b 是偏置项，后两个是需要通过训练得到的参数。对于一个样本，如果满足

$$\boldsymbol{w}^{\mathrm{T}}\boldsymbol{x}+b\geqslant 0$$

则被判定为正样本，否则被判定为负样本。图 4.22 是一个线性分类器对二维空间进行分隔的示意图。

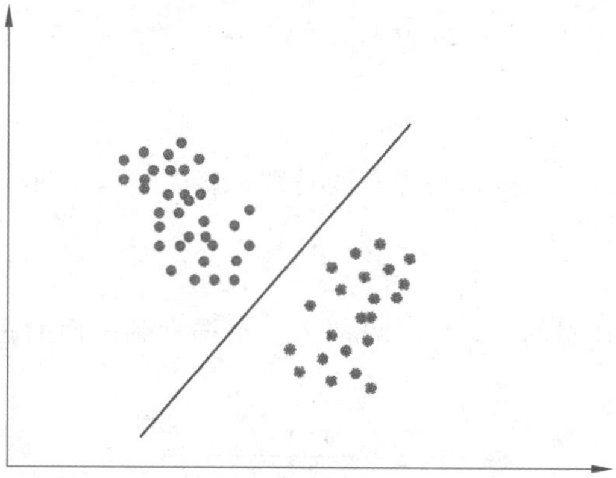

图 4.22 彩图

图 4.22　二维平面中的线性分类器

线性分类器的判别函数可以写成：

$$\operatorname{sgn}(\boldsymbol{w}^{\mathrm{T}}\boldsymbol{x}+b)$$

其中，sgn()表示判别标签为+1 或−1 的函数。

超平面的方程只给出了分界面，具体正负样本的位置是可以灵活控制的，只要将超平面的方程乘以一个负数，可以实现不等式的反号。

一般情况下，对于一个线性可分的问题，可行的线性分类器不止一个，图 4.23 就是一个例子。如图 4.23 所示两条直线都可以将两类样本分开。如何选择一个好的分类器？从直观上讲，分类超平面应该不偏向于任何一类，并且离两个类的样本都尽可能远，从而获得更好的泛化性能。

图 4.23 彩图

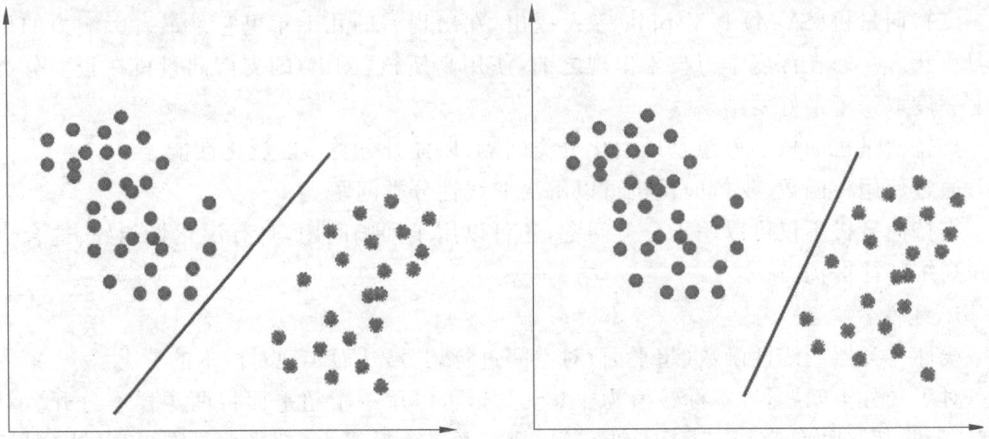

图 4.23　线性分类器不同分类线示意图

2. 线性可分问题

支持向量机的目标是确保所有样本都被正确分类，且分类超平面离两类样本都尽可能远。

假设训练样本集有 l 个样本，特征向量 $\boldsymbol{x}_i$ 是 n 维向量，类别标签 y_i 取值为 $+1$ 或者 -1，分别对应正样本和负样本。支持向量机为这些样本寻找一个最优分类超平面，其方程为

$$\boldsymbol{w}^{\mathrm{T}}\boldsymbol{x}+b=0$$

首先要保证每个样本都被正确分类。对于正样本有

$$\boldsymbol{w}^{\mathrm{T}}\boldsymbol{x}+b\geqslant 0$$

对于负样本有

$$\boldsymbol{w}^{\mathrm{T}}\boldsymbol{x}+b<0$$

由于正样本的类别标签为 $+1$，负样本的类别标签为 -1，这两种情况可以统一写成如下不等式约束：

$$y_i(\boldsymbol{w}^{\mathrm{T}}\boldsymbol{x}_i+b)\geqslant 0$$

要求超平面离两类样本的距离要尽可能大。根据点到平面的距离公式，每个样本离分类超平面的距离为

$$d=\frac{|\boldsymbol{w}^{\mathrm{T}}\boldsymbol{x}_i+b|}{\|\boldsymbol{w}\|_2}$$

上面的超平面方程可以继续简化，将方程两边都乘以不等于 0 的常数，还是同一个超平面，利用这个特点可以简化求解的问题。对 $\boldsymbol{w}$ 和 b 加上如下约束：

$$\min_{\boldsymbol{x}_i}|\boldsymbol{w}^{\mathrm{T}}\boldsymbol{x}_i+b|=1$$

可以消掉这个冗余，同时简化了点到超平面距离计算公式。对分类超平面的约束变成

$$y_i(\boldsymbol{w}^{\mathrm{T}}\boldsymbol{x}_i+b)\geqslant 1$$

分类超平面与两类样本之间的间隔为

$$
\begin{aligned}
d(\boldsymbol{w},b) &= \min_{\boldsymbol{x}_i,y_i=-1} d(\boldsymbol{w},b;\boldsymbol{x}_i) + \min_{\boldsymbol{x}_i,y_i=1} d(\boldsymbol{w},b;\boldsymbol{x}_i) \\
&= \min_{\boldsymbol{x}_i,y_i=-1} \frac{|\boldsymbol{w}^{\mathrm{T}}\boldsymbol{x}_i+b|}{\|\boldsymbol{w}\|_2} + \min_{\boldsymbol{x}_i,y_i=1} \frac{|\boldsymbol{w}^{\mathrm{T}}\boldsymbol{x}_i+b|}{\|\boldsymbol{w}\|_2} \\
&= \frac{1}{\|\boldsymbol{w}\|_2}\left(\min_{\boldsymbol{x}_i,y_i=-1} |\boldsymbol{w}^{\mathrm{T}}\boldsymbol{x}_i+b| + \min_{\boldsymbol{x}_i,y_i=1} |\boldsymbol{w}^{\mathrm{T}}\boldsymbol{x}_i+b|\right) \\
&= \frac{2}{\|\boldsymbol{w}\|_2}
\end{aligned}
$$

目标是使得这个间隔最大化，这等价于最小化下面的目标函数。

$$\frac{1}{2}\|\boldsymbol{w}\|_2$$

加上前面定义的约束条件之后，求解的优化问题可以写成：

$$\min \frac{1}{2}\boldsymbol{w}^{\mathrm{T}}\boldsymbol{w}$$

$$\text{s.t. } y_i(\boldsymbol{w}^{\mathrm{T}}\boldsymbol{x}_i+b)\geqslant 1$$

目标函数的 Hessian 矩阵是 n 阶单位矩阵 $\boldsymbol{I}$，它是严格正定矩阵，因此，目标函数是严格凸函数。可行域是由线性不等式围成的区域，是一个凸集。这个优化问题是一个凸优化问题。由于假设数据是线性可分的，因此，一定存在 $\boldsymbol{w}$ 和 b 使得不等式约束严格满足，根据 Slater 条件强对偶成立。事实上，如果 $\boldsymbol{w}$ 和 b 是一个可行解，即

$$\boldsymbol{w}^{\mathrm{T}}\boldsymbol{x}_i+b\geqslant 1$$

即 $2\boldsymbol{w}$ 和 $2b$ 也是可行解，且

$$2\boldsymbol{w}^{\mathrm{T}}\boldsymbol{x}_i+2b\geqslant 2>1$$

可以将该问题转换为对偶问题求解。目标函数有下界，显然有

$$\frac{1}{2}\boldsymbol{w}^{\mathrm{T}}\boldsymbol{w}\geqslant 0$$

并且可行域不是空集，因此，函数的最小值一定存在，由于目标函数是严格凸函数，所以解唯一。图 4.24 为最大间隔分类超平面示意图。

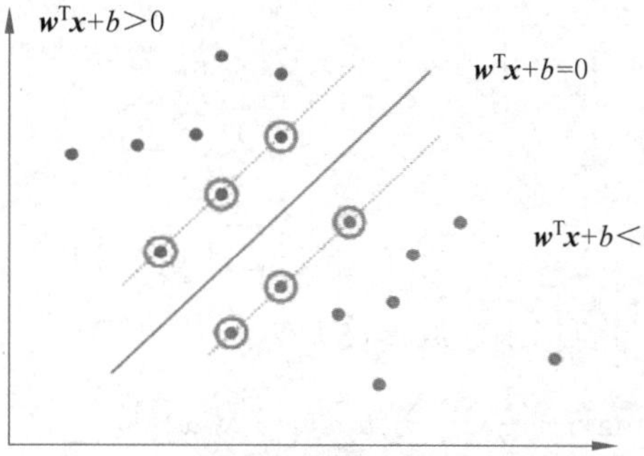

图 4.24　最大间隔分类面示意图

图 4.24 彩图

容易看出，图 4.24 中红色和蓝色样本都有 3 个离分类直线最近。把同一类型的这些最近样本连接起来，形成两条平行的直线，分类直线位于这两条直线的中间位置。绿色圈起来的样本就是支持向量。

3. 对偶问题

上面的优化问题带有大量不等式的约束，不容易求解，可以用拉格朗日对偶将其转换成对偶问题。为上面的优化问题构造拉格朗日函数：

$$L(\boldsymbol{w},b,\boldsymbol{\alpha})=\frac{1}{2}\boldsymbol{w}^{\mathrm{T}}\boldsymbol{w}-\sum_{i=1}^{l}\alpha_i(y_i(\boldsymbol{w}^{\mathrm{T}}\boldsymbol{x}_i+b)-1)$$

上式约束条件为 $\alpha_i\geqslant 0$。前面已经证明原问题满足 Slater 条件，强对偶成立，原问题与对偶问题有相同的最优解：

$$\min_{\boldsymbol{w},b}\max_{\alpha}L(\boldsymbol{w},b,\boldsymbol{\alpha})\Leftrightarrow\max_{\alpha}\min_{\boldsymbol{w},b}L(\boldsymbol{w},b,\boldsymbol{\alpha})$$

这里求解对偶问题，先固定住拉格朗日乘子 $\boldsymbol{\alpha}$，调整 $\boldsymbol{w}$ 和 b，使得拉格朗日函数取极小值。把 $\boldsymbol{\alpha}$ 看成常数，对 $\boldsymbol{w}$ 和 b 求偏导数并令它们为 0，得到如下方程组：

$$\frac{\partial L}{\partial b}=0$$

$$\nabla_{\boldsymbol{w}}L=0$$

从而解得

$$\sum_{i=1}^{l}\alpha_i y_i=0$$

$$\boldsymbol{w}=\sum_{i=1}^{l}\alpha_i y_i\boldsymbol{x}_i$$

将上面两个解代入拉格朗日函数消掉 $\boldsymbol{w}$ 和 b：

$$\begin{aligned}\frac{1}{2}\boldsymbol{w}^{\mathrm{T}}\boldsymbol{w}-\sum_{i=1}^{l}\alpha_i(y_i(\boldsymbol{w}^{\mathrm{T}}\boldsymbol{x}_i+b)-1)&=\frac{1}{2}\boldsymbol{w}^{\mathrm{T}}\boldsymbol{w}-\sum_{i=1}^{l}(\alpha_i y_i\boldsymbol{w}^{\mathrm{T}}\boldsymbol{x}_i+\alpha_i y_i b-\alpha_i)\\&=\frac{1}{2}\boldsymbol{w}^{\mathrm{T}}\boldsymbol{w}-\sum_{i=1}^{l}\alpha_i y_i\boldsymbol{w}^{\mathrm{T}}\boldsymbol{x}_i-\sum_{i=1}^{l}\alpha_i y_i b+\sum_{i=1}^{l}\alpha_i\\&=\frac{1}{2}\boldsymbol{w}^{\mathrm{T}}\boldsymbol{w}-\boldsymbol{w}^{\mathrm{T}}\sum_{i=1}^{l}\alpha_i y_i\boldsymbol{x}_i-b\sum_{i=1}^{l}\alpha_i y_i+\sum_{i=1}^{l}\alpha_i\\&=\frac{1}{2}\boldsymbol{w}^{\mathrm{T}}\boldsymbol{w}-\boldsymbol{w}^{\mathrm{T}}\boldsymbol{w}+\sum_{i=1}^{l}\alpha_i\\&=-\frac{1}{2}\boldsymbol{w}^{\mathrm{T}}\boldsymbol{w}+\sum_{i=1}^{l}\alpha_i\\&=-\frac{1}{2}\left(\sum_{i=1}^{l}\alpha_i y_i\boldsymbol{x}_i\right)\left(\sum_{j=1}^{l}\alpha_j y_j\boldsymbol{x}_j\right)+\sum_{i=1}^{l}\alpha_i\end{aligned}$$

接下来调整乘子变量 $\boldsymbol{\alpha}$，使得目标函数取得极大值：

$$\max_{\alpha}-\frac{1}{2}\sum_{i=1}^{l}\sum_{j=1}^{l}\alpha_i\alpha_j y_i y_j\boldsymbol{x}_i^{\mathrm{T}}\boldsymbol{x}_j+\sum_{i=1}^{l}\alpha_i$$

这等价于最小化下面的函数：

$$\min_{\alpha}\frac{1}{2}\sum_{i=1}^{l}\sum_{j=1}^{l}\alpha_i\alpha_j y_i y_j\boldsymbol{x}_i^{\mathrm{T}}\boldsymbol{x}_j-\sum_{i=1}^{l}\alpha_i$$

约束条件为

$$\alpha_i\geqslant 0,\quad i=1,2,\cdots,l$$

$$\sum_{i=1}^{l}\alpha_i y_i=0$$

与原问题相比有了很大的简化。至于这个问题怎么求解，将在后面描述。求出 $\boldsymbol{\alpha}$ 后，可以根据它计算 $\boldsymbol{w}$：

$$\boldsymbol{w}=\sum_{i=1}^{l}\alpha_i y_i \boldsymbol{x}_i$$

把 $\boldsymbol{w}$ 的值代入超平面方程，可以得到分类器判别函数：

$$\operatorname{sgn}\left(\sum_{i=1}^{l}\alpha_i y_i \boldsymbol{x}_i^{\mathrm{T}}\boldsymbol{x}+b\right)$$

4. 线性不可分的问题

线性可分的支持向量机不具有太多的实用价值，因为在现实应用中样本一般都不是线性可分的，接下来对它进行扩展，得到能够处理线性不可分问题的支持向量机。

1）原问题

通过使用松弛变量和惩罚因子对违反不等式约束的样本进行惩罚，可以得到如下最优化问题。

$$\min \frac{1}{2}\boldsymbol{w}^{\mathrm{T}}\boldsymbol{w}+C\sum_{i=1}^{l}\xi_i$$

$$\text{s.t. } y_i(\boldsymbol{w}^{\mathrm{T}}\boldsymbol{x}_i+b)\geqslant 1-\xi_i$$

$$\xi_i\geqslant 0,\quad i=1,2,\cdots,l$$

其中，ξ_i 是松弛变量，如果它不为 0，表示样本违反了不等式约束条件；C 为惩罚因子，是人工设定的大于 0 的参数，用来调整惩罚顶的重要性。

前面已经证明目标函数的前半部分是凸函数，后半部分是线性函数，显然也是凸函数，两个凸函数的非负线性组合还是凸函数。上面优化问题的不等式约束都是线性约束，构成的可行域显然是凸集。因此，该优化问题是凸优化问题。

上述问题满足 Slater 条件。如果令 $\boldsymbol{w}=0,b=0,\xi_i=2$，则有

$$y_i(\boldsymbol{w}^{\mathrm{T}}\boldsymbol{x}_i+b)=0>1-\xi_i=1-2=-1$$

不等式条件严格满足，因此强对偶条件成立，原问题和对偶问题有相同的最优解。

2）对偶问题

首先将原问题的等式和不等式约束方程写成标准形式：

$$y_i(\boldsymbol{w}^{\mathrm{T}}\boldsymbol{x}_i+b)\geqslant 1-\xi_i\Rightarrow -(y_i(\boldsymbol{w}^{\mathrm{T}}\boldsymbol{x}_i+b)-1+\xi_i)\leqslant 0$$

$$\xi_i\geqslant 0\Rightarrow -\xi_i\leqslant 0$$

然后构造拉格朗日函数：

$$L(\boldsymbol{w},b,\boldsymbol{\alpha},\boldsymbol{\xi},\boldsymbol{\beta})=\frac{1}{2}\boldsymbol{w}^{\mathrm{T}}\boldsymbol{w}+C\sum_{i=1}^{l}\xi_i-\sum_{i=1}^{l}\alpha_i(y_i(\boldsymbol{w}^{\mathrm{T}}\boldsymbol{x}_i+b)-1+\xi_i)-\sum_{i=1}^{l}\beta_i\xi_i$$

其中，$\boldsymbol{\alpha}$ 和 $\boldsymbol{\beta}$ 是拉格朗日乘子。首先固定住乘子变量 $\boldsymbol{\alpha}$ 和 $\boldsymbol{\beta}$，对 $\boldsymbol{w}$、b、$\boldsymbol{\xi}$ 求偏导数并令它们为 0，得到如下方程组：

$$\frac{\partial L}{\partial b}=0$$

$$\nabla_{\boldsymbol{\xi}}L=0$$

$$\nabla_{\boldsymbol{w}}L=0$$

解得

$$\sum_{i=1}^{l}\alpha_i y_i = 0$$

$$\alpha_i + \beta_i = C$$

$$\boldsymbol{w} = \sum_{i=1}^{l}\alpha_i y_i \boldsymbol{x}_i$$

将上面的解代入拉格朗日函数中，得到关于 $\boldsymbol{\alpha}$ 和 $\boldsymbol{\beta}$ 的函数：

$$\begin{aligned}
L(\boldsymbol{w},b,\boldsymbol{\alpha},\boldsymbol{\xi},\boldsymbol{\beta}) &= \frac{1}{2}\boldsymbol{w}^{\mathrm{T}}\boldsymbol{w} + C\sum_{i=1}^{l}\xi_i - \sum_{i=1}^{l}\alpha_i(y_i(\boldsymbol{w}^{\mathrm{T}}\boldsymbol{x}_i + b) - 1 + \xi_i) - \sum_{i=1}^{l}\beta_i\xi_i \\
&= \frac{1}{2}\boldsymbol{w}^{\mathrm{T}}\boldsymbol{w} + C\sum_{i=1}^{l}\xi_i - \sum_{i=1}^{l}\beta_i\xi_i - \sum_{i=1}^{l}\alpha_i\xi_i - \sum_{i=1}^{l}\alpha_i(y_i(\boldsymbol{w}^{\mathrm{T}}\boldsymbol{x}_i + b) - 1) \\
&= \frac{1}{2}\boldsymbol{w}^{\mathrm{T}}\boldsymbol{w} + \sum_{i=1}^{l}(C - \alpha_i - \beta_i)\xi_i - \sum_{i=1}^{l}(\alpha_i y_i \boldsymbol{w}^{\mathrm{T}}\boldsymbol{x}_i + \alpha_i y_i b - \alpha_i) \\
&= \frac{1}{2}\boldsymbol{w}^{\mathrm{T}}\boldsymbol{w} - \sum_{i=1}^{l}\alpha_i y_i \boldsymbol{w}^{\mathrm{T}} x_i - \sum_{i=1}^{l}\alpha_i y_i b + \sum_{i=1}^{l}\alpha_i \\
&= \frac{1}{2}\boldsymbol{w}^{\mathrm{T}}\boldsymbol{w} - \boldsymbol{w}^{\mathrm{T}}\boldsymbol{w} + \sum_{i=1}^{l}\alpha_i \\
&= -\frac{1}{2}\boldsymbol{w}^{\mathrm{T}}\boldsymbol{w} + \sum_{i=1}^{l}\alpha_i \\
&= -\frac{1}{2}\sum_{i=1}^{l}\sum_{j=1}^{l}\alpha_i\alpha_j y_i y_j \boldsymbol{x}_i^{\mathrm{T}}\boldsymbol{x}_j - \sum_{i=1}^{l}\alpha_i
\end{aligned}$$

接下来调整乘子变量，求解如下最大化问题：

$$\max_{\alpha} -\frac{1}{2}\sum_{i=1}^{l}\sum_{j=1}^{l}\alpha_i\alpha_j y_i y_j \boldsymbol{x}_i^{\mathrm{T}}\boldsymbol{x}_j + \sum_{i=1}^{l}\alpha_i$$

由于 $\alpha_i + \beta_i = C$ 并且 $\beta_i \geqslant 0$，因此有 $\alpha_i \leqslant C$。这等价于如下最优化问题：

$$\min_{\alpha} \frac{1}{2}\sum_{i=1}^{l}\sum_{j=1}^{l}\alpha_i\alpha_j y_i y_j \boldsymbol{x}_i^{\mathrm{T}}\boldsymbol{x}_j - \sum_{k=1}^{l}\alpha_k$$

$$0 \leqslant \alpha_i \leqslant C$$

$$\sum_{j=1}^{l}\alpha_j y_j = 0$$

与线性可分的对偶问题相比，唯一的区别是多了不等式约束 $\alpha_i \leqslant C$，这是乘子变量的上界。将 $\boldsymbol{w}$ 的值代入超平面方程，得到分类决策函数为

$$\operatorname{sgn}\left(\sum_{i=1}^{l}\alpha_i y_i \boldsymbol{x}_i^{\mathrm{T}}\boldsymbol{x} + b\right)$$

这和线性可分是一样的。为了简化表述，定义矩阵 $\boldsymbol{Q}$，其元素为

$$Q_{ij} = y_i y_j \boldsymbol{x}_i^{\mathrm{T}}\boldsymbol{x}_j$$

对偶问题可以写成矩阵和向量形式：

$$\min_{\alpha} \frac{1}{2}\boldsymbol{\alpha}^{\mathrm{T}}\boldsymbol{Q}\boldsymbol{\alpha} - \boldsymbol{e}^{\mathrm{T}}\boldsymbol{\alpha}$$

$$0 \leqslant \alpha_i \leqslant C$$

$$\boldsymbol{y}^{\mathrm{T}} \boldsymbol{\alpha} = 0$$

其中，$\boldsymbol{e}$ 是分量全为 1 的向量，$\boldsymbol{y}$ 是样本的类别标签向量。可以证明 $\boldsymbol{Q}$ 是半正定矩阵，这个矩阵可以写成一个矩阵和其自身转置的乘积：

$$\boldsymbol{Q} = \boldsymbol{X}^{\mathrm{T}} \boldsymbol{X}$$

矩阵 $\boldsymbol{X}$ 为所有样本的特征向量分别乘以该样本的标签值组成的矩阵：

$$\boldsymbol{X} = [y_1 \boldsymbol{x}_1, y_2 \boldsymbol{x}_2, \cdots, y_i \boldsymbol{x}_i]$$

对于任意非零向量 $\boldsymbol{x}$ 有

$$\boldsymbol{x}^{\mathrm{T}} \boldsymbol{Q} \boldsymbol{x} = \boldsymbol{x}^{\mathrm{T}} (\boldsymbol{X}^{\mathrm{T}} \boldsymbol{X}) \boldsymbol{x} = (\boldsymbol{X} \boldsymbol{x})^{\mathrm{T}} (\boldsymbol{X} \boldsymbol{x}) \geqslant 0$$

因此，矩阵 $\boldsymbol{Q}$ 半正定，它就是目标函数的 Hessian 矩阵，目标函数是凸函数。上面问题的等式和不等式的约束条件都是线性的，可行域是凸集，故对偶问题也是凸优化问题。

在最优点处必须满足 KKT 条件，将其应用于原问题，对于原问题中的两组不等式约束，必须满足

$$\alpha_i (y_i (\boldsymbol{w}^{\mathrm{T}} \boldsymbol{x}_i + b) - 1 + \xi_i) = 0, \quad i = 1, 2, \cdots, l$$

$$\beta_i \xi_i = 0, \quad i = 1, 2, \cdots, l$$

对于上面的方程，可以分三种情况讨论。第一种情况，如果 $\alpha_i > 0$，则必须有 $y_i(\boldsymbol{w}^{\mathrm{T}} \boldsymbol{x}_i + b) - 1 + \xi_i = 0$，即

$$y_i (\boldsymbol{w}^{\mathrm{T}} \boldsymbol{x}_i + b) = 1 - \xi_i$$

由于 $\xi_i \geqslant 0$，因此，必定有

$$y_i (\boldsymbol{w}^{\mathrm{T}} \boldsymbol{x}_i + b) \leqslant 1$$

第二种情况，如果 $\alpha_i = 0$，则对 $y_i(\boldsymbol{w}^{\mathrm{T}} \boldsymbol{x}_i + b) - 1 + \xi_i$ 的值没有约束。由于有 $\alpha_i + \beta_i = C$ 的约束，因此，$\beta_i = C$；又因为 $\beta_i \xi_i = 0$ 的限制，如果 $\beta_i > 0$，则必须有 $\xi_i = 0$。由于原问题中有约束条件 $y_i(\boldsymbol{w}^{\mathrm{T}} \boldsymbol{x}_i + b) \geqslant 1 - \xi_i$，而 $\xi_i = 0$，因此有

$$y_i (\boldsymbol{w}^{\mathrm{T}} \boldsymbol{x}_i + b) \geqslant 1$$

第三种情况，对于 $\alpha_i > 0$，又可以细分为 $\alpha_i < C$ 和 $\alpha_i = C$。如果 $\alpha_i < C$，由于有 $\alpha_i + \beta_i = C$ 的约束，因此有 $\beta_i > 0$，因为有 $\beta_i \xi_i = 0$ 的约束，因此 $\xi_i = 0$，不等式约束 $y_i(\boldsymbol{w}^{\mathrm{T}} \boldsymbol{x}_i + b) \geqslant 1 - \xi_i$ 变为 $y_i(\boldsymbol{w}^{\mathrm{T}} \boldsymbol{x}_i + b) \geqslant 1$。由于 $0 < \alpha_i < C$ 时，既要满足 $y_i(\boldsymbol{w}^{\mathrm{T}} \boldsymbol{x}_i + b) \leqslant 1$，又要满足 $y_i(\boldsymbol{w}^{\mathrm{T}} \boldsymbol{x}_i + b) \geqslant 1$，因此有

$$y_i (\boldsymbol{w}^{\mathrm{T}} \boldsymbol{x}_i + b) = 1$$

将三种情况合并起来，在最优点处，所有的样本都必须满足下面的条件：

$$\alpha_i = 0 \Rightarrow y_i (\boldsymbol{w}^{\mathrm{T}} \boldsymbol{x}_i + b) \geqslant 1$$

$$0 < \alpha_i < C \Rightarrow y_i (\boldsymbol{w}^{\mathrm{T}} \boldsymbol{x}_i + b) = 1$$

$$\alpha_i = C \Rightarrow y_i (\boldsymbol{w}^{\mathrm{T}} \boldsymbol{x}_i + b) \leqslant 1$$

上面第一种情况对应的是自由变量（即非支持向量），第二种情况对应的是支持向量，第三种情况对应的是违反不等式约束的样本。

5. 核映射与核函数

虽然加入松弛变量和惩罚因子之后可以处理线性不可分问题，但支持向量机还是一个线性分类器，只是允许错分样本的存在。本节要介绍的核映射使得支持向量机成为非线性

分类器，决策边界不再是线性的超平面，而可以是形状非常复杂的曲面。

如果样本线性不可分，可以对特征向量进行映射将它转换到更高维的空间，使得在该空间中线性可分，这种方法在机器学习中被称为核技巧。核映射 ϕ 将特征向量变换到更高维的空间：

$$z=\phi(\boldsymbol{x})$$

在对偶问题中计算的是两个样本向量之间的内积，映射后的向量在对偶问题中为

$$\boldsymbol{z}_i^{\mathrm{T}}\boldsymbol{z}_j=\phi(\boldsymbol{x}_i)^{\mathrm{T}}\phi(\boldsymbol{x}_j)$$

直接计算这个映射效率太低，而且不容易构造映射函数。如果映射函数 ϕ 选取得当，存在函数 K，使得下面的等式成立：

$$K(\boldsymbol{x}_i,\boldsymbol{x}_j)=K(\boldsymbol{x}_i^{\mathrm{T}},\boldsymbol{x}_j)=\phi(\boldsymbol{x}_i)^{\mathrm{T}}\phi(\boldsymbol{x}_j)$$

这样只需用函数 K 进行变换，等价于先对向量做核映射，然后再做内积，这将能有效地简化计算。在这里看到了求解对偶问题的另外一个好处，对偶问题中出现的是样本特征向量之间的内积，而核函数刚好替代对特征向量的核映射的内积。满足上面条件的函数 K 称为核函数，常用的核函数与它们的计算公式如表 4.4 所示。

表 4.4 常用的核函数与它们的计算公式

核 函 数	计 算 公 式
线性核	$K(\boldsymbol{x}_i,\boldsymbol{x}_j)=\boldsymbol{x}_i^{\mathrm{T}}\boldsymbol{x}_j$
多项式核	$K(\boldsymbol{x}_i,\boldsymbol{x}_j)=(\gamma\boldsymbol{x}_i^{\mathrm{T}}\boldsymbol{x}_j+b)^d$
径向基函数核/高斯核	$K(\boldsymbol{x}_i,\boldsymbol{x}_j)=\exp(-\gamma\Vert\boldsymbol{x}_i-\boldsymbol{x}_j\Vert^2)$
Sigmoid 核	$K(\boldsymbol{x}_i,\boldsymbol{x}_j)=\tanh(\gamma\boldsymbol{x}_i^{\mathrm{T}}\boldsymbol{x}_j+b)$

核函数的精妙之处在于不用对特征向量做核映射再计算内积，而是直接对特征向量进行变换，这种变换却等价于先对特征向量做核映射然后做内积。

需要注意的是，并不是任何函数都可以用来作为核函数，必须满足一定的条件，即 Mercer 条件。

Mercer 条件指出：一个对称函数 $K(\boldsymbol{x},\boldsymbol{y})$是核函数的条件是对任意的有限个样本的样本集，核矩阵半正定。核矩阵的元素是由样本集中任意两个样本的内积构造的一个数，即

$$K_{ij}=K(\boldsymbol{x}_i,\boldsymbol{x}_j)$$

核是机器学习里常用的一种技巧，它还被用于支持向量机之外的其他机器学习算法中，其目的就是将特征向量映射到另外一个空间中，使得问题能被更有效地处理。为向量加上核映射后，要求解的对偶问题变为

$$\min_{\alpha}\frac{1}{2}\sum_{i=1}^{l}\sum_{j=1}^{l}\alpha_i\alpha_j y_i y_j\phi(\boldsymbol{x}_i)^{\mathrm{T}}\phi(\boldsymbol{x}_j)-\sum_{i=1}^{l}\alpha_i$$

$$0\leqslant\alpha_i\leqslant C$$

$$\sum_{j=1}^{l}\alpha_j y_j=0$$

最后得到的分类判别函数为

$$\operatorname{sgn}\left(\sum_{i=1}^{l}\alpha_i y_i K(\boldsymbol{x}_i,\boldsymbol{x}_j)+b\right)$$

与不用核映射相比，只是求解的目标函数、最后的判定函数对特征向量做了核函数变换。预测时的时间复杂度为 $O(n^2 l)$，当训练样本很多、支持向量的个数很大时，速度较慢。

4.6.2 支持向量机 Python 实例

实验环境采用 Anaconda3 集成开发环境，所有程序均在 Jupyter Notebook 下调试成功。

例 4.9 线性支持向量机。

```
#初始化
import matplotlib
import matplotlib.pyplot as plt
%matplotlib inline
#定义函数
def plot_svc_decision_boundary(svm_clf, xmin, xmax):
    #分类线参数
    w = svm_clf.coef_[0]
    b = svm_clf.intercept_[0]
    x0 = np.linspace(xmin, xmax, 200)
    decision_boundary = -w[0]/w[1] * x0 - b/w[1]
    #最大间隔
    margin = 1/w[1]
    gutter_up = decision_boundary + margin
    gutter_down = decision_boundary - margin
    svs = svm_clf.support_vectors_
    plt.scatter(svs[:, 0], svs[:, 1], s=180, facecolors='#FFAAAA')
    #画出分类线
    plt.plot(x0, decision_boundary, "k-", linewidth=2)
    plt.plot(x0, gutter_up, "k--", linewidth=2)
    plt.plot(x0, gutter_down, "k--", linewidth=2)
from sklearn.svm import SVC
from sklearn import datasets
iris = datasets.load_iris()
#构造训练集
X = iris["data"][:, (2, 3)]                #选取两维数据
y = iris["target"]
setosa_or_versicolor = (y == 0) | (y == 1)
X = X[setosa_or_versicolor]
y = y[setosa_or_versicolor]
svm_clf = SVC(kernel="linear", C=float("inf"))
svm_clf.fit(X, y)
svm_clf.predict([[2.4, 3.1]])
import numpy as np
plt.figure(figsize=(12,3.2))
from sklearn.preprocessing import StandardScaler
scaler = StandardScaler()
X_scaled = scaler.fit_transform(X)
svm_clf.fit(X_scaled, y)
plt.plot(X_scaled[:, 0][y==1], X_scaled[:, 1][y==1], "bo")
plt.plot(X_scaled[:, 0][y==0], X_scaled[:, 1][y==0], "ms")
```

```
plot_svc_decision_boundary(svm_clf, -2, 2)
plt.xlabel("Petal Width normalized", fontsize=12)
plt.ylabel("Petal Length normalized", fontsize=12)
plt.title("Scaled", fontsize=16)
plt.axis([-2,2,-2,2])
```

运行结果如图 4.25 所示。

图 4.25 彩图

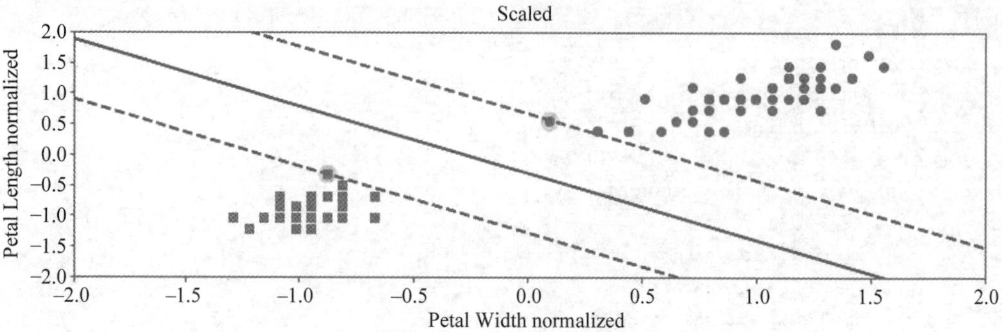

图 4.25　线性支持向量机

例 **4.10**　非线性支持向量机。

```
import numpy as np
import matplotlib.pyplot as plt
from sklearn.datasets import make_moons
from sklearn.pipeline import Pipeline
from sklearn.preprocessing import PolynomialFeatures
from sklearn.preprocessing import StandardScaler
from sklearn.svm import LinearSVC, SVC

#构建双月型数据
X, y = make_moons(n_samples=100, noise=0.15, random_state=42)

def plot_dataset(X, y, axes):
    plt.plot(X[:, 0][y == 0], X[:, 1][y == 0], 'bs')
    plt.plot(X[:, 0][y == 1], X[:, 1][y == 1], 'g*')
    plt.axis(axes)
    plt.grid(True, which='both')
    plt.xlabel(r'$x_1$', fontsize=20)
    plt.ylabel(r'$x_2$', fontsize=20, rotation=0)
#绘制双月型数据图像
plot_dataset(X, y, [-1.5, 2.5, -1, 1.5])
plt.show()
#构建模型,设定参数 C 和损失函数
Polynomial_svm_clf = Pipeline((('poly_features', PolynomialFeatures(degree=3)),
                              ('scaler', StandardScaler()),
                              ('svm_clf', LinearSVC(C=10))
                              ))
#调用函数
```

```
Polynomial_svm_clf.fit(X, y)
#定义绘制分类面函数
def plot_predictions(clf, axes):
    x0s = np.linspace(axes[0], axes[1], 100)
    x1s = np.linspace(axes[2], axes[3], 100)
    x0, x1 = np.meshgrid(x0s, x1s)
    X = np.c_[x0.ravel(), x1.ravel()]
    y_pred = clf.predict(X).reshape(x0.shape)
    #下面填充一条等高线，alpha 表示透明度
    plt.contourf(x0, x1, y_pred, cmap=plt.cm.brg, alpha=0.2)
#绘制分类面
plot_predictions(Polynomial_svm_clf, [-1.5, 2.5, -1, 1.5])
plot_dataset(X, y, [-1.5, 2.5, -1, 1.5])
plt.show()
```

双月型数据集如图 4.26 所示。

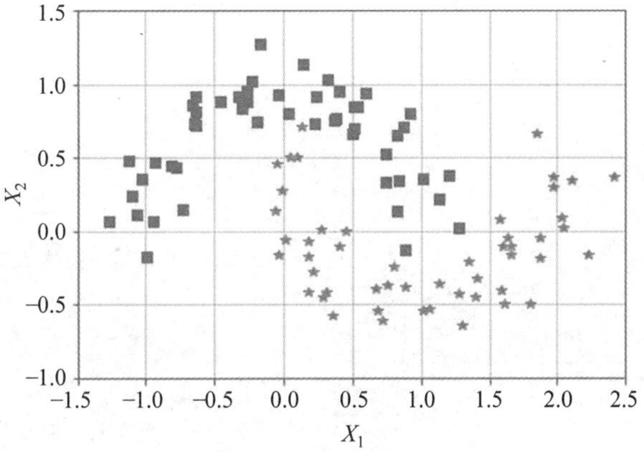

图 4.26　双月型数据集

图 4.26 彩图

运行结果如图 4.27 所示。

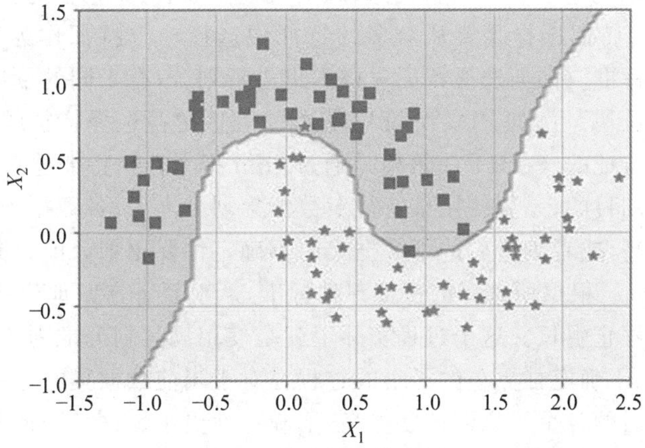

图 4.27　非线性支持向量机

图 4.27 彩图

4.7 决 策 树

4.7.1 决策树原理

决策树是一种通过树形结构进行归纳分类的有监督机器学习方法，它通过对训练集的学习，挖掘出有用的规则，并对测试集进行预测。决策树主要包括根结点、非叶子结点、叶子结点、分支。如图 4.28 所示，在决策树中，树形结构中的每个非叶子结点表示对分类目标在某个属性上的一个判断，每个分支代表基于该属性而做出的一个判断，而每个叶子结点则代表一种分类结果。所以，决策树可被看作一系列以叶子结点为输出的决策规则。

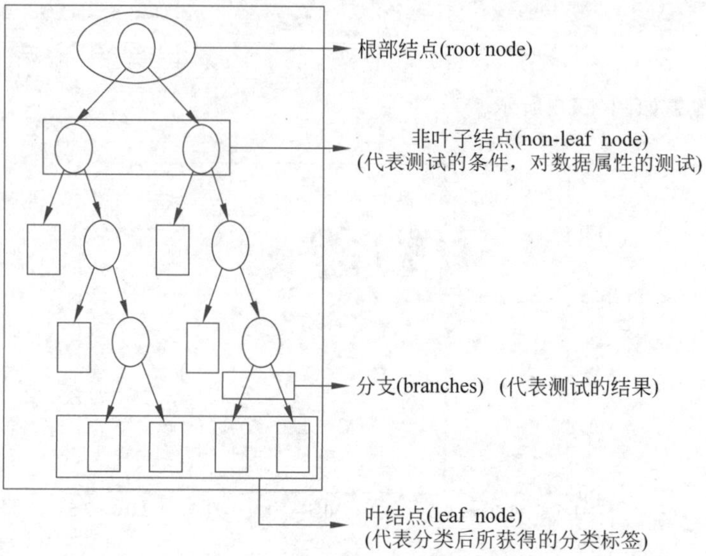

图 4.28 决策树的结构

为了实现对数据的分类，需要先构造决策树，常见的决策树构造算法有 ID3、C4.5 和 CART 等。决策树的构造过程分为特征选择、决策树生成、决策树裁剪三个步骤。

(1) 特征选择。特征选择是要从众多的特征中选择一个特征作为当前结点进行分裂(即划分样本集)的标准。如何选择特征对样本集进行划分，有不同的量化评估方法，并因此而衍生出不同的决策树。例如，ID3 决策树是通过信息增益选择特征的、C4.5 决策树是通过信息增益比选择特征的、CART 决策树是通过 Gini 指数选择特征的。

进行特征选择的目的，是要使用某特征对数据集划分之后，各数据子集的纯度要比划分前的数据集的纯度高，或者划分后的子数据集的不确定性要比划分前数据集的不确定性低。

(2) 决策树生成。根据所选择的特征评估标准，从上至下递归地生成子结点，直到数据集不可分则决策树停止生长。这个过程实际上就是使用满足划分准则的特征不断地将数据集划分成纯度更高、不确定性更小的子集的过程。对于当前数据集的每一次划分，都希望根据某个特征划分之后的各个子集的纯度更高，不确定性更小。这是一种贪心策略。

(3) 决策树裁剪。决策树是一种充分考虑所有的数据点而生成的复杂树，它在学习的过程中为了尽可能地将所有训练样本正确分类，需要不停地对结点进行划分，因此这会导致整棵树的分支过多，造成决策树很庞大。而决策树越庞大，越有可能出现过拟合的情况。为了避免过拟合，需要对决策树进行剪枝。一般情况下，有两种剪枝策略，分别是预剪枝和后剪枝。

预剪枝是在构造决策树的过程中，先对每个结点在划分前进行估计。如果当前结点的划分不能带来决策树模型泛化性能的提升，则不对当前结点进行划分并且将当前结点标记为叶结点。这是一种边构造边裁剪的方法。

后剪枝则是先把整棵决策树全部构造完毕，然后自底向上地对非叶结点进行考察，若将该结点对应的子树换为叶结点能够带来泛化性能的提升，则把该子树替换为叶结点。这是一种构造完再裁剪的方法。

例 4.11 针对如表 4.5 所示数据，使用决策树算法，确定是否放贷与申请人自身相关属性(年龄、银行流水、是否结婚、是否拥有房产)之间的关系。

表 4.5 例 4.11 数据表

序号	年龄	银行流水	结婚	拥有房产	放贷
1	＞30	高	否	是	否
2	＞30	高	否	否	否
3	20～30	高	否	是	是
4	＜20	中	否	是	是
5	＜20	低	否	是	是
6	＜20	低	是	否	否
7	20～30	低	是	否	是
8	＞30	中	否	是	否
9	＞30	低	是	是	是
10	＜20	中	否	是	是
11	＞30	中	是	否	是
12	20～30	中	否	否	是
13	20～30	高	是	是	是
14	＜20	中	否	否	否

解：对于这个例子，可以使用“年龄”属性作为决策树的第一层来进行样本划分。在本例中，年龄的取值包含三个值：“＜20”“20～30”“＞30”。根据这三个取值来划分样本，可以得到：

(1) 申请人年龄为 20～30 岁对应的样本子集为{3,7,12,13}，这些样本对应是否放贷的标签均为“是”，因此可以直接将 20～30 岁作为叶子结点。

(2) 申请人年龄大于 30 岁对应的样本子集为{1,2,8,9,11}，这些样本就具有不同的标签了，需要进一步使用其他属性进行划分。经过观察，可以通过“结婚”这一属性，将年龄大于 30 岁的样本集划分为{1,2,8}未婚和{9,11}已婚两组样本子集。此时，这两个样本子集中的样本标签都保持一致，不需要再划分。

(3) 申请人年龄小于 20 岁对应的样本子集为{4,5,6,10,14}，这些样本标签不同，需要进一步使用其他属性进行划分。同样地，经过观察，可以通过“拥有房产”这一属性，将年龄小于 20 岁的样本集划分为{4,5,10}无房产和{6,14}有房产两组样本子集。此时，这两个样本子集中的样本标签都保持一致，不需要再划分。

至此，就完成了该问题的决策树构造过程，从而将所有样本都区分开来了。但在整个构造过程中，“银行流水”这一属性没有用到。整个决策树划分结果如图 4.29 所示。

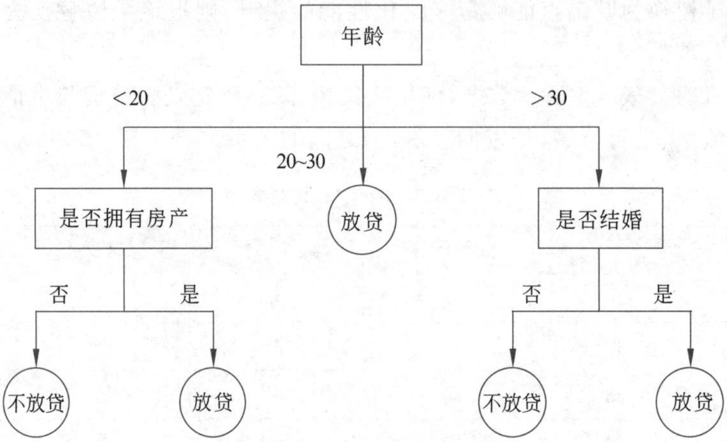

图 4.29 决策树划分结果

除了使用“年龄”属性以外，还可以先使用“银行流水”“结婚”或“拥有房产”属性作为决策树的第一层来进行样本划分。读者可以自行推导决策树的构造过程。但需要注意的是，在决策树的构造过程中，属性的选择顺序尤为重要。性能好的决策树，能够随着划分不断进行，分支结点样本集的纯度会越来越高，即其所包含样本尽可能多地属于同一类别。

那么样本集的“纯度”要如何衡量呢？假设样本集合为 D，通过某种划分规则(如“年龄”)可以划分为 $D_1, D_2, \cdots, D_N$ 总共 N 个样本子集，则每个样本子集 D_i 纯度可以通过如下的信息熵 $E(D_i)$ 计算：

$$E(D_i) = -\sum_{k=1}^{K} p_k \log_2 p_k$$

其中，K 是属于样本子集 D_i 的信息数量，$p_k(1 \leqslant k \leqslant K)$是第 k 个信息发生的概率。上述信息熵 $E(D_i)$越大，说明该样本子集内的样本不确定性越大，纯度越低。反之，则代表该样本子集内样本纯度越高。

计算得到所有样本子集的信息熵 $E(D_1), E(D_2), \cdots, E(D_N)$之后，可以进一步计算对原样本集 D 进行划分后的信息增益如下：

$$\text{Gain}(D,A) = E(D) - \sum_{i=1}^{N} \frac{|D_i|}{|D|} E(D_i)$$

其中，A 代表某种划分规则(如“年龄”)。$|D|$和$|D_i|$分别代表 D 和 D_i 中的样本数量。

仍以上述是否放贷的例子进行分析。在该例中，“放贷”属性包含两个不同的信息，“是”或者“不是”，即 $K=2$。在 14 个样本中，“放贷”属性为“是”的有 9 个样本，而属性为“否”的有 5 个样本，此时可以计算信息熵为

$$E(D)=-\sum_{k=1}^{K}p_k\log_2 p_k=-\left(\frac{9}{14}\times\log_2\frac{9}{14}+\frac{5}{14}\times\log_2\frac{5}{14}\right)=0.940$$

同理，可以针对“年龄”“银行流水”“结婚”“拥有房产”这四个属性，分别计算它们所对应的信息熵如下。

(1) 先考虑“年龄”属性，包含“>30”“20～30”“<20”这三个取值，即 $K=3$。用这三个取值对 14 个样本进行划分，在决策树中产生三个分支结点，各个结点分别包含{1,2,8,9,11}、{3,7,12,13}、{4,5,6,10,14}这些样本。对于“年龄”属性所划分出来的子样本集的情况，可以通过表 4.6 描述。

表 4.6　“年龄”属性所划分出的子样本集

属性取值	>30	20～30	<20
样本数量	5	4	5
正负样本数量	{2+，3−}	{4+，0−}	{3+，2−}

从表 4.10 中可以看出，“>30”可有 2 正 3 负共 5 个样本，“20～30”可有 4 正 0 负共 4 个样本，“<20”有 3 正 2 负共 5 个样本。这样，可以计算各个子样本集的信息熵如下。

$$“>30”：E(D_1)=-\left(\frac{2}{5}\times\log_2\frac{2}{5}+\frac{3}{5}\times\log_2\frac{3}{5}\right)=0.971$$

$$“20\sim30”：E(D_2)=-\left(\frac{4}{4}\times\log_2\frac{4}{4}+0\right)=0$$

$$“<20”：E(D_3)=-\left(\frac{3}{5}\times\log_2\frac{3}{5}+\frac{2}{5}\times\log_2\frac{2}{5}\right)=0.971$$

基于这三个子样本集的信息熵，可以进一步计算使用“年龄”属性对原样本集进行划分后的信息增益，计算公式如下。

$$\begin{aligned}\text{Gain}(D,“年龄”)&=E(D)-\sum_{i=1}^{k}\frac{|D_i|}{|D|}E(D_i)\\&=0.940-\left(\frac{5}{14}\times0.971+\frac{4}{14}\times0+\frac{5}{14}\times0.971\right)=0.246\end{aligned}$$

(2) 再来考虑“银行流水”属性，包含“高”“中”“低”这三个取值，即 $K=3$。这三个取值对 14 个样本进行划分，在决策树中产生三个分支结点，各个结点分别包含{1,2,3,13}、{4,8,10,11,12,14}、{5,6,7,9}这些样本。对于“银行流水”属性所划分出来的子样本集的情况，可以通过表 4.7 描述。

表 4.7　“银行流水”属性所划分出的子样本集

属性取值	高	中	低
样本数量	4	6	4
正负样本数量	{2+，2−}	{4+，2−}	{3+，1−}

可以计算各个子样本集的信息熵如下。

$$“高”：E(D_1)=-\left(\frac{2}{4}\times\log_2\frac{2}{4}+\frac{2}{4}\times\log_2\frac{2}{4}\right)=1$$

$$\text{“中”}: E(D_2)=-\left(\frac{4}{6}\times\log_2\frac{4}{6}+\frac{2}{6}\times\log_2\frac{2}{6}\right)=0.9183$$

$$\text{“低”}: E(D_3)=-\left(\frac{3}{4}\times\log_2\frac{3}{4}+\frac{1}{4}\times\log_2\frac{1}{4}\right)=0.8113$$

进一步计算信息增益，得到：

$$\text{Gain}(D,\text{“银行流水”})=0.940-\left(\frac{4}{14}\times1+\frac{6}{14}\times0.9183+\frac{4}{14}\times0.8113\right)=0.0289$$

(3) 再来考虑“结婚”属性，包含“是”“否”这两个取值，即 $K=2$。这两个取值对 14 个样本进行划分，在决策树中产生两个分支结点，各个结点分别包含{6,7,9,11,13}、{1,2,3,4,5,8,10,12,14}这些样本。对于“结婚”属性所划分出来的子样本集的情况，可以通过表 4.8 描述。

表 4.8 “结婚”属性所划分出的子样本集

属性取值	是	否
样本数量	5	9
正负样本数量	{4+，1−}	{5+，4−}

可以计算各个子样本集的信息熵如下。

$$\text{“是”}: E(D_1)=-\left(\frac{4}{5}\times\log_2\frac{4}{5}+\frac{1}{5}\times\log_2\frac{1}{5}\right)=0.7219$$

$$\text{“否”}: E(D_2)=-\left(\frac{5}{9}\times\log_2\frac{5}{9}+\frac{4}{9}\times\log_2\frac{4}{9}\right)=0.9911$$

进一步计算信息增益，得到：

$$\text{Gain}(D,\text{“结婚”})=0.940-\left(\frac{5}{14}\times0.7219+\frac{9}{14}\times0.9911\right)=0.0450$$

(4) 再来考虑“拥有房产”属性，包含“是”“否”这两个取值，即 $K=2$。这两个取值对 14 个样本进行划分，在决策树中产生两个分支结点，各个结点分别包含{1,3,4,5,8,9,10,13}、{2,6,7,11,12,14}这些样本。对于“拥有房产”属性所划分出来的子样本集的情况，可以通过表 4.9 描述。

表 4.9 “拥有房产”属性所划分出的子样本集

属性取值	是	否
样本数量	8	6
正负样本数量	{6+，2−}	{3+，3−}

可以计算各个子样本集的信息熵如下。

$$\text{“是”}: E(D_1)=-\left(\frac{6}{8}\times\log_2\frac{6}{8}+\frac{2}{8}\times\log_2\frac{2}{8}\right)=0.8113$$

$$\text{“否”}: E(D_2)=-\left(\frac{3}{6}\times\log_2\frac{3}{6}+\frac{3}{6}\times\log_2\frac{3}{6}\right)=1$$

进一步计算信息增益，得到：

$$\text{Gain}(D,\text{“拥有房产”})=0.940-\left(\frac{8}{14}\times 0.8113+\frac{6}{14}\times 1\right)=0.0478$$

（5）根据上述四个属性计算得到的信息增益，可以对信息增益从大到小排序如下。

Gain(*D*,“年龄”)>Gain(*D*,“拥有房产”)>Gain(*D*,“结婚”)>Gain(*D*,“银行流水”)

这样，就可以依据信息增益的高低来选择最佳属性对原样本集进行划分。在这里，划分的结果与最初得到的图 4.29 的结果是一致的：“年龄”是第一个选择的属性，而“银行流水”这一属性在决策树构造时没有用到，因为依靠前三个属性已经可以完成所有样本集的划分。

4.7.2 决策树算法 Python 实例

本节使用决策树算法对一个包含 178 个样本的葡萄酒数据集 Wine 进行分类。Wine 葡萄酒数据集是来自 UCI 的公开数据集，该数据集对意大利同一地区种植的葡萄酒进行 13 种化学成分分析并给出分类结果（包含 3 个类别：琴酒、雪莉和贝尔摩德）。13 种化学成分和类别标签如表 4.10 所示。

表 4.10 Wine 数据集的属性描述

属　性	属性描述	属性类型
Class	类别	离散
Alcohol	酒精	连续
Malic acid	苹果酸	连续
Ash	灰烬	连续
Alcalinity of ash	灰烬的碱度	连续
Magnesium	镁	连续
Total phenols	总酚	连续
Flavanoids	黄酮类化合物	连续
Nonflavanoid phenols	非黄酮类酚类	连续
Proanthocyanins	花青素	连续
Color intensity	颜色强度	连续
Hue	色调	连续
OD280/OD315 of diluted wines	稀释葡萄酒的 OD280/OD315	连续
Proline	脯氨酸	连续

以下程序可以实现对 Wine 数据集的决策树分类。

```
#使用决策树方法实现 Wine 数据集的分类
from sklearn import tree
from sklearn.datasets import load_wine
from sklearn.model_selection import train_test_split,cross_val_score
import pandas as pd
import numpy as np
```

```
from sklearn.tree import export_graphviz
import graphviz

#装载数据集
wine = load_wine()
x = wine.data
y = wine.target
#print(pd.DataFrame(x))
#print(pd.DataFrame(y))
print(wine.feature_names)

#划分训练集和测试集
Xtrain, Xtest, Ytrain, Ytest = train_test_split(wine.data, wine.target, test_
size=0.3)
#使用信息熵策略,构造决策树分类器
clf = tree.DecisionTreeClassifier(criterion="entropy", max_depth=5)
#训练
clf = clf.fit(Xtrain, Ytrain)
#使用十次交叉验证评估模型
score = cross_val_score(clf, x, y, cv=10, scoring='accuracy')
print(np.mean(score))
print(clf.feature_importances_)

#可视化决策树
feature_name = ['酒精', '苹果酸', '灰烬', '灰烬的碱性', '镁', '总酚',
                '黄酮类化合物', '非黄酮类酚类', '花青素', '颜色强度',
                '色调', '稀释葡萄酒', '脯氨酸']
#决策树可视化
dot_data = tree.export_graphviz(clf
                                , out_file=None
                                , feature_names=feature_name
                                , class_names=["琴酒", "雪莉", "贝尔摩德"]
                                , filled=True
                                , rounded=True
                                )
graph = graphviz.Source(dot_data)
graph.save('wine_tree.dot')                          #保存决策树
```

程序运行后，会生成一个 wine_tree.dot 文件，可以在命令行窗口中输入如下命令生成 png 格式的决策树图像。

```
dot -Tpng wine_tree.dot -o wine_tree.png
```

生成的决策树结果如图 4.30 所示。

图 4.30 彩图

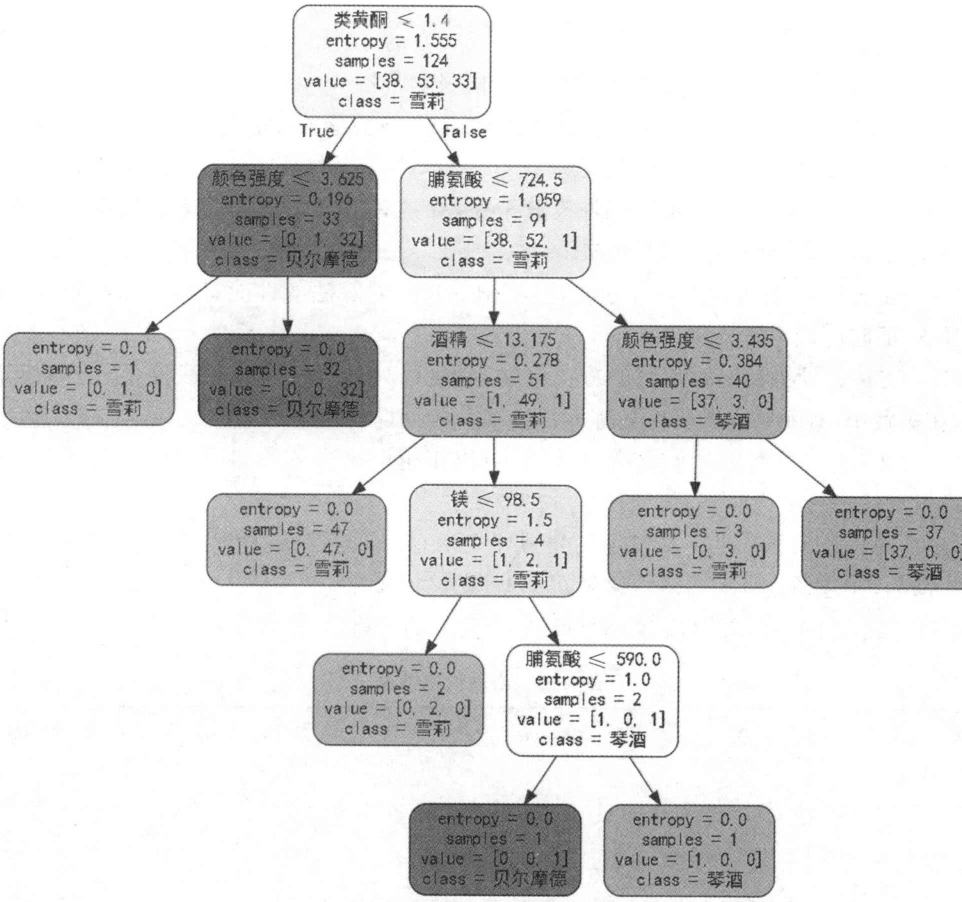

图 4.30　Wine 数据集的决策树

习　题

4.1　假设正在研究一种药物的剂量与患者反应之间的关系。以下哪个算法可以用于建立剂量与反应之间的函数关系？(　　)

A. 决策树　　B. K 近邻算法　　C. 回归分析　　D. AdaBoosting

4.2　在支持向量机算法中，选择正确的核函数对分类器的性能至关重要。以下哪个核函数可以处理线性不可分的数据集？(　　)

A. 线性核函数　　B. 多项式核函数

C. 径向基核函数　　D. 拉普拉斯核函数

4.3　在使用线性判别分析进行分类时，以下哪个条件成立？(　　)

A. 特征的方差相等　　B. 各类别样本的协方差矩阵相等

C. 样本分布服从高斯分布　　D. 样本的分布是随机的

4.4　AdaBoosting 算法是一个集成学习算法，它的基本思想是什么？(　　)

A. 使用多个弱分类器构建一个强分类器

B. 使用多个强分类器构建一个弱分类器

C. 使用多个随机分类器构建一个高准确率的分类器

D. 使用多个半监督学习器构建一个监督学习器

4.5 在决策树算法中，以下哪个指标可以用来选择最佳的分裂结点？（　　）

A. 信息增益　　B. 基尼系数　　C. 交叉熵　　D. 误分类率

4.6 假设正在研究一种新的广告投放策略，并且有一个广告点击率的数据集。请问，如何使用线性回归算法来预测广告点击率？

4.7 在使用 K 近邻算法进行分类时，K 值的选择对算法的性能有很大的影响。请问，在选择 K 值时应该考虑哪些因素？

4.8 支持向量机是一种常用的分类算法，它可以处理线性可分和线性不可分的问题。请问，在实践中，有哪些方法可以处理非线性可分的问题？

4.9 决策树是一种常用的分类算法，它可以用于解决多分类和回归问题。请问，在使用决策树算法进行分类时，如何处理连续型变量？

4.10 AdaBoosting 是一种常用的集成学习算法，它的训练过程需要选择合适的基分类器。请问，在选择基分类器时应该考虑哪些因素？

4.11 假设正在使用线性回归来预测一个商品的价格，有如表 4.11 所示数据。

表 4.11　商品价格数据

物品价格	年份	品牌	是否二手	评价分数
100	2018	1	0	80
120	2019	2	0	85
130	2019	1	1	75
150	2020	3	0	90

其中，品牌的取值为 1、2、3，表示三个不同的品牌。使用线性回归来预测下一个同品牌、同年份、同是否二手、同评价分数的商品的价格。假设选择的特征为年份、品牌、是否二手和评价分数，使用最小二乘法进行线性回归。请给出预测价格的方程，并预测一下价格。

4.12 假设正在使用支持向量机（SVM）进行二分类问题的建模，有如表 4.12 所示数据集。

表 4.12　数据集

特征 1	特征 2	标签
1	2	1
2	3	1
3	4	−1
4	5	−1

其中，标签为 1 表示正样本，标签为 −1 表示负样本。使用线性 SVM 进行分类，请给出 SVM 的决策函数，并绘制出分类超平面。

第5章 机器学习：无监督学习

无监督学习就是从无标注数据样本出发，学习数据样本中蕴含的模式，主要应用场景包括聚类分析(Cluster Analysis)、关联规则(Association Rule)、维度缩减(Dimensionality Reduce)等。在现实世界中，高质量、大规模有标注数据通常难以获得，作为监督学习的必要补充，通过无监督学习快速将无标注数据进行分类显得尤为重要。本章将从聚类、特征降维以及模型学习的角度介绍无监督学习，包括 K-means 聚类、主成分分析、特征脸方法、局部线性嵌入以及独立成分分析。

5.1 K-means 聚类

K-means(K 均值)原型最早由 Stuart Lloyd 于 1957 年提出，被用于脉码调制技术。而在 1967 年，James MacQueen 发表了相关论文并正式提出了 K-means 聚类算法。通过聚类算法，将大量数据样本根据其特征相似性分为若干个簇，从而方便用户对数据进一步分析。K-means 聚类算法要求特征变量连续且没有异常数据。它实现起来比较简单，聚类效果也不错，因此具有较为广泛的应用。

5.1.1 K-means 聚类原理

K-means 聚类算法解决的问题是，在没有标签数据的前提下，使算法根据距离的远近将 n 个数据最优地划分为 k 个类(簇)。它是无监督学习中比较常见的一种算法，原理简单易懂。本质是通过循环，不断迭代类中心点，计算各个数据到新的类中心点的距离并根据距离最近的原则重新归类，当类内距离最小、类间距离最大时，即可停止迭代(在使用过程中，常常会限定迭代次数，以防算法陷入死循环。当达到预先设定的循环次数或类中心点不再发生变化时，则停止迭代并得到最终聚类结果)。其中，K-means 聚类算法得到的聚类结果很容易受初始值影响，为了达到上述"局部最优解"，可以利用不同的初始值重复几次，常用的初始化方法包括 forgy 以及 random partition。

5.1.2 K-means 聚类算法

假设待聚类样本集合为 $\mathbf{D}=\{\boldsymbol{x}_j\}_{j=1}^{n}$，$\boldsymbol{x}_j \in \mathbf{R}^d$，K-means 聚类算法的目标是将数据集划分为 $k(k<n)$ 类，使得划分后的 k 个子集合满足类内的误差平方和最小。在 Stuart Lloyd 提出的经典 K-means 聚类算法中，采取迭代优化策略，有效

地求解目标函数的局部最优解。具体的算法流程如下。

1. 初始化聚类中心

初始化 k 个聚类中心 $\boldsymbol{c}=\{\boldsymbol{c}_1,\boldsymbol{c}_2,\cdots,\boldsymbol{c}_k\}$，$\boldsymbol{c}_j\in\mathbf{R}^d(1\leqslant j\leqslant k)$，每个聚类中心 $\boldsymbol{c}_j$ 所在的集合记作 $\boldsymbol{G}_j$。

2. 对数据进行聚类

该步骤的目标是将每个待聚类数据放入唯一一个聚类集合中，首先通过设定的相似度/距离函数计算每个待聚类数据和 k 个聚类中心的距离。以最常见的欧氏距离为例，计算 $\boldsymbol{x}_i$ 和 $\boldsymbol{c}_j$ 之间的欧氏距离：

$$\text{dist}(\boldsymbol{x}_i,\boldsymbol{c}_j)=\sqrt{\sum_{o=1}^{d}(x_{i,o}-c_{j,o})^2}\ (1\leqslant i\leqslant n,1\leqslant j\leqslant k)$$

将每个 $\boldsymbol{x}_i$ 归并到与其距离最短的聚类中心所在的聚类集合中，即 $\arg\min\limits_{c_j\in C}\text{dist}(\boldsymbol{x}_i,\boldsymbol{c}_j)$。

3. 更新聚类中心

根据聚类结果更新聚类中心，即根据每个聚类集合中所包含的数据，求均值得到该聚类集合新的中心：

$$\boldsymbol{c}_j=\frac{1}{|\boldsymbol{G}_j|}\sum_{x_i\in\boldsymbol{G}_j}\boldsymbol{x}_i$$

由此可以看出，K-means 聚类的名称来源于此，而求取均值的操作简单高效，因此 K-means 聚类算法在大规模数据上可以得到更为高效的应用。

4. 迭代

迭代的过程即根据新的聚类中心，重复执行步骤 2 与步骤 3，在达到停止条件时终止迭代，从而得到最终的聚类结果。聚类迭代的停止条件判断并不唯一，通常使用的方法包括以下两种。

（1）达到最大迭代次数。

（2）聚类中心不再变化。

从另一个角度理解 K-means 聚类算法，最小化所有数据与聚类中心的距离等同于最小化每个类簇的方差。K-means 在迭代过程中需要不断减少簇内数据与聚类中心的欧氏距离，这相当于簇内数据方差最小化的目标函数：

$$\arg\min_{G}\sum_{i=1}^{k}\sum_{x\in\boldsymbol{G}_i}\|\boldsymbol{x}-\boldsymbol{c}_i\|^2=\arg\min_{G}\sum_{i=1}^{k}|\boldsymbol{G}_i|\text{var}\boldsymbol{G}_i$$

其中，第 i 个聚类簇的方差为

$$\text{var}(\boldsymbol{G}_i)=\frac{1}{|\boldsymbol{G}_i|}\sum_{x\in\boldsymbol{G}_i}\|\boldsymbol{x}-\boldsymbol{c}_i\|^2$$

通常而言，聚类算法的目标是得到一个类内距离小（或称为类内相似性大）而类间距离大（或称为类间相似性小）的聚类结果。K-means 聚类就是通过最小化簇内方差来实现类内相似性最大化，即最小化每个簇内的数据方差从而使得最终聚类结果中的数据所呈现出来的差异性最小。

例 5.1 假设有 8 个点：(3,1)，(3,2)，(4,1)，(4,2)，(1,3)，(1,4)，(2,3)，(2,4)。使用 K-means 聚类算法对其进行聚类。设初始聚类中心分别为(0,4)和(3,3)。请写出详细的计算过程。

解：

第一步：列出数据表格，如表 5.1 所示。

表 5.1　数据表格

	a	b
x_1	3	1
x_2	3	2
x_3	4	1
x_4	4	2
x_5	1	3
x_6	1	4
x_7	2	3
x_8	2	4

第二步：初始聚类中心分别为 $c_1(0,4)$ 和 $c_2(3,3)$，计算各点到两中心的距离，如表 5.2 所示。

表 5.2　各点到两中心的距离

	$c_1(0,4)$	$c_2(3,3)$
$x_1(3,1)$	4.242	2√
$x_2(3,2)$	3.605	1√
$x_3(4,1)$	5	2.236√
$x_4(4,2)$	4.472	1.414√
$x_5(1,3)$	1.414√	2
$x_6(1,4)$	1√	2.236
$x_7(2,3)$	2.236	1√
$x_8(2,4)$	2	1.414√

第三步：根据表 5.2 分成两簇 $\{x_1,x_2,x_3,x_4,x_7,x_8\}$，$\{x_5,x_6\}$。重新计算新的聚类中心 c_3，c_4。并计算新的距离表，如表 5.3 所示。

$$c_3=\left(\frac{3+3+4+4+2+2}{6},\frac{1+2+1+2+3+4}{6}\right)=(3,2.167)$$

$$c_4=\left(\frac{1+1}{2},\frac{3+4}{2}\right)=(1,3.5)$$

表 5.3　新的距离表 1

	$c_3(3,2.167)$	$c_4(1,3.5)$
$x_1(3,1)$	1.167√	3.201

续表

	$c_3(3,2.167)$	$c_4(1,3.5)$
$x_2(3,2)$	0.167√	2.5
$x_3(4,1)$	1.536√	3.905
$x_4(4,2)$	1.013√	3.354
$x_5(1,3)$	2.166	0.5√
$x_6(1,4)$	2.712	0.5√
$x_7(2,3)$	1.301	1.118√
$x_8(2,4)$	2.088	1.118√

第四步：根据表 5.3 分成两簇$\{x_1,x_2,x_3,x_4\}$,$\{x_5,x_6,x_7,x_8\}$。重新计算新的聚类中心 c_5,c_6。并计算新的距离表，如表 5.4 所示。

$$c_5=\left(\frac{3+3+4+4}{4},\frac{1+2+1+2}{4}\right)=(3.5,1.5)$$

$$c_6=\left(\frac{1+1+2+2}{4},\frac{3+4+3+4}{4}\right)=(1.5,3.5)$$

表 5.4　新的距离表 2

	$c_5(3.5,1.5)$	$c_6(1.5,3.5)$
$x_1(3,1)$	0.707√	2.915
$x_2(3,2)$	0.707√	2.121
$x_3(4,1)$	0.707√	3.535
$x_4(4,2)$	0.707√	2.915
$x_5(1,3)$	2.915	0.707√
$x_6(1,4)$	3.535	0.707√
$x_7(2,3)$	2.121	0.707√
$x_8(2,4)$	2.915	0.707√

第五步：根据表 5.4 分成两簇$\{x_1,x_2,x_3,x_4\}$,$\{x_5,x_6,x_7,x_8\}$，和第四步分簇一致，停止计算。

5.1.3　K-means 聚类算法特点

1. 优点

由上述算法流程可以看出，K-means 聚类算法思想简单，容易理解。当数据分布接近高斯分布的时候，聚类效果非常不错。而对于大多数样本也可以获得较好的聚类效果，尽管是局部最优，但依然可以满足大部分任务。并且 K-means 聚类算法在处理大数据集的时候，可以保证较好的伸缩性。

此外，K-means 聚类算法收敛速度很快。首先，在样本分配阶段，需要计算 kn 次误差平方和，计算复杂度为 $O(knd)$。其次，在更新聚类中心阶段，计算复杂度为 $O(nd)$。如果迭代次数为 t，则算法的计算复杂度为 $O(kndt)$。因此可以看出，K-means 聚类算法针对 n 个样本个数具有线性的计算复杂度，是一种非常高效的大数据聚类算法。

2. 缺点

K-means 聚类算法需要事先指定聚类数 k，不同 k 值得到的结果不一样，而很多时候并不知道数据应该被聚为多少类。通常使用的方法是遍历一个范围内的候选值然后测试错误率，但通常因为可选范围较大而并不切实际。

K-means 聚类算法对初始的聚类中心较为敏感，不同的选取方式对聚类的结果有较大影响。这是由于 K-means 聚类算法仅对目标函数求取近似局部最优解，不能保证得到全局最优解，即在一定数据分布下聚类结果会因为初始化的不同产生很大偏差。

K-means 聚类算法对异常数据非常敏感。K-means 聚类算法假设数据是没有离群点的，它对离群点的处理与其他数据一样，然而离群点对均值计算影响较大，会让聚类中心偏离没有离群点的中心，从而影响聚类效果。为此，可以使用目标函数或 K-medoids 算法来减小离群点对聚类结果的影响。K-medoids 算法选取的中心点(medoids)属于聚类簇中的一个点，这是与 K-means 聚类算法的主要区别。

每个样本只能归到某个固定类别，即 K-means 聚类算法对每个数据的归属判定非 1 即 0，不可能同属于多个类别，这种聚类方法被称为“硬聚类”。然而，由于数据或初始值的轻微改变，聚类边缘的数据点很容易被改变聚类类别，这些数据点可能有更好的归属判定方式。例如，高斯混合模型，通过概率的形式判定数据的归属，通过设置属于不同簇的概率来判断每个数据点的归属方式。

K-means 聚类算法对数据的尺度很敏感，也就是说，对数据所在的坐标空间敏感，例如，某个长度特征以 cm 还是以 m 为单位对最终的聚类结果有较大的影响，这是由于欧氏距离假设数据每个维度的重要性是一样的。

经典的 K-means 聚类算法采取二次欧氏距离作为相似性度量，并且假设目标函数的误差服从标准的正态分布，因此，K-means 聚类算法在处理非标准正态分布或非均匀分布的数据时效果较差。

5.1.4　K-means 聚类算法的改进

1. 聚类中心初始化的改进

在标准 K-means 聚类算法中，初始聚类中心使用随机采样的方式，不能保证得到的期望聚类结果。为了获得更好的聚类结果，可以多次随机初始化聚类中心，通过对比多组结果从而选择最优聚类结果。但是这样做会大大影响计算时间，那么如何更好地初始化聚类中心?

其中最有效简单的改进方式是 David Arthur 提出的 K-means++ 聚类算法，该算法能够有效地产生初始的聚类中心，保证初始化后的 K-means 可以得到 $O(\log k)$ 的近似解。首先随机初始化一个聚类中心 $C=\{c_1\}$，然后通过迭代计算最大概率值：

$$x^{*}=\arg\max_{x}\frac{\operatorname{dist}(x,C)}{\sum\limits_{j=1,2,\cdots,n}\operatorname{dist}(x_j,C)}$$

然后将 x^* 加入到下一个聚类中心：

$$C \leftarrow C \cup \{x^*\}$$

直到选择 k 个中心。

K-means++聚类算法的计算复杂度为 $O(knd)$，没有增加过多的计算负担，同时可以保证算法更有效地接近于最优解。

2. 类别个数的自适应确定

聚类算法中的类别数对聚类效果有较大的影响，而该参数根据自身的先验知识或启发式来确定。例如，事先已经知道数据特征的大致分布或样本中包含的属性个数，如数字、性别等，那么如何在算法中加入自适应决定类别个数的过程？

ISODATA 算法是经典的改进方法，该算法与 K-means 聚类算法在基本原则上一致，即通过计算误差平方和最小来实现聚类。但是 ISODATA 算法在迭代过程中引入类别的合并与分开机制。在每次迭代的过程中，ISODATA 算法首先在固定类别数的前提下进行聚类，然后根据设定样本之间的距离阈值进行合并操作，并根据每一组类别 G_i 中样本协方差矩阵信息来判断是否分开。

ISODATA 算法在 K-means 聚类算法的基础上引入了启发式重初始化，相比于经典的 K-means 聚类算法，计算效率大打折扣。

3. 面向非标准正态分布或非均匀分布数据的算法改进

如图 5.1 所示，针对非标准正态分布和非均匀分布的数据时，K-means 聚类算法不能得到预期结果，原因在于假设相似度度量为欧氏距离，而在实际数据集合中该假设不一定都会成立。

图 5.1 彩图

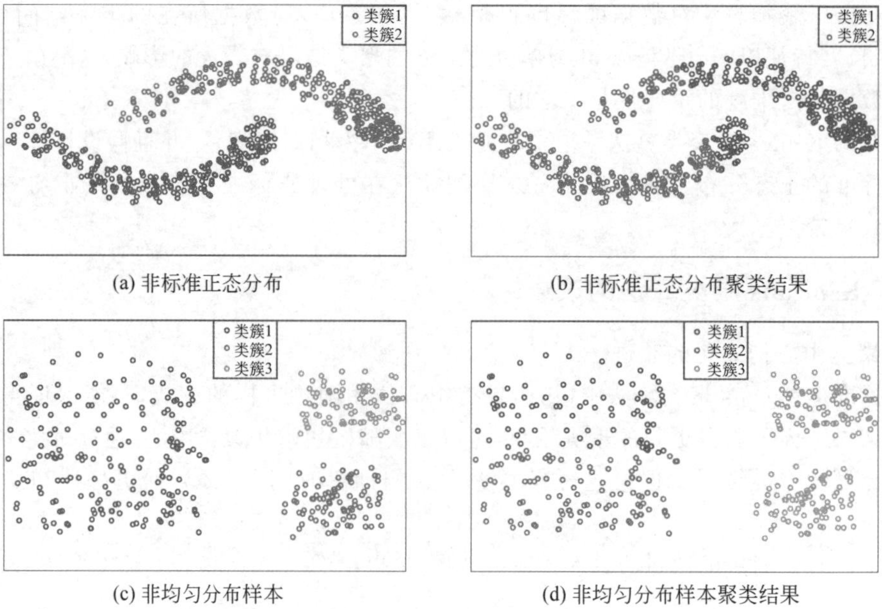

图 5.1　非标准正态分布(上)和非均匀分布样本(下)的聚类结果

为了克服该假设的局限性，K-means 聚类算法需要推广到更广义的度量空间。经典的两种改进框架为 Kernel K-means 和谱聚类 Spectral Clustering。

Kernel K-means 聚类算法将数据点 x_i 通过某种映射方式 $x_i \rightarrow \phi(x_i)$ 映射到新的高维空间 Φ，在该空间中数据点之间的内积可以通过对应的核函数进行计算，即：

$$k(x_i, x_j) = \phi(x_i)^{\mathrm{T}} \phi(x_j)$$

借助核函数，可以在新的高维空间对数据进行 K-means 聚类，样本之间的相似性度量就取决于核函数的选择。

谱聚类算法尝试着变换数据的度量空间，首先需要求取数据集合的仿射矩阵，然后计算仿射矩阵的特征向量，利用得到的特征向量进行 K-means 聚类。仿射矩阵的特征向量隐含地重新定义样本点的相似性。

4. 二分 K-means 聚类

按照 K-means 聚类规则很容易陷入局部最小值，为了克服这一问题，提出了二分 K-means 聚类算法。它首先将所有数据点作为一个簇，然后将该簇一分为二，之后选择其中一个簇继续进行划分，选择哪一个簇进行划分取决于对其划分是否可以最大程度降低误差平方和，不断重复上述划分过程，直到得到用户指定的聚类簇数目为止。

5.1.5　K-means 聚类算法的 Python 实现

```
import numpy as np
import random
import matplotlib.pyplot as plt

def distance(point1, point2):                                  #计算距离(欧几里得距离)
    return np.sqrt(np.sum((point1 - point2) ** 2))

def k_means(data, k, max_iter=10000):
    centers = {}                                               #初始聚类中心
    #初始化,随机选 k 个样本作为初始聚类中心。random.sample(): 随机不重复抽取 k 个值
    n_data = data.shape[0]                                     #样本个数
    for idx, i in enumerate(random.sample(range(n_data), k)):
        #idx 取值范围[0, k-1],代表第几个聚类中心;data[i]为随机选取的样本作为聚类
        #中心
        centers[idx] = data[i]

    #开始迭代
    for i in range(max_iter):                                  #迭代次数
        print("开始第{}次迭代".format(i+1))
        clusters = {}                          #聚类结果,聚类中心的索引 idx -> [样本集合]
        for j in range(k):                                     #初始化为空列表
            clusters[j] = []

        for sample in data:                                    #遍历每个样本
            distances = []                  #计算该样本到每个聚类中心的距离 (只会有 k 个元素)
            for c in centers:                                  #遍历每个聚类中心
                #添加该样本点到聚类中心的距离
                distances.append(distance(sample, centers[c]))
```

```
            idx = np.argmin(distances)              #最小距离的索引
            clusters[idx].append(sample)            #将该样本添加到第 idx 个聚类中心

        pre_centers = centers.copy()                #记录之前的聚类中心点

        for c in clusters.keys():
            #重新计算中心点(计算该聚类中心的所有样本的均值)
            centers[c] = np.mean(clusters[c], axis=0)

        is_convergent = True
        for c in centers:
            if distance(pre_centers[c], centers[c]) > 1e-8:  #中心点是否变化
                is_convergent = False
                break
        if is_convergent == True:
            #如果新旧聚类中心不变,则迭代停止
            break
    return centers, clusters

def predict(p_data, centers):                       #预测新样本点所在的类
    #计算 p_data 到每个聚类中心的距离,然后返回距离最小所在的聚类
    distances = [distance(p_data, centers[c]) for c in centers]
    return np.argmin(distances)
```

5.2 主成分分析

在一些应用场景中，需要处理的数据的特征维度非常高。以图像为例，对于高和宽都为100px的图像，如果将所有像素拼接起来成为一个向量，这个向量的维度为10 000。一般情况下，数据的各个指标之间存在着一定的相关性，从而增加了问题分析的复杂性，并且直接利用这些指标构建机器学习模型会显著降低运算效率。如果分别对数据的每个指标进行分析，由于分析通常是孤立的，不能完全利用数据中的信息，因此盲目减少指标会损失较多有用的信息，从而产生错误的结论。

因此，在减少需要分析的指标同时，尽量减少原指标所包含信息的损失，使得样本数据能够达到全面分析问题的目的。由于各变量之间存在一定的相关关系，因此可以将关系紧密的变量变成尽可能少的新变量，使这些新变量是两两不相关的，那么就可以用较少的综合指标分别代表存在于各个变量中的各类信息。主成分分析(Principal Component Analysis，PCA)就是达到这种目的的方法之一。

5.2.1 主成分分析原理

主成分分析属于典型的数据降维方法，降维是一种对高维度数据进行预处理的方法。即将高维度数据保留下最重要的一些特征，去除数据噪声与不重要的特征，从而实现提升数据处理速度的目的。例如，对于图像数据，要求保持视觉对象区域构成的空间分布；对于文本数据，要求保持文本之间的(共现)相似或不相似的特性。在实际的生产和应用中，降维在

一定的信息损失范围内，可以节省大量的时间和成本。在介绍主成分分析之前，先回顾相关的数学知识，包括方差、协方差、相关系数。

1. 方差

方差描述了样本数据的波动程度，当数据分布比较分散（即数据在平均值附近波动比较大）时，方差就大，反之则小。方差等于各个数据与样本均值之差的平方和的平均数，假设有 n 个数据，记为 $X=\{x_i\}(i=1,2,\cdots,n)$，那么样本方差（sample variance）为

$$\mathrm{var}(X)=\frac{1}{n-1}\sum_{i=1}^{n}(x_i-u)^2$$

其中，u 是样本均值，$u=(\sum_{i=1}^{n}x_i)/n$。上述样本方差公式里分母为 $n-1$ 的目的是让对方差的估计是无偏估计。

2. 协方差

协方差用于衡量两个变量之间的相关度，方差是协方差的一种特例，即当两个变量是相同情况。假设有两个变量，观察到不同时刻两个变量的取值，记作 $(X,Y)=\{(x_i,y_i)|i=1,\cdots,n\}$，那么两个变量的协方差为

$$\mathrm{cov}(X,Y)=\frac{1}{n-1}\sum_{i=1}^{n}(x_i-E(X))(y_i-E(Y))$$

其中，$E(X)$ 与 $E(Y)$ 分别表示 X 和 Y 的样本均值，分别定义为

$$E(X)=\frac{1}{n}\sum_{i=1}^{n}x_i,E(Y)=\frac{1}{n}\sum_{i=1}^{n}y_i$$

表 5.5 给出了一组身高（X）与体重（Y）方差与协方差的例子。

表 5.5　方差与协方差的计算例子（无偏估计）

	身高 X/cm	体重 Y/500g	$X-E(X)$	$Y-E(Y)$	$[X-E(X)][Y-E(Y)]$
1	152	92	−19.4	−39.7	770.2
2	185	162	13.6	30.3	412.1
3	169	125	−2.4	−6.7	16.1
4	172	118	0.6	−13.7	−8.2
5	174	122	2.6	−9.7	−25.2
6	168	135	−3.4	3.3	−11.2
7	180	168	8.6	36.3	312.2
	$E(X)=171.4$	$E(Y)=131.7$	$\mathrm{var}(X)=94.2$	$\mathrm{var}(Y)=592.8$	$\mathrm{cov}(X,Y)=209.4$

对于一组二维变量（例如，身高-体重、广告投入-商品销售、天气状况-旅行计划等），可通过计算它们之间的协方差值来判断这组数据给出的二维变量是否存在关联关系。

当协方差 $\mathrm{cov}(X,Y)>0$ 时，则 X 与 Y 正相关。

当协方差 $\mathrm{cov}(X,Y)<0$ 时，则 X 与 Y 负相关。

当协方差 $\mathrm{cov}(X,Y)=0$ 时，则 X 与 Y 不相关。

从表 5.5 中可以看出，身高较高的体重一般会比较大，同样，体重大的身高一般也比较

高，得到的结果也是正相关的，计算出来的结果也非常符合直觉认知。

3. 相关系数

由于协方差计算的结果会受到变量取值尺度的影响，而皮尔逊相关系数(Pearson Correlation Coefficient)通过将两组变量之间的关联度规范到一定取值范围内很好地解决了这个问题。它的定义方式如下：

$$\mathrm{corr}(X,Y)=\frac{\mathrm{cov}(X,Y)}{\sqrt{\mathrm{var}(X)\mathrm{var}(Y)}}=\frac{\mathrm{cov}(X,Y)}{\sigma_x\sigma_y}$$

其中，σ_x 与 σ_y 分别表示 X 与 Y 的标准差。

根据施瓦茨不等式可以得到皮尔逊相关系数的性质如下：

$$|\mathrm{corr}(X,Y)|\leqslant 1$$

当 $\mathrm{corr}(X,Y)=1$ 时，说明两个随机变量完全正相关，即满足 $Y=aX+b, a>0$。考虑 $\mathrm{corr}(X,X)$，两个随机变量相同，一定满足线性关系，此时，$\mathrm{cov}(X,X)=\mathrm{var}(X)$，容易得到 $\mathrm{corr}(X,Y)=1$。当 $\mathrm{corr}(X,Y)=-1$ 时，说明两个随机变量完全负相关，即满足 $Y=-aX+b$，$a>0$。而当 $0<|\mathrm{corr}(X,Y)|<1$ 时，说明两个随机变量之间存在一定的线性关系。其中，正相关即表示变量 X 增加的情况下，变量 Y 也随之增加；而负相关表示变量 X 减少的情况下，变量 Y 随之增加。以表 5.5 为例，身高体重的相关系数为 $\mathrm{corr}(X,Y)=209.4/(9.7\times 24.3)=0.888$。

从上述定义可以看出，皮尔逊相关系数具有对称的属性，即：

$$\mathrm{corr}(X,Y)=\mathrm{corr}(Y,X)$$

由上述定义可以得出如下性质：皮尔逊相关系数描述了两个变量的线性相关程度，如果 $|\mathrm{corr}(X,Y)|$ 的取值越大，则两者之间存在相关程度较大的线性关系。而当 $|\mathrm{corr}(X,Y)|=0$ 时，表示两者之间不存在线性关系，但不是没有关系，可能存在其他非线性关系。

4. 主成分分析

回到特征降维，降维需要尽可能将数据向方差最大的方向进行投影，使得数据所包含的信息丢失尽可能少，且保留最主要的特征成分，从而增加特征的判别性。如图 5.2(a)所示，这些二维数据向一维空间投影时，向 y 方向投影明显比向 x 方向投影的降维意义更大，因为在 y 方向的特征具有更大的方差，从而使得特征具有更强的判别性；而图 5.2(b)则往黑线方向投影效果更好。这些投影方式更好地保留了未降维之前数据的离散程度。

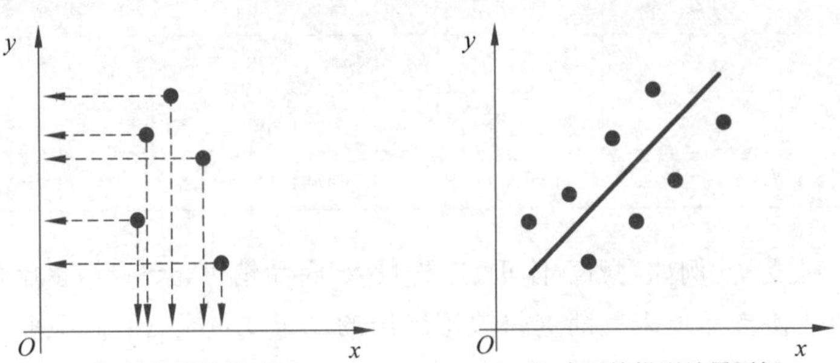

(a) 向y轴投影效果更好　　(b) 向黑线投影效果更好

图 5.2　PCA 降维示意图

主成分分析的思想是将 d 维特征数据映射到 l 维空间(一般 $d\gg l$)，这 l 维是全新的正交特征也被称为主成分，是在原始 d 维特征数据的基础上重新构造的 l 维特征。主成分分析的主要工作是将原始数据向这些数据方差最大的方向进行投影，一旦发现了方差最大的投影方向，则继续寻找保持方差第二的方向投影，以此类推，得到 d 个投影方向。其中，大部分方差都包含在前 l 个投影方向中，后面的投影方向所包含的方差几乎为 0。于是，忽略余下的投影方向，只保留前面 l 个含有绝大部分方差的投影方向。事实上，这相当于只保留包含绝大部分方差的维度特征，而忽略包含方差几乎为 0 的特征维度，实现对数据特征的降维处理。

5.2.2　主成分分析降维方法

假设 n 个 d 维样本数据构成的数据集合为$\{x_1,x_2,\cdots,x_n\}$，$x_i \in \mathbf{R}^d$。将该集合表示成矩阵，则有 $\boldsymbol{X}\in \mathbf{R}^{n\times d}$。假设数据均已进行了中心化$\left(即\sum_i x_i=0，因此处理后的样本均值为0\right)$。给定数据的特征向量 x_i，通过主成分分析求解得到投影矩阵 $\boldsymbol{W}\in \mathbf{R}^{d\times l}$，将特征向量映射到 l 维空间。所有降维后的特征可以表示为 $\boldsymbol{Y}=\boldsymbol{XW}$，其中，$\boldsymbol{Y}\in \mathbf{R}^{n\times l}$ 表示降维后的结果，$\boldsymbol{X}\in \mathbf{R}^{n\times d}$ 为原始数据的特征。

由前文描述可知，降维的目标是将数据往方差最大的方向投影。因此，首先需要计算降维后数据特征 $\boldsymbol{Y}\in \mathbf{R}^{n\times l}$ 的方差：

$$
\begin{aligned}
\operatorname{var}(\boldsymbol{Y}) &= \frac{1}{n-1}\sum_{i=1}^{n}(y_i-u_y)^2 \\
&= \frac{1}{n-1}\sum_{i=1}^{n} y_i^2 \\
&= \frac{1}{n-1}\operatorname{tr}(\boldsymbol{Y}^{\mathrm{T}}\boldsymbol{Y}) \\
&= \frac{1}{n-1}\operatorname{tr}(\boldsymbol{W}^{\mathrm{T}}\boldsymbol{X}^{\mathrm{T}}\boldsymbol{XW}) \\
&= \operatorname{tr}\left(\boldsymbol{W}^{\mathrm{T}}\frac{1}{n-1}\boldsymbol{X}^{\mathrm{T}}\boldsymbol{XW}\right)
\end{aligned}
$$

其中，tr 表示矩阵的迹，迹表示方阵的主对角线上各个元素的总和。u_y 表示降维后特征集合$\{y_1,y_2,\cdots,y_n\}$的均值，即 $u_y=\left(\sum_i y_i\right)\Big/ n$。而降维前 n 个 d 维样本数据 $\boldsymbol{X}$ 的协方差矩阵为

$$
\boldsymbol{\Sigma}=\frac{1}{n-1}\boldsymbol{X}^{\mathrm{T}}\boldsymbol{X}
$$

因此主成分分析的目标函数为

$$
\begin{gathered}
\max_{W}\operatorname{tr}(\boldsymbol{W}^{\mathrm{T}}\boldsymbol{\Sigma W}) \\
\text{s.t. } \boldsymbol{W}^{\mathrm{T}}\boldsymbol{W}=\boldsymbol{I}
\end{gathered}
$$

其中，$\boldsymbol{I}$ 表示单位矩阵，该约束条件表明投影矩阵 $\boldsymbol{W}$ 由一组标准正交基$\{w_1,w_2,\cdots,w_l\}$组成，即 $w_i^{\mathrm{T}}w_i=1$，$w_i^{\mathrm{T}}w_j=0$。求解该带有约束的目标函数可以通过拉格朗日乘子法将其转换为无约束最优化问题：

$$
L(\boldsymbol{W},\lambda)=\operatorname{tr}(\boldsymbol{W}^{\mathrm{T}}\boldsymbol{\Sigma W})-\lambda(\boldsymbol{W}^{\mathrm{T}}\boldsymbol{W}-\boldsymbol{I})
$$

其中，λ 表示拉格朗日乘子。通过对上式中的变量 $\boldsymbol{W}$ 进行求导并令导数为 0：

$$\frac{\partial L(\boldsymbol{W},\lambda)}{\partial W}=\boldsymbol{\Sigma W}-\lambda \boldsymbol{W}=0$$

$$\Leftrightarrow \boldsymbol{\Sigma W}=\lambda \boldsymbol{W}$$

于是，只需要对协方差矩阵 $\boldsymbol{\Sigma}$ 进行特征值分解，将计算得到的特征值排序：$\lambda_1 \geqslant \lambda_2 \geqslant \cdots \geqslant \lambda_d$，在此基础上取前 l 个最大特征值对应的特征向量构成投影矩阵 $\boldsymbol{W}=(w_1,w_2,\cdots,w_l)$。从而得到主成分分析的解。

算法 5.1 主成分分析算法

输入：n 个 d 维样本集合 $\{x_1,x_2,\cdots,x_n\}$ 所构成的矩阵 $\boldsymbol{X}$，降维空间维度 l

输出：投影矩阵 $\boldsymbol{W}=(w_1,w_2,\cdots,w_l)$

过程：

(1) 对每个样本数据 x_i 进行中心化处理：$x_i=x_i-(\sum_i x_i)/n$。

(2) 计算原始样本的协方差矩阵：$\boldsymbol{\Sigma}=\frac{1}{n-1}\boldsymbol{X}^{\mathrm{T}}\boldsymbol{X}$。

(3) 对协方差矩阵 $\boldsymbol{\Sigma}$ 进行特征值分解，并将特征值进行排序：$\lambda_1 \geqslant \lambda_2 \geqslant \cdots \geqslant \lambda_d$。

(4) 取前 l 个最大的特征值所对应的特征向量 $w_1,w_2,\cdots,w_l$ 构成投影矩阵。

降维后的低维空间的维度 l 一般由用户指定，或者通过交叉验证的方式选取较好的 l 值。此外，还可以设置主成分贡献率 t 的方式来选取合适的 l 值，当设定一个固定的主成分贡献率时需要满足下式成立的最小 l 值：

$$\frac{\sum_{i=1}^{l}\lambda_i}{\sum_{i=1}^{d}\lambda_i}\geqslant t$$

显然，低维空间的特征与原始高维空间的特征并不相同，这是因为对应于 $d-l$ 个特征值所对应的特征向量被舍弃了，这必然会造成特征信息的部分丢失。然而，这部分信息的丢失是必要的：这是由于丢失的这部分信息使样本的采样密度增大，这正是降维的重要动机。此外，被舍弃的这部分样本信息往往与噪声相关，将它们舍弃能起到一定降噪的作用。

例 5.2 已知样本总体 $\boldsymbol{X}=(x_1,x_2,x_3)^{\mathrm{T}}$ 的协方差矩阵为

$$\boldsymbol{\Sigma}=\begin{pmatrix} 2 & 2 & -2 \\ 2 & 5 & -4 \\ -2 & -4 & 5 \end{pmatrix}$$

求 $\boldsymbol{X}$ 的主成分分析的投影矩阵以及各主成分的贡献率。

解：

第一步：求解协方差矩阵 Σ 的特征值。

$$|\lambda \boldsymbol{I}-\boldsymbol{\Sigma}|=\begin{vmatrix} \lambda-2 & -2 & 2 \\ -2 & \lambda-5 & 4 \\ 2 & 4 & \lambda-5 \end{vmatrix}=(\lambda-1)^2(\lambda-10)=0$$

$$\Rightarrow \lambda_1=10,\lambda_2=\lambda_3=1$$

第二步：求解协方差矩阵的特征向量。

当 $\lambda_1=10$ 时，由 $\begin{pmatrix}10-2 & -2 & 2\\ -2 & 10-5 & 4\\ 2 & 4 & 10-5\end{pmatrix}\begin{pmatrix}x_1\\ x_2\\ x_3\end{pmatrix}=\begin{pmatrix}0\\ 0\\ 0\end{pmatrix}$，解得 $\begin{cases}x_1=-\dfrac{1}{2}x_3\\ x_2=-x_3\end{cases}$，取自由变量 $x_3=1$，从而得到当 $\lambda_1=10$ 时的一个特征向量为 $\alpha_1=\left(-\dfrac{1}{2},-1,1\right)^{\mathrm{T}}$。

同理，可以得到当 $\lambda_2=\lambda_3=1$ 时的特征向量分别为

$$\alpha_2=(0,1,1)^{\mathrm{T}},\alpha_3=\left(1,-\frac{1}{2},0\right)^{\mathrm{T}}$$

第三步：对特征向量进行正交标准化得到。

正交化：

$$\beta_1=\alpha_1=\left(-\frac{1}{2},-1,1\right)^{\mathrm{T}}$$

$$\beta_2=\alpha_2-\frac{[\alpha_1,\beta_1]}{\|\beta_1\|^2}\beta_1=(0,1,1)^{\mathrm{T}}-0\times\left(-\frac{1}{2},-1,1\right)^{\mathrm{T}}=(0,1,1)^{\mathrm{T}}$$

$$\beta_3=\alpha_3-\frac{[\alpha_3,\beta_1]}{\|\beta_1\|^2}\beta_1-\frac{[\alpha_3,\beta_2]}{\|\beta_2\|^2}\beta_2=\left(1,-\frac{1}{2},0\right)^{\mathrm{T}}-0\times\left(-\frac{1}{2},-1,1\right)^{\mathrm{T}}-\left(-\frac{1}{4}\right)\times(0,1,1)^{\mathrm{T}}$$

$$=\left(1,-\frac{1}{4},\frac{1}{4}\right)^{\mathrm{T}}$$

标准化：

$$e_1=\frac{\beta_1}{\|\beta_1\|}=\frac{2}{3}\times\left(-\frac{1}{2},-1,1\right)^{\mathrm{T}}=\left(-\frac{1}{3},-\frac{2}{3},\frac{2}{3}\right)^{\mathrm{T}}$$

$$e_2=\frac{\beta_2}{\|\beta_2\|}=\frac{1}{\sqrt{2}}\times(0,1,1)^{\mathrm{T}}=\left(0,\frac{\sqrt{2}}{2},\frac{\sqrt{2}}{2}\right)^{\mathrm{T}}$$

$$e_3=\frac{\beta_3}{\|\beta_3\|}=\frac{4}{3\sqrt{2}}\times\left(1,-\frac{1}{4},\frac{1}{4}\right)^{\mathrm{T}}=\left(\frac{2\sqrt{2}}{3},-\frac{\sqrt{2}}{6},\frac{\sqrt{2}}{6}\right)^{\mathrm{T}}$$

第四步：得到总体 $\boldsymbol{X}$ 的主成分分析的投影矩阵 $\boldsymbol{W}$ 为

$$\boldsymbol{W}=\begin{pmatrix}-\dfrac{1}{3} & 0 & \dfrac{2\sqrt{2}}{3}\\ -\dfrac{2}{3} & \dfrac{\sqrt{2}}{2} & -\dfrac{\sqrt{2}}{6}\\ \dfrac{2}{3} & \dfrac{\sqrt{2}}{2} & \dfrac{\sqrt{2}}{6}\end{pmatrix}$$

第五步：第一主成分的贡献率为

$$\frac{\lambda_1}{\lambda_1+\lambda_2+\lambda_3}=\frac{10}{12}=83.333\%$$

第一、第二主成分的贡献率为

$$\frac{\lambda_1+\lambda_2}{\lambda_1+\lambda_2+\lambda_3}=\frac{11}{12}=91.667\%$$

可以看出，若使用前两个主成分对原始特征进行投影，则信息损失为 8.333%，可以很好地保留大部分特征信息。

5.2.3 主成分分析特点

利用主成分分析降维满足两大准则：最近重构性与最大可分性。最近重构性保证了重构后的点距离原始点的误差之和最小，而最大可分性保证了样本在低维空间的投影尽可能地分开。主成分分析在众多领域有着广泛的应用，例如，高维数据集的探索与可视化、数据压缩、数据预处理、图像语音通信的分析处理、去除数据冗余与噪声等。

通过使用主成分分析对数据特征进行降维可以使原始数据集更容易使用，从而显著提升算法模型的效率。通过使用主成分分析对高维数据进行可视化可以使得结果具有一定的可解释性，使其更容易理解。并且从上述推导过程中可以看出，主成分分析属于无参数模型，没有参数的限制使其具有更好的通用性。

然而，如果用户对观测对象有一定的先验知识，掌握了数据的一些特性，却无法通过参数化等方法对处理过程进行干预，可能会得不到预期的效果，效率也不高。并且主成分分析中的特征值分解也有一定的局限性，如变换的矩阵必须是方阵。此外，在非高斯分布的前提下，主成分分析得到的主成分可能不一定是最优的。

5.2.4 主成分分析的 Python 实现

```
import numpy as np
from sklearn import datasets
import matplotlib.pyplot as plt
import matplotlib.cm as cmx
import matplotlib.colors as colors

class PCA():
    def calculate_covariance_matrix(self, X, Y=None):
        #计算协方差矩阵
        m = X.shape[0]
        X = X - np.mean(X, axis=0)
        Y = X if Y == None else Y - np.mean(Y, axis=0)
        return 1 / m * np.matmul(X.T, Y)

    def transform(self, X, n_components):
        #设 n=X.shape[1],将 n 维数据降维成 n_component 维

        covariance_matrix = self.calculate_covariance_matrix(X)

        #获取特征值和特征向量
        eigenvalues, eigenvectors = np.linalg.eig(covariance_matrix)

        #对特征向量排序,并取最大的前 n_component 组
        idx = eigenvalues.argsort()[::-1]
        eigenvectors = eigenvectors[:, idx]
        eigenvectors = eigenvectors[:, :n_components]

        #转换
```

```
        return np.matmul(X, eigenvectors)

#主函数
def main():
    #演示如何将数据的维度降到二维并且可视化这些数据
    #加载数据集
    data = datasets.load_digits()
    X = data.data
    y = data.target

    #将数据投影到前两个主成分上
    X_trans = PCA().transform(X, 2)

    x1 = X_trans[:, 0]
    x2 = X_trans[:, 1]

    cmap = plt.get_cmap('viridis')
    colors = [cmap(i) for i in np.linspace(0, 1, len(np.unique(y)))]

    class_distr = []
    #绘制不同类别的分布
    for i, l in enumerate(np.unique(y)):
        _x1 = x1[y == l]
        _x2 = x2[y == l]
        _y = y[y == l]
        class_distr.append(plt.scatter(_x1, _x2, color=colors[i]))

    #增加图例
    plt.legend(class_distr, y, loc=1)

    #坐标标签
    plt.suptitle("PCA Dimensionality Reduction")
    plt.title("Digit Dataset")
    plt.xlabel('Principal Component 1')
    plt.ylabel('Principal Component 2')
    plt.show()

if __name__ == "__main__":
    main()
```

5.3 特征脸方法

特征脸方法就是将 PCA 方法应用到人脸识别中，将人脸图像看成原始数据集，使用 PCA 方法对其进行处理和降维，得到"主成分"——特征脸，然后每个人脸都可以用特征脸的组合进行表示。这种方法的核心思想是认为同一类事物必然存在相同特性(主成分)，通过将同一目标(人脸图像)的特性寻找出来，就可以用来区分不同的事物了。人脸识别本质是一个分类的问题，将不同的人脸区分开来。

5.3.1 特征脸原理

特征脸(Eigenface)是指用于机器视觉领域中的人脸识别问题的一组特征向量。使用特征脸进行人脸识别的方法首先由 Sirovich and Kirby (1987)提出，并由 Matthew Turk 和 Alex Pentland 用于人脸分类。该方法被认为是第一种有效的人脸识别方法。这些特征向量是从高维矢量空间的人脸图像的协方差矩阵计算而来。

特征脸是基于外观的人脸识别方法，其目的是捕捉人脸图像集合中的特征信息，并使用该信息对各个人脸进行编码与比较。特征人脸包括各个人脸图像中的眼睛、鼻子和嘴唇各种面部信息，即与人的直觉相符的信息。因此，特征人脸就可以通过少量特征来表达原始面部图像，从而减少计算和空间复杂度。

假设有 n 张灰度人脸图像，每张人脸图像的分辨率为 $d\times d$，因此每张人脸图像在计算机中可以表示为一个 $d\times d$ 的像素矩阵，通过铺平这些像素矩阵，可以将一幅图像转换为 d^2 维的向量，如图 5.3 所示。该向量表示原始灰度图像的表达，由于人脸图像中具有一定的拓扑结构，即像素点之间具有较强的位置空间关系，因此可以使用一个低维向量表达原始图像中的大部分信息，而降维是实现该问题的最好办法。

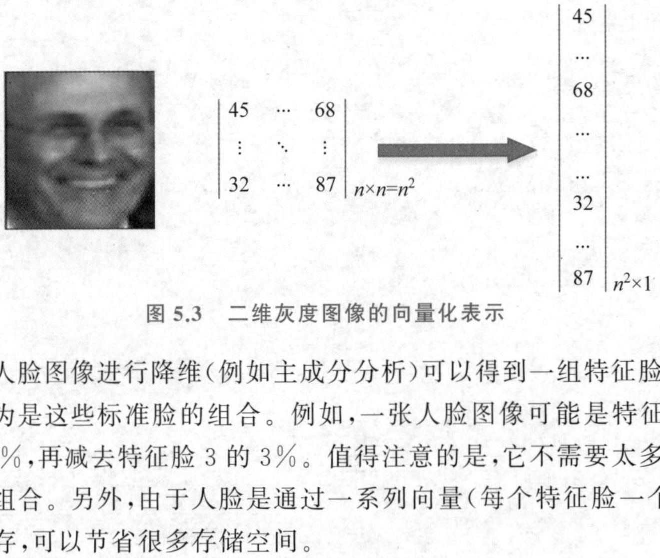

图 5.3　二维灰度图像的向量化表示

通过对不同人脸图像进行降维(例如主成分分析)可以得到一组特征脸。任意一张人脸图像都可以被认为是这些标准脸的组合。例如，一张人脸图像可能是特征脸 1 的 10%，加上特征脸 2 的 55%，再减去特征脸 3 的 3%。值得注意的是，它不需要太多的特征脸来获得大多数脸的近似组合。另外，由于人脸是通过一系列向量(每个特征脸一个比例值)而不是数字图像进行保存，可以节省很多存储空间。

5.3.2 奇异值分解

在介绍特征脸方法之前，需要说明的是，由于利用图像像素向量构成的协方差矩阵维度较高，直接求解特征向量会显著降低计算的效率并且增加存储复杂度。因此，特征脸方法利用另一种方式实现主成分分析，即奇异值分解(Singular Value Decomposition，SVD)。

奇异值分解可以将矩阵 $\boldsymbol{A}$ 分解成三个子矩阵，使其满足 $\boldsymbol{A}=\boldsymbol{UDV}^{\mathrm{T}}$，其中，$\boldsymbol{U}$ 和 $\boldsymbol{V}$ 是酉矩阵(满足 $\boldsymbol{UU}^{\mathrm{T}}=\boldsymbol{VV}^{\mathrm{T}}=\boldsymbol{I}$)，而 $\boldsymbol{D}$ 为对角矩阵，对角线的元素都是正实数。如图 5.4 所示，可以看出，奇异值分解不需要矩阵 $\boldsymbol{A}$ 为方阵。

根据奇异值分解的特点可以推导出：

$$\boldsymbol{AA}^{\mathrm{T}}=\boldsymbol{UDV}^{\mathrm{T}}(\boldsymbol{UDV}^{\mathrm{T}})^{\mathrm{T}}=\boldsymbol{UDV}^{\mathrm{T}}\boldsymbol{VD}^{\mathrm{T}}\boldsymbol{U}^{\mathrm{T}}=\boldsymbol{UDD}^{\mathrm{T}}\boldsymbol{U}^{\mathrm{T}}=\boldsymbol{U\Sigma U}^{\mathrm{T}}$$

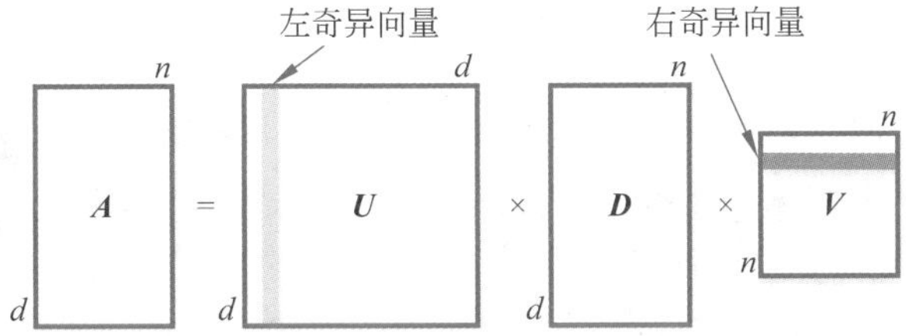

图 5.4　奇异值分解示意图

$$\Rightarrow (\boldsymbol{A}\boldsymbol{A}^{\mathrm{T}})\boldsymbol{U}=\boldsymbol{U}\boldsymbol{\Sigma}$$

因此，矩阵 $\boldsymbol{U}$ 为矩阵 $\boldsymbol{A}\boldsymbol{A}^{\mathrm{T}}$ 所有特征向量构成的矩阵，同理可以得出矩阵 $\boldsymbol{V}$ 为矩阵 $\boldsymbol{A}^{\mathrm{T}}\boldsymbol{A}$ 所有特征向量构成的矩阵。而矩阵 $\boldsymbol{D}$ 即为矩阵 $\boldsymbol{A}\boldsymbol{A}^{\mathrm{T}}$ 或矩阵 $\boldsymbol{A}^{\mathrm{T}}\boldsymbol{A}$ 的所有特征值开根号构成的对角矩阵。有趣的是，可以发现：

$$\boldsymbol{U}^{\mathrm{T}}\boldsymbol{A}=\boldsymbol{U}^{\mathrm{T}}\boldsymbol{U}\boldsymbol{D}\boldsymbol{V}=\boldsymbol{D}\boldsymbol{V}^{\mathrm{T}}\Rightarrow u_i^{\mathrm{T}}\boldsymbol{A}=d_i v_i^{\mathrm{T}}$$

所以可以使用 SVD 思想求取矩阵的左奇异向量和特征值，然后得到右奇异向量，针对高维度矩阵求特征值该方法十分有效。

5.3.3　特征脸方法步骤

步骤一：获取包含 n 张人脸图像的集合 $\boldsymbol{S}$。例如，有 32 张不同的人脸图像，如图 5.5 所示，每张图像可以转换成一个 d^2 维的向量 Γ_i，然后把这 n 个向量放到一个集合 $\boldsymbol{S}$ 里，可以得到 $\boldsymbol{S}=\{\Gamma_1,\Gamma_2,\cdots,\Gamma_n\}$。

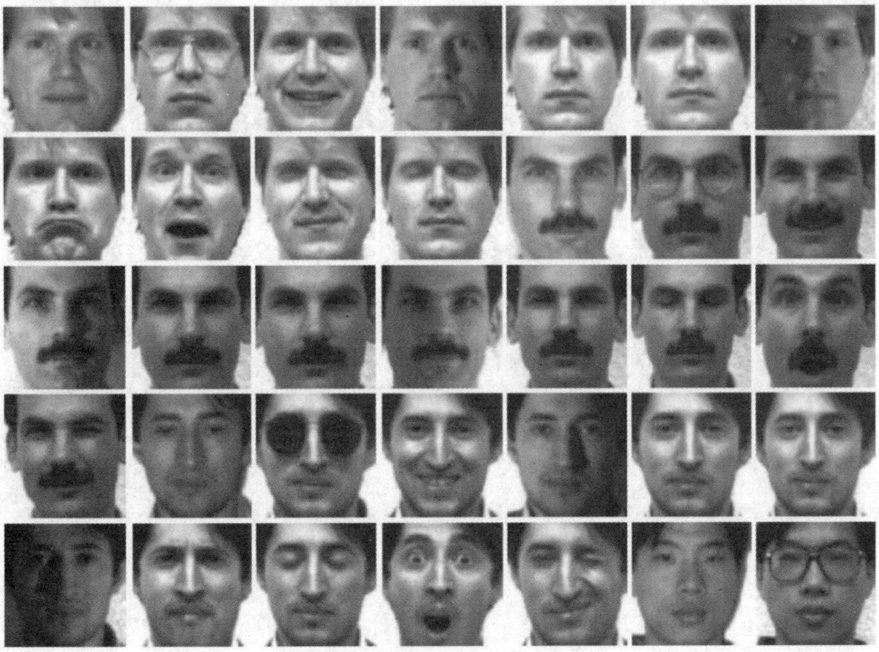

图 5.5　原始灰度人脸图像示意图

步骤二：在获取到人脸向量集合 $\boldsymbol{S}$ 后，计算得到平均脸图像 $\boldsymbol{\Psi}$。通过将集合 $\boldsymbol{S}$ 里面的向量遍历一遍进行累加，然后取平均值得到 $\boldsymbol{\Psi}$：

$$\boldsymbol{\Psi}=\frac{1}{n}\sum_{i=1}^{n}\Gamma_i$$

其中，$\boldsymbol{\Psi}$ 是一个 d^2 维向量，通过将其还原为二维矩阵的形式，可以得到如图 5.6 所示的“平均脸”。

图 5.6 平均脸示意图

步骤三：计算每张图像和平均图像的差值 Φ，也就是用 $\boldsymbol{S}$ 集合里的每个元素减去步骤二中的平均值。

$$\Phi_i=\Gamma_i-\boldsymbol{\Psi}$$

步骤四：通过前三步得到每一张经过中心化处理的人脸向量 Φ_i，并利用这些向量得到一个大小为 $d^2\times n$ 的矩阵：$\boldsymbol{\Phi}=[\Phi_1,\Phi_2,\cdots,\Phi_n]$，如图 5.7 所示。

步骤五：通过将 $\boldsymbol{\Phi}$ 与 $\boldsymbol{\Phi}^{\mathrm{T}}$ 相乘来计算协方差矩阵。而 $\boldsymbol{\Phi}$ 的尺寸为 $d^2\times n$，因此协方差矩阵的维度为 $d^2\times d^2$，这可以计算出 d^2 个 d^2 维特征向量，而一般情况下 $d^2\gg n$，这显然是一个相对耗时且不切实际的方法。所以可以先求取 $\boldsymbol{\Phi\Phi}^{\mathrm{T}}\in\mathbf{R}^{n\times n}$ 来计算协方差矩阵，于是，

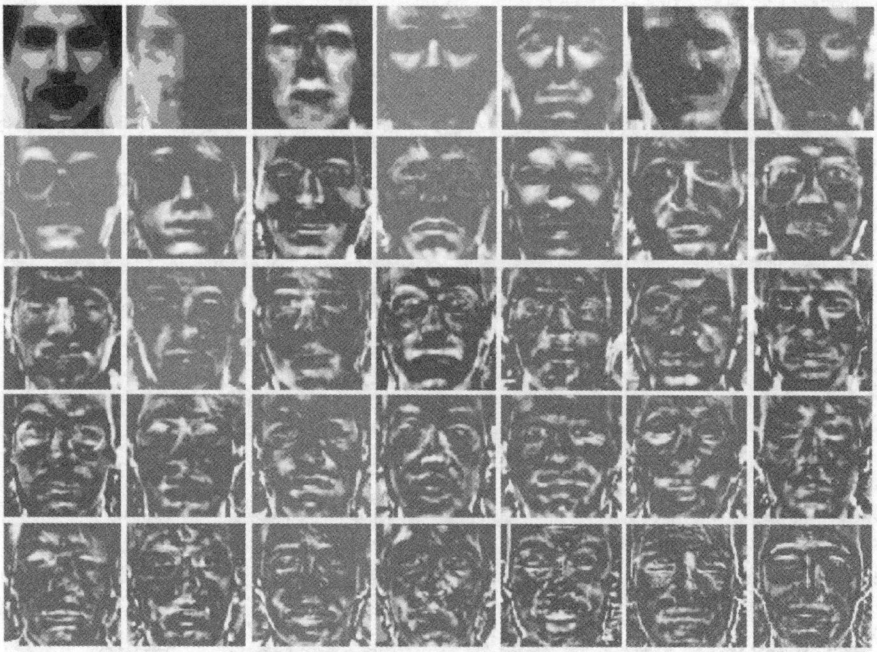

图 5.7 特征脸空间示意图

可以计算 $\boldsymbol{\Phi\Phi}^{\mathrm{T}}$ 的特征值与特征向量：

$$(\boldsymbol{\Phi\Phi}^{\mathrm{T}})\boldsymbol{u}_i=\lambda_i u_i$$

$$\boldsymbol{\Phi}^{\mathrm{T}}\boldsymbol{\Phi}(\boldsymbol{\Phi}^{\mathrm{T}}u_i)=\lambda_i(\Phi^{\mathrm{T}}u_i)$$

可以发现，$\boldsymbol{\Phi}^{\mathrm{T}}u_i$ 是矩阵 $\boldsymbol{\Phi}^{\mathrm{T}}\boldsymbol{\Phi}$ 的特征向量，这样就可以通过先求 $\boldsymbol{\Phi\Phi}^{\mathrm{T}}$ 的特征向量 u_i，从而得到 $\boldsymbol{\Phi}^{\mathrm{T}}\boldsymbol{\Phi}$ 的特征向量 $\boldsymbol{\Phi}^{\mathrm{T}}u_i(1\leqslant i\leqslant n)$，这很好地利用了奇异值分解的特点。这里的每一个特征向量 $\boldsymbol{\Phi}^{\mathrm{T}}\boldsymbol{u}_i$ 就是一个特征脸，而 n 个特征向量 $\boldsymbol{\Phi}^{\mathrm{T}}u_i$ 构成的矩阵记为 $\boldsymbol{V}\in\mathbf{R}^{n\times d^2}$，该矩阵被称为特征脸空间，通过将每一列特征向量转换为二维矩阵，可以得到如图 5.7 所示的可视化特征脸空间。

步骤六：对于步骤三得到的每幅人脸图像 $\Phi_i=\Gamma_i-\boldsymbol{\Psi}(1\leqslant i\leqslant n)$，可以得到 Φ_i 在特征脸空间的表达：

$$\Omega_i=\boldsymbol{V}\Phi_i$$

这里将大小为 $d\times d$ 的 Φ_i 转换成了 n 维的向量，向量中的每个值反映了 Φ_i 对每个特征脸的加权因子。因此可以利用这组向量来表达原始人脸，如图 5.8 所示，对于一张测试人脸图像，可以利用特征脸空间的线性组合对其进行重构。

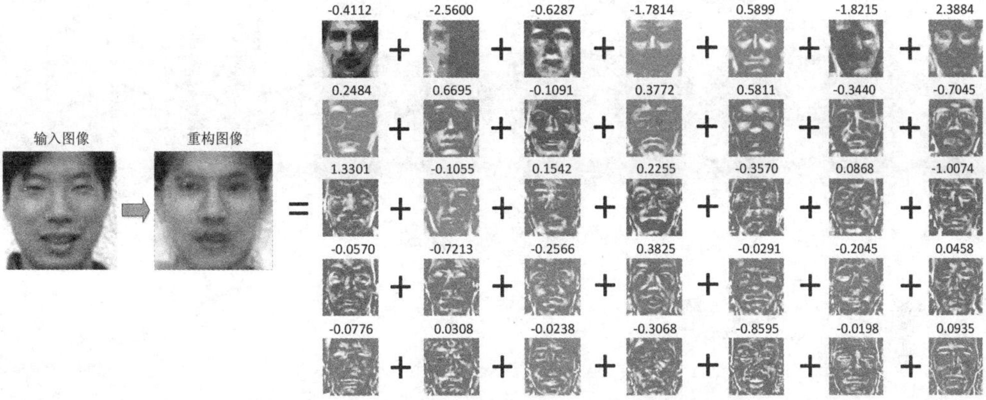

图 5.8　特征脸线性组合重构人脸图像示意图

这样就实现了人脸图像从像素空间到特征脸空间的转换，即特征脸方法。要比较两幅人脸图像是否相似，只需比较在对应的特征脸空间的表达是否相似。

5.3.4　特征脸方法特点

对于特征脸方法，不仅可以重建训练集中的人脸图像，还可以重构训练集以外(out-of-sample)的人脸图像。此外，还可以根据不同应用要求选择不同大小的特征脸个数重构出最合适的人脸图像。从图 5.8 中可以看出，重构的特征脸图像很好地保持了原始人脸图像的全局信息，但是重构的人脸图像无法很好地复原原始图像的细节信息。这表明了主成分分析生成的特征脸只能提取原始图像中的全局信息，无法如非负矩阵分解方法那样提取图像的局部信息。

使用少量的特征脸空间来重构原始人脸图像可以保持人脸的大致轮廓，而人脸细节较为模糊，并且重构的人脸图像都趋于相同；当特征脸空间变大后，人脸细节越来越明显，从而表达人脸图像的多样性也相应地增加，但是运算复杂度逐步增加。如何选择特征脸空间的大小是对重构质量多样性与算法空间时间复杂度的权衡。

此外，要让算法准确识别人脸图像需要保证人脸图像满足：待识别的人脸图像尺寸接近于特征脸中的人脸尺寸，并且待识别人脸图像必须为正面人脸图像。如果不满足这两个条件，人脸识别的错误率会很高。从 PCA 方法的过程可以看出，特征脸识别的方法是以每张人脸的一个维度(可以看出是矩阵的一列)为单位进行处理的，求得的特征向量(特征脸)中包含训练集每个纬度的绝大部分信息。但是若测试集中人脸尺寸不同，那么与特征脸中的维度也就没法对应起来。

5.3.5 特征脸方法的 Python 实现

```
import numpy as np
import cv2
import os

class EigenFace(object):
    def __init__(self,threshold,dimNum,dsize):
        self.threshold = threshold                    #阈值暂未使用
        self.dimNum = dimNum
        self.dsize = dsize

    def loadImg(self,fileName,dsize):
        '''
        载入图像,灰度化处理,统一尺寸,直方图均衡化
        :param fileName: 图像文件名
        :param dsize: 统一尺寸大小。元组形式
        :return: 图像矩阵
        '''
        img = cv2.imread(fileName)
        retImg = cv2.resize(img,dsize)
        retImg = cv2.cvtColor(retImg,cv2.COLOR_RGB2GRAY)
        retImg = cv2.equalizeHist(retImg)
        #cv2.imshow('img',retImg)
        #cv2.waitKey()
        return retImg

    def createImgMat(self,dirName):
        '''
        生成图像样本矩阵,组织形式为行为属性,列为样本
        :param dirName: 包含训练数据集的图像文件夹路径
        :return: 样本矩阵,标签矩阵
        '''
        dataMat = np.zeros((10,1))
        label = []
        for parent,dirnames,filenames in os.walk(dirName):
            #print parent
            #print dirnames
            #print filenames
            index = 0
            for dirname in dirnames:
                  for subParent, subDirName, subFilenames in os.walk(parent+'/'+
dirname):
                    for filename in subFilenames:
                        img = self.loadImg(subParent+'/'+filename,self.dsize)
                        tempImg = np.reshape(img,(-1,1))
                        if index == 0 :
                            dataMat = tempImg
```

```
                else:
                    dataMat = np.column_stack((dataMat,tempImg))
                label.append(subParent+'/'+filename)
                index += 1
        return dataMat,label

    def PCA(self,dataMat,dimNum):
        '''
        PCA 函数,用于数据降维
        :param dataMat: 样本矩阵
        :param dimNum: 降维后的目标维度
        :return: 降维后的样本矩阵和变换矩阵
        '''
        #均值化矩阵
        meanMat = np.mat(np.mean(dataMat,1)).T
        print('平均值矩阵维度',meanMat.shape)
        diffMat = dataMat-meanMat
        #求协方差矩阵,由于样本维度远远大于样本数目,所以不直接求协方差矩阵,采用下面的
        #方法
        covMat = (diffMat.T * diffMat)/float(diffMat.shape[1])  #归一化
        #covMat2 = np.cov(dataMat,bias=True)
        #print('基本方法计算协方差矩阵为',covMat2)
        print('协方差矩阵维度',covMat.shape)
        eigVals, eigVects = np.linalg.eig(np.mat(covMat))
        print('特征向量维度',eigVects.shape)
        print('特征值',eigVals)
        eigVects = diffMat * eigVects
        eigValInd = np.argsort(eigVals)
        eigValInd = eigValInd[::-1]
        eigValInd = eigValInd[:dimNum]  #取出指定个数的前 n 大的特征值
        print('选取的特征值',eigValInd)
        eigVects = eigVects/np.linalg.norm(eigVects,axis=0)  #归一化特征向量
        redEigVects = eigVects[:,eigValInd]
        print('选取的特征向量',redEigVects.shape)
        print('均值矩阵维度',diffMat.shape)
        lowMat = redEigVects.T * diffMat
        print('低维矩阵维度',lowMat.shape)
        return lowMat,redEigVects

    def compare(self,dataMat,testImg,label):
        '''
        比较函数,这里只是用了最简单的欧氏距离比较,还可以使用 KNN 等方法,修改此处即可
        :param dataMat: 样本矩阵
        :param testImg: 测试图像矩阵,最原始形式
        :param label: 标签矩阵
        :return: 与测试图片最相近的图像文件名
        '''
        testImg = cv2.resize(testImg,self.dsize)
        testImg = cv2.cvtColor(testImg,cv2.COLOR_RGB2GRAY)
        testImg = np.reshape(testImg,(-1,1))
```

```
        lowMat,redVects = self.PCA(dataMat,self.dimNum)
        testImg = redVects.T * testImg
        print('检测样本变换后的维度',testImg.shape)
        disList = []
        testVec = np.reshape(testImg,(1,-1))
        for sample in lowMat.T:
            disList.append(np.linalg.norm(testVec-sample))
        print disList
        sortIndex = np.argsort(disList)
        return label[sortIndex[0]]

    def predict(self,dirName,testFileName):
        '''
        预测函数
        :param dirName: 包含训练数据集的文件夹路径
        :param testFileName: 测试图像文件名
        :return: 预测结果
        '''
        testImg = cv2.imread(testFileName)
        dataMat,label = self.createImgMat(dirName)
        print('加载图片标签',label)
        ans = self.compare(dataMat,testImg,label)
        return ans

if __name__ == '__main__':
    eigenface = EigenFace(20,50,(50,50))
    print eigenface.predict('d:/face','D:/face_test/1.bmp')
```

5.4 局部线性嵌入

局部线性嵌入(Locally Linear Embedding,LLE)也是非常重要的降维方法。和传统的主成分分析(PCA)与线性判别分析(LDA)等关注样本方差的降维方法相比,LLE关注于降维时保持样本局部的线性特征,由于LLE在降维时保持了样本的局部特征,它广泛地用于图形图像识别、高维数据可视化等领域。

5.4.1 局部线性嵌入原理

1. 流形学习概述

局部线性嵌入属于流形学习(Manifold Learning)的一种,与主成分分析的线性降维技术不同的是,流形学习是一种非线性降维技术。基于流形学习的降维算法使用非线性函数将原始输入向量 $\boldsymbol{x}$ 映射成更低维的向量 $\boldsymbol{y}$,并且在降维的过程中,低维向量 $\boldsymbol{y}$ 要保持高维向量 $\boldsymbol{x}$ 的一些特征：

$$\boldsymbol{y}=\phi(\boldsymbol{x})$$

流形属于几何中的一个概念,它是高维空间中的几何结构,即空间中的点构成的集合,可以简单地将流形理解为二维空间中的曲线、三维空间中的曲面在更高维空间中的推广。

如图 5.9 所示为三维空间的一个流形，这是一个卷曲面。

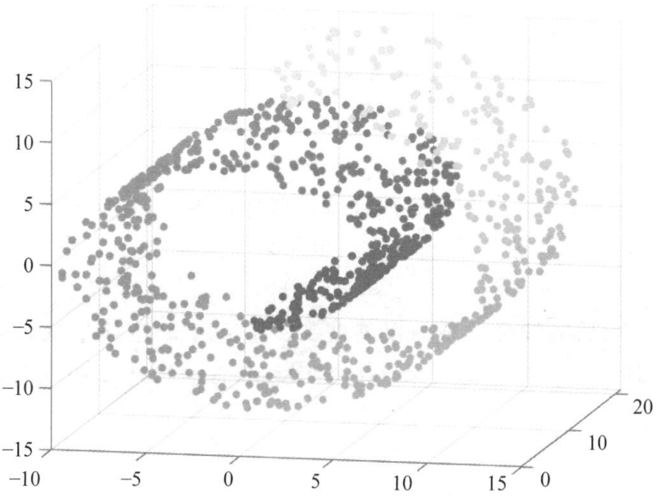

图 5.9　三维空间的一个流形

图 5.9 彩图

很多应用问题的数据在高维空间中的分布具有某种几何形状，即位于一个低维的流形附近。例如，同一个人的人脸图像在高维空间中可能是一个复杂的形状。流形学习假设原始数据在高维空间的分布位于某一更低维的流形上，基于这个假设来进行数据分析。对于流形降维的过程，比较形象的描述如图 5.10 所示，有一块卷起来的布，我们希望将其展开到一个二维平面，同时希望展开后的布能在局部保持原有的结构特征，也就是相当于图 5.10 中所示的两个人将布拉开一样。

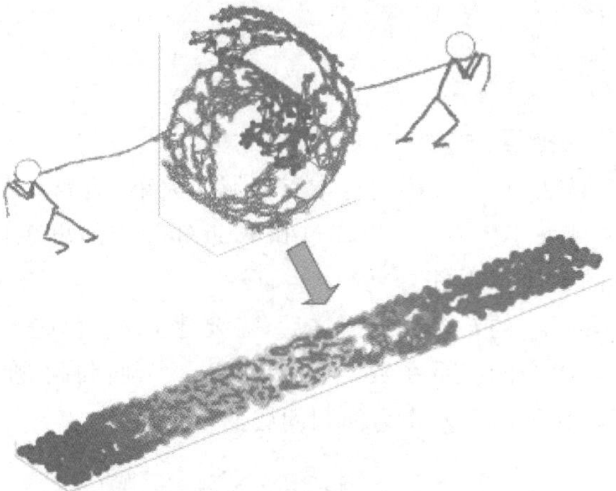

图 5.10　流形降维过程示意图

图 5.10 彩图

在局部保持原始结构的特征，不同的保持方法对应不同的流形算法。例如，等距映射(ISOMAP)算法在降维后希望保持样本之间的测地距离而不是欧氏距离，因为测地距离更能反映样本之间在流形中的真实距离。然而等距映射算法需要找所有样本的全局最优解，当数据量很大、样本维度很高时，计算过程将非常耗时。鉴于这个问题，局部线性嵌入通过放弃所有样本全局最优的降维，通过保证局部最优来降维。同时假设样本集在局部是满足线性关系的，从而进一步减少了降维的计算量。

2. 局部线性嵌入思想

局部线性嵌入首先假设数据在较小的局部是线性的，也就是说，某一个数据可以由它邻域中的几个样本来线性表示。例如，在高维空间有一个样本 x_i，在它的原始高维邻域里用 K-means 聚类算法找到和它最近的三个样本 x_j，x_k，x_l。然后假设 x_i 可以由 x_j，x_k，x_l 线性表示，即：

$$x_i = w_{ij}x_j + w_{ik}x_k + w_{il}x_l$$

其中，w_{ij}，w_{ik}，w_{il} 为权重系数。在通过局部线性嵌入降维后，我们希望 x_i 在低维空间对应的投影 x_i' 和 x_j，x_k，x_l 对应的投影 x_j'，x_k'，x_l' 也尽量保持同样的线性关系，即：

$$x_i' \approx w_{ij}x_j' + w_{ik}x_k' + w_{il}x_l'$$

也就是说，降维前后的线性关系的权重系数 w_{ij}，w_{ik}，w_{il} 应该尽量保持不变或者改变量非常小，如图 5.11 所示。

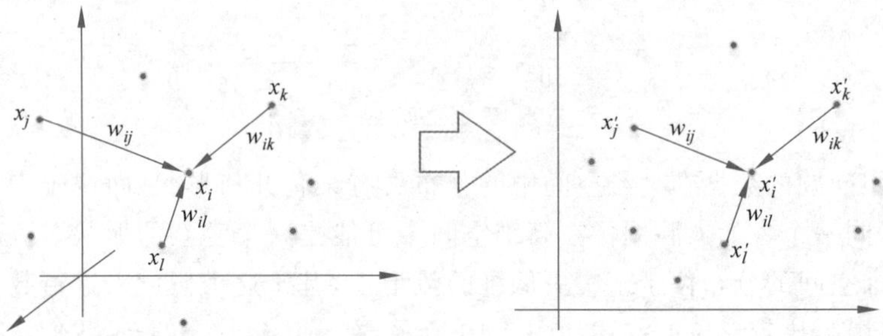

图 5.11 局部线性嵌入示意图

从上面可以看出，线性关系只在样本的附近起作用，离样本远的样本对局部的线性关系没有影响，因此降维的复杂度显著降低。

5.4.2 局部线性嵌入算法

1. 局部线性嵌入算法推导

对于局部线性嵌入算法，首先要确定样本点邻域的大小，即需要多少个邻域样本来线性表示某个样本。假设领域大小为 k。可以通过和 K 近邻一样的思想通过距离度量（例如欧氏距离）来选择某样本的 k 个最近邻。

在寻找到某个样本的 x_i 的 k 个最近邻之后，需要建立 x_i 和这 k 个最近邻之间的线性关系，也就是要找到线性组合的权重系数，这显然属于一个回归问题。假设有 m 个 n 维样本$\{x_1, x_2, \cdots, x_m\}$，可以利用均方差作为回归问题的目标函数：

$$J(w) = \sum_{i=1}^{m} \left\| \boldsymbol{x}_i - \sum_{j \in Q(i)} w_{ij}\boldsymbol{x}_j \right\|_2^2$$

其中，$Q(i)$表示 i 的 k 个近邻样本集合。针对权重系数 w_{ij}，一般需要做归一化的处理，即权重系数需要满足：

$$\sum_{j \in Q(i)} w_{ij} = 1$$

对于不在样本 x_i 邻域内的样本 x_j，令对应的 $w_{ij}=0$，从而可以把 w 扩展到整个数据集的维度。

通过上面两个公式来求解权重系数，利用矩阵和拉格朗日乘子法来求解这个问题，对于

目标函数 $J(w)$，首先将其矩阵化：

$$\begin{aligned} J(w) &= \sum_{i=1}^{m} \left\| x_i - \sum_{j\in Q(i)} w_{ij} x_j \right\|_2^2 \\ &= \sum_{i=1}^{m} \left\| \sum_{j\in Q(i)} w_{ij} x_i - \sum_{j\in Q(i)} w_{ij} x_j \right\|_2^2 \\ &= \sum_{i=1}^{m} \left\| \sum_{j\in Q(i)} w_{ij} (x_i - x_j) \right\|_2^2 \\ &= \sum_{i=1}^{m} \boldsymbol{W}_i^{\mathrm{T}} (x_i - x_j)(x_i - x_j)^{\mathrm{T}} \boldsymbol{W}_i \end{aligned}$$

其中，$\boldsymbol{W}_i = (w_{i1}, w_{i2}, \cdots, w_{ik})^{\mathrm{T}}$。

令矩阵 $\boldsymbol{Z}_i = (x_i - x_j)(x_i - x_j)^{\mathrm{T}}, j \in Q(i)$，则目标函数进一步简化为 $J(\boldsymbol{W}) = \sum_{i=1}^{k} \boldsymbol{W}_i^{\mathrm{T}} \boldsymbol{Z}_i \boldsymbol{W}_i$，而限制条件 $\sum_{j\in Q(i)} \boldsymbol{w}_{ij} = 1$ 可以转换为 $\boldsymbol{W}_i^{\mathrm{T}} \boldsymbol{1}_k = 1$，其中，$\boldsymbol{1}_k$ 表示 k 维全 1 向量。

接下来利用拉格朗日乘子法将目标函数转换为：

$$L(\boldsymbol{W}) = \sum_{i=1}^{k} \boldsymbol{W}_i^{\mathrm{T}} \boldsymbol{Z}_i \boldsymbol{W}_i + \lambda (\boldsymbol{W}_i^{\mathrm{T}} \boldsymbol{1}_k - 1)$$

通过对 $\boldsymbol{W}$ 进行求导并令其值为 0，可以得到：

$$\begin{aligned} & 2\boldsymbol{Z}_i \boldsymbol{W}_i + \lambda \boldsymbol{1}_k = 0 \\ & \Rightarrow \boldsymbol{W}_i = \lambda' \boldsymbol{Z}^{-1} \boldsymbol{1}_k \end{aligned}$$

其中，$\lambda' = -\frac{1}{2}\lambda$ 为一个常数。利用 $\boldsymbol{W}_i^{\mathrm{T}} \boldsymbol{1}_k = 1$ 对 $\boldsymbol{W}_i$ 归一化，可以得到最终的权重系数 $\boldsymbol{W}_i$ 为

$$\boldsymbol{W}_i = \frac{\boldsymbol{Z}_i^{-1} \boldsymbol{1}_k}{\boldsymbol{1}_k^{\mathrm{T}} \boldsymbol{Z}_i^{-1} \boldsymbol{1}_k}$$

上式中的分母 $\boldsymbol{1}_k^{\mathrm{T}} \boldsymbol{Z}_i^{-1} \boldsymbol{1}_k$ 是为了对 $\boldsymbol{W}_i \in \mathbf{R}^{k\times 1}$ 进行归一化，使得 $\boldsymbol{W}_i$ 各维度之和为 1，所以这里可以忽略系数 λ。

现在得到了高维的权重系数，局部线性嵌入希望这些权重系数对应的线性关系在低维空间同样得到保持。假设 m 维样本集 $\{x_1, x_2, \cdots, x_m\}$ 在降维后的 d 维度对应投影为 $\{y_1, y_2, \cdots, y_m\}$，为了保持线性关系，也就是希望对应的均方差损失函数最小，即最小化如下目标函数：

$$J(y) = \sum_{i=1}^{m} \left\| y_i - \sum_{j=1}^{m} w_{ij} y_j \right\|_2^2$$

可以看出，该公式和高维空间的目标函数几乎相同，唯一的区别是高维空间的目标函数中高维数据已知，目标是求最小值对应的权重系数 $\boldsymbol{W}$；而在低维空间中的权重系数 $\boldsymbol{W}$ 已知，求对应的低维数据。注意，这里的 $\boldsymbol{W}$ 已经是 $m\times m$ 维度，之前的 $\boldsymbol{W}$ 是 $m\times k$ 维度，通过将 $\boldsymbol{W}$ 中那些不在邻域位置值设为 0，将 $\boldsymbol{W}$ 扩充到 $m\times m$ 维度。

为了得到标准化的降维后的数据，需要对目标函数 $J(\boldsymbol{y})$ 施加如下约束。

$$\sum_{i=1}^{m} y_i = 0, \frac{1}{m}\sum_{i=1}^{m} y_i y_i^{\mathrm{T}} = \boldsymbol{I}$$

同样地，将目标函数矩阵化：

$$J(\boldsymbol{Y})=\sum_{i=1}^{m}\left\|y_i-\sum_{j=1}^{m}w_{ij}y_j\right\|_2^2$$
$$=\sum_{i=1}^{m}\|\boldsymbol{YI}_i-\boldsymbol{YW}_i\|_2^2$$
$$=\mathrm{tr}[\boldsymbol{Y}(\boldsymbol{I}-\boldsymbol{W})(\boldsymbol{I}-\boldsymbol{W})^{\mathrm{T}}\boldsymbol{Y}^{\mathrm{T}}]$$

其中，tr(·)表示迹函数。令 $\boldsymbol{M}=(\boldsymbol{I}-\boldsymbol{W})(\boldsymbol{I}-\boldsymbol{W})^{\mathrm{T}}$，则目标函数可以转换为

$$J(\boldsymbol{Y})=\mathrm{tr}(\boldsymbol{YMY}^{\mathrm{T}})$$
$$\text{s.t. } \boldsymbol{YY}^{\mathrm{T}}=m\boldsymbol{I}$$

写出对应的拉格朗日方程：

$$L(\boldsymbol{Y})=\mathrm{tr}(\boldsymbol{YMY}^{\mathrm{T}})+\lambda(\boldsymbol{YY}^{\mathrm{T}}-m\boldsymbol{I})$$

对 $\boldsymbol{Y}$ 进行求导并令其等于零，则可以得到：

$$\boldsymbol{MY}^{\mathrm{T}}+2\lambda\boldsymbol{Y}^{\mathrm{T}}=0$$
$$\boldsymbol{MY}^{\mathrm{T}}=\lambda'\boldsymbol{Y}^{\mathrm{T}}$$

最后，要得到降维后的 d 维数据，只需要取矩阵 $\boldsymbol{M}$ 最小的 d 个特征值对应的特征向量组成的矩阵 $\boldsymbol{Y}\in\mathbf{R}^{d\times m}$，由于 $\boldsymbol{M}$ 最小的特征值一般为 0，因此去掉最小的特征值，选择 $\boldsymbol{M}$ 的第 2 到第 $d+1$ 特征值对应的特征向量。

为什么 $\boldsymbol{M}$ 的最小特征值为 0 呢？这是因为 $\boldsymbol{W}^{\mathrm{T}}e=e$，得到 $|\boldsymbol{W}^{\mathrm{T}}-\boldsymbol{I}|e=0$，由于 $e\neq0$，所以只有 $\boldsymbol{W}^{\mathrm{T}}-\boldsymbol{I}=0$，即 $(\boldsymbol{I}-\boldsymbol{W})^{\mathrm{T}}=0$，两边同时左乘 $\boldsymbol{I}-\boldsymbol{W}$，即可得到 $(\boldsymbol{I}-\boldsymbol{W})(\boldsymbol{I}-\boldsymbol{W})^{\mathrm{T}}e=0e$，即 $\boldsymbol{M}$ 的最小特征值为 0。

2. 局部线性嵌入算法流程

根据前文对局部线性嵌入的推导过程，可以得到整个局部线性嵌入的过程如图 5.12 所示。局部线性嵌入主要分为三步：第一步是求 K 近邻的过程，这个过程使用了和 K-means 聚类算法一样的求最近邻的方法；第二步是对每个样本求它在邻域里的 K 个近邻的线性关系，得到线性关系权重系数 W；第三步就是利用权重系数来重构低维空间的样本数据。

具体流程如下。

输入：样本集 $\boldsymbol{D}=\{x_1,x_2,\cdots,x_m\}$，最近邻数 k，需要降维的维数 d。

输出：低维空间的样本数据矩阵 $\boldsymbol{D}'$。

(1) for i 1 to m，按欧氏距离作为度量，计算和 x_i 最近的 k 个最近邻 $(x_{i1},x_{i2},\cdots,x_{ik})$。

(2) for i 1 to m，求局部协方差矩阵 $\boldsymbol{Z}_i=(x_i-x_j)(x_i-x_j)^{\mathrm{T}}$，并求出对应的权重系数向量：

$$\boldsymbol{W}_i=\frac{\boldsymbol{Z}_i^{-1}\mathbf{1}_k}{\mathbf{1}_k^{\mathrm{T}}\boldsymbol{Z}_i^{-1}\mathbf{1}_k}$$

(3) 由权重系数向量 $\boldsymbol{W}_i$ 组成权重系数矩阵 $\boldsymbol{W}$，计算矩阵 $\boldsymbol{M}=(\boldsymbol{I}-\boldsymbol{W})(\boldsymbol{I}-\boldsymbol{W})^{\mathrm{T}}$。

(4) 计算矩阵 $\boldsymbol{M}$ 的前 $d+1$ 个特征值，并计算这 $d+1$ 个特征值对应的特征向量 $\{y_1,y_2,\cdots,y_{d+1}\}$。

(5) 由第二个特征向量到第 $d+1$ 个特征向量所构成的矩阵即为输出低维空间的样本数据矩阵 $\boldsymbol{D}'=(y_2,y_3,\cdots,y_{d+1})$。

5.4.3 局部线性嵌入算法特点

局部线性嵌入是广泛使用的图形图像降维方法，它实现简单，但是对数据的流形分布特

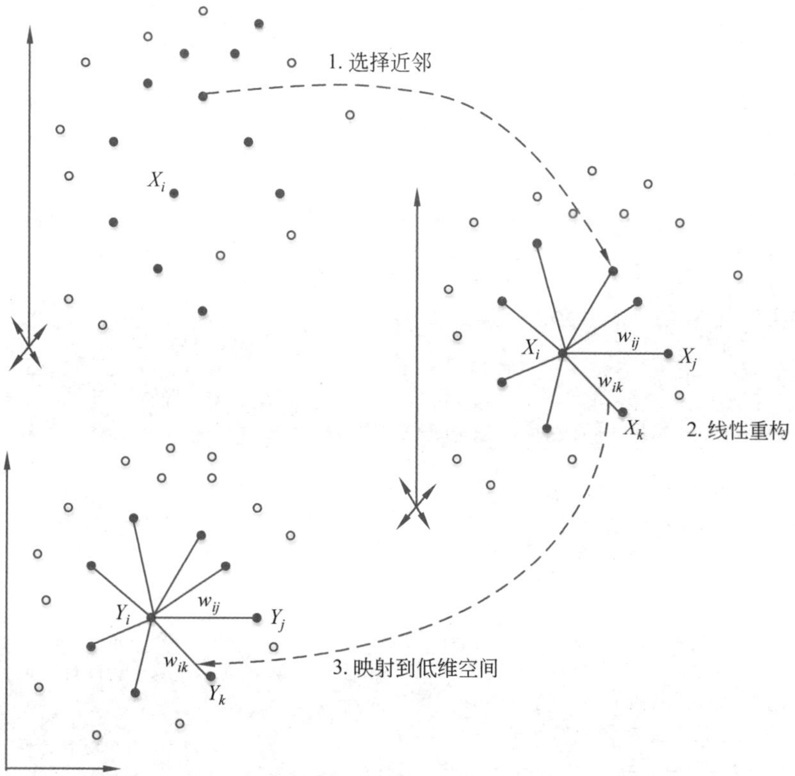

图 5.12　局部线性嵌入算法流程示意图

征有严格的要求。例如，不能是闭合流形，不能是稀疏的数据集，不能是分布不均匀的数据集等，这限制了它的应用。下面总结一下局部线性嵌入算法的优缺点。

LLE 算法的主要优点有：

(1) 可以学习任意维的局部线性的低维流形。

(2) 算法归结为稀疏矩阵特征分解，计算复杂度相对较小，实现容易。

LLE 算法的主要缺点有：

(1) 算法所学习的流形只能是不闭合的，且样本集是稠密均匀的。

(2) 算法对最近邻样本数的选择敏感，不同的最近邻数对最后的降维结果有很大影响。

5.4.4　局部线性嵌入算法的一些改进算法

局部线性嵌入算法简单高效，但是却有一些问题，例如，如果近邻数 K 大于输入数据的维度，算法的权重系数矩阵不是满秩的。为了解决类似的问题，出现了一些局部线性嵌入的变种。例如，Modified Locally Linear Embedding(MLLE)和 Hessian Based LLE(HLLE)。

对于 HLLE，它不是考虑保持局部的线性关系，而是保持局部的 Hessian 矩阵的二次型的关系。而对于 MLLE，它对搜索到的最近邻的权重进行了度量，通常算法都是寻找距离最近的 K 个最近邻即可，而 MLLE 在找距离最近的 K 个最近邻的同时还要考虑近邻的分布权重，它希望找到的近邻的分布权重尽量在样本的各个方向，而不是集中在一侧。

另一个比较好的 LLE 的变种是 LTSA(Local Tangent Space Alignment，局部切空间排列)，它希望保持数据集局部的几何关系，在降维后希望局部的几何关系得以保持，同时利用了局部几何到整体性质过渡的技巧。

这些算法原理都是基于 LLE，基本都是在 LLE 这三步过程中寻求优化的方法。

5.4.5 局部线性嵌入算法的 Python 实现

1. 手动实现版本

```
import numpy as np
import matplotlib.pyplot as plt
from sklearn import datasets
from mpl_toolkits.mplot3d import Axes3D

def load_data():
    swiss_roll=datasets.make_swiss_roll(n_samples=1000)
    return swiss_roll[0],np.floor(swiss_roll[1])

#my_LLE 任意计算两点之间距离
def cal_pairwise_dist(x):                          #任意两点之间距离的平方
    '''计算 pairwise 距离, x 是 matrix
    (a-b)^2 = a^2 + b^2 - 2 * a * b
    '''
    sum_x = np.sum(np.square(x), 1)
                                  #square 计算各元素平方,1-按行相加;0-按列相加
    dist = np.add(np.add(-2 * np.dot(x, x.T), sum_x).T, sum_x)
    #返回任意两个点之间距离的平方
    return dist

#my_LLE 近邻
def floyd(D,n_neighbors):                          #K 近邻得到距离最近的指标
    D_arg = np.argsort(D,axis=1)                   #返回从小到大的索引值,每一列进行排序
    print(type(D_arg))
    return D_arg[:,1:n_neighbors+1]

def linear_weight(X,X_floyd):
    n1,n2=X_floyd.shape
    n3,n4=X.shape
    D1 = np.ones((n4,n2))
    w=np.zeros((n1,n1))
    one_k=np.ones((n2,1))
    for i in range(n1):
        for j in range(n2):
            D1[:,j]=np.transpose(X[i,:]-X[X_floyd[i,j],:])

a=np.dot(np.transpose(one_k),np.linalg.inv(np.dot(np.transpose(D1),D1)))
.dot(one_k)
        W_I=np.linalg.inv(np.dot(np.transpose(D1),D1)).dot(one_k)/a

        for k in range(n2):
            w[X_floyd[i,k],i]=W_I[k]

    return w

def reconstruction(w,d):
```

```
    n1,n2=w.shape
    danwei=np.eye(n1)
    M=(danwei-w).dot(np.transpose(danwei-w))
    eig_val, eig_vec = np.linalg.eig(M)    #计算矩阵特征值和特征向量
    eig_pairs = [(np.abs(eig_val[i]), eig_vec[:,i]) for i in range(n2)]
                                          #abs 绝对值把特征值对应的特征向量放一起
    #sort eig_vec based on eig_val from highest to lowest
    eig_pairs.sort(key=lambda x:x[0])      #升序排列
    #select the top d eig_vec
    feature=np.array([ele[1] for ele in eig_pairs[1:d+1]])
                                      #选出 d 个特征值对应的向量,此时特征向量为行向量
    #get new data
    new_data=np.transpose(feature)         #向量显示为列向量
    return new_data

def my_LLE(X,Y,Neighbors):

    D = cal_pairwise_dist(X)
    D[D < 0] = 0
    D = D**0.5                             #距离矩阵
    X_floyd=floyd(D,Neighbors)
    w=linear_weight(X,X_floyd)
    new_data=reconstruction(w,2)
    return new_data


X,Y=load_data()
fig = plt.figure('data')
ax = Axes3D(fig)
ax.scatter(X[:, 0], X[:, 1], X[:, 2],marker='o',c=Y)


fig=plt.figure("my_LLE",figsize=(9, 9))
Neighbors=[1,2,3,4,5,15,30,100,Y.size-1]
for i,k in enumerate(Neighbors):           #i 位置,k 代表的值
        lle=my_LLE(X,Y,k)
        ax=fig.add_subplot(3,3,i+1)
        ax.scatter(lle[:,0],lle[:,1],marker='o',c=Y,alpha=0.5)  #c 代表颜色
        ax.set_title("k = %d"%k)
        plt.xticks(fontsize=10, color="darkorange")
        plt.yticks(fontsize=10, color="darkorange")
#plt.suptitle("LLE")                       #总图标题
plt.show()
```

2. 使用 manifold.LocallyLinearEmbedding 版本

```
import numpy as np
import operator
import matplotlib.pyplot as plt
from sklearn import datasets,decomposition,manifold
from itertools import cycle
from mpl_toolkits.mplot3d import Axes3D
```

```
def load_data():
    swiss_roll=datasets.make_swiss_roll(n_samples=1000)
    return swiss_roll[0],np.floor(swiss_roll[1])

def LLE_components(*data):
    X,Y=data
    for n in [3,2,1]:
        lle=manifold.LocallyLinearEmbedding(n_components=n)
                                    #LLE 降维,n_components 降的维数,n_neighbors 近邻数
        lle.fit(X)
        print("n = %d 重建误差:"%n,lle.reconstruction_error_)

def LLE_neighbors(*data):
    X,Y=data
    Neighbors=[1,2,3,4,5,15,30,100,Y.size-1]

    fig=plt.figure("LLE",figsize=(9, 9))

    for i,k in enumerate(Neighbors):                              #i 位置,k 代表的值
    lle=manifold.LocallyLinearEmbedding(n_components=2,n_neighbors=k,eigen_
solver='dense')
        X_r=lle.fit_transform(X)
        ax=fig.add_subplot(3,3,i+1)
        ax.scatter(X_r[:,0],X_r[:,1],marker='o',c=Y,alpha=0.5)   #c 代表颜色
        ax.set_title("k = %d"%k)
        plt.xticks(fontsize=10, color="darkorange")
        plt.yticks(fontsize=10, color="darkorange")
    plt.suptitle("LLE")
    plt.show()

X,Y=load_data()
fig = plt.figure('data')
ax = Axes3D(fig)
ax.scatter(X[:, 0], X[:, 1], X[:, 2],marker='o',c=Y)
LLE_components(X,Y)
LLE_neighbors(X,Y)
```

5.5 独立成分分析

独立成分分析(Independent Component Analysis,ICA)是从多元(多维)统计数据中寻找潜在因子或成分的一种方法。ICA 与其他方法重要的区别在于,它寻找满足统计独立和非高斯的成分。这里简要介绍 ICA 的发展、基本概念、应用以及与其他统计方法的关系。

5.5.1 独立成分分析的发展

ICA 是近年来出现的一种新的数据分析工具,旨在揭示随机变量、观测数据或信号中的隐藏成分,具有重要的价值和广泛的应用前景。

独立成分分析是一种建模线性因子的方法,旨在分离观察到的信号,并转换为若干基础信号的叠加。这些信号是完全独立的,而不是仅仅彼此不相关。

ICA 是从多维统计数据中寻找其内在因子或成分的一种方法，被看作传统的统计方法——主成分分析(Principal Component Analysis，PCA)和因子分析(Factor Analysis，FA)的一种扩展。ICA 的基本原则是：基于各个源信号之间的相互统计独立性，利用表征独立性的高阶累计量信息，挖掘出潜在的源信号。与 PCA 和 FA 相比，ICA 是一项更强有力的技术，当传统的统计方法完全失效时，它仍然能够找出支撑观测数据的内在因子或成分。对于 ICA 方法，不同领域的学者对其关注点也不尽相同。例如，神经科学家和生物学家关注的是生物意义上的无监督神经网络模型及其发展，他们希望用更为可靠的技术手段，从复杂的生物信号中提取出"有用"信号。对于从事科学计算的专家和工程人员，他们希望研究的模型尽可能简单，或者希望计算上能提出更为灵活有效的算法，用于解决不同领域中出现的科学和工程应用问题。而另一类群体——数学家和物理学家，他们更注重基础理论的发展，对已有的算法的机理、性能的理解，以及考虑如何将其推广到更复杂、更高层的模型中。也正是不同领域的学者的持续努力和合作，使得 ICA 能够得以迅速地发展和完善。

ICA 最初的动机是希望解决鸡尾酒会问题(Cocktail Party Problem)，它是信号处理中的经典问题——盲源问题(Blind Source Separation，BSS)的特例。这里所谓的"盲"是指源信号及其混合方式都是未知的，一般而言，因为其双盲性，盲源分离问题是很难解决的。事实上，ICA 方法的发展与盲源分离问题息息相关，而实际的盲源分离问题又是方方面面的，因此需要将各种实际情况转换为相应的数学模型来解决。目前人们重点研究的是扩展的独立成分分析，其模型是标准的 ICA 模型的扩展和补充，以进一步满足实际需要，如具有噪声的独立成分分析、稀疏和超完备表示问题、具有时间结构的独立成分分析问题、非线性的独立成分分析和非平稳信号的独立成分分析等。

5.5.2　独立成分分析的基本定义

标准的线性独立成分分析模型的矩阵形式为

$$\boldsymbol{x}=\boldsymbol{A}\boldsymbol{s}$$

其中，$\boldsymbol{x}=(x_1,x_2,\cdots,x_m)^{\mathrm{T}}$ 表示观测数据或观测信号；$\boldsymbol{s}=(s_1,s_2,\cdots,s_n)^{\mathrm{T}}$ 表示源信号，称为独立成分(Independent Component，IC)；$\boldsymbol{A}\in\mathbf{R}^{m\times n}$ 表示混合矩阵。除非特别说明，这里提到的向量都是指列向量。

由于独立成分 s_i 不能被直接观测出，具有隐藏的特性，因此也称其为"隐含变量"(Latent Variable)。由于混合矩阵 $\boldsymbol{A}$ 也是未知矩阵，因此唯一可以利用的信号只有观测到的传感器检测信号向量 $\boldsymbol{x}$。若无任何其他可利用的信号，仅由 $\boldsymbol{x}$ 估计 $\boldsymbol{s}$ 和 $\boldsymbol{A}$，则必有多解，为保证存在确定解，就必须加一些适当的假设和约束条件。常用的假设条件如下。

(1) 源信号之间相互统计独立。

各个源信号 $s_i(i=1,2,\cdots,n)$ 都是零均值的实数随机向量，且在任意时刻都是相互独立的，即满足以下公式：

$$p(s)=\prod_{i=1}^{n}p(s_i)$$

其中，p 表示随机变量的概率密度函数。

(2) 至少有一个源信号服从高斯分布。

对于独立成分分析而言，高阶信息是实现独立分析的本质因素，这也正是它与其他数据处理方法诸如 PCA 和 FA(Factor Analysis)的本质区别。真实世界的许多数据是服从非高斯分布的。事实上，对于高斯信号而言，两个统计独立的高斯信号混合后还是高斯信号，而高斯信号的高阶统计累计量为零，因此其独立性等同于互不相关性。Comon 和 Hyvarrinen 已经详细说明了独立成分必须是非高斯的原因，并指出若服从高斯分布的源信号超过一个，则标准的独立成分分析将不能分离出各个源信号。

(3) 混合矩阵是方阵。

源信号的数目 n 与观测信号的数目 m 相等，所以混合矩阵 $\mathbf{A}$ 是 $n\times n$ 阶的未知方阵、满秩且其逆矩阵 $\mathbf{A}^{-1}$存在。

(4) 各个传感器引入的噪声很小，可以忽略不计。

这是由于信息极大化方法中，输出端的互信息只有在低噪声条件下才可能被最小化。对于噪声较大的情况，可将噪声本身也看作一个源信号，对它与其他“真正的”源信号的混合信号进行盲源分离处理，从而使算法具有更广泛的适用范围和更强的稳健性。

(5) 对各个源信号的概率密度分布有一定的先验知识。

现实世界中，数据通常并不服从高斯分布，例如，自然界中的语音和音乐信号是服从超高斯(supergaussian)分布的，图像信号是服从亚高斯(subgaussian)分布的，而许多噪声具有高斯分布特性。事实上，峰度是度量随机变量 y 的非高斯性程度的一个比较传统的方法，它的峰度 kurt(y)在统计学上是用四阶统计量来表示的：

$$\mathrm{kurt}(y)=E\{y^4\}-3\,(E\{y^2\})^2$$

该表达式可以进一步简化，假设随机变量的方差为单位方差，即 $E\{y^2\}=1$，则上述表达式可以转换为

$$\mathrm{kurt}(y)=E(y^4)-3$$

在数据处理领域，通常有如下约定：峰度值为正值的随机变量称为超高斯分布的随机变量；峰度值为负值的随机变量称为亚高斯分布的随机变量；而峰度值为 0 的随机变量称为高斯分布的随机变量。形象地说，服从超高斯分布的随机变量比高斯分布更尖，例如，拉普拉斯分布就是一个典型的超高斯分布密度函数；服从亚高斯分布的随机变量比高斯分布更平，例如，均匀分布就是典型的亚高斯分布密度函数，如图 5.13 所示。如果事先知道各个源

图 5.13 彩图

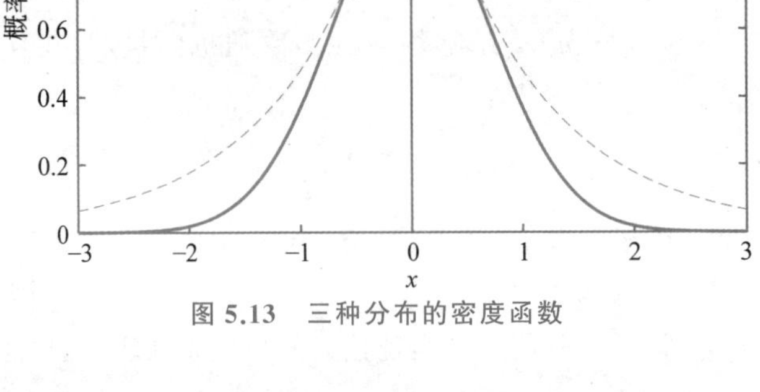

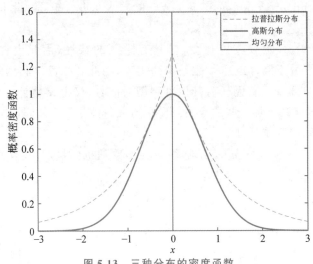

图 5.13　三种分布的密度函数

信号的概率密度函数是超高斯分布或者是亚高斯分布的，则可以用独立成分分析算法实现效果良好的信号分离。反之，如果不确定源信号的概率密度函数，则必须采取措施在学习过程中予以确定。

基于上述假设，仅利用观测信号 $\boldsymbol{x}$（或者称为混合信号），可以构建一个分离矩阵（或称为解混矩阵）$\boldsymbol{W}=(w_{ij})_{n\times n}$，使得混合信号经过分离矩阵作用后，得到 n 维输出列向量 $\boldsymbol{y}=(y_1,y_2,\cdots,y_n)^{\mathrm{T}}$。这样，独立成分分析问题的求解就可以转换为

$$\boldsymbol{y}=\boldsymbol{W}\boldsymbol{x}=\boldsymbol{W}\boldsymbol{A}\boldsymbol{s}=\boldsymbol{P}\boldsymbol{D}\boldsymbol{s}$$

其中，$\boldsymbol{PD}$ 称为全局传输矩阵（或全局系统矩阵）。若通过学习使得 $\boldsymbol{P}=\boldsymbol{I}$（$\boldsymbol{I}$ 为 $n\times n$ 单位矩阵），则 $\boldsymbol{y}=\boldsymbol{s}$，从而达到了真实分离源信号的目的。

通过以上的描述可以知道，独立成分分析混合模型、独立成分分析的假设条件以及独立成分分析解混模型一起构成了独立成分分析完整的定义。实际上，独立成分分析的目的是寻找分离矩阵 $\boldsymbol{W}$，使输出 $\boldsymbol{y}$ 之间尽可能地相互统计独立，以逼近源信号。独立成分分析的名称正是来源于对源信号的独立性假设，如果不对源信号做独立性要求，即为一般的盲源问题(BSS)。反之，如果盲源问题对源信号有独立性要求，则盲源问题可用独立成分分析求解。因此，独立成分分析与盲源问题可以统一用图 5.14 表示。

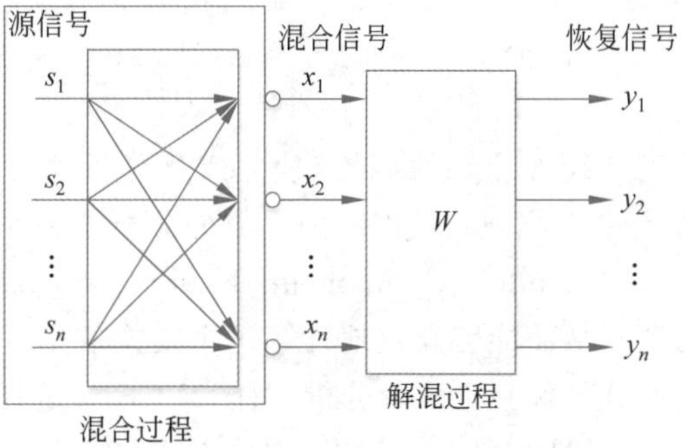

图 5.14　独立成分分析与盲源问题示意图

许多不同的具体方法被称为独立成分分析。与其他生成模型最相似的独立成分分析变种是训练完全参数化的生成模型。隐含因子 h 的先验 $p(h)$ 必须由用户给出并固定。接着模型确定性地生成 $x=\boldsymbol{W}h$。可以通过非线性变化来确定 $p(x)$。然后通过一般的方法如最大似然法进行学习。

这种方法的动机是，通过选择一个独立的 $p(h)$，可以尽可能恢复接近独立的隐含因子。这是一种常用的方法，它并不是用来捕捉高级别的抽象的因果因子，而是用于恢复已经混合在一起的低级别信号。在该设置中，每个训练样本对应一个时刻，每个 x_i 是一个传感器对混合信号的观察值，并且每个 h_i 是单个原始信号的一个估计。例如，可能有 n 个人同时说话，如果有放置在不同位置的 n 个不同的麦克风，则独立成分分析可以检测每个麦克风的音量变化，并且分离信号，使得每个 h_i 仅包含一个人清楚地说话。这通常用于脑电图的神经科学——一种用于记录源自大脑电信号的技术。放置在对象头部上的许多电极传感器用于测量来自身体的各种电信号。实验者通常仅对来自大脑的信号感兴趣，但是来自受试者的心脏和眼睛的信号强到足以混淆在受试者的头皮处进行的测量。信号到达电极并且混合在一起，因此独立成分分析是必要的，以分离源于心脏与源于大脑的信号，并且将不同

脑区域的信号彼此分离。

独立成分分析存在许多变种。一些版本在 x 的生成中添加一些噪声，而不是使用确定性的解码器。大多数不使用最大似然学习准则，旨在使 $h=\boldsymbol{W}^{-1}x$ 的元素彼此独立。许多准则能够达成这个目标。独立成分分析的一些变种通过将 w 约束为正交来避免这个问题。

独立成分分析的所有变种要求 $p(h)$是非高斯的。这是因为如果 $p(h)$是具有高斯分量的独立先验，则 $\boldsymbol{W}$ 是不可识别的。对于许多 $\boldsymbol{W}$ 值，可以在 $p(x)$上获得相同的分布。这与其他线性因子模型有很大的区别，例如，概率 PCA 和因子分析，通常要求 $p(h)$是高斯的，以便使模型上的许多操作具有闭式解。在用户明确指定分布的最大似然学习方法中，一个典型的选择是使用 $p(h_i)=\frac{\mathrm{d}}{\mathrm{d}h_i}\sigma(h_i)$。这些非高斯分布的典型选择在 0 附近具有比高斯分布更高的峰值，因此也可以看到独立成分分析经常在学习稀疏特征的时候使用。

通常情况下，生成模型可以直接表示 $p(x)$，也可以认为是从 $p(x)$中抽取样本。独立成分分析的许多变种仅知道如何在 x 和 h 之间变换，但没有任何表示 $p(h)$的方式，因此也无法确定 $p(x)$。例如，许多独立成分分析变量旨在增加 $h=\boldsymbol{W}^{-1}x$ 的样本峰度，因为高峰度使得 $p(h)$是非高斯的，但这是在没有显式表示 $p(h)$的情况下完成的。这就是为什么独立成分分析常被用作分离信号的分析工具，而不是用于生成数据或估计其密度。

正如 PCA 可以推广到非线性自动编码器，独立成分分析也可以推广到非线性生成模型，其中使用非线性函数 f 来生成观测数据。独立成分分析的另一个非线性扩展是非线性独立成分估计(Nonlinear Independent Components Estimation，NICE)方法，这个方法堆叠了一系列可逆变换(编码器)，从而能够高效地计算每个变换的 Jacobian 行列式。这使得我们能够精确地计算似然度，并且像独立成分分析一样，NICE 尝试将数据变换到具有可分解的边缘分布的空间。由于非线性编码器的使用，这种方法更容易成功。因为编码器和一个与其(编码器)完美逆作用的解码器相关联，所以可以直接从模型生成样本(首先从 $p(h)$采样，然后应用解码器)。

独立成分分析的另一个应用是通过在组内鼓励统计依赖关系，在组之间抑制依赖关系来学习一组特征。当相关单元的组不重叠时，这被称为独立子空间分析(Independent Subspace Analysis)。还可以向每个隐藏单元分配空间坐标，并且空间上相邻的单元形成一定程度的重叠。这能够鼓励相邻的单元学习类似的特征。当应用于自然图像时，这种拓扑独立成分分析方法学习 Gabor 滤波器，从而使得相邻特征具有相似的定向、位置或频率。在每个区域内出现类似 Gabor 函数的许多不同相位偏移，使得在小区域上的合并具有平移不变性。

5.5.3 独立成分分析与其他统计方法的关系

与 ICA 类似的传统统计方法有主成分分析(PCA)、因子分析(FA)、投影寻踪(Projection Pursuit)等。ICA 同上述方法都存在一定的区别。具体而言，ICA 是从多维观测数据中寻找满足统计独立的因子或成分的方法，与其他多维统计数据处理方法如 PCA 相比，ICA 要寻找具有非高斯性的成分，是从成分的统计独立性出发，通过简化累积量矩阵的结构达到分离独立成分的目的。而 PCA 是将多个相关变量简化为少数几个不相关变量的一种多元统计方法，目的在于简化统计数据并揭示变量之间的关系。从数学的角度看，PCA 的基本思想在于通过简化协方差矩阵的结构来降维。FA 的本质是寻找因子的某个旋转，使得到的相应的基向量满足某些有用的性质。FA 通常假设源信号和观测信号均为高斯信号。投影寻踪是一个利用高阶信息的重要方法。在标准的投影寻踪中，尽量寻找某个方向，使得数据向量在这个方向上的投影在展示某些结构的意义下具有感兴趣的分布。Huber、Jones 和 Sibson 已经指出所谓的感兴趣的方向是指明最少高斯分布的方向。

同时，几种方法之间也存在紧密的联系。如果对数据不做任何假设，特别地，如果数据中不含噪声，那么 ICA 可以看作投影法。反之，如果数据中包含噪声，ICA 可以看作非高斯数据的 FA。至于 PCA 方法，可以看作高斯数据的 FA 方法，因此它同 ICA 的联系不是很直接。几种方法的关系如图 5.15 所示。当满足连线上的假设时，直线两端的方法存在非常紧密的关系，或者认为它们在某种意义上是互相等价的。

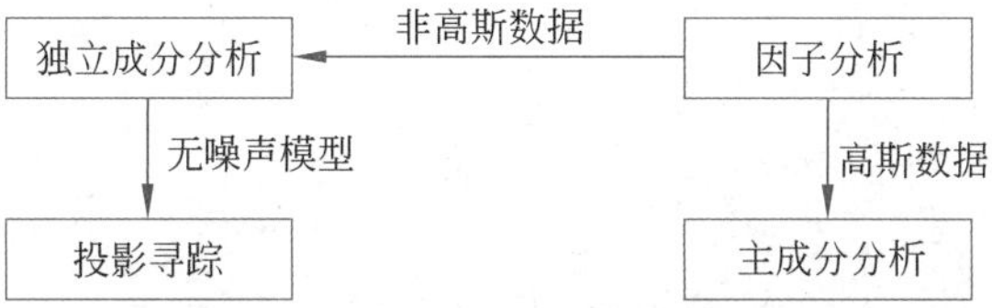

图 5.15　ICA 与其他统计方法的关系

5.5.4　独立成分分析的 Python 实现

```
import math
import random
import matplotlib.pyplot as plt
from numpy import *

n_components = 2

def f1(x,period = 4):
    return 0.5 * (x-math.floor(x/period) * period)

def create_date():
    #信号数量
    n = 500
    #信号时间
    T = [0.1 * xi for xi in range(0,n)]
    #源信号
    S = array([[sin(xi) for xi in T],[f1(xi) for xi in T]], float32)
    #混合矩阵
    A = array([[0.8,0.2],[-0.3,-0.7]], float32)
    return T, S, dot(A, S)

def whiten(X):
    #零均值化
    X_mean = X.mean(axis=-1)
```

```
    X -= X_mean[:, newaxis]
    #白化
    A = dot(X, X.transpose())
    D,E = linalg.eig(A)
    D2 = linalg.inv(array([[D[0],0.0],[0.0,D[1]]], float32))
    D2[0,0] = sqrt(D2[0,0])
    D2[1,1] = sqrt(D2[1,1])
    V = dot(D2, E.transpose())
    return dot(V, X), V

def _logcosh(x,fun_args=None,alpha=1):
    gx = tanh(alpha * x, x)
    g_x = gx**2
    g_x -= 1.
    g_x *= -alpha
    return gx, g_x.mean(axis=-1)

def do_decorrelation(W):
    s, u = linalg.eigh(dot(W, W.T))
    return dot(dot(u * (1./sqrt(s)), u.T), W)

def do_fastica(X):
    n, m = X.shape
    p = float(m)
    g = _logcosh

    X *= sqrt(X.shape[1])

    #创建 w
    W = ones((n,n), float32)
    for i in range(n):
        for j in range(i):
            W[i,j] = random.random()

    #计算 W
    maxIter = 200
    for ii in range(maxIter):
        gwtx, g_wtx = g(dot(W,X))
        W1 = do_decorrelation(dot(gwtx, X.T)\
            /p-g_wtx[:, newaxis] * W)
        lim = max(abs(abs(diag(dot(W1, W.T)))-1))
        W = W1
        if lim < 0.0001:
            break
    return W

def show_data(T,S):
    plt.plot(T, [S[0,i] for i in range(S.shape[1])], marker='*')
    plt.plot(T, [S[1,i] for i in range(S.shape[1])], marker='o')
    plt.show()

def main():
    T, S, D = create_date()
```

```
    Dwhiten, K = whiten(D)
    W = do_fastica(Dwhiten)
    #Sr: 重构源信号
    Sr = dot(dot(W, K), D)
    show_data(T, D)
    show_data(T, S)
    show_data(T, Sr)

if __name__ == "__main__":
    main()
```

通过上述代码，创建了两个信号源，一个是正弦函数，一个是线性周期函数，它们的图形如图 5.16 所示。

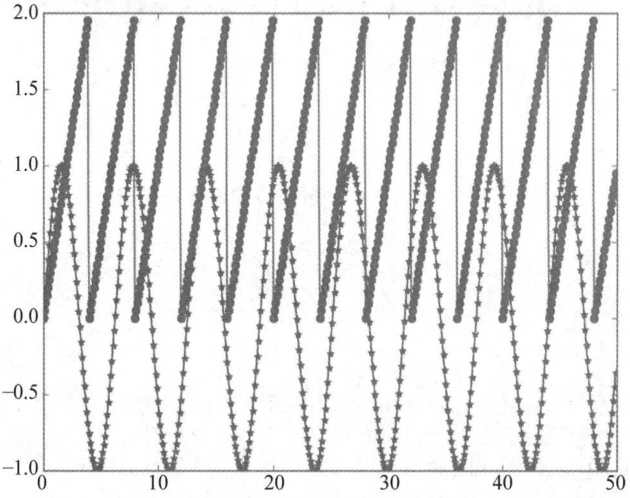

图 5.16　ICA 源信号图形

图 5.16 彩图

将这两个源信号混合成新的数据源，也就是“可观测”的数据，它们的图形如图 5.17 所示。

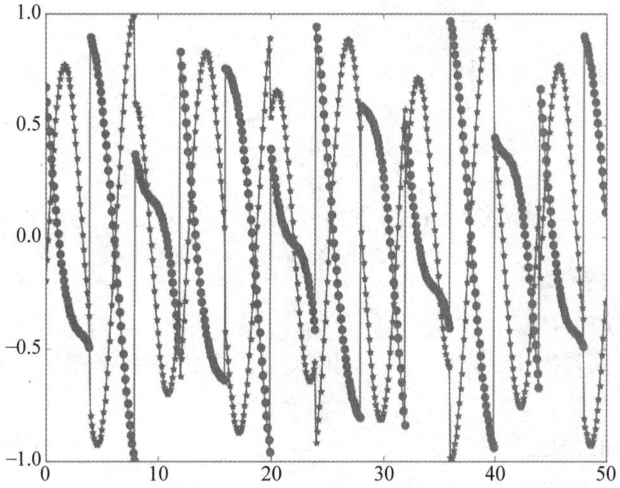

图 5.17　混合数据源图形

图 5.17 彩图

经过独立成分分析处理后，重构数据源，需要注意的是，此时的数据源在形状上跟原始数据源有相似性，但幅度是不一样的，且可能会发生翻转，该情况如图 5.18 所示。这是因为 ICA 是一个不定问题，有多个解符合假设，不是唯一解。

图 5.18 彩图

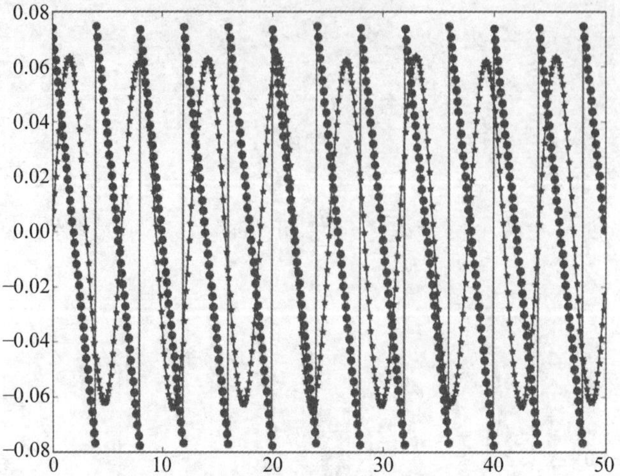

图 5.18　通过 ICA 重构后的信号源图形

习　题

5.1　解释在 K-means 聚类算法的推导过程中，其目标函数 $\sum_{i=1}^{K}\sum_{x\in G_i}\| x-c_i \|^2$ 为什么是严格递减的，并说明为什么可以确保在有限步内收敛。

5.2　以下是一组用户的年龄数据：

[15,15,16,19,19,20,20,21,22,28,35,40,41,42,43,44,60,61,65]

将 K 值定义为 2 对用户进行聚类。并随机选择 16 和 22 作为两个类别的初始聚类中心。利用 K-means 聚类算法，写出详细聚类步骤。

5.3　主成分分析算法降维后的样本均值为什么依然为 0?

5.4　对以下 6 组 2 维数据样本进行主成分分析：

$$\begin{bmatrix} 2 & 3 & 3 & 4 & 5 & 7 \\ 2 & 4 & 5 & 5 & 6 & 8 \end{bmatrix}$$

5.5　假设总体 $\boldsymbol{X}=(\boldsymbol{X}_1,\boldsymbol{X}_2)^{\mathrm{T}}$ 的协方差矩阵为 $\boldsymbol{\Sigma}=\begin{bmatrix} 5 & 2 \\ 2 & 2 \end{bmatrix}$，求 $\boldsymbol{X}$ 的主成分 $\boldsymbol{Y}_1,\boldsymbol{Y}_2$，并计算第一主成分 $\boldsymbol{Y}_1$ 的贡献率。

5.6　简述特征脸方法的优点与缺点，在实际应用中有什么需要注意的地方?

5.7　使用本书实现的 PCA 代码对 Yale 人脸数据集进行降维，并观察前 20 个特征向量所对应的图像。

5.8　数据降维的常用方法有哪些?

5.9　举例说明局部线性嵌入方法的应用。

5.10　说明主成分分析(PCA)与独立成分分析(ICA)的区别。

第6章

神经网络与深度学习

长久以来，众多学者不断探索人类认知的神经基础，以期能够探究人类大脑的工作机理并通过算法模拟其机理。这依赖于多个学科领域的共同发展，需要精准刻画人类在不同层面的认知现象，进而在不同层面对所观测的现象之间的因果联系进行推演，以启发人工智能模型来提高性能和扩展认知能力。

人工神经网络就来源于对人类大脑是如何工作的研究中。而深度学习则是近年来发展出来的一种更深层的神经网络。本章要介绍的就是人工神经网络，以及深度学习的两个分支：卷积神经网络和循环神经网络。

6.1 神经网络的起源与发展

人工神经网络(Artificial Neural Networks，ANN)是一种模仿动物神经网络行为特征，进行分布式并行信息处理的算法数学模型。目前，关于人工神经网络的定义尚不统一，按美国神经网络学家 Hecht Nielsen 的观点，神经网络的定义是：由多个简单的处理单元彼此按某种方式相互连接而形成的计算机系统，该系统通过对外部输入信息的动态响应来处理信息。为了能进一步深入了解神经网络，本节先来介绍神经网络的起源与发展。

6.1.1 第一代神经网络

1943 年，神经和解剖科学家 Warren McCulloch 和逻辑学家 Walter Pitts 合作提出了人工神经网络的概念及人工神经元的数学模型(M-P 模型也称 MCP 模型)，从而开创了人类神经网络研究的时代。M-P 可以实现对输入信号的线性加权组合，再用符号函数来输出组合结果，以此来模拟大脑复杂活动模式。M-P 是最早的神经网络雏形，虽然结构很简单并且只接受 0 或 1 作为输入数据，但对今后神经网络和深度学习的发展奠定了基础。

1957 年，心理学家 Frank Rosenblatt 受到 M-P 思想的启发，首次提出了可以模拟人类感知能力的机器，并称为感知机(Perceptron)。感知机模型是一个仅包含输入层和输出层的两层神经网络。对于一个线性可分的二分类问题，证明了感知机一定可以将两类数据区分开来。同时，感知机的输入不再要求是 0 或 1，而是可以从数据中学习得到。

1959 年，神经生理学家 David Hubel 和 Torsten Wiesel 通过在猫的大脑内植

入电极，用于测量猫对所看到的实物的神经元的活跃程度并分析了猫的视觉皮层神经元的核心反应特征，他们发现了一种被称为“方向选择性细胞”的神经元细胞，当瞳孔发现了眼前物体的边缘，而且这个边缘指向某个方向时，这种神经元就会活跃起来。他们还发现了人的视觉系统的信息处理是分层的，如图 6.1 所示。人类大脑的工作过程是一个不断迭代、不断抽象的过程，从视网膜(Retina)出发，经过 LGN 进入大脑皮层，到达低级的 V1 区提取边缘特征，到 V2 区提取基本形状或目标的局部，再到高层 V4 的整个目标识别(如判定为一张人脸)，以及到更高层、位于下颞叶皮层的腹侧通道(Ventral Pathway)进行分类判断等。高层的特征是低层特征的组合，从低层到高层的特征表达越来越抽象和概念化。深度学习恰恰就是通过组合低层特征形成更加抽象的高层特征(或属性类别)的方法。例如，在计算机视觉领域，深度学习算法从原始图像中提取(学习)得到一个低层次的像素级特征表达，例如边缘检测器、小波滤波器等，然后在这些低层次表达的基础上，通过线性或者非线性组合，融合成一个高层次的表达，如图 6.2 所示。

图 6.1 彩图

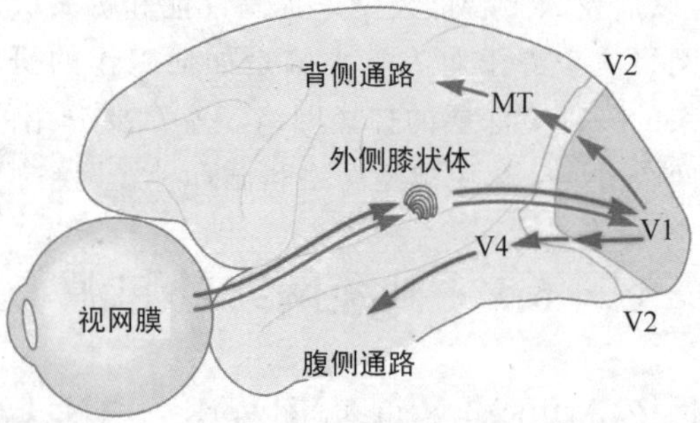

图 6.1 人类的视觉系统中的主要成像通路

图 6.2 彩图

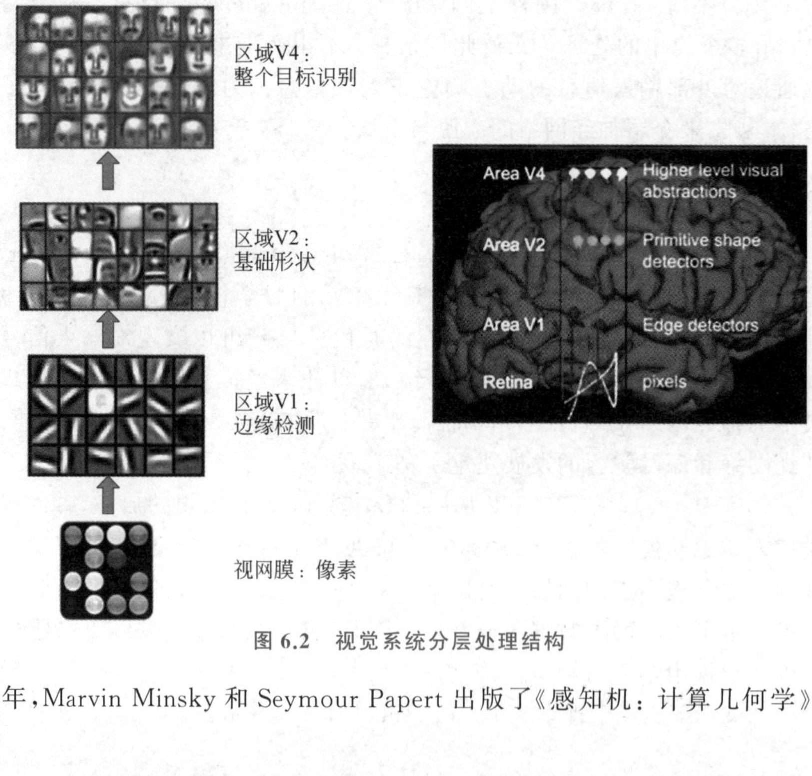

图 6.2 视觉系统分层处理结构

1969 年，Marvin Minsky 和 Seymour Papert 出版了《感知机：计算几何学》，书中证明

了由输入层和输出层构成的感知机能力有限,甚至无法完成异或逻辑的计算。他们还指出,如果在感知机中增加隐层,虽然可以具备更强的表达能力,但因为计算量过大、没有有效的训练算法,从而无法学习得到良好的模型参数。该书的出版使得神经网络的发展陷入了低谷。

6.1.2 第二代神经网络

1982年,美国加州理工学院的物理学家Hopfield提出了可用作联想存储器的互联网络,并将其称为Hopfield网络模型。Hopfield神经网络引用了物理力学的分析方法,把网络作为一种动态系统并研究这种网络动态系统的稳定性。该网络模型是一种循环神经网络,从输出到输入有反馈连接。当网络有输入时,就可以求取网络输出,而这个输出反馈到输入又能带来网络状态的不断变化,从而产生新的输出。如果Hopfield网络是一个能收敛的稳定网络,那么反馈与迭代的计算过程所产生的变化会越来越小,一旦到达稳定平衡状态,那么Hopfield网络就会输出一个稳定的恒值。Hopfield的研究重新打开了人们的思路,吸引了很多非线性电路科学家、物理学家和生物学家来研究神经网络。

1985年,Hinton和Sejnowski借助统计物理学的概念和方法提出了一种随机神经网络模型——玻尔兹曼机。他们首次提出了"隐单元"的概念。在全连接的反馈神经网络中,包含可见层和一个隐层,这就是玻尔兹曼机。层数的增加可以为神经网络提供更大的灵活性,但参数的训练算法依然是制约多层神经网络发展的一个重要瓶颈。一年后他们又改进了模型,提出了受限玻尔兹曼机。作为一种生成式随机神经网络,该网络由一些可见单元(Visible Unit,对应可见变量,亦即数据样本)和一些隐藏单元(Hidden Unit,对应隐藏变量)构成,可见变量和隐藏变量都是二元变量,即{0,1}。

1986年,Rumelhart、Hinton和Williams完善了误差反向传播(Back Propagation,BP)的BP算法,解决了一直困扰多层神经网络发展的参数优化难题。在多层感知机中,由于隐层中每个神经元均包含具备非线性映射能力的激活函数,因此可用来构造复杂的非线性分类函数。直至今天,这种多层感知器的误差反向传播算法依然是非常基础的学习算法,现在的深度网络模型基本上都是在这个网络的基础上发展出来的。

1988年,继BP算法之后,Broomhead和Lowe将径向基函数引入到神经网络的设计中,形成了径向基神经网络(RBF)。径向基神经网络是一种性能良好、具有单隐层的三层前向网络。输入层由信号源结点组成,第二层为隐层,第三层为输出层。从输入空间到隐层空间的变换是非线性的,而从隐层空间到输出层空间的变换是线性的,隐单元的变换函数是径向基函数,输出层神经元采用线性单元。可以证明,RBF网络是连续函数的最佳逼近,优于BP网络,这是神经网络真正走向实用化的一个重要标志。

但这个时代的神经网络具有如下缺点。

(1) 必须要对有标注的数据进行训练,无法对无标注数据进行训练。

(2) 随着层数的增加,反向传播信号会越来越弱,以致限制了网络的层数。

(3) 在多个隐层之间来回传播导致训练过慢。

(4) 网络易陷入局部最优解。

(5) 大量网络参数需要人类凭借经验和技巧进行手工设定,如网络层数、结点单元数等超参数,这些参数不能智能选取因此制约了神经网络的发展。而后人们尝试增加数据集、预估初始化权值的方法，以克服人工神经网络的缺陷。然而，随着 1995 年 Cortes 和 Vapnik 提出支持向量机(SVM)，由于其结构简单、训练速度快且易于实现的优势，在机器学习领域迅速掀起了 SVM 研究热潮，同时，人们对神经网络的研究迅速降温并陷入第二次寒冬。

6.1.3 第三代神经网络

神经网络的再度崛起开始于 2006 年，Hinton 等探讨了大脑中的图模型，提出了自编码器用于降低数据维度，并提出了解决梯度消失问题的方案，先通过无监督的学习方法逐层初始化参数，再使用监督方法反向传播对整个网络调优，这样的训练方法能够将神经网络置于一个较好的初始值之上，容易收敛到较好的局部极值。基于此提出了深度置信网络(DBN)及限制性波耳兹曼机(RBM)的训练算法，并将该方法应用于手写字符的识别，取得了很好的效果。Bengio 等证明预训练的方法还适用于自编码器等无监督学习，Poultney 等用基于能量的模型来有效学习稀疏表示。这些论文奠定了深度学习的基础，从此深度学习进入快速发展期。

之后的几年中，许多深度学习的训练技巧被提出来，如参数的初始化方法、新型激活函数、Dropout(舍弃)训练方法等，这些技巧较好地解决了当结构复杂时传统神经网络存在的过拟合、训练难的问题。与此同时，计算机和互联网的发展也使得在诸如图像识别这样的问题中可以积累前所未有的大量数据对神经网络进行训练。

2012 年，Hinton 和他的学生 Krizhevsky 将 ImageNet 图片分类问题的 Top5 错误率由 26%降低至 15%，第一次显著地超过了手工设计特征加浅层模型进行学习的模式，在业界掀起了深度学习的热潮。

6.2 人工神经网络

6.2.1 生物神经网络

现代人的大脑里约有 10^{11} 个神经元，每个神经元(细胞)都向外伸出许多分支，如图 6.3 所示。神经元的主体部分是细胞体，由细胞核、细胞质、细胞膜等组成。除此之外，神经元还包括轴突和树突。轴突相当于细胞体的输出端，主要负责传递和输出信息，是由细胞体内外向输出的一条最长的分支，其末端还有许多分支称为轴突末梢。典型的轴突长 1cm，是细胞体直径的 100 倍。细胞体就是依靠这些轴突末梢与其他神经元产生连接的，将神经冲动传给其他的神经元。树突相当于细胞体的输入端，主要负责接收输入信息，是由细胞体向外伸出的除了轴突以外的其他许多较短的分支。神经冲动只能由前一级神经元的轴突末梢向下一级神经元的树突或细胞体传递，而不能反向传递。

很多连接起来的神经元构成网状结构，海量具有传感和伸缩功能的细胞通过神经纤维连接在这个网状结构的输入和输出端，中枢神经系统正是通过这种网状结构获得了“智能”，从而能够做出决策并驱动机体产生动作。如图 6.4 所示是一只果蝇的大脑图像，展示了果蝇 25 万个神经元每一个的具体情况，这是有史以来最完整的大脑图谱。

神经元有两种常规的工作状态：兴奋与抑制。当传入的神经冲动使细胞膜电位升高并超过某个阈值时，细胞进入兴奋状态，能够产生神经冲动并由轴突向外输出；当传入的神经冲动使细胞膜电位下降并低于某个阈值时，细胞进入抑制状态，没有神经冲动输出。

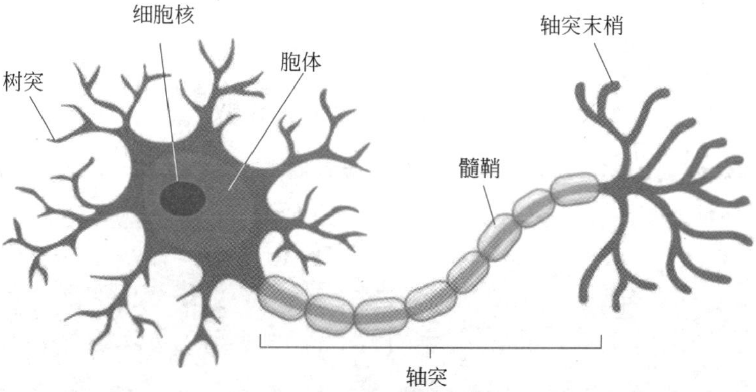

图 6.3　神经元结构

图 6.3 彩图

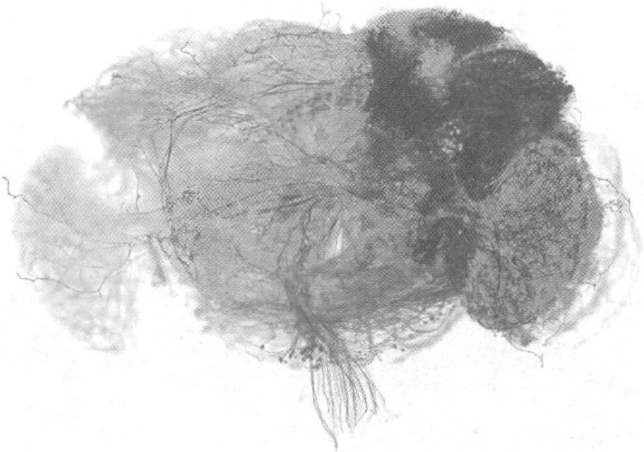

图 6.4　果蝇的大脑图像(40 万亿像素)

图 6.4 彩图

6.2.2　人工神经元与人工神经网络

早在 1943 年，美国神经和解剖学家就提出了人工神经元的数学模型(M-P 模型)，自此开启了学者们对人工神经网络的研究，根据神经元的结构和功能的不同，学者们提出的神经元模型有几百种。如图 6.5 所示是一个典型的神经元模型，其中，$x_1, x_2, \cdots, x_m$ 是神经元的输入；y_k 是神经元的输出；$w_{k1}, w_{k2}, \cdots, w_{km}$ 对应每个神经元输入的权重；b_k 是偏置单元，以

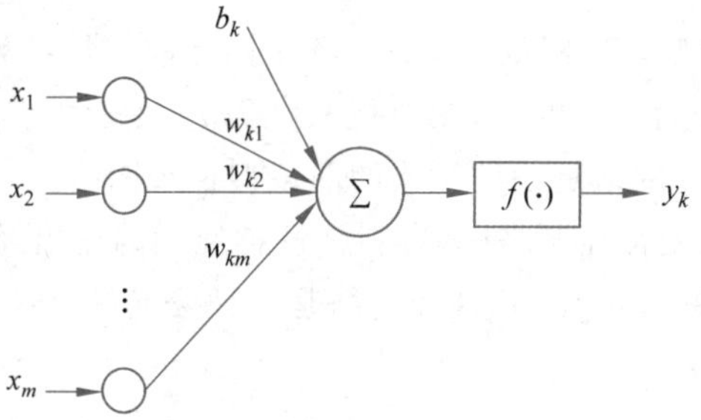

图 6.5　典型的神经元模型

常数值加到激活函数的输入中；$f(\cdot)$是非线性激活函数，能使神经网络（无论单层或多层）非常灵活且具有能估计复杂的非线性关系的能力。

神经元输出 y_k 与输入 $x_1, x_2, \cdots, x_m$ 之间的关系可以描述为

$$y_k = f\left(\sum_{i=1}^{m} w_{ki} x_i + b_k\right) = f(\boldsymbol{W}_k^{\mathrm{T}} \boldsymbol{X} + \boldsymbol{b}) \tag{6.1}$$

其中，$\boldsymbol{W}_k$、$\boldsymbol{X}$ 和 $\boldsymbol{b}$ 分别是权重矩阵、输入矩阵和偏置向量。常见的非线性激活函数 $f(\cdot)$的形式包括以下几种。

1. 阶跃函数。

$$f(x_i) = \begin{cases} 1, & x_i \geqslant 0 \\ 0, & x_i < 0 \end{cases} \tag{6.2}$$

或

$$f(x_i) = \begin{cases} +1, & x_i \geqslant 0 \\ -1, & x_i < 0 \end{cases} \tag{6.3}$$

2. S 型函数

它具有平滑和渐近性，并保持单调性，是最常用的非线性函数。最常用的 S 型函数是 Sigmoid 函数：

$$f(x_i) = \frac{1}{1 + \mathrm{e}^{-\alpha x_i}} \tag{6.4}$$

其中，α 可以控制 S 型函数的斜率。对于需要神经元输出范围在$[-1,1]$时，S 型函数可以使用双曲线正切函数：

$$f(x_i) = \frac{1 - \mathrm{e}^{-\alpha x_i}}{1 + \mathrm{e}^{-\alpha x_i}} \tag{6.5}$$

3. ReLU 函数

ReLU 函数其实是分段线性函数，把所有的负值都变为 0，而正值不变，这种操作被称为单侧抑制。有了单侧抑制，才使得神经网络中的神经元也具有了稀疏激活性。尤其体现在深度神经网络模型（如卷积神经网络）中，当模型增加 N 层之后，理论上 ReLU 神经元的激活率将降低到 $1/2N$。ReLU 函数的表达式如下。

$$f(x_i) = \begin{cases} x, & x > 0 \\ 0, & x \leqslant 0 \end{cases} \tag{6.6}$$

基于这些人工神经元可以构建复杂的人工神经网络。目前，人工神经网络主要有前馈型和反馈型两大类。

(1) 前馈型。在前馈型神经网络中，各神经元接受前一层的输入，并输出给下一层，没有反馈。前馈网络可以分为不同的层，第 i 层只与第 $i-1$ 层的输出相连，输入与输出的神经元与外界相连。BP 神经网络是一种经典的前馈型神经网络。

(2) 反馈型。在反馈型神经网络中，存在一些神经元的输出经过若干个神经元后，再反馈到这些神经元的输入端。Hopfield 神经网络是一种经典的反馈型神经网络。

6.2.3 BP 神经网络

BP(Back Propagation)神经网络于 1986 年由 Rumelhart 和 Mccelland 提出，是目前应

用最为广泛的神经网络模型之一。BP 神经网络采用最速下降法，通过反向传播来不断调整网络的权值和阈值，使网络的误差平方和最小，能够学习和存储大量的输入-输出模式映射关系，而无须描述这种映射关系的数学方程。

1. BP 神经网络的结构

BP 神经网络是一种按误差逆传播算法训练的多层前馈网络，其结构如图 6.6 所示。

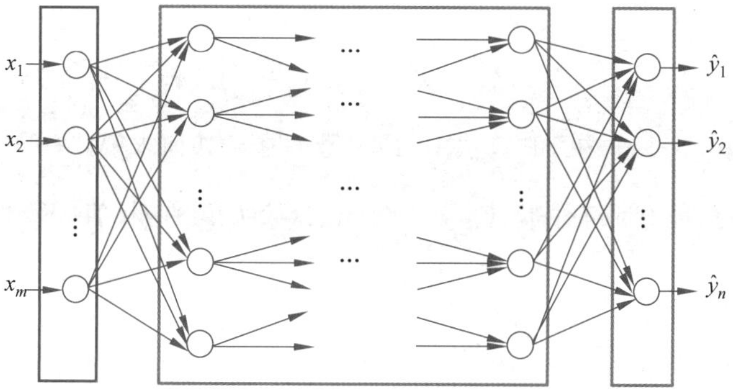

图 6.6　BP 神经网络结构

图 6.6 彩图

图 6.6 所示为一个 L 层的 BP 神经网络。其中，第一层为输入层，最后一层（第 L 层）为输出层，中间各层为隐层。在设计 BP 网络结构时，通常设置输入层的神经元个数等于输入向量的维数，输出层的神经元个数等于输出向量的维数（如分类问题中的类别数量）。令该 BP 网络的输入向量为

$$\boldsymbol{x}=[x_1,x_2,\cdots,x_m] \tag{6.7}$$

网络的输出向量为

$$\hat{\boldsymbol{y}}=[\hat{y}_1,\hat{y}_2,\cdots,\hat{y}_n] \tag{6.8}$$

第 l 隐层各神经元的输出为

$$\mathbf{Out}^{(l)}=[\mathrm{Out}_1^{(l)},\mathrm{Out}_2^{(l)},\cdots,\mathrm{Out}_{s_l}^{(l)}],\quad l=1,2,\cdots,L-1 \tag{6.9}$$

其中，s_l 为第 l 隐层神经元个数。设 $\mathrm{In}_i^{(l-1)}$ 为第 $l-1$ 层第 i 个神经元的输入，$f(\cdot)$为该神经元的激活函数，$w_{ij}^{(l)}$ 为第 $l-1$ 层第 i 个神经元与第 l 层第 j 个神经元之间的连接权重，$b_j^{(l)}$ 为第 l 层第 j 个神经元的偏置值，与式(6.1)类似地可以得到：

$$\mathrm{Out}_i^{(l-1)}=f(\mathrm{In}_i^{(l-1)}) \tag{6.10}$$

$$\mathrm{In}_j^{(l)}=\sum_{i=1}^{s_{l-1}}w_{ij}^{(l)}\mathrm{Out}_i^{(l-1)}+b_j^{(l)} \tag{6.11}$$

2. BP 学习算法

BP 学习算法通过前向传播和反向学习过程，逐步优化各层神经元的输入权值和偏置，使得神经网络的输出尽可能地接近期望输出（即学习误差尽可能小），以达到学习的目的。为此，需要先定义学习误差。假设有 N 个训练样本$(\boldsymbol{x}_s,\boldsymbol{y}_s)$，$s=1,\cdots,N$，其中 $\boldsymbol{y}_s=(y_{s1},\cdots,y_{sn})$是输入向量 $\boldsymbol{x}_s=(x_{s1},\cdots,x_{sm})$的期望输出，输入向量 $\boldsymbol{x}_s$ 的实际输出为 $\hat{\boldsymbol{y}}_s=(\hat{y}_{s1},\cdots,\hat{y}_{sn})$。BP 算法通过最优化各层神经元的输入权重和偏置值，使得神经网络的输出尽可能接近期望输出，实现网络的训练。

对于一个给定的训练样本($\boldsymbol{x}_s,\boldsymbol{y}_s$)，首先定义该样本的训练误差函数为：

$$\mathrm{err}_s=\frac{1}{2}\sum_{k=1}^{n}(y_{sk}-\hat{y}_{sk})^2=\frac{1}{2}\sum_{k=1}^{n}(y_{sk}-\hat{y}_{sk})^2 \tag{6.12}$$

BP 算法每次迭代按照如下梯度下降法迭代公式，对权值和偏置进行更新，使得式(6.12)尽可能地小：

$$w_{ij}^{(l)}=w_{ij}^{(l)}-\alpha\frac{\partial\mathrm{err}_s}{\partial w_{ij}^{(l)}} \tag{6.13}$$

$$b_j^{(l)}=b_j^{(l)}-\alpha\frac{\partial\mathrm{err}_s}{\partial b_j^{(l)}} \tag{6.14}$$

其中，学习速率 $\alpha\in[0,1]$。在 BP 算法中，最关键的在于如何求解式(6.13)和式(6.14)的偏导数$\frac{\partial\mathrm{err}_s}{\partial w_{ij}^{(l)}}$和$\frac{\partial\mathrm{err}_s}{\partial b_j^{(l)}}$。对于训练样本($\boldsymbol{x}_s,\boldsymbol{y}_s$)，输出层(第 L 层)的权值 $w_{ij}^{(L)}$ 的偏导数可以如下计算：

$$\begin{aligned}\frac{\partial\mathrm{err}_s}{\partial w_{ij}^{(L)}}&=\frac{\partial}{\partial w_{ij}^{(L)}}\left(\frac{1}{2}\sum_{k=1}^{n}(y_{sk}-\hat{y}_{sk})^2\right)=\frac{\partial}{\partial w_{ij}^{(L)}}\left(\frac{1}{2}(y_{sj}-\hat{y}_{sj})^2\right)\\&=-(y_{sj}-\hat{y}_{sj})\cdot\frac{\partial\hat{y}_{sj}}{\partial w_{ij}^{(L)}}=-(y_{sj}-\hat{y}_{sj})\cdot\frac{\partial\hat{y}_{sj}}{\partial\mathrm{In}_j^{(L)}}\cdot\frac{\partial\mathrm{In}_j^{(L)}}{\partial w_{ij}^{(L)}}\\&=-(y_{sj}-\hat{y}_{sj})\cdot f'(\mathrm{In}_j^{(L)})\cdot\frac{\partial\mathrm{In}_j^{(L)}}{\partial w_{ij}^{(L)}}\\&=-(y_{sj}-\hat{y}_{sj})\cdot f'(\mathrm{In}_j^{(L)})\cdot\mathrm{out}_i^{(L-1)}=\delta_j^{(L)}\cdot\mathrm{out}_i^{(L-1)}\end{aligned} \tag{6.15}$$

其中，

$$\delta_j^{(L)}=-(y_{sj}-\hat{y}_{sj})\cdot f'(\mathrm{In}_j^{(L)}) \tag{6.16}$$

同理可得

$$\frac{\partial\mathrm{err}_s}{\partial b_j^{(L)}}=\delta_j^{(L)} \tag{6.17}$$

结合式(6.13)和式(6.14)可以更新 $w_{ij}^{(L)}$ 和 $b_j^{(L)}$。对于中间隐层第 l 层($2\leqslant l\leqslant L-1$)，同理可得

$$\frac{\partial\mathrm{err}_s}{\partial w_{ij}^{(l)}}=\delta_j^{(l)}\mathrm{out}_i^{(l-1)} \tag{6.18}$$

$$\frac{\partial\mathrm{err}_i}{\partial b_j^{(l)}}=\delta_j^{(l)} \tag{6.19}$$

其中，

$$\delta_j^{(l)}=-\sum_{k=1}^{s_{l+1}}w_{jk}^{(l+1)}\delta_k^{(l+1)}f'(\mathrm{In}_k^{(l+1)}) \tag{6.20}$$

为了方便描述 BP 学习算法，将图 6.6 简化为图 6.7 所示只有一个隐层的形式，并且输入层、隐层和输出层都只有两个神经元。

为了进一步简化描述，假设只有 1 个训练样本($\boldsymbol{x}_1,\boldsymbol{y}_1$)，其中 $\boldsymbol{x}_1=(x_1,x_2)$ 和 $\boldsymbol{y}_1=(y_1,y_2)$都是二维向量。网络输入层至隐层和隐层至输出层的初始化权重分别为($w_{11}^{(1)},w_{12}^{(1)},w_{21}^{(1)},w_{22}^{(1)}$)和($w_{11}^{(2)},w_{12}^{(2)},w_{21}^{(2)},w_{22}^{(2)}$)，偏置值为 0。BP 学习算法的流程如下。

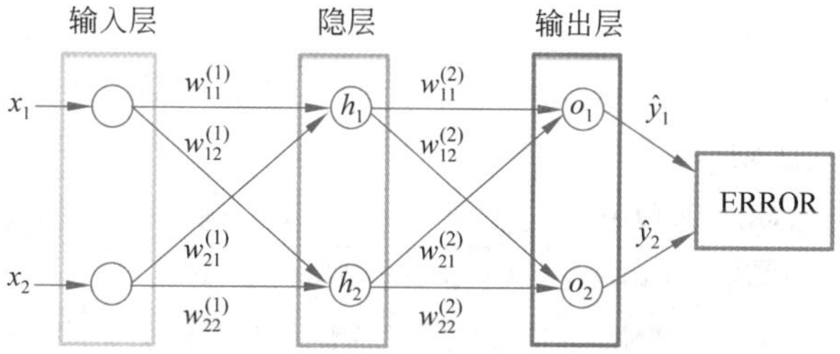

图 6.7　具有一个隐层的 BP 神经网络

图 6.7 彩图

（1）前向传播。BP 算法自输入层向输出层进行前向传播，计算学习误差。根据输入 $\boldsymbol{x}_1=(x_1,x_2)$，结合初始化的权重，可以计算隐层结点 h_1 和 h_2 的输入分别为

$$\mathrm{In}_{h_1}=w_{11}^{(1)}x_1+w_{21}^{(1)}x_2 \tag{6.21}$$

$$\mathrm{In}_{h_2}=w_{12}^{(1)}x_1+w_{22}^{(1)}x_2 \tag{6.22}$$

为了方便计算，假设整个网络中，神经元的非线性激活函数全部使用 Sigmoid 函数。那么，隐层结点 h_1 和 h_2 的输出分别为

$$\mathrm{Out}_{h_1}=\mathrm{Sigmoid}(\mathrm{In}_{h_1}) \tag{6.23}$$

$$\mathrm{Out}_{h_2}=\mathrm{Sigmoid}(\mathrm{In}_{h_2}) \tag{6.24}$$

同理，输出层结点 o_1 和 o_2 的输入分别为

$$\mathrm{In}_{o_1}=w_{11}^{(2)}\mathrm{Out}_{h_1}+w_{21}^{(2)}\mathrm{Out}_{h_2} \tag{6.25}$$

$$\mathrm{In}_{o_2}=w_{12}^{(2)}\mathrm{Out}_{h_1}+w_{22}^{(2)}\mathrm{Out}_{h_2} \tag{6.26}$$

输出层结点 o_1 和 o_2 的输出分别为

$$\mathrm{Out}_{o_1}=\hat{y}_1=\mathrm{Sigmoid}(\mathrm{In}_{o_1}) \tag{6.27}$$

$$\mathrm{Out}_{o_2}=\hat{y}_2=\mathrm{Sigmoid}(\mathrm{In}_{o_2}) \tag{6.28}$$

此时，训练误差为

$$\mathrm{Error}=\frac{1}{2}\sum_{i=1}^{2}(y_i-\hat{y}_i)^2 \tag{6.29}$$

至此，完成了一次前向传播。

（2）反向传播。BP 算法自输出层向输入层进行反向传播，更新网络中各个连接的权重。先更新 $w_{11}^{(2)}, w_{12}^{(2)}, w_{21}^{(2)}, w_{22}^{(2)}$。以更新 $w_{11}^{(2)}$ 为例，计算训练误差 Error 相对于 $w_{11}^{(2)}$ 的偏导数，根据求导的链式法则，得到

$$\delta_5 \triangleq \frac{\partial \mathrm{Error}}{\partial w_{11}^{(2)}}=\frac{\partial \mathrm{Error}}{\partial \mathrm{Out}_{o_1}}\cdot\frac{\partial \mathrm{Out}_{o_1}}{\partial \mathrm{In}_{o_1}}\cdot\frac{\partial \mathrm{In}_{o_1}}{\partial w_{11}^{(2)}} \tag{6.30}$$

其中，

$$\frac{\partial \mathrm{Error}}{\partial \mathrm{Out}_{o_1}}=\mathrm{Out}_{o_1}-y_1 \tag{6.31}$$

$$\frac{\partial \mathrm{Out}_{o_1}}{\partial \mathrm{In}_{o_1}}=\mathrm{In}_{o_1}\cdot(1-\mathrm{In}_{o_1}) \tag{6.32}$$

$$\frac{\partial \mathrm{In}_{o_1}}{\partial w_{11}^{(2)}}=\mathrm{Out}_{h_1} \tag{6.33}$$

同理，可以计算训练误差 Error 关于 $w_{12}^{(2)}, w_{21}^{(2)}, w_{22}^{(2)}$ 的偏导数并分别记作 $\delta_6,\delta_7,\delta_8$，并根据

式(6.13)对它们进行更新。

再更新 $w_{11}^{(1)}, w_{12}^{(1)}, w_{21}^{(1)}, w_{22}^{(1)}$。以更新 $w_{11}^{(1)}$ 为例，计算训练误差 Error 相对于 $w_{11}^{(1)}$ 的偏导数，根据求导的链式法则，得到

$$\begin{aligned}
\delta_1 = \frac{\partial \text{Error}}{\partial w_{11}^{(1)}} &= \frac{\partial \text{Error}}{\partial \text{Out}_{o_1}} \cdot \frac{\partial \text{Out}_{o_1}}{\partial w_{11}^{(1)}} + \frac{\partial \text{Error}}{\partial \text{Out}_{o_2}} \cdot \frac{\partial \text{Out}_{o_2}}{\partial w_{11}^{(1)}} \\
&= \frac{\partial \text{Error}}{\partial \text{Out}_{o_1}} \cdot \frac{\partial \text{Out}_{o_1}}{\partial \text{In}_{o_1}} \cdot \frac{\partial \text{In}_{o_1}}{\partial \text{Out}_{h_1}} \cdot \frac{\partial \text{Out}_{h_1}}{\partial \text{In}_{h_1}} \cdot \frac{\partial \text{In}_{h_1}}{\partial w_{11}^{(1)}} + \frac{\partial \text{Error}}{\partial \text{Out}_{o_2}} \cdot \frac{\partial \text{Out}_{o_2}}{\partial \text{In}_{o_2}} \cdot \frac{\partial \text{In}_{o_2}}{\partial \text{Out}_{h_1}} \cdot \\
&\quad \frac{\partial \text{Out}_{h_1}}{\partial \text{In}_{h_1}} \cdot \frac{\partial \text{In}_{h_1}}{\partial w_{11}^{(1)}} \\
&= \left(\frac{\partial \text{Error}}{\partial \text{Out}_{o_1}} \cdot \frac{\partial \text{Out}_{o_1}}{\partial \text{In}_{o_1}} \cdot \frac{\partial \text{In}_{o_1}}{\partial \text{Out}_{h_1}} + \frac{\partial \text{Error}}{\partial \text{Out}_{o_2}} \cdot \frac{\partial \text{Out}_{o_2}}{\partial \text{In}_{o_2}} \cdot \frac{\partial \text{In}_{o_2}}{\partial \text{Out}_{h_1}} \right) \cdot \frac{\partial \text{Out}_{h_1}}{\partial \text{In}_{h_1}} \cdot \frac{\partial \text{In}_{h_1}}{\partial w_{11}^{(1)}} \\
&= (\delta_5 + \delta_6) \cdot \frac{\partial \text{Out}_{h_1}}{\partial \text{In}_{h_1}} \cdot \frac{\partial \text{In}_{h_1}}{\partial w_{11}^{(1)}} \qquad (6.34)
\end{aligned}$$

同理，可以计算训练误差 Error 关于 $w_{12}^{(1)}, w_{21}^{(1)}, w_{22}^{(1)}$ 的偏导数并分别记作 $\delta_2, \delta_3, \delta_4$，并根据式(6.13)对它们进行更新。

(3) 完成所有权值更新后，再进行前向传播和反向传播的迭代，直至更新结束。

3. BP 学习算法的实现

完整的 BP 学习算法流程图如图 6.8 所示。其中，还有如下几个问题需要注意。

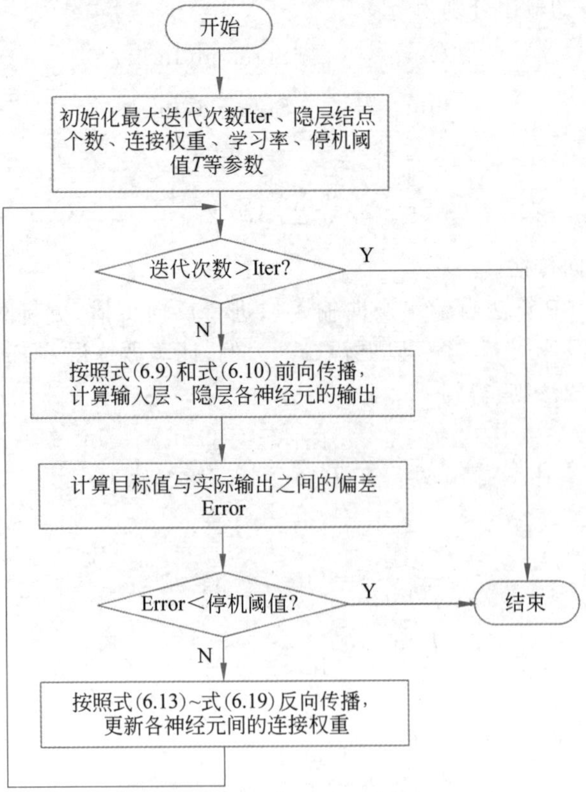

图 6.8 BP 学习算法流程图

(1) 训练数据的预处理。对于输入的训练数据,需要先进行预处理,常见的方法是通过线性变换将训练数据零均值化或归一化。

(2) 初始化权重对最终结果的影响。由于采用梯度下降算法,因此初始化权重对于 BP 神经网络的最终结果有较大的影响。权值初始化相同,会让收敛速度变得非常慢;如果权值全初始化为 0,则无法更新权值。

(3) BP 算法存在的不足之处包括容易陷入局部极小值、学习过程收敛速度慢、隐层和隐层结点数难以确定。此外,BP 神经网络能否经过训练达到收敛还与训练样本的容量、选择的算法及事先确定的网络结构(输入结点、隐层结点、输出结点及输出结点的传递函数)、期望误差和训练步数有很大的关系。

6.2.4 神经网络 Python 实例

本节中将通过 PyTorch 框架搭建一个神经网络分类器,用来实现手写体数字识别。这里使用的是 MINIST 数据集。MNIST 数据集是从 NIST 的 Special Database 3(SD-3)和 Special Database 1(SD-1)构建而来。由于 SD-3 是由美国人口调查局的员工进行标注,SD-1 是由美国高中生进行标注,因此 SD-3 比 SD-1 更干净也更容易识别。Yann LeCun 等从 SD-1 和 SD-3 中各取一半作为 MNIST 的训练集(60 000 条数据)和测试集(10 000 条数据),其中,训练集来自 250 位不同的标注员,此外还保证了训练集和测试集的标注员是不完全相同的。MINIST 数据集中的手写体数字图像都是 28×28 大小的二值化图像。为了进行计算,将其按列展开,转换为 784 维向量,并将每个原始像素灰度值归一化为[0,1]的数值。

在本节的案例中,使用 PyTorch 框架来构建卷积神经网络,整个流程如下。

```
####引入必要的库。其中,
##torch.nn:专门为神经网络设计的模块化接口,可以用来定义和运行神经网络。
##torch.nn.functional:使用 torch 中的常用函数
##torch.optim:一个实现了各种优化算法的库
##torchvision:用于下载并导入数据集
import torch
from torch import nn
from torch.nn import functional as F
from torch import optim
import torchvision
from matplotlib import pyplot as plt


####定义曲线绘制函数和图像显示函数
def plot_curve(data):                                  #下降曲线的绘制
    fig = plt.figure()
    plt.plot(range(len(data)), data, color='blue')
    plt.legend(['value'], loc='upper right')
    plt.xlabel('step')
    plt.ylabel('value')
    plt.show()

def plot_image(img, label, name):                      #图像显示
    fig = plt.figure()
    for i in range(6):                                 #6个图像,两行三列
```

```
        #print(i) 012345
        plt.subplot(2, 3, i + 1)
        plt.tight_layout()                          #紧密排版
        plt.imshow(img[i][0] * 0.3081 + 0.1307, cmap='gray', interpolation=
'none')
        #均值是 0.1307,标准差是 0.3081,

        plt.title("{}:{}".format(name, label[i].item()))
        plt.xticks([])
        plt.yticks([])
    plt.show()

def one_hot(label, depth=10):
    out = torch.zeros(label.size(0), depth)
    idx = torch.LongTensor(label).view(-1, 1)
    out.scatter_(dim=1, index=idx, value=1)
    return out


####搭建神经网络模型。首先需要继承 nn.Module 类。nn.Module 是 nn 中十分重要的类,包
##   含网络各层的定义及 forward()方法。在搭建网络时,需要重新实现构造函数 init()和
##   forward()这两个方法。
##   需要注意的是:
##   (1)在 init()构造函数中声明各层网络定义,在 forward()中实现各层网络之间的连接关系。
##   (2)一般把网络中具有可学习参数的层(如神经网络中的全连接层、卷积神经网络中的卷积层等)
##       放在构造函数 init()中,不具有可学习参数的层(如 ReLU、dropout、BatchNormanation 层)
##       除了可以放在构造函数中,也可以在 forward()方法里面使用 nn.functional()来代替
##   (3)forward()方法是实现各个层之间的连接关系的核心,必须要重写。

class Net(nn.Module):
    def __init__(self):                             #初始化函数
        #nn.Module 的子类函数必须在构造函数中执行父类的构造函数
        super(Net, self).__init__()

        #构建三层全连接层。其中:
        #     fc1 中的 28 * 28=784 是输入,这是固定的。
        #     fc3 中的 10 是 10 种分类,这也是固定的。
        #     256 和 64 是自行选择的
        self.fc1 = nn.Linear(28 * 28, 256)
        self.fc2 = nn.Linear(256, 64)
        self.fc3 = nn.Linear(64, 10)

    def forward(self, x):
        x = F.relu(self.fc1(x))                     #h1 = relu(xw+b)   x: [b, 1, 28, 28]
        x = F.relu(self.fc2(x))                     #h2 = relu(h1w2+b2)
        x = self.fc3(x)                             #h3 = h2w3+b3 输出是概率值
        return x


####主函数
def main():
        ####(1)加载数据。分别加载训练集和测试集。参数说明如下。
        ##   'mnist_data':加载数据的路径,这里加载的 mnist 数据集在当前目录下。
```

```
##   train = True:True 为训练集,False 为测试集。
##   download = True:如果当前文件没有 mnist 文件,会自动从网上下载。
##   torchvision.transforms.ToTensor():下载的数据一般是 numpy 格式,转换成
##   Tensor。
##   batch_size:一次训练所加载的图像数量。
##   shuffle:加载时做随机的打散。

batch_size = 512
 #加载训练集
 train_loader = torch.utils.data.DataLoader(
     torchvision.datasets.MNIST('mnist_data', train=True, download=True,
                    transform=torchvision.transforms.Compose([
                    torchvision.transforms.ToTensor(),
                    torchvision.transforms.Normalize((0.1307,), (0.3081,))
                    #归一化参数由数据集提供方计算得到
                      ])),
 batch_size = batch_size, shuffle = True)

 #加载测试集
 test_loader = torch.utils.data.DataLoader(
     torchvision.datasets.MNIST('mnist_data/', train=False, download=True,
                    transform=torchvision.transforms.Compose([
                    torchvision.transforms.ToTensor(),
                    torchvision.transforms.Normalize((0.1307,), (0.3081,))
                    #归一化参数由数据集提供方计算得到
                      ])),
 batch_size = batch_size, shuffle = False)  #测试集不用打散

 #显示加载的图片
 x, y = next(iter(train_loader))
 print(x.shape, y.shape, x.min(), x.max())
 plot_image(x, y, 'image_sample')


 ####(2)训练阶段。
 ##   完成神经网络的搭建之后,可以对输入图像 x 计算输出 out,然后再计算 out 与真
 ##   实值 y 之间的均方差,得到 loss。再通过 BP 算法进行梯度反向传递,对网络参数
 ##   进行不断的优化。可以通过 torch.optim 构造一个 optimizer 对象,用于保持当
 ##   前参数和进行参数更新。

 net = Net()                    #完成一个实例化、创建网络对象,得到网络的输出
 #使用 torch.optim 构造一个 optimizer 对象,用于保持当前参数和进行参数更新
 optimizer = optim.SGD(net.parameters(), lr=0.01, momentum=0.9)

 train_loss = []                          #保存 loss,用于后面的可视化
 #对整个数据集迭代 3 遍
 for epoch in range(3):
        for batch_idx, (x, y) in enumerate(train_loader):
                                          #每个 batch 迭代一次
        #网络只能接收二维 tensor,需要将图像转为二维 [b, 1, 28, 28] => [b, 784]
```

```
        #x.size(0)表示 batch 512     (512, 1, 28, 28) -> (512, 748)
        x = x.view(x.size(0), 28 * 28)

        #经过 class Net(nn.Module),得到网络输出[b, 10]
        out = net(x)

        y_onehot = one_hot(y)
        #计算 out 与 y_onehot 之间的均方差,得到 loss
        loss = F.mse_loss(out, y_onehot)

        optimizer.zero_grad()                #先对梯度进行清零
        loss.backward()                      #梯度计算过程

        #w' = w - lr * grad  (learn rate,学习率)
        optimizer.step()                     #更新权值

        train_loss.append(loss.item()) #将 tensor 转换成 numpy 类型

        #每隔 10 个 batch 打印一次损失值
        if batch_idx % 10 == 0:
            print(epoch, batch_idx, loss.item())

#画出 loss 曲线
plot_curve(train_loss)


    ####(3)测试阶段。
    ##   训练完成后,可以使用保存好的模型来进行测试。首先从 test 测试集中取得图像,
    ##   通过网络模型算输出,得到[b, 10]的 10 个值的最大值所在位置的索引,并统计正
    ##   确预测的数量

    total_correct = 0
    #x: [b, 1, 28, 28]
    for x, y in test_loader:                          #从 test_loader 取得图片
        x = x.view(x.size(0), 28 * 28)        #将 tensor 降成二维
        out = net(x)                                  #out: [b, 10]  =>  pred:[b]
        pred = out.argmax(dim=1)    #取得[b, 10]的 10 个值的最大值所在位置的索引
        correct = pred.eq(y).sum().float().item()
                                                      #当前 batch 中与 y 标签相等的数
        total_correct += correct

    total_num = len(test_loader.dataset)
    acc = total_correct / total_num                   #测试准确度
    print('test acc:', acc)

    x, y = next(iter(test_loader))                    #取一个 batch,查看预测结果
    out = net(x.view(x.size(0), 28 * 28))
    pred = out.argmax(dim=1)          #取得[b, 10]的 10 个值的最大值所在位置的索引
    plot_image(x, pred, 'test')
```

```
if __name__ == "__main__":
    main()
```

6.3　卷积神经网络

传统的人工神经网络一般都是以数值作为输入的，如果要处理类似图像、语音、文本这些信息时，需要先通过特征提取的方法，提取出数值类型的特征后，才能传入神经网络进行处理(这也是常规模式识别算法的实现过程)。同时，人工神经网络在学习过程中需要巨大的计算量，由于当时硬件算力的限制，导致人工神经网络中一般只包含少量的隐层，从而导致其算法性能大大受限。

直到 2006 年，Hinton 等受到 Hubel 和 Wiesel 研究成果的启发，提出了卷积神经网络(Convolutional Neural Networks，CNN)。CNN 是深度学习的基础，已经成为当前众多科研领域的研究热点之一。与传统的人工神经网络不同，CNN 无须复杂的预处理和提取特征的过程，可以直接将图像、语音、文本等输入网络，因而在工业界得到了非常广泛的应用。

6.3.1　卷积神经网络的结构

实际上，卷积神经网络就是一种多层神经网络，每层由多个"二维平面"组成，每个平面又由多个独立神经元组成。如图 6.9 所示为一个经典的卷积神经网络(LeNet-5)结构。

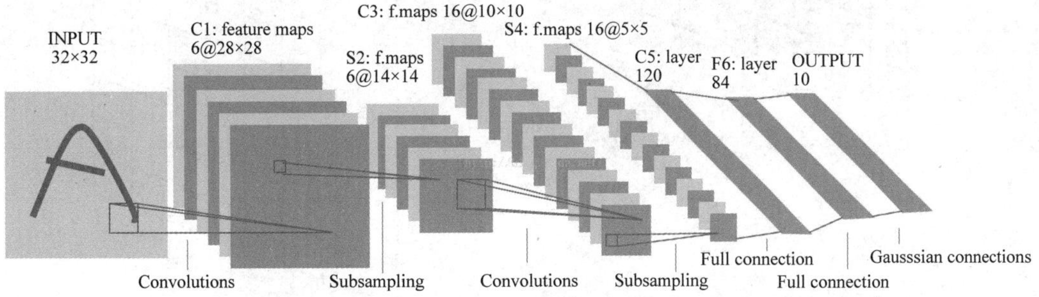

图 6.9　一个经典的卷积神经网络(LeNet-5)结构

在图 6.9 中，C 为卷积层，CNN 的核心层，用于提取特征，该层中每个神经元的输入与前一层的局部感受野相连，并提取该区域的特征；S 为下采样层，用于特征映射，该层对输入图像或特征图进行池化操作；F 为全连接层，通过全连接层可以将特征图转换为类别输出。全连接层不止一层。在 CNN 中，每个卷积层 C 之后都紧跟着一个下采样层 S。C 层和 S 层中的每一层都由多个"二维平面"组成，每个二维平面代表一个特征图。

6.3.2　卷积神经网络的基本操作

本节介绍卷积神经网络的基本操作，主要包括卷积、池化等。

1. 卷积层

卷积是数学上的一个重要的运算。在数字图像处理中，可以使用卷积操作对输入图像或特征图进行变换，而不同的卷积核可以起到不同的特征提取的作用，因此，卷积层也被称为特征提取层，而经过卷积处理的结果被称为特征图。

可以将一幅灰度图像看作一个矩阵，该矩阵的大小也就是图像的长和宽，矩阵中的每个数字的取值范围是 0～255，0 代表黑色，255 代表白色，其他灰度介于 0～255。而一幅彩色图像则有红、绿、蓝三个通道（这是 RGB 颜色空间的表示方法，如果是其他颜色空间则是其他通道），例如，可以使用（255，0，0）来表示红色，（0，0，150）表示淡蓝色，（128，128，128）表示灰色。

先考虑灰度图像（即通道数为 1 的图像）的卷积操作。卷积操作实际上就是使用卷积核作为蒙板，“蒙”在原图像的某个位置上，计算卷积核中每个元素与原图像对应位置上元素的乘积之和，将其作为结果图像中当前位置的值，如图 6.10 所示。完成操作后，将卷积核水平移动到下一个位置（移动多少与步长有关，步长为 1 即移动 1 格），再次计算。以此类推，直至做完一行的操作后，卷积核移动到下一行，再做相同的操作。

图 6.10 彩图

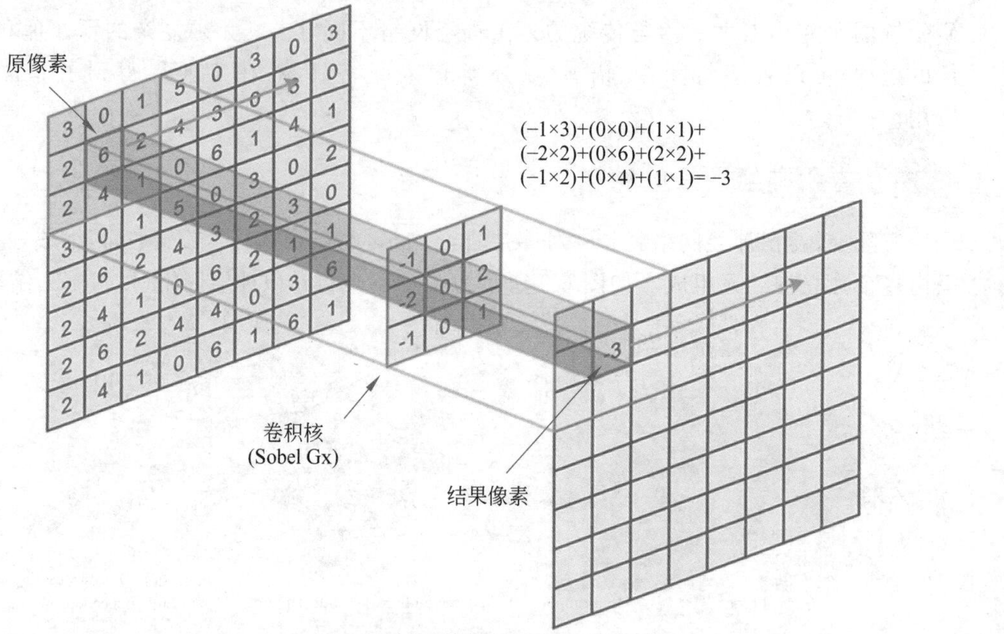

图 6.10　灰度图进行卷积操作

如图 6.11 所示为一幅 7×7 大小的图像，使用一个 3×3 大小的卷积核（实际上，这是图像处理中用于边缘提取的两个 Sobel 算子：G_x 和 G_y）对它进行步长为 1 的卷积操作的效果。可以看到，对于原图中的十字明亮区域，G_x 卷积核提取了垂直方向的特征（保持较高的灰度），同时抑制了水平方向的特征，而 G_y 卷积核提取了水平方向的特征（保持较高的灰度），同时抑制了垂直方向的特征。这也是为什么将卷积操作的结果称为特征图的原因。需要注意的是，在常规的图像处理中，由于假设图像中灰度值为 0～255，卷积结果中灰度值超过 255 的像素被置为 255，灰度值低于 0 的像素被置为 0。但在卷积过程中，并不把卷积结果限制在 0～255。

做完卷积操作后特征图大小的计算，对于理解卷积神经网络很有帮助。假设在一个卷积神经网络中，某个卷积层的输入图像大小为 $W \times H \times 1$（分别对应图像的宽度、高度和通道数)，卷积核大小为 $w \times h \times c$（其中，w、h 和 c 分别对应卷积核的宽度、高度和卷积核数量，每个卷积核通道数全为 1，例如，如图 6.11 所示的两个卷积核 G_x 和 G_y）。卷积步长为 stride，pad 为在输入数据边缘处填补特定元素的数量（一般为 0）。做完卷积处理后的特征图大小为宽 W'、高 H'、通道数 c，其中：

$$W' = \frac{W + 2 \times \text{pad} - w}{\text{stride}} + 1 \tag{6.35}$$

$$H' = \frac{H + 2 \times \text{pad} - h}{\text{stride}} + 1 \tag{6.36}$$

$$\begin{bmatrix} 0 & 0 & 0 & 50 & 0 & 0 & 0 \\ 0 & 0 & 0 & 50 & 0 & 0 & 0 \\ 0 & 0 & 0 & 50 & 0 & 0 & 0 \\ 50 & 50 & 50 & 50 & 50 & 50 & 50 \\ 0 & 0 & 0 & 50 & 0 & 0 & 0 \\ 0 & 0 & 0 & 50 & 0 & 0 & 0 \\ 0 & 0 & 0 & 50 & 0 & 0 & 0 \end{bmatrix} \times G_x \begin{bmatrix} -1 & 0 & 1 \\ -2 & 0 & 2 \\ -1 & 0 & 1 \end{bmatrix} = \begin{bmatrix} 0 & 200 & 0 & -200 & 0 \\ 0 & 150 & 0 & -150 & 0 \\ 0 & 100 & 0 & -100 & 0 \\ 0 & 150 & 0 & -150 & 0 \\ 0 & 200 & 0 & -200 & 0 \end{bmatrix}$$

$$\begin{bmatrix} 0 & 0 & 0 & 50 & 0 & 0 & 0 \\ 0 & 0 & 0 & 50 & 0 & 0 & 0 \\ 0 & 0 & 0 & 50 & 0 & 0 & 0 \\ 50 & 50 & 50 & 50 & 50 & 50 & 50 \\ 0 & 0 & 0 & 50 & 0 & 0 & 0 \\ 0 & 0 & 0 & 50 & 0 & 0 & 0 \\ 0 & 0 & 0 & 50 & 0 & 0 & 0 \end{bmatrix} \times G_y \begin{bmatrix} -1 & -2 & -1 \\ 0 & 0 & 0 \\ 1 & 2 & 1 \end{bmatrix} = \begin{bmatrix} 0 & 0 & 0 & 0 & 0 \\ 200 & 150 & 100 & 150 & 200 \\ 0 & 0 & 0 & 0 & 0 \\ -200 & -150 & -100 & -150 & -200 \\ 0 & 0 & 0 & 0 & 0 \end{bmatrix}$$

图 6.11　灰度图进行卷积操作的结果

下面再来考虑多通道图像（假设是彩色图像，通道数为 3）的卷积操作。彩色图像的卷积操作与灰度图像类似，只是每个卷积核也有 3 个通道且每个通道不一样。图 6.12 描述的是一幅彩色图像使用两个 3×3×3 的卷积核实施步长为 2 的卷积效果，其结果为一个 3×3×2 的特征图 o。其中，$o[:,:,0]$的结果是输入图像各个通道与 $\boldsymbol{W}_0$ 各个通道分别做卷积并求和的结果再加上偏置值，$o[:,:,1]$的结果则是输入图像各个通道与 $\boldsymbol{W}_1$ 各个通道分别做卷积并求和的结果再加上偏置值。假设在一个卷积神经网络中，某个卷积层的输入图像大小为 $W \times H \times C$（分别对应图像的宽度、高度和通道数），卷积核大小为 $w \times h \times c$（其中，w、h 和 c 分别对应卷积核的宽度、高度和卷积核数量。每个卷积核的通道数需要与输入图像的通道数相等，即为 C），卷积步长为 stride，pad 为填充数（一般为 0），那么卷积后得到的特征图的宽高和通道数分别为 W'、H'、c，其中，W'和 H'的计算方法与单通道图像一样，可以使用式(6.35)计算。

图 6.12 彩图

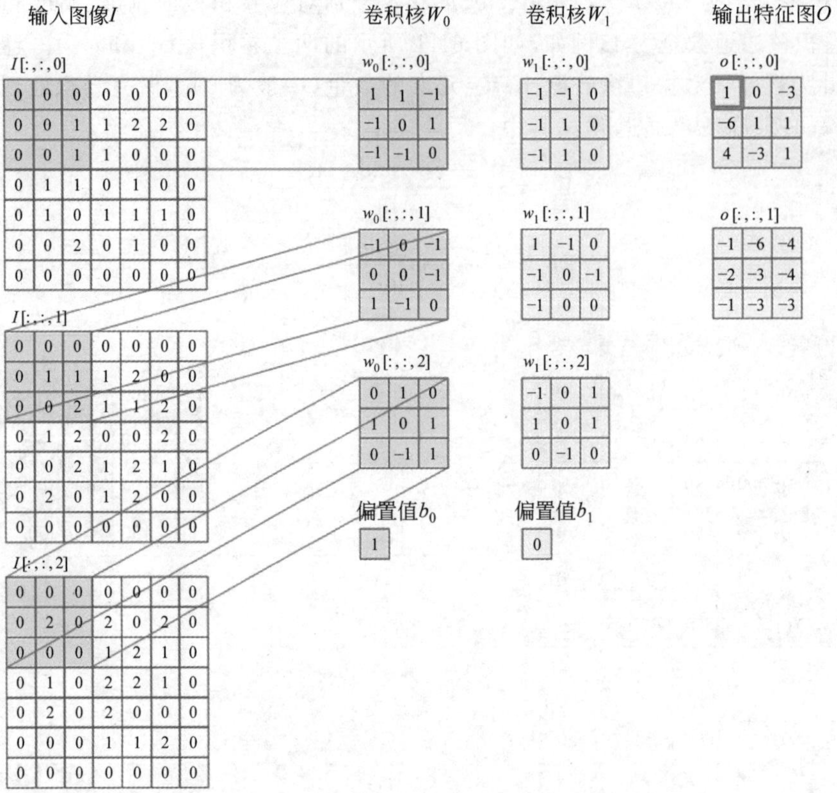

图 6.12　彩色图进行卷积操作的结果

2. 池化层

池化层一般在卷积层后面，其主要作用是去除卷积得到的特征图中的次要部分，进而减少网络参数，其本质是对局部特征的再次抽象表达，实际上就是一种降采样操作。池化主要包括以下两种操作。

(1) 最大池化。选取图像区域的最大值作为该区域池化后的值。

(2) 平均池化。计算图像区域的平均值作为该区域池化后的值。如图 6.13 所示的是两种池化操作的结果，其中，池化窗口大小为 2×2，步长为 2。

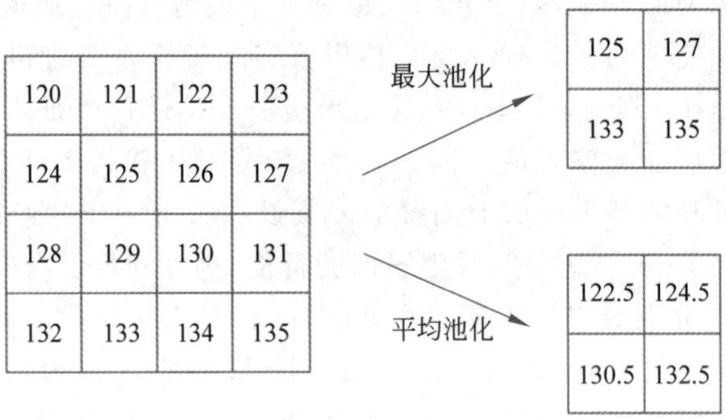

图 6.13　两种池化操作的结果对比

假设原始的特征图大小为 224×224×64。取出其中的一个通道，对其进行池化操作，池化后该通道大小变成 112×112,然后再把它放回原来的位置。然后,再对原特征图其他的通道进行池化操作,所有通道的池化操作完成后,原来 224×224×64 大小的特征图会变成 112×112×64 大小,即每个通道的长宽变成原来的一半,但是通道数不变。该过程如图 6.14 所示。

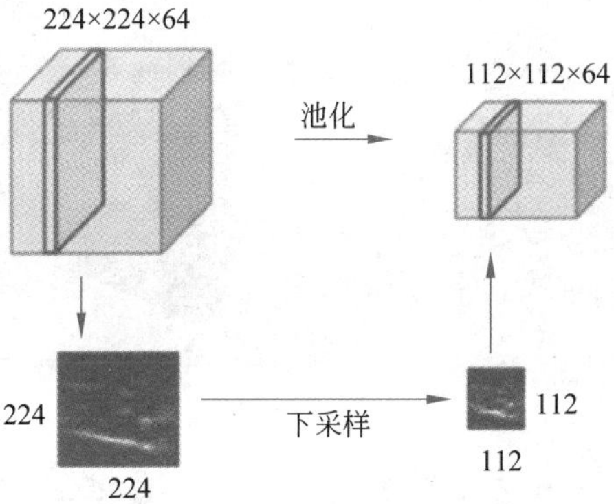

图 6.14　池化操作的例子

图 6.14 彩图

池化层的主要特点如下。

(1) 特征不变性。池化操作使卷积神经网络更关注“是否存在某种特征”而不是“特征在哪里”,这可以看作一种很强的先验,使特征提取学习包含某种程度自由度,能容忍一些特征微小的位移或扰动。

(2) 特征降维。由于池化操作的降采样作用,池化结果中的一个元素对应于原输入数据的一个子区域,因此池化相当于在空间范围内做了降维,从而使模型既可以提取更广范围的特征,又减小了下一层输入大小,进而减小计算量和参数数量,并在一定程度上能防止过拟合的发生。

3. 全连接层

全连接层的主要作用是连接所有的特征。在卷积神经网络中,全连接层用于将卷积网络输出的二维特征图转换成一维向量,并将其输出至分类器(如 Softmax 分类器)。

6.3.3　卷积神经网络的关键技术

卷积神经网络的关键技术模拟了人类视觉系统(HVS)对图像亮度、纹理、边缘等特性逐层提取过程,其核心思想是将局部连接、权重共享结合,以减少网络参数个数,并获得图像特征位移、尺度的不变性。

1. 局部连接

局部连接的思想起源于生物学中视觉系统的结构,视觉皮层的神经元就是仅使用了局部的接收到的信息。由于卷积神经网络的输入是图像或视频,而图像或视频的像素之间的局部关联性非常强,这种局部连接保证了训练后的滤波器能够对局部特征有最强的响应,使神经网络可以提取数据的局部特征。图 6.15(a)和图 6.15(b)将全连接和局部连接做了对比。

与神经元相连接的图像区域被称为感受野,神经元对感受野以外的神经元没有感知。这样的结构确保了当前层的卷积核只对局部空间输入模式产生最强的响应,同时又能使更上层的卷积核的感受野越来越“全局”，这反映了特征映射从低层次到高层次逐层抽象，越来越反映图像的本质特征和全局特性。

图 6.15 彩图

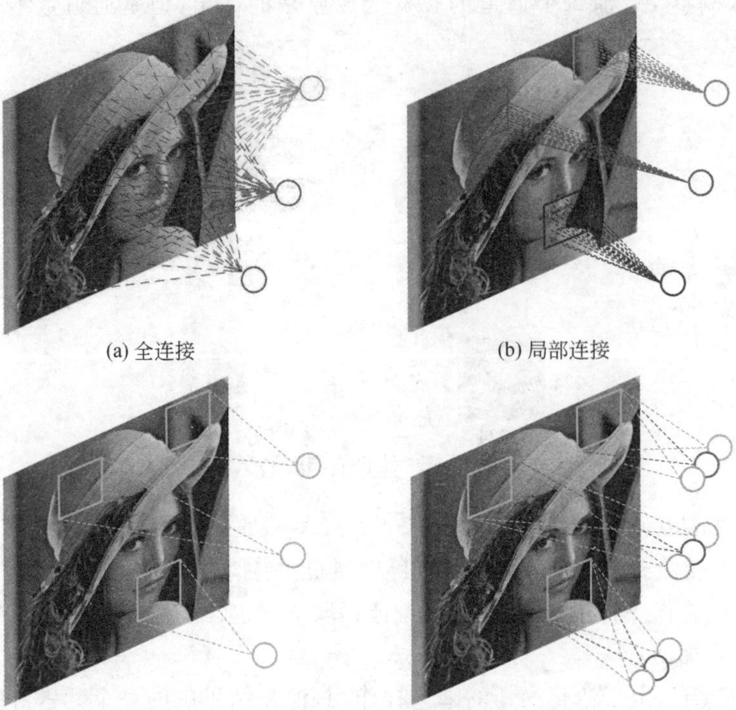

(a) 全连接　(b) 局部连接

(c) 权值共享　(d) 多卷积核

图 6.15　卷积神经网络的关键技术

举例而言，假设输入图像的大小为 1000×1000（即 100 万像素大小的图像），与之连接的隐层神经元数目为 10^6 个。如果采用全连接的方式，那么仅这一个隐层网络就有 $1000\times1000\times10^6=10^{12}$个权值参数，如此数目巨大的参数量很难训练。如果采用局部连接的方式，假设隐层的每个神经元仅与图像中 10×10 的局部图像相连接，那么此时的权值参数量为 $10\times10\times10^6=10^8$，降低了 4 个数量级。

2. 权重共享

使用局部连接的方法，虽然可以大大降低网络参数量，但降低后的参数量依然很大。为了进一步降低参数量，在卷积神经网络中使用了权重共享的技术，对每个卷积核在同一个感受野平面中复用，也就是在同一个感受野平面内的神经元共享相同的参数（权重向量和偏置）并形成特征映射。如图 6.14(c)所示，3 个同一层的隐层神经元属于同一特征映射平面，相同颜色的权重被 3 个不同的神经元共享，即不同神经元之间的连接权重一样。这也可以看作同一个神经元使用相同的权重（相同的卷积核）对图像的不同区域提取特征。

在上面的例子中，由于在局部连接中隐层的每个神经元连接的是一个 10×10 的局部图像，因此有 10×10 个权值参数，将这些权值参数共享给该隐层中的其他神经元，即隐层中 10^6 个神经元的权值参数相同，那么此时需要训练的参数仅仅是这 10×10 个权值参数（也就是卷积核的大小）。

3. 多卷积核

通过局部连接与权值共享的方法，使用少量的连接权重就可以完成对图像特征的提取。

但这种方法只能提取一种图像特征(卷积核实际上只有一个),要提取多个特征,可以增加卷积核的数量,通过不同的卷积核提取图像在不同映射下的特征,构成特征图。如图 6.14(d)所示的是 3 组神经元,颜色相同的神经元为一组。每组神经元所包含的 3 个同一层的隐层神经元属于同一特征映射平面,它们共享相同的连接权重。颜色不同的神经元的连接权重不同。这也可以看作 3 个颜色不同的神经元使用各自的权重(卷积核)对图像的若干不同区域提取特征。

在上面的例子中,如果使用 100 个不同的卷积核,最终的权重参数也仅为 $10\times10\times100=10^4$ 个。可见,使用这三种技术,能够使卷积神经网络的权重参数得到大幅的缩减。

假设输入图像为 32×32 大小的灰度图像,下面以图 6.9 的 LeNet-5 网络为例,说明该网络参数的计算方法。

(1) 输入层(Input)输入的是 32×32 大小的手写体数字图片,每个像素可以看作一个神经元,因此整幅图像相当于 32×32=1024 个神经元。

(2) C1 层是卷积层,使用 6 个 5×5 大小的卷积核,生成 6 个特征图。每个特征图的宽和高按照式(6.35)计算为(32+2×0−5)/1+1=28,从而将 1024 个神经元缩减为 28×28=724 个神经元。根据特征图权值共享的技术,每个特征图只使用一个相同的卷积核。每个卷积核有 5×5 个参数再加上 1 个偏置共 26 个参数,因此 C1 层共有 26×6=156 个训练参数,共(5×5+1)×28×28×6=122 304 个连接权重。

(3) S2 层是池化层(下采样层)。C1 层的 6 个 28×28 的特征图分别进行以 2×2 为单位的下采样得到 6 个 14×14 的特征图。每个特征图使用一个下采样核,每个下采样核有 1 个系数和 1 个偏置共两个训练参数,6 个特征图共有 2×6=12 个训练参数。S2 层中的每个像素都与 C1 中的 2×2 个像素和 1 个偏置相连接,因此共有 5×14×14×6=5880 个连接。

(4) C3 层是卷积层,使用 16 个 5×5 大小的卷积核,生成 16 个特征图。每个特征图的宽和高均为(14+2×0−5)/1+1=10。C3 层与 C1 层类似,不同的是,C3 的每个结点与 S2 中的 6 个特征图都相连,连接方式如表 6.1 所示,C3 中 16 个特征图(表 6.1 中的行方向)是通过对 S2 中 6 个特征图(表 6.1 中的列方向)进行加权组合得到的。C3 中第 0～5 个特征图与 S2 层中相连的 3 个特征图相连接,C3 中第 6～11 个特征图与 S2 层中相连的 4 个特征图相连接,C3 中第 12～14 个特征图与 S2 层中不相连的 4 个特征图相连接,C3 中最后一个特征图与 S2 中的所有特征图相连接。这种不对称的组合连接的方式有利于提取多种组合特征。由于卷积核大小全为 5×5,因此该层共有(5×5×3+1)×6+(5×5×4+1)×6+(5×5×4+1)×3+(5×5×6+1)×1=1516 个训练参数,结合 C3 层特征图大小 10×10,因此共有 1516×10×10=151 600 个连接。

表 6.1　C3 与 S2 的连接关系

	0	1	2	3	4	5	6	7	8	9	10	11	12	13	14	15
0	X				X	X	X			X	X	X	X		X	X
1	X	X				X	X	X			X	X	X	X		X
2	X	X	X				X	X	X			X		X	X	X

续表

	0	1	2	3	4	5	6	7	8	9	10	11	12	13	14	15
3		X	X	X			X	X	X	X			X		X	X
4			X	X	X			X	X	X	X		X	X		X
5				X	X	X			X	X	X	X		X	X	X

(5) S4 是池化层(下采样)，连接方式与 S2 层类似。C3 层的 16 个 10×10 的图分别进行以 2×2 为单位的下采样得到 16 个 5×5 的特征图。这一层有 2×16 共 32 个训练参数，5×5×5×16＝2000 个连接。

(6) C5 层是卷积层。由于 S4 层的 16 个特征图的大小为 5×5，卷积核大小也为 5×5，所以 C5 卷积后形成的特征图大小为 1×1。C5 层使用 120 个卷积核得到 120 个卷积结果，每个都与 S4 层的 16 个特征图相连，所以共有(5×5×16＋1)×120＝48 120 个参数和 48 120 个连接。

(7) F6 层是全连接层，共有 84 个结点，所以共有(120＋1)×84＝10 164 个参数和 10 164 个连接。F6 层中 84 个结点对应于一个 7×12 的比特图，－1 表示白色，1 表示黑色，这样每个符号的比特图的黑白色就对应于一个编码。

(8) 输出层(Output)也是全连接层，共有 10 个结点，分别代表数字 0～9。输出层采用的是径向基函数(RBF)的网络连接方式。假设 x 是上一层的输入，y 是 RBF 的输出，则 RBF 输出的计算方式是：

$$y_i = \sum_j (x_j - w_{ij})^2 \tag{6.37}$$

y_i 的值由 i 的比特图编码确定，y_i 越接近于 0，代表越接近于 i 的比特图编码，表示当前网络输入的识别结果是字符 i。该层有 84×10＝840 个参数和连接。

以上是 LeNet-5 的完整结构，共约有 60 840 个训练参数，340 908 个连接。

6.3.4 卷积神经网络的训练过程

本节介绍卷积神经网络的参数训练方法，本质上来说，卷积神经网络的训练方法与 BP 神经网络的训练方法是相似的，可以分为两个阶段：①前向传播阶段，数据从低层网络向高层网络传播；②反向传播阶段，当前向传播所得到的网络输出结果与预期不符时，将网络输出与预期的偏差从高层网络向低层网络进行传播，并修改网络权重参数。但由于卷积神经网络不仅有卷积层还有池化层，因此与 BP 神经网络的训练方法略有区别。

1. 卷积神经网络的前向传播

在卷积神经网络的前向传播过程中，输入的图像经过多层卷积层的卷积和池化处理，提取特征图，再将特征图传入全连接层中，得出分类识别的结果。

1) 卷积层的前向传播

卷积层的前向传播是通过卷积核对输入数据进行局部连接的卷积操作。具体过程参见 6.3.2 节、6.3.3 节和图 6.16(a)。在图 6.16(a)中，假设前一层输入为 4×4 大小的特征图，为了方便展示，将其拉成一列共 16 个像素。对该特征图使用 2×2×1 大小的卷积核进行局部连接的卷积操作，得到 3×3 大小的特征图(同样也拉成一列)。例如，o_{11} 是第 0、1、4、5 四个像素通过卷积操作得到的。卷积结果 o_{11} 再经过激活函数可以得到该神经元的输出，其与期望输出的偏差记作 δ_0。

2）池化层的前向传播

将卷积层提取的特征图作为输入传到池化层，通过池化操作，降低数据的维度。这是 BP 算法中所没有的。具体过程参见 6.3.2 节中的池化操作。需要注意的是，如果池化层采用最大池化方法，需要记录最大值所在位置。

3）全连接层的前向传播

全连接层的前向传播是通过卷积核对输入数据进行卷积操作。这个过程与 BP 网络的前向传播完全一样。

2. 卷积神经网络的反向传播

当卷积神经网络输出的结果与期望的结果不相符时，需要对误差进行反向传播过程。该过程的主要目的是通过实际输出与期望输出之间的误差来调整网络权重。由于在卷积神经网络中包含卷积层、池化层和全连接层，因此对于误差的反向传播也要对这三部分进行讨论。

1）卷积层的反向传播(当前层为卷积层，求上一层的误差)

由于卷积神经网络的卷积层中采用的是局部连接的方式，因此，误差的反向传递也是依靠卷积核进行传递的，这与全连接层的误差传递方式不同。在卷积核的误差传递过程中，需要先通过卷积核找到卷积层与上一层的哪些神经元连接。求卷积层的上一层的误差的过程为：先对当前的卷积层误差进行一层全零填充，然后将卷积核旋转 180°，再用旋转后的卷积核对全零填充后的误差矩阵进行卷积，就得到了上一层的误差。卷积层的误差传递过程如图 6.16(b)所示，对当前层的误差进行卷积的过程，正好是向前一层传播的过程，可以将误差传到上一层。

为什么需要将权值矩阵旋转 180°？下面以一个简单的例子说明。假设第 l 层的网络激活输出 $\mathrm{Out}^{(l)}$ 是一个 3×3 大小的矩阵，第 $l+1$ 层的卷积核 $\boldsymbol{W}^{(l+1)}$ 是一个 2×2 大小的矩阵，卷积步长 1，因此卷积的结果(第 $l+1$ 层的输入)$\mathrm{In}^{(l+1)}$ 是一个 2×2 大小的矩阵。为了简单起见，在这里将偏置值 $b^{(l)}$ 设置为 0，这就可以得到：

$$\mathrm{In}^{(l+1)}=\mathrm{Out}^{(l)} * \boldsymbol{W}^{(l+1)} \tag{6.38}$$

定义

$$\mathrm{In}^{(l+1)}=\begin{bmatrix} i_{11}^{(l+1)} & i_{12}^{(l+1)} \\ i_{21}^{(l+1)} & i_{22}^{(l+1)} \end{bmatrix} \tag{6.39}$$

$$\mathrm{Out}^{(l)}=\begin{bmatrix} o_{11}^{(l)} & o_{12}^{(l)} & o_{13}^{(l)} \\ o_{21}^{(l)} & o_{22}^{(l)} & o_{23}^{(l)} \\ o_{31}^{(l)} & o_{32}^{(l)} & o_{33}^{(l)} \end{bmatrix} \tag{6.40}$$

$$\boldsymbol{W}^{(l+1)}=\begin{bmatrix} w_{11}^{(l+1)} & w_{12}^{(l+1)} \\ w_{21}^{(l+1)} & w_{22}^{(l+1)} \end{bmatrix} \tag{6.41}$$

$$\boldsymbol{\delta}^{(l+1)}=\frac{\partial \mathrm{Error}^{(l+1)}}{\partial \mathrm{In}^{(l+1)}}\begin{bmatrix} \delta_{11}^{(l+1)} & \delta_{12}^{(l+1)} \\ \delta_{21}^{(l+1)} & \delta_{22}^{(l+1)} \end{bmatrix} \tag{6.42}$$

根据卷积的定义，可以得到：

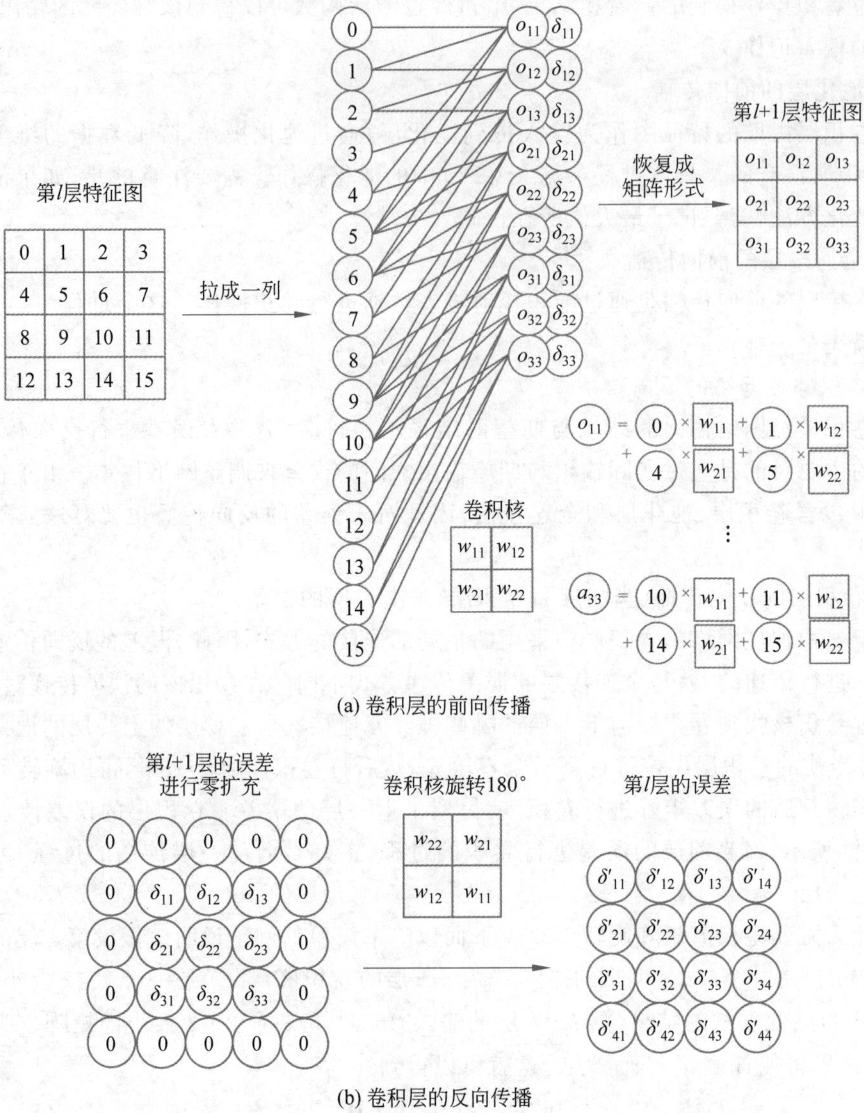

图 6.16 卷积层的前向传播和反向传播

$$i_{11}^{(l+1)}=o_{11}^{(l)}w_{11}^{(l+1)}+o_{12}^{(l)}w_{12}^{(l+1)}+o_{21}^{(l)}w_{21}^{(l+1)}+o_{22}^{(l)}w_{22}^{(l+1)} \tag{6.43}$$

$$i_{12}^{(l+1)}=o_{12}^{(l)}w_{11}^{(l+1)}+o_{13}^{(l)}w_{12}^{(l+1)}+o_{22}^{(l)}w_{21}^{(l+1)}+o_{23}^{(l)}w_{22}^{(l+1)} \tag{6.44}$$

$$i_{21}^{(l+1)}=o_{21}^{(l)}w_{11}^{(l+1)}+o_{22}^{(l)}w_{12}^{(l+1)}+o_{31}^{(l)}w_{21}^{(l+1)}+o_{32}^{(l)}w_{22}^{(l+1)} \tag{6.45}$$

$$i_{22}^{(l+1)}=o_{22}^{(l)}w_{11}^{(l+1)}+o_{23}^{(l)}w_{12}^{(l+1)}+o_{32}^{(l)}w_{21}^{(l+1)}+o_{33}^{(l)}w_{22}^{(l+1)} \tag{6.46}$$

下面来计算第 $l+1$ 层误差 $\mathrm{Error}^{(l+1)}$ 相对于第 l 层网络输出 $\mathrm{Out}^{(l)}$ 的偏导数，得到：

$$\begin{aligned}\nabla\,\mathrm{Out}^{(l)}&=\frac{\partial\mathrm{Error}^{(l+1)}}{\partial\mathrm{Out}^{(l)}}=\frac{\partial\mathrm{Error}^{(l+1)}}{\partial\mathrm{In}^{(l+1)}}\cdot\frac{\partial\mathrm{In}^{(l+1)}}{\partial\mathrm{Out}^{(l)}}\\&=\delta^{(l+1)}\cdot\frac{\partial\mathrm{In}^{(l+1)}}{\partial\mathrm{Out}^{(l)}}=\begin{bmatrix}\delta_{11}^{(l+1)}&\delta_{12}^{(l+1)}\\\delta_{21}^{(l+1)}&\delta_{22}^{(l+1)}\end{bmatrix}\cdot\frac{\partial\mathrm{In}^{(l+1)}}{\partial\mathrm{Out}^{(l)}}\end{aligned} \tag{6.47}$$

在式(6.43)～式(6.46)的 4 个等式中，o_{11} 只与 i_{11} 有关，因此可以得到：

$$\nabla o_{11}^{(l)}=\delta_{11}^{(l+1)}\cdot\frac{\partial i_{11}^{(l+1)}}{\partial o_{11}^{(l)}}+\delta_{12}^{(l+1)}\cdot\frac{\partial i_{12}^{(l+1)}}{\partial o_{11}^{(l)}}+\delta_{21}^{(l+1)}\cdot\frac{\partial i_{21}^{(l+1)}}{\partial o_{11}^{(l)}}+\delta_{22}^{(l+1)}\cdot\frac{\partial i_{22}^{(l+1)}}{\partial o_{11}^{(l)}}=\delta_{11}^{(l+1)}w_{11}^{(l+1)} \tag{6.48}$$

同理可以得到其他的$\nabla o^{(l)}$如下。

$$\begin{aligned}
\nabla o_{12}^{(l)}&=\delta_{11}^{(l+1)}w_{12}^{(l+1)}+\delta_{12}^{(l+1)}w_{11}^{(l+1)}\\
\nabla o_{13}^{(l)}&=\delta_{12}^{(l+1)}w_{12}^{(l+1)}\\
\nabla o_{21}^{(l)}&=\delta_{11}^{(l+1)}w_{21}^{(l+1)}+\delta_{21}^{(l+1)}w_{11}^{(l+1)}\\
\nabla o_{22}^{(l)}&=\delta_{11}^{(l+1)}w_{22}^{(l+1)}+\delta_{12}^{(l+1)}w_{21}^{(l+1)}+\delta_{21}^{(l+1)}w_{12}^{(l+1)}+\delta_{22}^{(l+1)}w_{11}^{(l+1)}\\
\nabla o_{23}^{(l)}&=\delta_{12}^{(l+1)}w_{22}^{(l+1)}+\delta_{22}^{(l+1)}w_{12}^{(l+1)}\\
\nabla o_{31}^{(l)}&=\delta_{21}^{(l+1)}w_{21}^{(l+1)}\\
\nabla o_{32}^{(l)}&=\delta_{21}^{(l+1)}w_{22}^{(l+1)}+\delta_{22}^{(l+1)}w_{21}^{(l+1)}\\
\nabla o_{33}^{(l)}&=\delta_{22}^{(l+1)}w_{22}^{(l+1)}
\end{aligned} \tag{6.49}$$

式(6.48)和式(6.49)可以通过一个矩阵的卷积来描述。

$$\begin{bmatrix}\nabla o_{11}^{(l)} & \nabla o_{12}^{(l)} & \nabla o_{13}^{(l)}\\ \nabla o_{21}^{(l)} & \nabla o_{22}^{(l)} & \nabla o_{23}^{(l)}\\ \nabla o_{31}^{(l)} & \nabla o_{32}^{(l)} & \nabla o_{33}^{(l)}\end{bmatrix}=\begin{bmatrix}0&0&0&0\\0&\delta_{11}^{(l+1)}&\delta_{12}^{(l+1)}&0\\0&\delta_{21}^{(l+1)}&\delta_{22}^{(l+1)}&0\\0&0&0&0\end{bmatrix}*\begin{bmatrix}w_{22}^{(l+1)}&w_{21}^{(l+1)}\\w_{12}^{(l+1)}&w_{11}^{(l+1)}\end{bmatrix} \tag{6.50}$$

注意到，为了便于卷积运算，在式(6.42)中误差矩阵$\boldsymbol{\delta}^{(l+1)}$的周围填充了一圈 0，而此时的卷积核也已经变成了式(6.41)中$\boldsymbol{W}^{(l+1)}$旋转 180°的结果。这就是在卷积层反向传播时需要将权重矩阵旋转 180°的原因。

2）当前层为池化层，求上一层的误差

在池化层中，根据采用的池化方法，可以把当前层的误差传到上一层，也就是把经过池化层缩小后的误差$\boldsymbol{\delta}^{(l+1)}$还原成池化前较大区域对应的误差$\boldsymbol{\delta}^{(l)}$。根据式(6.15)中的$\boldsymbol{\delta}^{(l+1)}$计算公式，在 BP 神经网络中，$\boldsymbol{W}^{(l+1)}$是已知的，因此可以直接计算$\boldsymbol{\delta}^{(l)}$，将第 $l+1$ 层的误差映射回到第 l 层。但是，对于池化层而言，这个过程没有办法直接计算得到。

例如，第 l 层一个 4×4 大小区域做完 2×2 池化后，假设得到$\boldsymbol{\delta}^{(l+1)}$中第 k 个子矩阵为

$$\boldsymbol{\delta}_k^{(l+1)}=\begin{bmatrix}4&8\\12&16\end{bmatrix} \tag{6.51}$$

$\boldsymbol{\delta}^{(l+1)}$中的每个元素都与$\boldsymbol{\delta}^{(l)}$中的一个 2×2 区域对应。如果池化操作采用的是最大池化，由于在前向传播中记录了最大值的位置，因此只需要直接把误差从第 $l+1$ 层传递到第 l 层。结合图 6.13 可以得到池化层的误差传递过程，参见图 6.17。

这样，就可以结合式(6.47)计算$\boldsymbol{\delta}^{(l)}$了。

3）全连接层之间的误差传递

由于全连接层的前向传播与 BP 网络一样，因此，全连接层的反向传播也与 BP 网络一样。在求出网络的总误差之后，可以将误差传入输出层的上一层全连接层。

3. 卷积神经网络的权值更新

1）卷积层的权值更新

将反向传播得到的误差矩阵当作卷积核，对输入的特征图进行卷积，得到权值的偏差矩

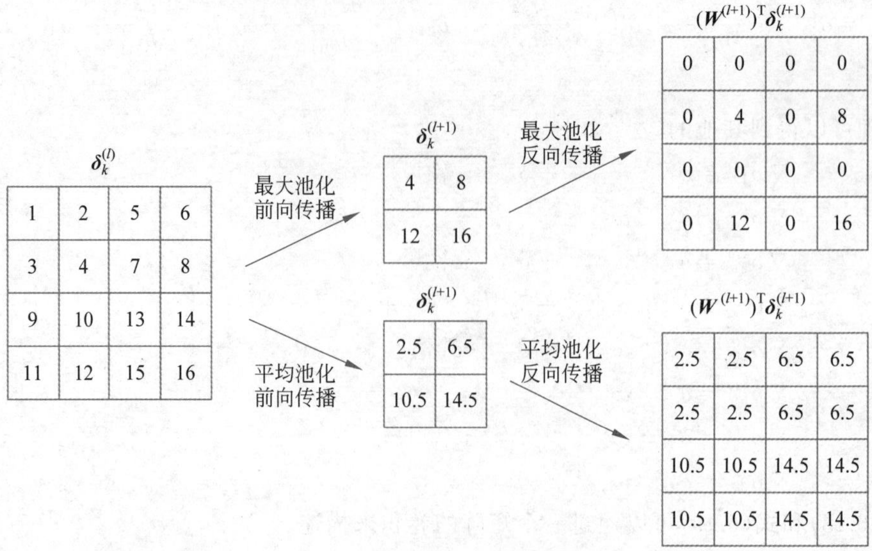

图 6.17　池化层的误差传播过程

阵，然后与原先的卷积核的权值相加，得到了更新后的卷积核。

2）池化层的权值更新

在池化层中没有权重，因此无须进行权值更新，只需正确地将误差向上一层传递。

3）全连接层的权值更新

与 BP 算法的权值更新一样，计算权值的偏导数，再将原先的权值加上偏导值，得到新的权值矩阵。

6.3.5　几种经典的卷积神经网络模型

卷积神经网络是当前深度学习中最为常见的模型，在图像处理、语音识别等领域中应用广泛。除了如图 6.9 所示的 LeNet-5 以外，本节将介绍一些经典的 CNN 模型。

1. AlexNet

LeNet-5 是第一个典型的 CNN 网络，但真正引起广泛关注的网络却是 AlexNet。2012 年，Hinton 和他的学生 Alex Krizhevsky 等人在当年的 ImageNet 竞赛中取得冠军，而以 Alex Krizhevsky 命名的 AlexNet 正是这个夺冠的模型经整理后发表的论文中出现的。在 ImageNet 出现之前，一般使用 CIFAR 这种由数以万计图像构成的小型数据集来测试算法性能，这时使用传统的机器学习模型基本可以胜任。但 ImageNet 这种百万级图像、上千种类别的大型数据集的出现，对模型提出了更高的要求。2012 年，AlexNet 以超过第二名算法（特征点匹配分类算法 SHIFT＋FVs）的 Top-1 分类精度近 10％的精度提升，宣告了计算机视觉领域的深度学习时代的到来，对学术界和工业界带来了巨大的影响。

AlexNet 网络结构如图 6.18 和表 6.2 所示，整个网络由 5 个卷积层（Conv）和 3 个全连接层（FC）构成。下面对 AlexNet 的各层进行介绍。

（1）卷积层 1（Conv1）。输入的源图像为 227×227×3 的 RGB 彩色图像，使用 96 个 11×11 大小的卷积核和步长 4 进行卷积操作，得到卷积后的特征图大小为 55×55×96。在 Conv1

之后紧跟着一个池化层 Pooling1，采用最大池化的方法（能够保留最显著的特征），对输入的特征图使用 3×3 的池化核和步长 2 进行池化，得到池化后的特征图大小为 27×27×96。

图 6.18 彩图

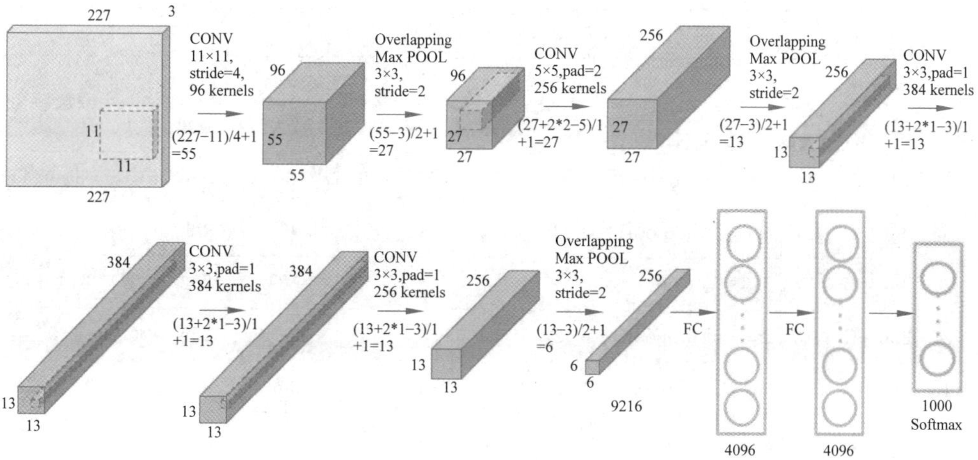

图 6.18　AlexNet 网络结构

(2) 卷积层 2(Conv2)。输入为 27×27×96 的特征图，使用 256 个 5×5 大小的卷积核和步长 1 进行卷积操作。但卷积的过程与 Conv1 不同，是对 96 个特征图中选取某几个特征图乘以相应的权重，然后加上偏置之后所得到区域进行卷积，最后得到卷积后的特征图大小为 27×27×256。之后进行 ReLU 操作，操作后的特征图大小为 27×27×256。在 Conv2 之后紧跟着一个池化层 Pooling2，采用最大池化的方法，对输入的特征图使用 3×3 的池化核和步长 2 进行池化，得到池化后的特征图大小为 13×13×96。

(3) 卷积层 3(Conv3)。输入为 13×13×96 的特征图，使用 384 个 3×3 大小的卷积核和步长 1 进行卷积操作，得到卷积后的特征图大小为 13×13×384。该卷积层后面没有池化层。

(4) 卷积层 4(Conv4)。输入为 13×13×384 的特征图，使用 384 个 3×3 大小的卷积核和步长 1 进行卷积操作，得到卷积后的特征图大小为 13×13×384。该卷积层后面没有池化层。

(5) 卷积层 5(Conv5)。输入为 13×13×384 的特征图，使用 256 个 3×3 大小的卷积核和步长 1 进行卷积操作，得到卷积后的特征图大小为 13×13×256。在 Conv5 之后紧跟着一个池化层 Pooling3，采用最大池化的方法，对输入的特征图使用 3×3 的池化核和步长 2 进行池化，得到池化后的特征图大小为 6×6×256。

(6) 全连接层 6(FC6)。输入为 6×6×256 的特征图，使用 4096 个神经元，对特征图进行全连接。也就是先将 256 个 6×6 大小的特征图进行卷积变为 256 个特征点，再选取这 256 个特征点中若干点乘以相应的权重再加上偏置，共选取 4096 次，得到 4096 个神经元。再对这 4096 个神经元进行一次 Dropout，即随机从这些结点中选出一些丢弃(值清 0)，得到新的 4096 个神经元。Dropout 的使用可以减少过拟合，且丢弃并不影响正向和反向传播。

(7) 全连接层 7(FC7)。与 FC1 相似。

(8) 全连接层 8(FC8)。使用 1000 个神经元，对 FC2 中的 4096 个神经元进行全连接，再通过高斯滤波器，得到 1000 个浮点类型的数值，对应了每个分类的概率，这便是网络输出的结果。

表 6.2 AlexNet 网络结构表

AlexNet 网络结构													
输入			输出			层	步长	填充	核大小		神经元数量		参数数量
											输入	输出	
227	227	3	55	55	96	Conv1	4	0	11	11	3	96	34 944
55	55	96	27	27	96	Maxpool1	2	0	3	3	96	96	0
27	27	96	27	27	256	Conv2	1	2	5	5	96	256	614 656
27	27	256	13	13	256	Maxpool2	2	0	3	3	256	256	0
13	13	256	13	13	384	Conv3	1	1	3	3	256	384	885 120
13	13	384	13	13	384	Conv4	1	1	3	3	384	384	1 327 488
13	13	384	13	13	256	Conv5	1	1	3	3	384	256	884 992
13	13	256	6	6	256	Maxpool5	2	0	3	3	256	256	0
						FC6			1	1	9216	4096	37 752 832
						FC7			1	1	4096	4096	16 781 312
						FC8			1	1	4096	1000	4 097 000
总计													62 378 344

在 Alex Krizhevsky 的论文中，还包含如下一些实现细节。

(1) 为了减少网络的过拟合，在训练时做了数据增强，包括剪裁和翻转图片来增加训练集的丰富度。这也成为目前常用的数据增强方法之一。

(2) 在 Conv1、Conv2 和 Conv5 之后增加了池化层，通过设置池化核大于池化步长的形式，保证池化输出之间有重叠，能够增强感受野，能更好地保留特征、提升特征的丰富性。这样的池化层设计增加了 0.3%左右的准确率。

(3) AlexNet 采用 ReLU 作为激活函数。在 AlexNet 之前，最常用的激活函数是 sigmoid()和 tanh()，这会使得梯度消失的问题尤为严重。而 ReLU 可以大幅度解决梯度消失的问题，且计算速度也更快。

(4) 为了解决过拟合问题，AlexNet 使用了 Dropout 机制，随机丢掉一部分网络连接，这可以使网络逃离局部最小，但迭代次数要相应翻倍。经过交叉验证发现，Dropout 选取 0.5 时效果最好。

2. VGGNet

VGGNet 是 2014 年由牛津大学的视觉几何组（Visual Geometry Group）和 Google DeepMind 的研究员提出的一个经典的深度学习网络。它是由 AlexNet 发展而来的，AlexNet 的提出，让很多人开始利用卷积神经网络来解决图像识别的问题，采用卷积层、池化层和全连接层的组合来构造网络结构，而 VGGNet 提出的最主要目标是要回答“如何设计网络结构”的问题，为网络结构的设计带来一些参考标准。

VGGNet 的结构如图 6.19 和表 6.3 所示。下面对 VGGNet 的各层进行介绍。

图 6.19 彩图

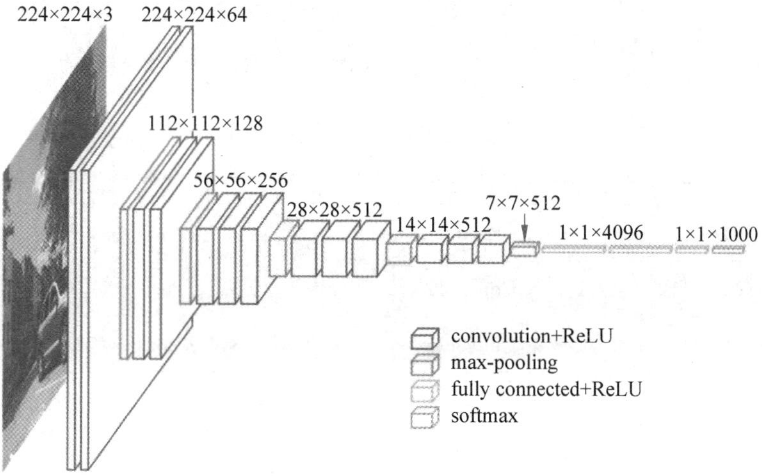

图 6.19　VGGNet 的结构

(1) 输入的源图像为 224×224×3 的 RGB 彩色图像，使用 64 个 3×3 大小的卷积核、步长 1 做两次卷积，卷积后的特征图大小为 224×224×64。

(2) 对卷积后的特征图进行最大池化，池化核大小为 2×2、步长 1，池化后的特征图大小为 112×112×64。

(3) 使用 128 个 3×3 大小的卷积核、步长 1 做两次卷积，卷积后的特征图大小为 112×112×128。

(4) 对卷积后的特征图进行最大池化，池化核大小为 2×2、步长 1，池化后的特征图大小为 56×56×128。

(5) 使用 256 个 3×3 大小的卷积核、步长 1 做三次卷积，卷积后的特征图大小为 56×56×256。

(6) 对卷积后的特征图进行最大池化，池化核大小为 2×2、步长 1，池化后的特征图大小为 28×28×256。

(7) 使用 512 个 3×3 大小的卷积核、步长 1 做三次卷积，卷积后的特征图大小为 28×28×512。

(8) 对卷积后的特征图进行最大池化，池化核大小为 2×2、步长 1，池化后的特征图大小为 14×14×512。

(9) 使用 512 个 3×3 大小的卷积核、步长 1 做三次卷积，卷积后的特征图大小为 14×14×512。

(10) 对卷积后的特征图进行最大池化，池化核大小为 2×2、步长 1，池化后的特征图大小为 7×7×512。

(11) 与三层全连接层（两层 1×1×4096，一层 1×1×1000）进行全连接，再通过 Softmax 输出 1000 个预测结果。

在 VGGNet 中，所有隐层都使用 ReLU 作为激活函数。

表 6.3 VGGNet 网络结构表

VGGNet 网络结构													
#	输入			输出			层	步长	核大小		神经元数量		参数数量
											输入	输出	
1	224	224	3	224	224	64	Conv3-64	1	3	3	3	64	1792
2	224	224	64	224	224	64	Conv3-64	1	3	3	64	64	36 928
	224	224	64	112	112	64	Maxpool	2	2	2	64	64	0
3	112	112	64	112	112	128	Conv3-128	1	3	3	64	128	73 856
4	112	112	128	112	112	128	Conv3-128	1	3	3	12	128	147 584
	112	112	128	56	56	128	Maxpool	2	2	2	128	128	65 664
5	56	56	128	56	56	256	Conv3-256	1	3	3	128	256	295 168
6	56	56	256	56	56	256	Conv3-256	1	3	3	128	256	590 080
7	56	56	256	56	56	256	Conv3-256	1	3	3	128	256	590 080
	56	56	256	28	28	256	Maxpool	2	2	2	256	256	0
8	28	28	256	28	28	512	Conv3-512	1	3	3	256	512	1 180 160
9	28	28	512	28	28	512	Conv3-512	1	3	3	512	512	2 359 808
10	28	28	512	28	28	512	Conv3-512	1	3	3	512	512	2 359 808
	28	28	512	14	14	512	Maxpool	2	2	2	512	512	0
11	14	14	512	14	14	512	Conv3-512	1	3	3	512	512	2 359 808
12	14	14	512	14	14	512	Conv3-512	1	3	3	512	512	2 359 808
13	14	14	512	14	14	512	Conv3-512	1	3	3	512	512	2 359 808
	14	14	512	7	7	512	Maxpool	2	2	2	512	512	0
14	1	1	25 088	1	1	4096	FC		1	1	25 088	4096	102 764 544
15	1	1	4096	1	1	4096	FC		1	1	4096	4096	16 781 312
16	1	1	4096	1	1	4096	FC		1	1	4096	1000	4 097 000
总计													138 423 208

VGGNet 的主要特点如下。

(1) 结构简洁。VGGNet 由 5 层卷积层、3 层全连接层、Softmax 输出层构成，层与层之间使用 max-pooling(最大化池)分开，所有隐层的激活单元都采用 ReLU 函数。

(2) 小卷积核和多卷积子层。VGGNet 使用多个较小卷积核(3×3)的卷积层代替

AlexNet 中卷积核较大的卷积层，这可以减少参数(3 个 3×3 卷积核的感受野与 1 个 7×7 卷积核的感受野相同，但前者只有 27 个参数，后者有 49 个)，同时相当于进行了更多的非线性映射，可以增加网络的表达能力。

(3) 层数更深、特征图更宽。VGGNet 网络的卷积层通道数为 64、128、256、512，通道数的增加，使得更多的信息可以被提取出来，网络更宽更深。而池化层则用于控制计算量的大幅增加。

(4) 测试阶段将全连接转为卷积。在网络测试阶段将训练阶段的三个全连接替换为三个卷积，使得测试得到的全卷积网络因为没有全连接的限制，因而可以接收任意宽或高的输入，这在测试阶段很重要。

3. GoogLeNet

AlexNet、VGGNet 等网络都是通过增加网络深度来获得更好的训练效果。但是，网络深度的增加会带来很多副作用，如过拟合、梯度消失和梯度爆炸、计算量增大等。随着神经网络层数的加深，又不可避免地带来过拟合和计算量增大的困扰。2014 年，Christian Szegedy 提出一种全新的深度学习结构——GoogLeNet，用于避免过拟合和减少网络计算量。GoogLeNet 的名称是为了向 LeNet 致敬，但其网络结构已经完全没有 LeNet 的影子。在 2014 年的 ImageNet 挑战赛(ILSVRC14)中，GoogLeNet 获得了第一名。GoogLeNet 结构如图 6.20 所示。

GooLeNet 之所以好，实际上还是因为它具有更深的网络结构。但它采用了一种被称为 Inception 的模块，如图 6.21 所示。Inception 模块能够更有效地利用网络参数，能在相同的计算量下提取到更多的特征。Inception 模块的参数数量只有 AlexNet 的 1/10。

事实上，Inception 模块的本质是要把“更深”的网络转变为“更宽”的网络。图 6.21(a)是原始的 Inception 模块。它使用了 3 个不同大小的滤波器(1×1、3×3、5×5)对输入执行卷积操作，还使用了 1 个 3×3 大小的最大池化操作。然后将 4 个卷积或池化的输出级联起来，作为整个 Inception 模块的输出。显然，这种操作增加了网络的宽度，同时也增加了网络对尺度的适应性。但这种原始的 Inception 模块中，所有的卷积核都要对上一层的所有输出做卷积操作，网络参数数量多、计算量大，参见图 6.22(a)。

为了避免这一现象，使用如图 6.21(b)所示的维数约简的 Inception 模块，在 3×3、5×5 卷积之前和最大池化之后分别加上了 1×1 的卷积核。通过这样的操作，来限制输入通道的数量，从而大大降低网络参数数量为原始 Inception 模块的 1/10，参见图 6.22(b)。

整个 GoogLeNet 由 9 个 Inception 模块组成，可以将图 6.20 转换为图 6.23 的形式。图中 Inception 模块以“※”符号做标记，模块中的 6 个数字为每个卷积层输出的特征图数量，数字的位置与图 6.21(b)中 Inception 模块的各卷积层一一对应。所有卷积层都使用 ReLU 激活函数。图 6.23 中的卷积层、池化层的结构为“特征图(卷积核)数，卷积核尺寸＋步长(填充标记)”。

GoogLeNet 结构表如表 6.4 所示。

图 6.20 彩图

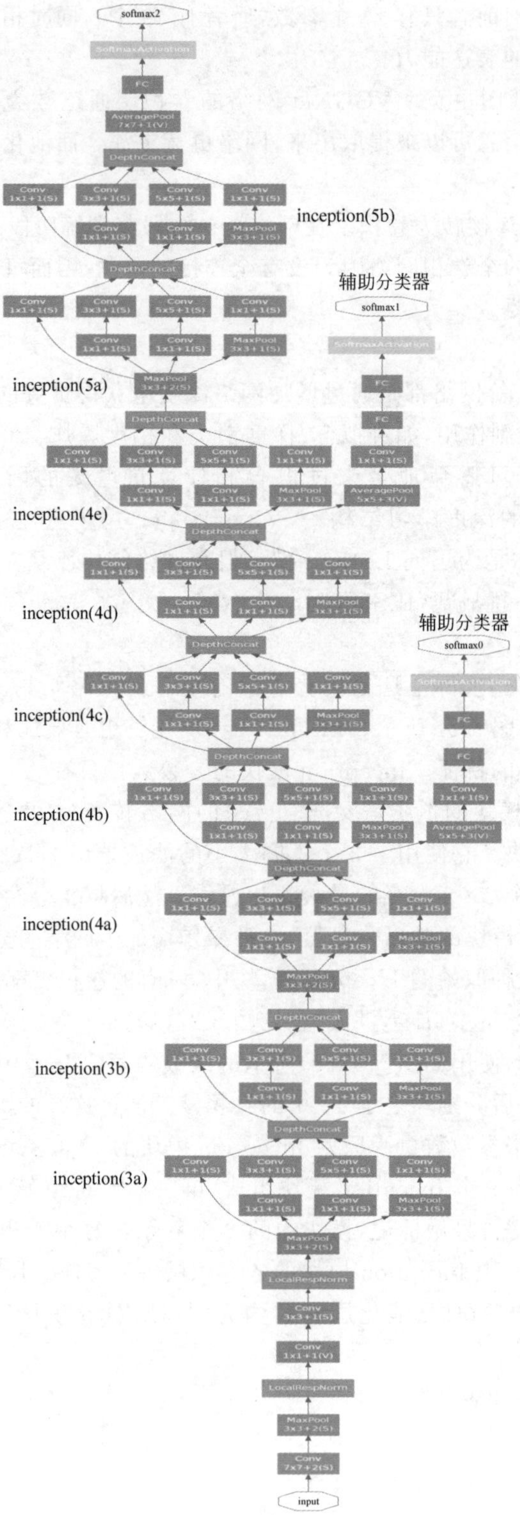

图 6.20 GoogLeNet 结构

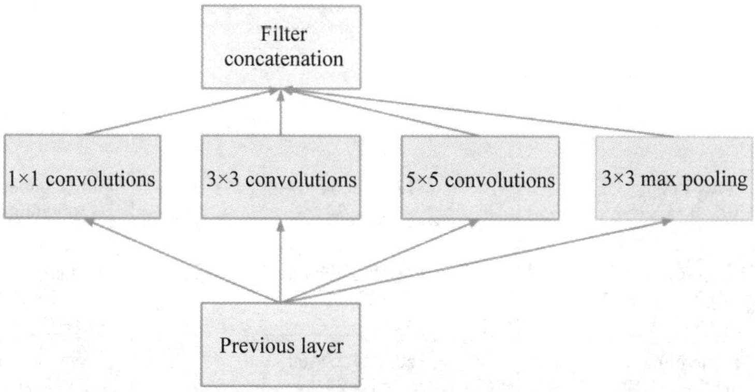

(a) 原始Inception模块

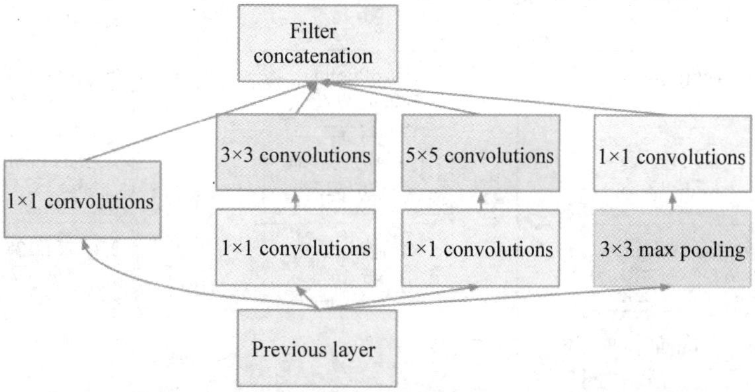

(b) 维数约简的Inception模块

图 6.21　Inception 模块

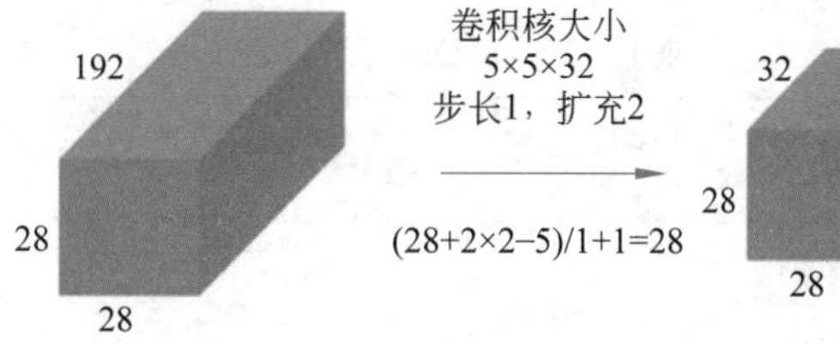

参数数量：28×28×32×5×5×192=120 422 400

(a) 不引入1×1卷积核的网络参数

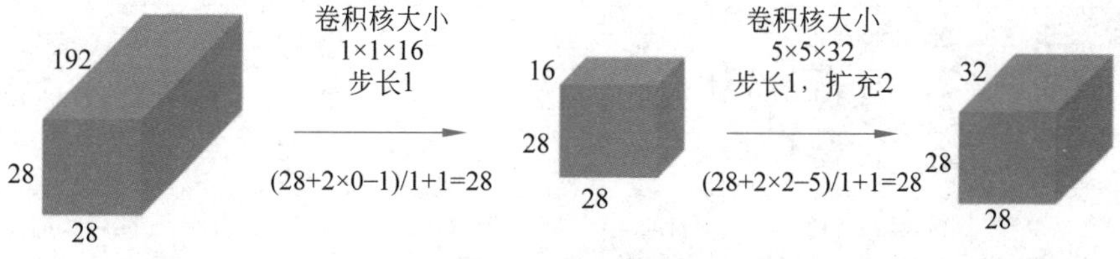

参数数量：28×28×16×1×1×192+28×28×32×5×5×16=2 408 448+10 035 200=12 443 648

(b) 引入1×1卷积核的网络参数

图 6.22　引入 1×1 卷积核对网络参数的影响

图 6.23 彩图

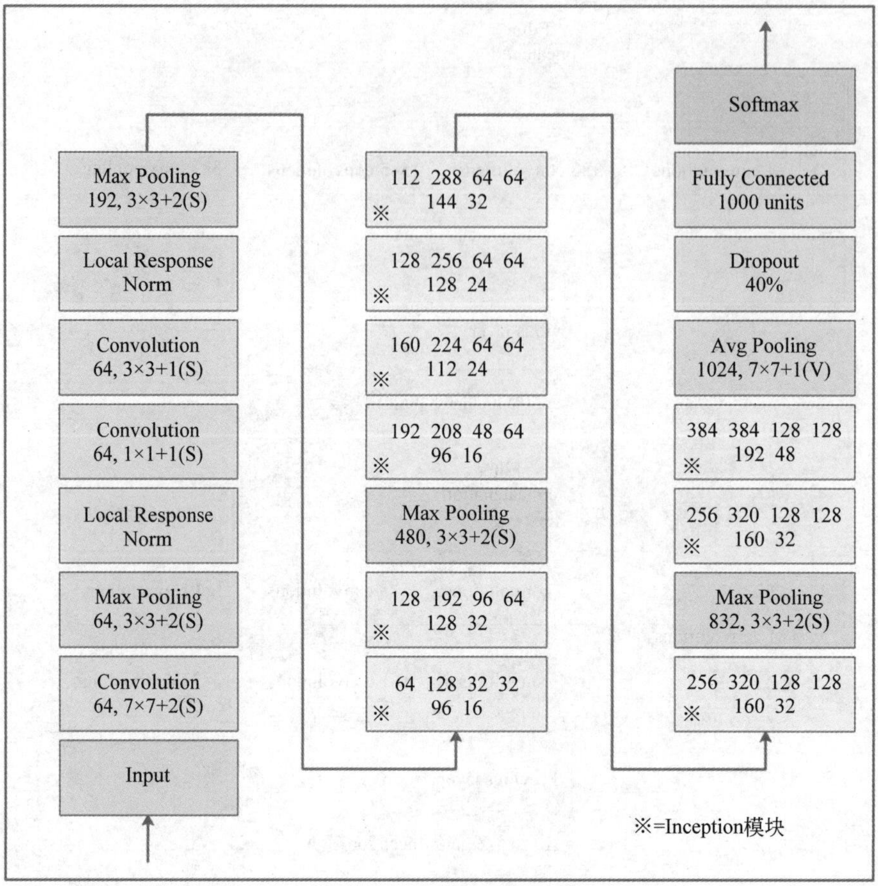

图 6.23 GoogLeNet 结构

表 6.4 GoogLeNet 结构表

类型	核大小/步长	输出大小	深度	＃1×1	＃3×3 reduce	＃3×3	＃5×5 reduce	＃5×5	pool proj	参数量	计算量
Convolution	7×7/2	112×112×64	1							2.7K	34M
Max pool	3×3/2	56×56×64	0								
Convolution	3×3/1	56×56×192	2		64	192				112K	360M
Max pool	3×3/2	28×28×192	0								
Inception		28×28×256	2	64	96	128	16	32	32	159K	128M
Inception		28×28×480	2	128	128	192	32	96	64	380K	304M
Max pool	3×3/2	14×14×480	0								
Inception		14×14×512	2	192	96	208	16	48	64	364K	73M
Inception		14×14×512	2	160	112	224	24	64	64	437K	88M
Inception		14×14×512	2	128	128	256	24	64	64	463K	100M
Inception		14×14×528	2	112	144	288	32	64	64	580K	119M

续表

类型	核大小/步长	输出大小	深度	#1×1	#3×3 reduce	#3×3	#5×5 reduce	#5×5	pool proj	参数量	计算量
Inception		14×14×832	2	256	160	320	32	128	128	840K	170M
Max pool	3×3/2	7×7×832	0								
Inception		7×7×832	2	256	160	320	32	128	128	1072K	54M
Inception		7×7×1024	2	384	192	384	48	128	128	1388K	71M
Avg pool	7×7/1	1×1×1024	0								
Dropout(40%)		1×1×1024	0								
Linear		1×1×1000	1							1000K	1M
Softmax		1×1×1000	0								

表中："#3×3 reduce"和"#5×5 reduce"分别代表 Inception 模块中，在 3×3 和 5×5 卷积之前，使用 1×1 卷积核的个数；"pool proj"表示 Inception 模块中最大池化后使用的 1×1 卷积核的个数。

从图 6.23 和表 6.4 可以看出：

(1) 第 1 层(卷积层)将输入图像的边长减半，第 2 层(最大池化层)再减半，即第二层输出为原始输入图像边长的 1/4，大大降低了计算量。

(2) 第 3 层(LRN 层)将前两层的输出进行归一化，使每个特征层更专一化，能够获取更广泛的特征，具有更高的泛化性。

(3) 第 4 层是瓶颈层(卷积层)，与第 5 层的卷积层构成了一个类似 Inception 模块中 1×1，3×3 的结构，其作用也一样。

(4) 第 6 层(LRN 层)与第三层作用相同，第 7 层(最大池化层)与第二层作用相同。

(5) 第 9～17 层由 9 个 Inception 模块和 2 个最大池化层构成。

(6) 在 9 个 Inception 模块之后的第 18 层是一个平均池化层。这一层使用了 VALID 填充的核，核的数量等于第 17 层的 Inception 模块中的第 2 层(参见图 6.21(b))特征图个数的总和，输出为 1×1 大小的特征图，这种方式称为 Global Average Pooling。该方式将前面层的输入转换为特征图，该特征图实际上是每个类的置信度图，因为在求均值时去除了其他类别的特征。因为每个特征图表示了一个类的置信度，所以仅需一个全连接层即可，这样既减少了参数个数，又降低了过拟合的可能性。

(7) 第 19 层是一个用于正则化的 Dropout 层，最后一层是使用 Softmax 激活函数的全连接层，输出预测结果的概率分布。

GoogLeNet 的主要特点如下。

(1) 提升了对网络内部计算资源的利用。

(2) 增加了网络的深度和宽度，网络深度达到 22 层(不包括池化层和输入层)，但没有增加计算代价。

(3) 参数量仅是 2012 年 ImageNet 冠军队所使用 AelxNet 的 1/10，但是精度更高。

4. ResNet

随着深度学习的网络越来越深，网络能获取的信息也越来越多，理论上应该可以获得更高的准确率。但是研究表明，随着网络的加深，优化效果反而会变差，测试数据和训练数据的准确率会出现饱和甚至是下降。

这可能是由于网络的加深带来了梯度爆炸和梯度消失的问题。梯度爆炸，指的是网络在反向传播过程中需要对激活函数进行求导，如果导数大于1，那么随着网络层数的增加，梯度更新将会朝着指数爆炸的方式增加。与之类似地，如果导数小于1，那么随着网络层数的增加，梯度更新信息会朝着指数衰减的方式减少，这就是梯度消失。因此，无论是梯度爆炸还是梯度消失，都来源于反向传播训练法则，这是深度学习网络的先天不足。为此，可以在网络中引入批量归一化(Batch Normalization)。

在解决上述梯度爆炸和梯度消失问题后，仍然会存在层数深的网络没有层数浅的网络效果好的问题。这就是退化问题(Degradation Problem)。为了让更深的网络也能训练出好的效果，何凯明等于2016年提出了一个新的网络结构——ResNet，通过快捷连接(Shortcut Connection)的残差块(Residual Block)可以很好地解决退化问题。使用残差块，深度学习网络的深度首次突破了100层，有的甚至超过了1000层。

如图6.24所示是两种残差块。其中，图6.24(a)在主分支上将输入的特征矩阵通过两个3×3大小卷积核的卷积层得到结果，再让其与输入特征矩阵相加，之后再通过ReLU函数计算。需要注意的是，相加操作是在激活函数之前进行的，这就需要相加操作的主分支与侧分支输出的特征矩阵的维数(高、宽、通道数)必须相同，才能完成相加操作。

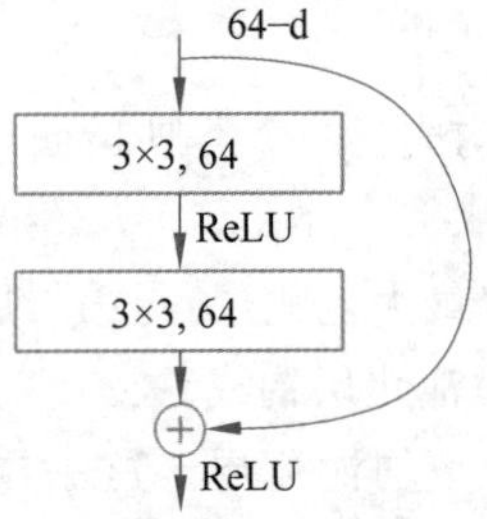

(a) 针对网络层数比较浅的残差块

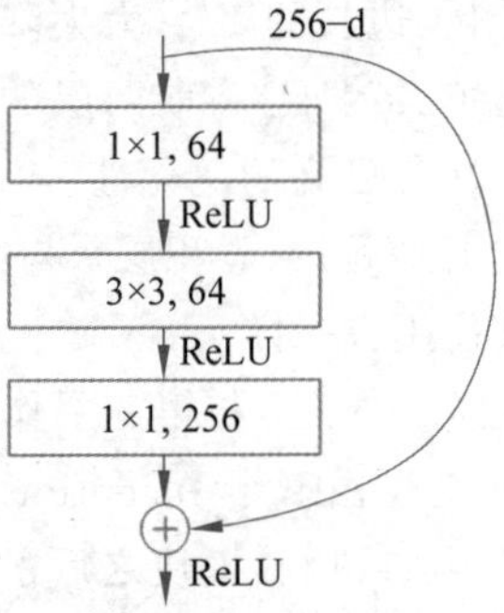

(b) 针对网络层数比较深的残差块

图6.24 两种残差块

图6.24(b)则在主分支上依次通过三个卷积层(分别是1×1，3×3，1×1大小卷积核)得到结果，再让其与输入特征矩阵相加，之后再通过ReLU函数计算。通过两个1×1卷积先将输入特征矩阵进行降维，减少了计算量，再进行升维，使得实施相加操作的主分支与侧分支的维数相等。这种结构既保证了模型精度，又大大减少了网络参数和计算量。假设为图6.24(a)的结构输入的也是一个256维的特征矩阵，那么它的参数量将达到3×3×256×256(为保证深度相同)+3×3×256×256=1 179 648。而对于图6.24(b)的结构来说，需要的参数个数为1×1×256×64+3×3×64×64+1×1×256×64=69 632，仅为图6.24(a)结构参数量的6%左右。同时，在网络中堆叠越多的这种残差块，节省的参数也就越多。

ResNet就是依靠多个上述残差块串联起来的。图6.25是ResNet34的网络结构图，图中可以清晰地看到残差块。其中，conv3_x，conv4_x，conv5_x所对应的一系列残差结构的第一层残差结构都是虚线残差结构。因为这一系列残差结构的第一层都有降维的作用，用来调整输入特征矩阵大小，将它们的高和宽缩减为原来的一半，将 channel 调整成下一层残差结构所需要的 channel。表 6.5 是 ResNet34 对应的网络结构表。

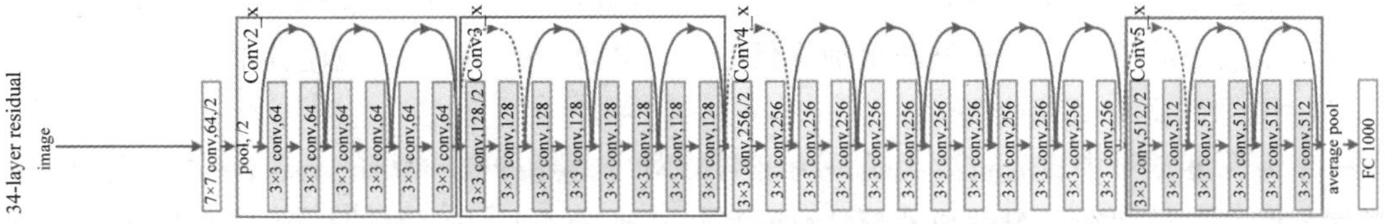

图 6.25　ResNet34 的网络结构图

图 6.25 彩图

表 6.5　ResNet34 对应的网络结构表

layer name	output size	18-layer	34-layer	50-layer	101-layer	152-layer
Conv1	112×112	7×7,64,stride 2				
Conv2_x	56×56	3×3 max pool, stride 2				
		[3×3,64 3×3,64]×2	[3×3,64 3×3,64]×3	[1×1,64 3×3,64 1×1,256]×3	[1×1,64 3×3,64 1×1,256]×3	[1×1,64 3×3,64 1×1,2564]×3
Conv3_x	28×28	[3×3,128 3×3,128]×2	[3×3,128 3×3,128]×4	[1×1,128 3×3,128 1×1,512]×4	[1×1,128 3×3,128 1×1,512]×4	[1×1,128 3×3,128 1×1,512]×8
Conv4_x	14×14	[3×3,256 3×3,256]×2	[3×3,256 3×3,256]×6	[1×1,256 3×3,256 1×1,1024]×6	[1×1,256 3×3,256 1×1,1024]×23	[1×1,256 3×3,256 1×1,1024]×36
Conv5_x	7×7	[3×3,512 3×3,512]×2	[3×3,512 3×3,512]×3	[1×1,512 3×3,512 1×1,2048]×3	[1×1,512 3×3,512 1×1,2048]×3	[1×1,512 3×3,512 1×1,2048]×3
	1×1	average-pool, 1000-d fc, softmax				
PLOPs		1.8×10^9	3.6×10^9	3.8×10^9	7.6×10^9	11.3×10^9

ResNet 的主要特点如下。

(1) 传统的卷积层或全连接层在信息传递时，或多或少会存在信息丢失、损耗等问题。与普通网络相比，ResNet 增加了很多旁路，即“捷径”，将输入直接连接到后面的层，构成残差块(Residual Block)，这在某种程度上解决了信息丢失、损耗等问题，通过直接将输入信息绕道传到输出，保护信息的完整性，整个网络只需要学习输入、输出差别的那一部分，从而达到简化学习目标和难度的目的。

(2) 在 ResNet 中，所有的残差块都没有池化层，降采样是通过卷积操作中的步长(stride)实现的。

(3) 通过平均池化计算得到最终的特征，而不是通过全连接层。

(4) 每个卷积层之后都紧接着一个批量归一化层(Batch Normalization)。为了简化，图 6.25 中并没有标出。

6.3.6 卷积神经网络的应用

在前面的介绍过程中，都是以图像作为卷积神经网络的处理对象的。但事实上，卷积神经网络不仅能应用于图像分类和识别等任务中，还能应用于许多其他任务中。

1. 图像分类与目标检测

作为深度学习中最为重要也是最为著名的网络，卷积神经网络的出现，一改之前要完成图像分类任务必须经过图像预处理、特征提取、特征分类这一流程的传统模式识别方法，实现了端到端的图像分类和目标检测。

传统的机器学习方法必须要借助人工提取图像特征（如图像的轮廓特征、边缘特征、LBP、HOG 等特征）来实现图像分类任务，然后对这些特征编写特定的算法来对分类模式进行匹配。这种方法不仅在特征工程问题上耗费了大量时间，而且特征容易受到干扰（如光照对图像的影响、物体或图像采集设备的旋转和平移等造成的影响、物体遮挡与被遮挡等，都会影响特征的提取），从而导致分类效果下降，甚至需要重新设计分类器。

自从 2012 年的 ImageNet 图像分类中，AlexNet 网络模型大幅度地超越了其他算法并夺得当年图像分类大赛的冠军，卷积神经网络在图像分类领域就呈现了一枝独秀的局面。此后，不断有更加高效、准确的模型出现，如前面提到的 VGGNet、GoogLeNet 等。近年来的优秀模型甚至突破了人类识别的平均错误率，展示了卷积神经网络在图像分类上的强大优势。

目标检测的主要目的，则是从图片中检测并定位特定的多个目标。传统检测模型通常采用人工特征提取方法获得目标的特征描述，然后输入一个分类器中学习分类规则。由于使用人工提取特征的方法，因此这类方法有着与传统模式识别方法一样的问题。

卷积神经网络通过卷积运算让计算机自动从图像中提取目标特征，这样获得的特征更自然、更通用，并且对一定程度的旋转和扭曲有良好的鲁棒性（甚至可以通过数据增强的方法，在训练过程中，添加原图像经过旋转、平移、剪切等操作的结果）。2014 年，Girshick 基于卷积神经网络设计了 R-CNN 模型，这种两阶段的目标检测算法在 PASCAL VOC 数据集上的平均准确率均值 mAP 达到 62.4%，比传统算法高出近 20%。随后，研究人员根据 R-CNN 的不足进行改进，逐步形成了 R-CNN 系列算法，其中，FasterR-CNN 在提升准确率的同时，将检测速度也大幅提升。另外一个系列的目标检测算法是 Facebook 人工智能实验室提出的一阶段的目标检测算法 YOLO，相比于 R-CNN 系列算法，YOLO 更快、更轻巧。

2. 自然语言处理

卷积神经网络强大的特征学习和特征表示能力，不仅能够应用于图像分类和目标检测，在自然语言理解中（包括文本分类、情感分类、智能问答等），也得到广泛的应用。

1）文本分类

文本分类是在预定分类体系下，根据文本的特征，将给定文本进行分类的过程。Yoon Kim 等使用卷积神经网络来进行文本分类。他们首先对文本进行词嵌入处理，从而得到该文本的词向量矩阵作为网络的输入，再将其与多个卷积核进行卷积操作，再通过最大池化层实施降采样，最后连接一个全连接层，完成文本的二分类任务。

2）情感分类

情感分类是指根据文本所表达的含义和情感信息，将文本划分成不同的情感类型。

Nal Kalchbrenei 等使用卷积神经网络进行文本的情感分类。该网络包含两个卷积层和两个池化层，最后连接一个全连接层来进行情感分类。

3）智能问答

智能问答是针对用户所提问题，自动给出答案的过程。Li Dong 等使用卷积神经网络处理这种智能问答任务，借助卷积神经网络，从多方面理解问题，并且通过训练卷积神经网络获得问题的向量表示。

6.3.7 卷积神经网络 Python 实例

本节将通过自行搭建一个卷积神经网络，来实现手写体数字识别。与 6.2.4 节一样，使用 MINIST 数据集进行训练和测试。下面是以 PyTorch 框架来构建卷积神经网络的过程。

```
####引入必要的库
import time
import torch
import torch.nn as nn
from torch.autograd import Variable
import torch.utils.data as Data
import torchvision
import matplotlib.pyplot as plt

####定义曲线绘制函数和图像显示函数
def plot_curve(data):                              #下降曲线的绘制
    fig = plt.figure()
    plt.plot(range(len(data)), data, color='blue')
    plt.legend(['value'], loc='upper right')
    plt.xlabel('step')
    plt.ylabel('value')
    plt.show()

def plot_image(img, label, name):                  #图像显示
    fig = plt.figure()
    for i in range(6):                             #6 个图像,两行三列
        #print(i) 012345
        plt.subplot(2, 3, i + 1)
        plt.tight_layout()                         #紧密排版
        plt.imshow(img[i][0] * 0.3081 + 0.1307, cmap='gray', interpolation=
'none')
        #均值是 0.1307,标准差是 0.3081

        plt.title("{}:{}".format(name, label[i].item()))
        #name:image_sample   label[i].item():数字

        plt.xticks([])
        plt.yticks([])
    plt.show()

def one_hot(label, depth=10):
```

```
    out = torch.zeros(label.size(0), depth)
    idx = torch.LongTensor(label).view(-1, 1)
    out.scatter_(dim=1, index=idx, value=1)
    return out

####搭建神经网络模型
##  神经网络的搭建,首先需要继承 nn.Module 类。nn.Module 是 nn 中十分重要的类,包含网
##  络各层的定义及 forward()方法。在搭建网络时,需要重新实现构造函数 init()和
##  forward()这两个方法。
##  需要注意的是:
##  (1)在 init()构造函数中声明各层网络定义,在 forward()中实现各层网络之间的连接
##  关系。
##  (2)一般把网络中具有可学习参数的层(如神经网络中的全连接层、卷积神经网络中的卷
##  积层等)放在构造函数 init()中,不具有可学习参数的层(如 ReLU、dropout、
##  BatchNormanation 层)除了可以放在构造函数中,也可以在 forward()方法里面可
##  以使用 nn.functional 来代替。
##  (3)forward()方法是实现各个层之间的连接关系的核心,必须要重写的。

class CNN(nn.Module):
    def __init__(self):
        super(CNN, self).__init__()
        #卷积层
        self.conv1 = nn.Sequential(          #将网络的各层组合到一起
            nn.Conv2d(
                in_channels=1,  #输入的高度,因为已经从 RGB 三层转为一层,所以这里是 1
                out_channels=16,             #过滤器的个数,也是输出的高度
                kernel_size=5,               #过滤器的大小(长宽)
                stride=1,                    #过滤器扫描时的步长
                padding=2                    #使得 con2d 的结果与输入大小一样
            ),
            nn.ReLU(),                       #激活函数
            nn.MaxPool2d(kernel_size=2)      #池化,kernel_size 是池化核的大小
        )
        self.conv2 = nn.Sequential(
            #第一次卷积后,输出的高度为 16,所以这里输入的高度是 16
            nn.Conv2d(in_channels=16, out_channels=32, kernel_size=5, stride=
1, padding=2),
            nn.ReLU(),
            nn.MaxPool2d(kernel_size=2)
        )
        self.out = nn.Linear(32 * 7 * 7, 10)

    def forward(self, x):
        x = self.conv1(x)
        x = self.conv2(x)                    #torch.Size([50, 32, 7, 7])
        x = x.view(x.size(0), -1)
                        #torch.Size([50, 1568]),保持 batch、图像拉成一维数据
                        #相当于每次批训练 50 张图片,每张图片 1568 个特征
        output = self.out(x)
```

```
        return output

####主函数
def main():
        ####(1)加载数据。分别加载训练集和测试集。参数说明如下。
        ##   torchvisions 是一个数据集的库,MNIST 是这里所使用的手写体数字的数据集。
        ##   root 是存放数据集的根目录。
        ##   train 为 True 代表下载训练数据,为 False 代表下载测试数据。
        ##   transform 是指定数据格式,ToTensor 是将图片转换为 0~1 的 Tensor 类型的
        ##   数据。download 表示是否需要下载数据集,如果已经下载过,则设置为 False。
        EPOCH = 1                                #迭代次数
        BATCH_SIZE = 50                          #每一批训练的数据大小
        LR = 0.001                               #学习率
        DOWNLOAD_MNIST = True   #是否需要下载数据集,首次运行需要把该参数指定为 True

        train_data = torchvision.datasets.MNIST(
            root='./mnist',
            train=True,
            transform=torchvision.transforms.ToTensor(),
            download=DOWNLOAD_MNIST
        )
        #  训练集分批
        train_loader = Data.DataLoader(
            dataset=train_data,
            batch_size=BATCH_SIZE,
            shuffle=True,
        )
        #下载测试集数据
        test_data = torchvision.datasets.MNIST(
            root='./mnist',
            train=False
        )
        test_x = torch.unsqueeze(test_data.data, dim=1).type(torch.
FloatTensor)[:2000]/255
        #获取正确分类的结果
        test_y = test_data.targets[:2000]

        ####(2)训练阶段。
        ##   完成神经网络的搭建之后,可以对输入图像 x 计算输出 out,然后再计算 out 与真
        ##   实值 y 之间的均方差,得到 loss。再通过 BP 算法进行梯度反向传递,对网络参数
        ##   进行不断的优化。可以通过 torch.optim 构造一个 optimizer 对象,用于保持当
        ##   前参数和进行参数更新。

        #创建 CNN 模型对象
        cnn = CNN()
        #指定分类器
        optimizer = torch.optim.Adam(cnn.parameters(), lr=LR)
        #指定误差计算的方式,一般来说,回归问题使用均方差,分类问题使用交叉熵
        loss_func = nn.CrossEntropyLoss()
```

```
        train_loss = []                           #保存 loss,方便之后的画图可视化
        start_time = time.time()

        for epoch in range(EPOCH):
            for step, (x, y) in enumerate(train_loader):
                b_x = Variable(x)
                b_y = Variable(y)

                output = cnn(x)                   #传入测试数据,得到预测值
                loss = loss_func(output, b_y)     #对比预测值与真实值,得出 loss 值
                optimizer.zero_grad()             #优化器梯度归零
                loss.backward()                   #进行误差反向传递
                optimizer.step()
                train_loss.append(loss.item())  #将 tensor 转换成 numpy 类型
                                              #将参数更新值施加到 cnn 的 parameters 上

        if step % 50 == 0:
            test_output = cnn(test_x)             #torch.Size([2000, 10])
            pred_y = torch.max(test_output, 1)[1]   #torch.Size([2000])
            accuracy = (sum(pred_y == test_y)).numpy() / test_y.size(0)
                                                  #算出识别精度
            print('Epoch:', epoch, '| train loss:%.4f' % loss.data.numpy(),
'| test accuracy:%.2f' % accuracy)

        plot_curve(train_loss)                    #画出 loss 曲线


        ####(3)测试阶段。
        ##   训练完成后,可以使用保存好的模型来进行测试。首先从 test 测试集中取得图像,
        ##   通过网络模型计算输出,得到[b, 10]的 10 个值的最大值所在位置的索引,并统计
        ##   正确预测的数量

        #使用训练好的模型,预测前 10 个数据,然后和真实值对比
        test_output = cnn(test_x[:10])
        pred_y = torch.max(test_output, 1)[1]
        print(pred_y, 'prediction number')
        print(test_y[:10], 'real number')

        print('耗时:', time.time() - start_time)

if __name__ == "__main__":
    main()
```

6.4 循环神经网络

前面所述的神经网络只能针对一个输入给出其对应的输出，一般都认为前后两个输入是没有关联的。但是在某些任务(如自然语言理解、机器翻译、时间序列预测等任务)中，前

后的输入是有关系的，此时使用卷积神经网络的效果就不够理想。

循环神经网络(Recurrent Neural Network，RNN)是根据“人的认知是基于过往经验和记忆”这一观点提出的。它不仅考虑当前时刻的输入，还考虑对前面内容的记忆，具有记忆性、参数共享和图灵完备性(Turing Completeness)，因此在对序列的非线性特征进行学习时具有一定的优势。对循环神经网络的研究始于 20 世纪八九十年代，并在 21 世纪初发展为深度学习算法之一。1990 年，Jeffrey L. Elman 提出了循环神经网络的概念框架。但早期的循环神经网络由于梯度消失和梯度爆炸的问题，网络训练困难，应用受限。直到 1997 年，人工智能研究所的主任 Schmidhuber J. 提出长短期记忆网络(LSTM)，LSTM 使用门控单元及记忆机制大大缓解了早期 RNN 训练中梯度消失的问题。同样在 1997 年，Mike Schuster 提出双向 RNN 模型(Bidirectional RNN)。这两种模型大大改善了早期 RNN 结构，拓宽了 RNN 的应用范围，为后续序列建模的发展奠定了基础。

6.4.1　循环神经网络

如图 6.26 所示是循环神经网络 RNN 的结构。对于一个时间序列的输入，在某个时刻 t，循环神经网络单元会读取当前输入数据 x_t 和前一时刻输入数据 x_{t-1} 所对应的隐式编码结果 h_{t-1}，依照式(6.52)一起生成 t 时刻的隐式编码结果 h_t。

$$h_t = \Phi(\boldsymbol{U} \cdot \boldsymbol{X}_t + \boldsymbol{W} \cdot h_{t-1}) \tag{6.52}$$

其中，$\boldsymbol{U}$ 和 $\boldsymbol{W}$ 为模型参数，Φ 是激活函数，一般是 sigmoid()或者 tanh()函数，使网络能够忘记无关的信息，同时更新记忆内容。然后，再将 h_t 向后传，用于和 $t+1$ 时刻的输入数据 x_{t+1} 一起生成 $t+1$ 时刻的隐式编码结果 h_{t+1}。如此循环，可以很清晰地看到信息在隐层之间的传递，前序时刻的信息影响了后序时刻信息的处理，直至该序列数据全部处理完成。这与前面卷积神经网络在处理时不考虑时间序列关系、把所有数据一次性输入网络是不同的。循环神经网络在每一时刻都有数据输入且结合了前一时刻所得结果。

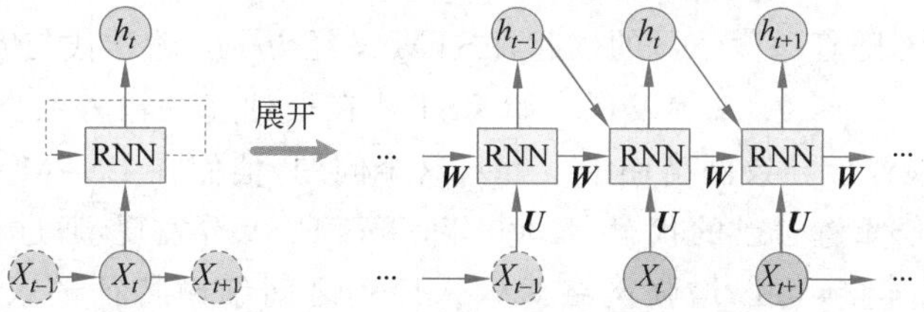

图 6.26　循环神经网络的结构

图 6.26 彩图

为了进一步直观地展示在循环神经网络中前序时刻信息被“记住”并影响当前时刻信息编码，可以将式(6.52)改写为如下形式：

$$\begin{aligned} h_t &= \Phi(\boldsymbol{U} \cdot X_t + \boldsymbol{W} \cdot h_{t-1}) = \Phi(\boldsymbol{U} \cdot X_t + \boldsymbol{W} \cdot \Phi(\boldsymbol{U} \cdot X_{t-1} + \boldsymbol{W} \cdot h_{t-2})) \\ &= \Phi(\boldsymbol{U} \cdot \underbrace{X_t}_{t\text{ 时刻输入}} + \boldsymbol{W} \cdot \Phi(\boldsymbol{U} \cdot \underbrace{X_{t-1}}_{t-1\text{ 时刻输入}} + \boldsymbol{W} \cdot \Phi(\boldsymbol{U} \cdot \underbrace{X_{t-2}}_{t-2\text{ 时刻输入}} + \cdots))) \end{aligned} \tag{6.53}$$

在整个网络中，$\boldsymbol{U}$ 和 $\boldsymbol{W}$ 一直保持不变。实际上，RNN 就是图 6.26 中单元结构的重复使用。循环神经网络 RNN 对于时间序列任务的处理效果很好，最主要的原因就是它可以将先前的信息连接到当前的任务上。例如，在视频分析中，可以借助过去的视频帧来对当前的视频帧进行理解。

循环神经网络 RNN 在自然语言理解中也有很好的应用。下面以一个简单的例子来说明，假设图 6.26 中的 $\boldsymbol{X}_{t-1}$、$\boldsymbol{X}_t$ 和 $\boldsymbol{X}_{t+1}$ 分别代表输入“我”“是”“中国”，那么在训练过程中，输出 h_{t-1} 和 h_t 就分别对应“是”和“中国”这两个词，模型的任务就是要预测下一个词 h_{t+1} 是什么。在许多常见的搜索引擎中（如图 6.27 所示的百度搜索），都有这种预测（联想）功能，这里面就包含循环神经网络的技术。

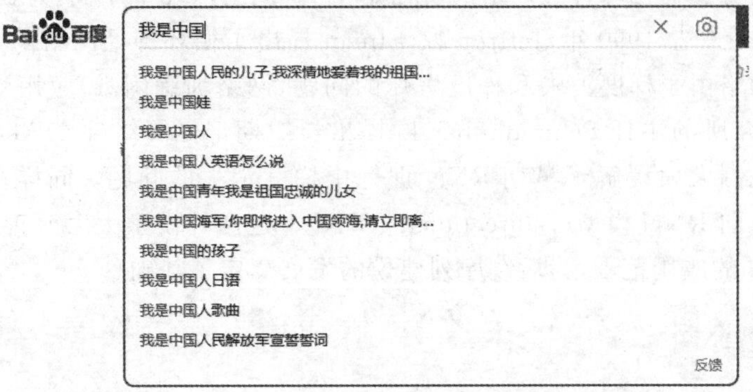

图 6.27 百度搜索的联想结果

但是对于一些更加复杂的场景，例如，当要预测“我在中国出生长大，我会讲”后面的词语时，需要结合“讲”之前较远的“中国”，才能给出合适的联想结果“中文”。这时，当前需要预测的词语与其相关的信息的间隔较大。随着这个间隔不断增大，虽然从循环神经网络来说可以处理这种长期依赖的问题，但由于梯度消失的因素①，导致循环神经网络会“遗忘”前面的信息，而很难捕捉到两个距离很远的词汇之间的关系。

6.4.2 长短时记忆网络

长短时记忆网络（Long Short Term Memory，LSTM）是一种具有记忆长短期信息的能力的神经网络，能够解决这种长期依赖问题。LSTM 最先在 1997 年由 Hochreiter 和 Schmidhuber 提出。随着深度学习的兴起，LSTM 又经历了一轮迭代与完善，形成了较为完整的系统。1999 年，Gers F. A.等发现原始 LSTM 在处理连续输入数据时，如果没有重置网络内部的状态，最终会导致网络崩溃。针对这个问题，他们在 LSTM 中引入了遗忘门机制，使得 LSTM 能够重置自己的状态。2000 年，Gers F. A.等发现，通过在 LSTM 内部状态单元内添加窥视孔连接，可以增强网络对输入序列之间细微特征的区分能力。2005 年，Graves A.等提出了一种双向长短期记忆神经网络（BLSTM），也称为 vanilla LSTM，是当前应用广泛的一种 LSTM 模型。

传统的 RNN 结点输出仅由权值、偏置以及激活函数决定，是一个链式结构，每个时间片使用的是相同的参数。而 LSTM 之所以能够解决 RNN 的长期依赖问题，是因为 LSTM 引入门（Gate）机制用于控制特征的流通和损失。LSTM 由一系列 LSTM 单元（LSTM Unit）组成，其链式结构如图 6.28 所示。

① 这里的梯度爆炸和梯度消失的问题与卷积神经网络里所描述的问题有区别，这里主要指由于记忆时间过长而造成记忆值越来越小直至丢失的现象。

图 6.28 彩图

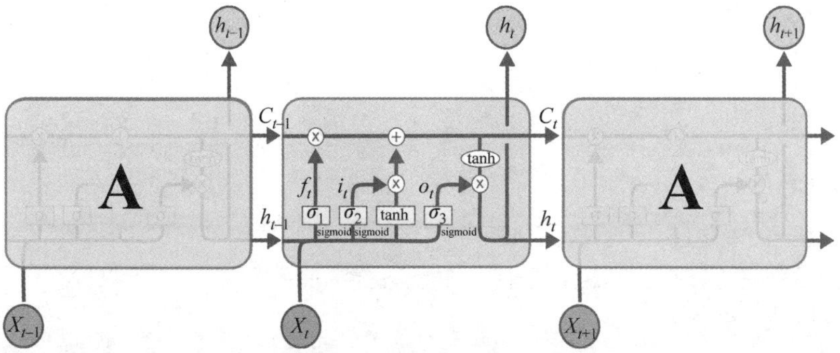

图 6.28　LSTM 的网络结构

在图 6.28 中，X_t 代表时刻 t 的输入数据，σ_1、σ_2 和 σ_3 分别代表 LSTM 的遗忘门、输入门和输出门，它们对应的输出分别为

$$i_t = \text{sigmoid}(\boldsymbol{W}_{x_i} \cdot \boldsymbol{X}_t + \boldsymbol{W}_{h_i} \cdot h_{t-1} + b_i) \tag{6.54}$$

$$f_t = \text{sigmoid}(\boldsymbol{W}_{x_f} \cdot \boldsymbol{X}_t + \boldsymbol{W}_{h_f} \cdot h_{t-1} + b_f) \tag{6.55}$$

$$o_t = \text{sigmoid}(\boldsymbol{W}_{x_o} \cdot \boldsymbol{X}_t + \boldsymbol{W}_{h_o} \cdot h_{t-1} + b_o) \tag{6.56}$$

其中，$\boldsymbol{W}_{xi}$、$\boldsymbol{W}_{hi}$ 和 b_i 是输入门的参数，$\boldsymbol{W}_{xf}$、$\boldsymbol{W}_{hf}$ 和 b_f 是遗忘门的参数，$\boldsymbol{W}_{xo}$、$\boldsymbol{W}_{ho}$ 和 b_o 是输出门的参数。C_t 是内部记忆单元的输出：

$$C_t = f_t \otimes C_{t-1} + i_t \otimes \tanh(\boldsymbol{W}_{xc} \cdot X_t + \boldsymbol{W}_{hc} \cdot h_{t-1} + b_c) \tag{6.57}$$

其中，$\boldsymbol{W}_{xc}$、$\boldsymbol{W}_{hc}$ 和 b_c 是记忆单元的参数，$\otimes$ 代表两个向量元素逐位相乘。输入门控制有多少信息流入当前时刻的内部记忆单元 c_t，遗忘门控制上一时刻内部记忆单元 c_{t-1} 中有多少信息可以累积到当前时刻内部记忆单元 c_t。h_t 是时刻 t 输入数据的隐式编码结果：

$$h_t = o_t \otimes \tanh(c_t) = o_t \otimes \tanh(f_t \otimes C_{t-1} + i_t \otimes \tanh(W_{xc} \cdot X_t + W_{hc} \cdot h_{t-1} + b_c)) \tag{6.58}$$

6.4.3　循环神经网络的应用

循环神经网络拥有很强的计算能力并且具有联想记忆功能，被广泛用于各种与时间序列相关的任务中，例如，自然语言理解领域，包括机器翻译、语音识别、自动文摘等。

在机器翻译中，Bradbury 等提出了加速算法类循环神经网络。这是一种交替使用卷积层的序列建模方法。通过在情感分类、语言模型和机器翻译 3 个与序列数据相关的任务中进行验证，它在保持性能不错的同时获得了很好的加速效果。

在语音识别中，常常需要一次性转录整段话，因此离不开对语境的理解和使用。Schuster 等提出双向 RNN，用两个单独的隐层处理两个方向上的数据，充分利用了未来的语境，并将这些隐层输出传递到输出层以实现语音分类和识别。

6.4.4　循环神经网络 Python 实例

本节将使用长短时记忆网络，根据股票的历史数据，预测当天最高价。在本例中，只使用某股票前 30 天的股价来预测后面的价格。

```
####引入必要的库
import pandas as pd
import matplotlib.pyplot as plt
import datetime
import os
import torch
import torch.nn as nn
import numpy as np
from torch.utils.data import Dataset, DataLoader
import tushare as ts

####获取数据
def  getData(df, column, train_end=-300, days_before=30, days_pred=7, return_all=True, generate_index=False):
    series = df[column].copy()

    #创建训练集
    data = pd.DataFrame()

    #准备天数
    for i in range(days_before):
        #最后的 -days_before - days_pred 天只是用于预测值,预留出来
        data['b%d' % i] = series.tolist()[i: -days_before - days_pred + i]

    #预测天数
    for i in range(days_pred):
        data['y%d' % i] = series.tolist()[days_before + i: - days_pred + i]

    #是否生成 index
    if generate_index:
        data.index = series.index[days_before:]

    train_data, val_data, test_data = data[:train_end-300], data[train_end-300:train_end], data[train_end:]
    if return_all:
        return train_data, val_data, test_data, series, df.index.tolist()

    return train_data, val_data, test_data

####创建 LSTM 层
class  LSTM(nn.Module):
    def  __init__(self):
        super(LSTM, self).__init__()

        self.lstm = nn.LSTM(
            input_size=1,                              #输入尺寸为 1,表示一天的数据
            hidden_size=128,
            num_layers=1,
            batch_first=True)
```

```
        self.out = nn.Sequential(
            nn.Linear(128, 1))

class  TrainSet(Dataset):
    def  __init__(self, data):
        self.data, self.label = data[:, :-7].float(), data[:, -7:].float()

    def  __getitem__(self, index):
        return self.data[index], self.label[index]

    def  __len__(self):
        return len(self.data)


####主函数
def main():
        ####(1)读取数据。
        cons = ts.get_apis()
        df = ts.bar('000300', conn=cons, asset='INDEX', start_date='2002-01-01',
end_date='')
        #注意历史数据靠前
        df = df.sort_index(ascending=True)
        df.to_csv('sh.csv')
        #可以看出,周末不进行交易
        df.head(20)


        ####(2)数据预处理。
        df = pd.read_csv('sh.csv', index_col=0)
        df.index = list(map(lambda x:datetime.datetime.strptime(x, '%Y-%m-%d'),
df.index))
        df.head()


        ####(3)设置超参数。
        LR = 0.0001
        EPOCH = 1000
        TRAIN_END=-300
        DAYS_BEFORE=30
        DAYS_PRED=7


        ####(4)模型训练。
        ##①获取数据。注意,模型必须要先把数据标准化,否则损失会很难降低下来。

        #数据集建立
        train_data, val_data, test_data, all_series, df_index = getData(df,
'high', days_before=DAYS_BEFORE, days_pred=DAYS_PRED, train_end=TRAIN_END)

        #获取所有原始数据
```

```
all_series_test1 = np.array(all_series.copy().tolist())
#绘制原始数据的图
plt.figure(figsize=(12,8))
plt.plot(df_index, all_series_test1, label='real-data')

#归一化,便于训练
train_data_numpy = np.array(train_data)
train_mean = np.mean(train_data_numpy)
train_std  = np.std(train_data_numpy)
train_data_numpy = (train_data_numpy - train_mean) / train_std
train_data_tensor = torch.Tensor(train_data_numpy)

val_data_numpy = np.array(val_data)
val_data_numpy = (val_data_numpy - train_mean) / train_std
val_data_tensor = torch.Tensor(val_data_numpy)

test_data_numpy = np.array(train_data)
test_data_numpy = (test_data_numpy - train_mean) / train_std
test_data_tensor = torch.Tensor(test_data_numpy)

#创建 DataLoader
train_set = TrainSet(train_data_tensor)
train_loader = DataLoader(train_set, batch_size=256, shuffle=True)

val_set = TrainSet(val_data_tensor)
val_loader = DataLoader(val_set, batch_size=256, shuffle=True)


##②模型训练部分。如果已有训练好的模型,替换为 rnn = torch.load('rnn.pkl')。
rnn = LSTM()

if torch.cuda.is_available():
    rnn = rnn.cuda()

optimizer = torch.optim.Adam(rnn.parameters(), lr=LR)     #优化所有 CNN 参数
loss_func = nn.MSELoss()

best_loss = 1000

if not os.path.exists('weights'):
    os.mkdir('weights')

for step in range(EPOCH):
    for tx, ty in train_loader:
        if torch.cuda.is_available():
            tx = tx.cuda()
            ty = ty.cuda()

        output = rnn(torch.unsqueeze(tx, dim=2))
```

```
                loss = loss_func(torch.squeeze(output), ty)
                optimizer.zero_grad()           #梯度清零
                loss.backward()                 #反向传播,计算梯度
            optimizer.step()
                print('epoch : %d  ' % step, 'train_loss : %.4f' % loss.cpu()
.item())

              with torch.no_grad():
                for tx, ty in val_loader:
                    if torch.cuda.is_available():
                        tx = tx.cuda()
                        ty = ty.cuda()
                    output = rnn(torch.unsqueeze(tx, dim=2))
                    loss = loss_func(torch.squeeze(output), ty)
                    print('epoch : %d  ' % step, 'val_loss : %.4f' % loss.cpu()
.item())

                if loss.cpu().item() < best_loss:
                    best_loss = loss.cpu().item()
                    torch.save(rnn, 'weights/rnn.pkl'.format(loss.cpu().item()))
                    print('new model saved at epoch {} with val_loss {}'
.format(step, best_loss))


        ##③绘制结果。
        rnn = torch.load('weights/rnn.pkl')

        generate_data_train = []
        generate_data_test = []

        #测试数据开始的索引
        test_start = len(all_series_test1) + TRAIN_END

        #对所有的数据进行相同的归一化
        all_series_test1 = (all_series_test1 - train_mean) / train_std
        all_series_test1 = torch.Tensor(all_series_test1)

        #len(all_series_test1)                  #3448
        for i in range(DAYS_BEFORE, len(all_series_test1) - DAYS_PRED, DAYS_
PRED):
            x = all_series_test1[i - DAYS_BEFORE:i]
            #将 x 填充到 (bs, ts, is) 中的 timesteps
            x = torch.unsqueeze(torch.unsqueeze(x, dim=0), dim=2)
            if torch.cuda.is_available():
                x = x.cuda()
            y = torch.squeeze(rnn(x))
            if i < test_start:
                generate_data_train.append(torch.squeeze(y.cpu()).detach()
.numpy() * train_std + train_mean)
            else:
```

```
            generate_data_test.append(torch.squeeze(y.cpu()).detach()
.numpy() * train_std + train_mean)
        generate_data_train = np.concatenate(generate_data_train, axis=0)
        generate_data_test  = np.concatenate(generate_data_test, axis=0)
        #print(len(generate_data_train))        #3122
        #print(len(generate_data_test))         #294
        plt.figure(figsize=(12,8))
        plt.plot(df_index[DAYS_BEFORE: len(generate_data_train) + DAYS_
BEFORE], generate_data_train, 'b', label='generate_train')
        plt.plot(df_index[TRAIN_END: len(generate_data_test) + TRAIN_END],
generate_data_test, 'k', label='generate_test')
        plt.plot(df_index, all_series_test1.clone().numpy() * train_std +
train_mean, 'r', label='real_data')
        plt.legend()
        plt.show()


        plt.figure(figsize=(10,16))
        plt.subplot(2,1,1)
        plt.plot(df_index[100 + DAYS_BEFORE: 130 + DAYS_BEFORE], generate_data_
train[100: 130], 'b', label='generate_train')
        plt.plot(df_index[100 + DAYS_BEFORE: 130 + DAYS_BEFORE], (all_series_
test1.clone().numpy() * train_std + train_mean)[100 + DAYS_BEFORE: 130 + DAYS_
BEFORE], 'r', label='real_data')
        plt.legend()
        plt.subplot(2,1,2)
        plt.plot(df_index[TRAIN_END + 50: TRAIN_END + 80], generate_data_test
[50:80], 'k', label='generate_test')
        plt.plot(df_index[TRAIN_END + 50: TRAIN_END + 80], (all_series_test1.
clone().numpy() * train_std + train_mean)[TRAIN_END + 50: TRAIN_END + 80], 'r',
label='real_data')
        plt.legend()
        plt.show()


        generate_data_train = []
        generate_data_test = []
        all_series_test2 = np.array(all_series.copy().tolist())
        #对所有的数据进行相同的归一化
        all_series_test2 = (all_series_test2 - train_mean) / train_std
        all_series_test2 = torch.Tensor(all_series_test2)
        iter_series = all_series_test2[:DAYS_BEFORE]
        index = DAYS_BEFORE
        while index < len(all_series_test2) - DAYS_PRED:
            x = torch.unsqueeze(torch.unsqueeze(iter_series[-DAYS_BEFORE:],
dim=0), dim=2)
            if torch.cuda.is_available():
                x = x.cuda()
            y = torch.squeeze(rnn(x))
            iter_series = torch.cat((iter_series.cpu(), y.cpu()))
```

```
            index += DAYS_PRED
        iter_series = iter_series.detach().cpu().clone().numpy() * train_std +
train_mean
        print(len(all_series_test2))
        print(len(df_index))
        print(len(iter_series))
        plt.figure(figsize=(12,8))
        plt.plot(df_index[ : len(iter_series)], iter_series, 'b', label=
'generate_train')
        plt.plot(df_index, all_series_test2.clone().numpy() * train_std +
train_mean, 'r', label='real_data')
        plt.legend()
        plt.show()


        plt.figure(figsize=(10,16))
        plt.subplot(2,1,1)
        plt.plot(df_index[ 3000 : 3049], iter_series[3000:3049], 'b', label=
'generate_train')
        plt.plot(df_index[ 3000 : 3049], all_series_test2.clone().numpy()[3000 :
3049] * train_std + train_mean, 'r', label='real_data')
        plt.legend()
        plt.show()


if __name__ == "__main__":
    main()
```

习　　题

6.1　试阐述神经网络的发展历程。

6.2　试阐述梯度下降算法的步骤。

6.3　试阐述 BP 神经网络的训练过程。

6.4　试阐述什么是神经网络的泛化能力。如何保证 BP 网络具有较好的泛化能力？

6.5　简单的线性变换已经能够根据权重来将信息复合起来，为什么还要使用激活函数？

6.6　试阐述卷积的概念和作用。

6.7　试阐述池化的概念和作用。

6.8　试阐述 Sigmoid、Tanh、ReLU 这三种激活函数的优缺点。

6.9　全连接神经网络能否用在图像分类任务上？

6.10　试阐述如何解决梯度爆炸或梯度消失的问题。

6.11　对于图 6.6 所示的 BP 神经网络，假设有一个输入样本为(0.3, −0.7)，对应的期望输出为(1, 0)，初始权重为 $w_{11}^{(1)}=w_{11}^{(2)}=0.1$，$w_{12}^{(1)}=w_{12}^{(2)}=0.2$，$w_{21}^{(1)}=w_{21}^{(2)}=-0.1$，$w_{22}^{(1)}=$

$w_{22}^{(2)}=-0.2$,不考虑偏置值,激活函数全部为 Sigmoid 函数,训练误差为 $\text{Error}=\frac{1}{2}\sum_{i=1}^{2}(y_i-\hat{y}_i)^2$,学习速率 $\alpha=1$。

(1) 对该 BP 网络做一次前向传递计算并写出实际输出值。

(2) 在(1)的基础上,对该 BP 网络做一次误差反向传播计算,对权重值做更新。

6.12　试阐述卷积神经网络中用 1×1 卷积层的作用。

6.13　试阐述卷积核为什么一般都是奇数。

6.14　试分析卷积神经网络和循环神经网络的异同点。

6.15　编程题。试设计一个 BP 神经网络,对表 6.6 中的三类线性不可分数据进行分类,分别用向量 $(1,-1,-1)^T$,$(-1,1,-1)^T$ 和 $(-1,-1,1)^T$ 代表输出的三个类别。要求:①选择合适的 BP 网络隐层结点数量;②用 BP 算法训练网络,对表 6.6 中的所有样本进行正确分类。

表 6.6　样本数据

序号	坐　标	类别	序号	坐　标	类别	序号	坐　标	类别
1	(0.5, −0.5)	1 类	4	(−0.5, −0.5)	2 类	7	(−1, 0)	3 类
2	(−0.5, 0.5)	1 类	5	(0.5, 0.5)	2 类	8	(0, 1)	3 类
3	(0, 0)	1 类	6	(0.2, −0.4)	2 类	9	(0.4, −0.2)	3 类

强化学习

作为机器学习领域的一个新兴的分支,无论是在学术界还是在工业界,强化学习都获得了大量的关注。通过前面的学习我们知道,机器学习一般分为监督学习和无监督学习。监督学习是在有标签的样本上训练出一个模型,并使该模型可以根据输入得到相应的输出;而无监督学习则是在没有标签的样本中学习潜在的结构关系。

强化学习不同于监督学习和无监督学习,它是机器学习的一个新范式,是要让智能体不断地对所处环境进行探索和开发,并根据环境所反馈给智能体的回报进行学习并期望获取高回报的过程。本章主要介绍的就是强化学习的原理和求解方法,以及强化学习的应用。

7.1 强化学习问题

与监督学习、非监督学习一样,强化学习是机器学习的一个分支。强化学习的目标是设计一个智能体,使其在不断与其所处环境的交互中进行学习,并使得收益最大化的一种方法。在强化学习中,智能体不知道要采取什么动作,只有通过"探索"与"利用"的机制,在所处状态采取行动获得收益。

强化学习的过程如图7.1所示,其中包含四个主要要素。

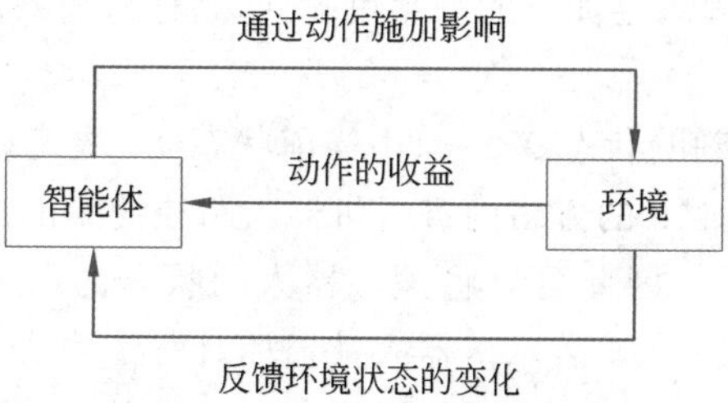

图7.1 强化学习的过程

(1) 智能体(Agent)。智能体是强化学习算法的主体,能够根据经验做出主观判断并执行动作,这是整个智能系统的核心。

(2) 环境(Environment)。智能体以外的一切统称为环境。环境在与智能体的交互中,能被智能体所采取的动作影响,也能对智能体提供状态反馈和奖励。

(3) 动作(Action)。动作是智能体对环境产生影响的方式。

(4) 奖励(Reward)。奖励是智能体采取一系列动作后从环境获得的收益。在实际处理中,一般使用正值表示奖励,使用负值表示惩罚。

除去上述强化学习的四大要素以外,还要介绍两个概念。

(1) 状态(State)。状态可以理解为智能体对环境的理解或编码,通常包含对智能体所采取的决策产生影响的信息。

(2) 策略(Policy)。策略是智能体在所处状态下执行某个动作的依据。即给定一个状态,智能体可以根据一个策略来选择应该采取的动作。

在监督学习和非监督学习中,数据是事先给定的,监督学习通过学习训练数据从样本特征到类别标签的映射,构建决策模型,从而可以对新数据进行分类;非监督学习不需要类别标签信息,而是通过学习数据的分布模式,找到数据之间的关联。强化学习与监督学习和非监督学习都不同,强化学习是一种基于评估的学习方法,其数据则来源于与环境的实时交互,智能体通过序贯决策方法选择能获得最大收益的动作。

以棋类博弈问题为例,强化学习算法如果要知晓某一走法是否能获得较大收益甚至带来胜局,需要先尝试该走法之后再去观察在后续智能体是否可以获胜,这就是一种基于评估的学习方法。强化学习算法的训练数据就是在智能体不断模拟对局的过程中产生的。但需要注意的是：①强化学习的奖励通常具有滞后性,即智能体落子后一般都不会立刻获得收益,而是要经过几个回合甚至到棋局终止时,才能得到一个明确的奖励；②许多棋类博弈问题具有巨大的搜索空间(如围棋,其搜索空间达到 10^{170}),即便是当前算力最强的设备也无法让算法快速地在每次落子之前完成搜索空间的穷举。

7.1.1 马尔可夫决策过程

强化学习是一种从环境状态映射到动作的学习,其目标是使智能体在与环境的交互过程中能够获得最大的奖励。基于马尔可夫过程理论的马尔可夫决策过程(Markov Decision Process,MDP)可以用来对强化学习问题进行建模。

一个随机过程实际上是一列随时间变化的随机变量。假设时间是离散的,一个随机过程可以表示为$\{X_t\}_{t=0,1,2,\cdots}$,这里的每个 X_t 都是一个随机变量,因此被称为离散随机过程。如果一个离散随机过程满足如下的马尔可夫性,则称该离散随机过程是马尔可夫链。

$$P(X_{t+1}=x_{t+1} \mid X_0=x_0, X_1=x_1, \cdots, X_t=x_t)=P(X_{t+1}=x_{t+1} \mid X_t=x_t) \quad (7.1)$$

式(7.1)说明：下一时刻的状态 X_{t+1} 只由当前状态 X_t 决定,而与更早的状态全部无关。

图 7.2 是一个在 3×3 的方格内进行机器人路径搜索的游戏。假设机器人最初位于 s_1,并试图到达目标位置 s_9,因此可以将该机器人的状态的取值范围设为$\{s_1, s_2, \cdots, s_9, s_d\}$,其中,$s_d$ 表示机器人被损坏时所处的状态。游戏规则如下：①该机器人每次只能向上或向右移动一个方格；②只有当机器人到达目标位置 s_9 时才会获得奖励(体现了奖励滞后性),且游戏终止；③如果机器人在移动过程中越出方格,则会受到惩罚(负奖励),机器人损坏且游戏终止；④机器人在其他状态时则既不奖励也不惩罚。那么,如何学习一种策略,能够帮助机器人从 s_1 走到 s_9?

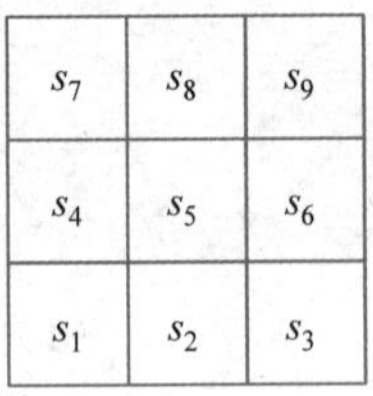

图 7.2 一个强化学习的示例

定义一个离散马尔可夫过程$\{s_t\}_{t=0,1,2,\cdots}$,其中,s_t 表示机器人第 t 步的状态,即机器人在第 t 步所处的方格位置。将 s_t 的取值范围定义为状态集合 $S=\{s_1, s_2, \cdots, s_9, s_d\}$。在这个问题中，机器人的状态$\{s_t\}_{t=0,1,2,\cdots}$满足马尔可夫性。

定义该机器人所能采取的行动集合为 $A=\{a_1,a_2,\cdots\}$，在这里可以定义 $A=\{a_1$(向上移动)，a_2(向上移动)$\}$。

定义机器人的状态转移概率为 $P(s_{t+1}|s_t,a_t)$，描述了机器人在当前状态 s_t 时采取了动作 a_t 后进入下一时刻状态 s_{t+1} 的概率。显然，状态转移概率满足马尔可夫性。在这个问题中，机器人的状态转移概率是确定性的，例如，机器人从 s_2 采取动作向右移动后，得到的状态一定是 s_3，此时 $P(s_3|s_2,a_2)=1$ 且 $P(s_i(i\neq3)|s_2,a_2)=0$。同理可以得到该问题的状态转移概率如图 7.3 所示。

$P(s_{i+1}|s_i,a_1)$

s_i \ s_{i+1}	s_1	s_2	s_3	s_4	s_5	s_6	s_7	s_8	s_9	s_d
s_1	0	1	0	0	0	0	0	0	0	0
s_2	0	0	1	0	0	0	0	0	0	0
s_3	0	0	0	1	0	0	0	0	0	1
s_4	0	0	0	0	1	0	0	0	0	0
s_5	0	0	0	0	0	1	0	0	0	0
s_6	0	0	0	0	0	0	1	0	0	1
s_7	0	0	0	0	0	0	0	1	0	0
s_8	0	0	0	0	0	0	0	0	1	0
s_9	0	0	0	0	0	0	0	0	0	1

$P(s_{i+1}|s_i,a_2)$

s_i \ s_{i+1}	s_1	s_2	s_3	s_4	s_5	s_6	s_7	s_8	s_9	s_d
s_1	0	0	0	1	0	0	0	0	0	0
s_2	0	0	0	0	1	0	0	0	0	0
s_3	0	0	0	0	0	1	0	0	0	0
s_4	0	0	0	0	0	0	1	0	0	0
s_5	0	0	0	0	0	0	0	1	0	0
s_6	0	0	0	0	0	0	0	0	1	0
s_7	0	0	0	0	0	0	0	0	0	1
s_8	0	0	0	0	0	0	0	0	0	1
s_9	0	0	0	0	0	0	0	0	0	1

图 7.3　状态转移概率

需要注意的是：在其他任务中，状态转移概率可能不是 0 或 1，而是介于 0～1 的某个概率值。

定义奖励函数为 $r_{t+1}=r(s_t,a_t,s_{t+1})$，描述了机器人在第 t 步状态 s_t 采取行动 a_t 转移到第 $t+1$ 步状态 s_{t+1} 所获得的奖励。在这个问题中，奖励函数可以定义为

$$r_{t+1}=r(s_t,a_t,s_{t+1})=\begin{cases}1, & s_{t+1}=s_9\\ -1, & s_{t+1}=s_d\\ 0, & \text{其他}\end{cases}\tag{7.2}$$

定义折扣因子 $\gamma\in[0,1]$来描述后续时刻奖励对当前动作的价值，从而可以定义智能体在时刻 t 的回报为

$$G_t=r_{t+1}+\gamma r_{t+2}+\gamma^2 r_{t+3}+\cdots\tag{7.3}$$

例如，在图 7.4 中描述了一个智能体(不是图 7.2 中的机器人)在采取同一组动作序列后获得的两个不同奖励序列：(0,0,1,1)和(1,1,0,0)。可以看到，两个奖励序列的总和都是 2，但前一个序列采用了“先苦后甜”的方式对后期的状态进行奖励，而后一个序列采用了“先甜后苦”的方式对前期的状态进行奖励。假设折扣因子 $\gamma=0.99$，那么这两个奖励序列在 0 时刻的回报分别如下。

奖励序列 1(0,0,1,1)：$G_0=0+0.99\times0+0.99^2\times1+0.99^3\times1=1.9504$

奖励序列 2(1,1,0,0)：$G_0=1+0.99\times1+0.99^2\times0+0.99^3\times0=1.99$

可以看到，奖励序列 2 具有更高的回报值。在强化学习中，一般采用这种奖励策略，即更注重短期收益，而非长期收益。

通过上面的描述，可以将该任务看作一个马尔可夫决策过程(Markov Decision

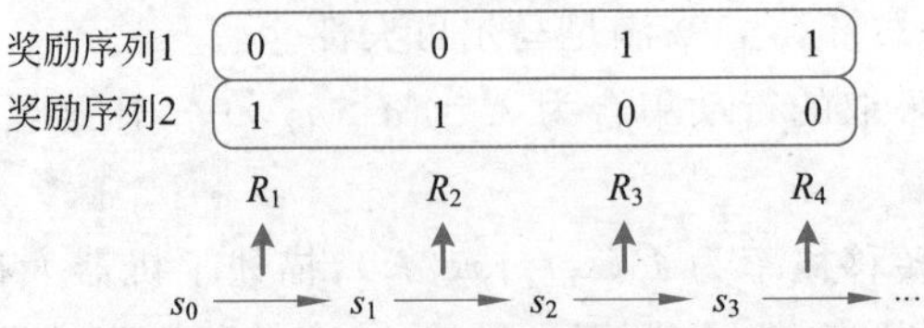

图 7.4　两个奖励序列的比较

Process,MDP)，并使用一个五元组(S,A,P,r,γ)对其进行定义，可以很好地刻画智能体与环境的交互。假设一个马尔可夫决策过程的初始状态是s_0，终止状态是s_T。智能体从初始状态s_0开始，根据某个策略选择动作a_0，得到奖励值r_1，同时状态转移到s_1，并以此类推。这样，可以得到一个状态序列$(s_0,a_0,r_1,s_1,a_1,r_2,\cdots,s_T)$，这个序列称为轨迹。轨迹的长度可以是无限的，也可以是终止于s_T。在这些状态序列中，包含终止状态的问题称为分段问题，不包含终止状态的问题称为持续问题。在分段问题中，一个从初始状态到终止状态的完整轨迹称为一个片段。下面是机器人寻路问题的几个片段。

片段 1：$s_1 \to s_2 \to s_3 \to s_d$

片段 2：$s_1 \to s_2 \to s_5 \to s_8 \to s_d$

片段 3：$s_1 \to s_4 \to s_7 \to s_8 \to s_9$

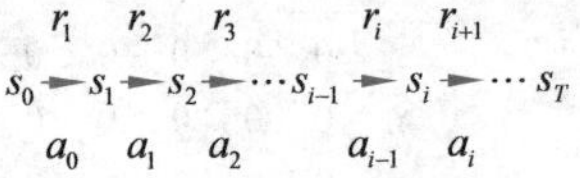

图 7.5　包含状态、动作、奖励的片段描述

如果将动作、奖励等信息加入片段中，可以使用图 7.5 来描述片段。本章讨论的主要就是这种分段问题。

7.1.2　强化学习问题

当前，马尔可夫决策过程已经被广泛应用于强化学习问题中，用于描述智能体与环境之间的交互。但马尔可夫决策过程并不能解决智能体如何选择动作的策略问题。即无法确定智能体在状态s下采取动作a的概率(也就是策略函数$\pi(s,a)$)。一个好的策略函数能够使智能体在采取一系列行动后获得最佳奖励，即获得当前时刻的最大奖励$G_t = r_{t+1} + \gamma r_{t+2} + \gamma^2 r_{t+3} + \cdots$。由于考虑的是分段问题，因此$G_t$可以通过包含终止状态的轨迹序列来计算。

为了说明强化学习问题，再引入以下两个概念。

(1) 价值函数$V_\pi(s) = E_\pi[G_t \mid s_t = s]$。假设智能体时刻$t$处于状态$s$，那么价值函数描述了该智能体按照策略$\pi$采取行动时所获得的回报的期望。通过价值函数，可以衡量某个状态的好坏程度，反映了智能体从当前状态开始到片段结束能获得多少回报。

(2) 动作-价值函数$q_\pi(s,a) = E_\pi[G_t \mid s_t = s, a_t = a]$。相比于价值函数，动作-价值函数引入了智能体在时刻t处于状态s时所采取的动作a，并描述了该智能体在采取动作a后，再按照策略π采取后续行动所获得的回报的期望。

上述价值函数和动作-价值函数都反映了智能体在某个策略下所对应的状态序列获得回报的期望。对于价值函数和动作-价值函数，理查德·贝尔曼提出了贝尔曼方程(也称为动态规划方程)建立了两者的关系如下。根据贝尔曼方程，结合价值函数与动作-价值函数的定义，可得：

$$\begin{aligned} V_\pi(s) &= E_\pi[G_t \mid s_t = s] = \boldsymbol{E}_\pi[r_{t+1} + \gamma r_{t+2} + \gamma^2 r_{t+3} + \cdots \mid s_t = s] \\ &= E_{a \sim \pi(s,\cdot)}[E_\pi[r_{t+1} + \gamma r_{t+2} + \gamma^2 r_{t+3} + \cdots \mid s_t = s, a_t = a]] = \sum_{a \in A} \pi(s,a) q_\pi(s,a) \end{aligned} \tag{7.4}$$

$$
\begin{aligned}
q_\pi(s,a) &= E_\pi[G_t \mid s_t = s, a_t = a] \\
&= E_{s'\sim P(\cdot|s,a)}[r(s,a,s') + \gamma \boldsymbol{E}_\pi[r_{t+2} + \gamma r_{t+3} + \cdots \mid s_{t+1} = s']] \\
&= \sum_{s' \in S} P(s' \mid s,a) \times [r(s,a,s') + \gamma V_\pi(s')]
\end{aligned} \tag{7.5}
$$

式(7.4)说明：可以使用动作-价值函数 $q_\pi(s,a)$ 描述价值函数 $V_\pi(s)$。将智能体的价值函数 $V_\pi(s)$（从状态 s 出发，采用策略 π 完成任务所得回报的期望）转换为智能体在状态 s 可以采取所有动作的概率值与采取该动作后获得回报的乘积之和。

式(7.5)说明：可以使用价值函数 $V_\pi(s)$ 描述动作-价值函数 $q_\pi(s,a)$。将智能体的动作价值函数 $q_\pi(s,a)$（从状态 s 出发，采取动作 a 后，再按照策略 π 采取后续行动所获得的回报的期望）转换为智能体在状态 s 采取某个具体动作 a 后进入状态 s' 的概率 $P(s'|s,a)$，乘以智能体进入状态 s' 的瞬时回报 $r(s,a,s')$ 与智能体在状态 s' 之后采用策略 π 完成任务的回报期望 $V_\pi(s)$ 的折扣值（乘以 γ）之和。

将式(7.5)代入式(7.4)，可以得到如下的价值函数贝尔曼方程。

$$
\begin{aligned}
V_\pi(s) &= \sum_{a \in A} \pi(s,a) \sum_{s' \in S} P(s' \mid s,a) \times [r(s,a,s') + \gamma V_\pi(s')] \\
&= \boldsymbol{E}_{a\sim\pi(s,\cdot)} \boldsymbol{E}_{s'\sim P(\cdot|s,a)}[r(s,a,s') + \gamma V_\pi(s')]
\end{aligned} \tag{7.6}
$$

式(7.6)说明，价值函数 $V_\pi(s)$ 的取值与时间无关，只与策略 π、智能体采取策略 π 选取动作 a 从状态 s 转换到 s' 的瞬时回报 $r(s,a,s')$ 以及智能体在状态 s' 之后继续采用策略 π 完成任务的回报期望 $V_\pi(s')$ 有关。可以看到，这是一个迭代方程，描述了当前状态下的价值函数及其后续状态的价值函数之间的关系。

将式(7.4)代入式(7.5)，可以得到如下动作-价值函数贝尔曼方程。

$$
\begin{aligned}
q_\pi(s,a) &= \sum_{s' \in S} P(s' \mid s,a) \times \left[r(s,a,s') + \gamma \sum_{a' \in A} \pi(s',a') q_\pi(s',a')\right] \\
&= \boldsymbol{E}_{s'\sim\pi(\cdot|s,a)} [r(s,a,s') + \gamma \boldsymbol{E}_{a'\sim\pi(s',\cdot)}[q_\pi(s',a')]]
\end{aligned} \tag{7.7}
$$

式(7.7)说明，动作-价值函数 $q_\pi(s,a)$ 的取值同样与时间无关，只与智能体策略 π 选取动作 a 从状态 s 转换到 s' 的瞬时回报 $r(s,a,s')$ 以及智能体在状态 s' 之后继续采用策略 π 选取动作 a' 并完成任务的回报期望 $q_\pi(s',a')$ 有关。可以看到，这也是一个迭代方程，描述了当前状态下的动作-价值函数及其后续状态下的动作-价值函数之间的关系。

至此，可以完整地定义强化学习问题为：对于一个马尔可夫决策过程 $\mathrm{MDP}=(S,A,P,r,\gamma)$，如何学习得到最优策略 π^*，能够对于任意的 $s \in S$，都能使得 $V_{\pi^*}(s)$ 的值最大？目前，求解强化学习（求解最优策略）的方法有多种分类方法。

(1) 根据算法是否依赖于模型，可以分为有模型的方法和无模型的方法两大类，如图 7.6 所示。这两类算法的共同点是通过与环境交互获得数据，不同点是利用数据的方式不同。在基于模型的强化学习算法中，智能体利用与环境交互得到的数据学习系统或者环境模型，确定环境的所有信息（包括状态转移概率、价值函数等），再基于模型进行序贯决策。在无模型的强化学习算法中，智能体没有环境的信息，需要与环境进行交互，采集大量的轨迹数据，利用与环境交互获得的数据改善自身的行为。两类方法各有优缺点，一般来讲，基于模型的强化学习算法效率要比无模型的强化学习算法效率更高，因为智能体在探索环境时可以利用模型信息。但是，有些根本无法建立模型的任务只能利用无模型的强化学习算法。由于无模型的强化学习算法不需要建模，所以和基于模型的强化学习算法相比，更具有通用性。

图 7.6 彩图

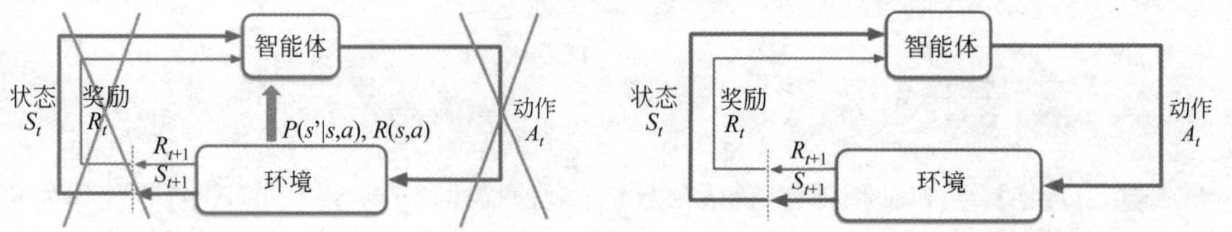

(a) 有模型的强化学习　　(b) 无模型的强化学习

图 7.6　强化学习算法的分类

（2）根据策略的更新和学习方法，可以分为基于价值函数的强化学习算法、基于直接策略搜索的强化学习算法。基于价值函数的方法是指学习价值函数，最终的策略根据价值函数贪婪得到。也就是说，在任意状态下，价值函数最大的动作为当前最优策略。基于直接策略搜索的强化学习算法，一般是将策略参数化，学习实现目标的最优参数。

（3）根据环境返回的奖励函数是否已知，可以分为正向强化学习和逆向强化学习。在强化学习中，奖励函数是人为指定的，奖励函数指定的强化学习算法称为正向强化学习。但在很多时候，奖励无法人为指定，这时需要通过机器学习的方法由函数自己学习奖励。

7.2　基于价值的强化学习

7.2.1　策略迭代

为了求解最优策略 π^*，可以采用迭代的方法。假设从某个策略开始，首先计算在该策略下的价值函数或动作-价值函数（策略评估），然后依据计算得到的价值函数或动作-价值函数值更新策略（策略优化），不断重复这个过程直至策略收敛。几乎所有的强化学习方法都可以使用这种迭代方法进行求解。

1. 策略优化

要实施策略优化，需要首先对策略有一个好坏的评价指标。假设有两个策略 π 和 π'，如果对于任意的状态 $s\in S$，都有 $V_\pi(s)\leqslant V_{\pi'}(s)$，那么称策略 π' 不比策略 π 差。可以证明，对于任意的状态 $s\in S$，如果两个策略 π 和 π' 对应的动作-价值函数满足如下关系：$q_\pi(s,V_{\pi'}(s))\geqslant q_\pi(s,V_\pi(s))$，那么有 $V_{\pi'}(s)\geqslant V_\pi(s)$。这个结论被称为策略优化定理。

对于某个策略 π，假设其对应的价值函数和动作-价值函数分别为 V_π 和 q_π。如果可以构造一个策略 π'，使得对于任意的状态 $s\in S$，都有：

$$\pi'(s)=\underset{a}{\operatorname{argmax}}\, q_\pi(s,a) \tag{7.8}$$

那么，对于任意的状态 $s\in S$，有：

$$q_\pi(s,\pi'(s,a))=q_\pi(s,\underset{a}{\operatorname{argmax}}\, q_\pi(s,a))=\max_a q_\pi(s,a)\geqslant q_\pi(s,\pi(s)) \tag{7.9}$$

根据策略优化定理可知：策略 π' 不比策略 π 差。

上述策略优化问题可以进一步在如图 7.2 所示的机器人寻路问题中进行讨论。假设机器人最初位于状态 s_1，且采取策略 π（"向上"或"向右"）选择动作。如图 7.7(a)所示，先将机器人在状态 s_1、s_2 和 s_4 的价值函数分别初始化为 0.1、0.4 和 0.3，将每个状态选取的动作都初始化为"向上"。由于机器人在状态 s_1 可以选取"向上"或"向右"移动，因此可以根据式(7.5)得到如下计算机器人选择这两个动作后分别得到的动作-价值函数取值。

$$q_\pi(s_1,\text{"向上"}) = \sum_{s'\in S} P(s'\mid s,\text{"向上"}) \times \left[r(s,\text{"向上"},s') + \gamma \sum_{a'\in A} \pi(s') \right]$$
$$= 1 \times (0 + 0.99 \times 0.3) + 0 \times \cdots = 0.297$$

$$q_\pi(s_1,\text{"向右"}) = \sum_{s'\in S} P(s'\mid s,\text{"向右"}) \times \left[r(s,\text{"向右"},s') + \gamma \sum_{a'\in A} \pi(s') \right]$$
$$= 1 \times (0 + 0.99 \times 0.4) + 0 \times \cdots = 0.396$$

可见,机器人在状态 s_1 采取"向右"动作,能够获得更大的回报。于是,机器人在状态 s_1 处的新策略为 $\pi'(s_1) = \arg\max_a q_\pi(s_1,a) = $"向右",从而将 s_1 处的策略更新为"向右"(如图 7.7(b)所示)。其他状态的情况也可以用该方法进行计算和更新。

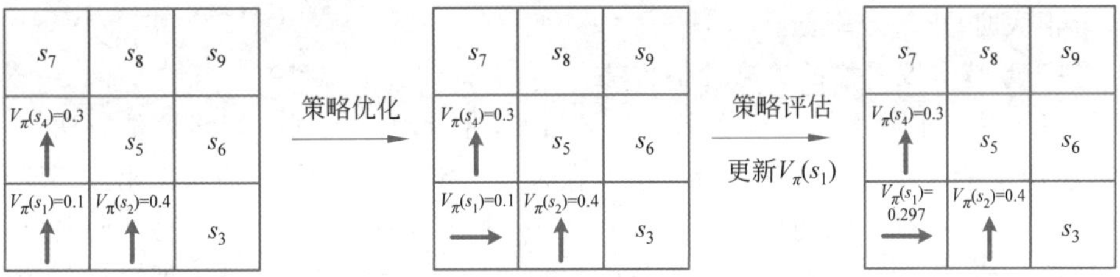

(a) 初始状态　　　　　　(b) 策略优化结果　　　　　　(c) 策略评估结果

图 7.7　机器人寻路问题的策略优化和评估方法(使用动态规划法迭代一次)

2. 策略评估

如果已有某个策略 π,策略评估就是要计算智能体的价值函数 V_π 或动作-价值函数 q_π。常见的策略评估方法包括基于动态规划的方法、基于蒙特卡罗采样的方法和基于时序差分的方法。

1) 基于动态规划的策略评估方法

基于动态规划的方法将待求解的强化学习问题分解成若干子问题,先求解子问题,然后从这些子问题的解得到原问题的解。"动态"指的是问题由一系列的状态组成,而状态会随时间变化。"规划"即优化每个子问题。因为马尔可夫决策过程(MDP)具有马尔可夫性,即某一时刻的子问题仅取决于上一时刻的子问题,同时贝尔曼方程可以递归地切分子问题,可以采用动态规划来求解贝尔曼方程。

算法 7.1 是一种经典的动态规划求解方法,使用了 Gauss-Seidel 方法求解价值函数的贝尔曼方程。算法通过递推方式来更新每个状态的价值函数,直至算法收敛。

算法 7.1　基于动态规划的策略评估

输入:策略 π,状态转移函数 P,状态个数 N,奖励函数 r

输出:价值函数 V_π

算法流程:
1　随机初始化 V_π
2　迭代直至 V_π 收敛
3　　**for** $i = 0, 1, \cdots, N$
4　　　　$V_\pi(s_i) \leftarrow \sum_{a\in A} \pi(s_i,a) \sum_{s'\in S} P(s'\mid s_i,a) \times [r(s_i,a,s') + \gamma V_\pi(s')]$
5　对于任意的 $s \in S$,返回 $V_\pi(s)$

以机器人寻路问题为例，如图 7.6 所示，更新 $V_\pi(s)$的过程如下。

$$
\begin{aligned}
V_\pi(s_1) &= \sum_{a\in A}\pi(s_1,a)q_\pi(s_1,a)\\
&=\pi(s_1,\text{“向上”})q_\pi(s_1,\text{“向上”})+\pi(s_1,\text{“向右”})q_\pi(s_1,\text{“向右”})\\
&=1\times 0.297+0\times\cdots=0.297
\end{aligned}
$$

此时，$V_\pi(s_1)$被更新为 0.297，如图 7.7(c)所示。与此类似，可以对其他状态进行策略评估，直至 V_π 收敛。

基于动态规划的策略评估方法简单有效，但有两个缺点：①需要已知状态转移概率函数，而这要求已经对环境构建了准确的模型，而这在强化学习任务中通常是不现实的；②当状态集合很大时，求解效率低。

2）基于蒙特卡罗采样的策略评估方法

由于各个状态的状态转移概率函数是未知的，针对动态规划的策略评估方法第一个问题，可以使用蒙特卡罗方法对其进行改进。在某个给定状态 s 下，从该状态出发不断采集智能体的后续状态，得到不同的采样序列。对这些采样序列分别计算状态 s 的回报值，再对这些回报值取均值，以此作为对状态 s 价值函数的估计，这就是基于蒙特卡罗采样的策略评估方法，这可以避免动态规划方法中对状态转移函数的依赖。算法 7.2 是该方法的流程。

算法 7.2　基于蒙特卡罗采样的策略评估

输入：策略 π，最大迭代次数 MaxIter，奖励函数 r

输出：价值函数 V_π

算法流程：

1 随机初始化 V_π

2 对于任意的 $s\in S$，初始化 return(s) ← 0，初始化 $n(s)$ ← 0

3 **for** i = 1：MaxIter

4 　　根据策略 π，从状态 s 开始产生一个片段 D：$s_0, a_0, r_1, s_1, a_1, r_2, \cdots, s_{T-1}, a_{T-1}, r_T$

5 　　初始化 G ← 0

6 　　　　**for** $t = T-1, T-2, \cdots, 0$(反向迭代片段 D)

7 　　　　　　$G \leftarrow \gamma G + r_{t+1}$

8 　　　　　　**if** 状态 s_t 没有出现在 $s_0, s_1, \cdots, s_{T-1}$ 中

9 　　　　　　　　return(s_t) ← return(s_t) + G_t

10 　　　　　　　　$n(s_t) \leftarrow n(s_t)+1$

11 对于任意的 $s\in S$，返回 $V_\pi(s)$ ← return(s)/$n(s)$

算法 7.2 是一种首次访问型的蒙特卡罗采样策略评估方法，另外还有每次访问型的蒙特卡罗采样策略评估方法。后者不需要在算法 7.2 中第 8 行的判断。

以机器人寻路问题为例，如图 7.8 所示，更新 $V_\pi(s)$的过程如下。

假设通过蒙特卡罗采样得到了从状态 s_1 出发的两条轨迹分别是(s_1, s_4, s_7, s_d)和$(s_1, s_4, s_7, s_8, s_9)$。这两条轨迹中，$s_1$ 对应的回报值分别是 $0+\gamma\times 0+\gamma^2\times(-1)=-0.980$ 和 $0+\gamma\times 0+\gamma^2\times 0+\gamma^3\times 1=0.970$。通过采样这两次轨迹，可以将 $V_\pi(s_1)$的估计值更新为 $(-0.980+0.970)/2=-0.005$。但在较为复杂的问题中，从一个状态出发可以获得大量甚至无限多条轨迹。根据大数定理，当样本足够大时，样本的平均值将能向样本的期望值收敛。因此，在实际处理中，可以从状态 s_1 出发采样更多轨迹序列，计算 s_1 的这些轨迹对应

的价值函数的均值，来逼近 s_1 的价值函数的实际值。

图 7.8 彩图

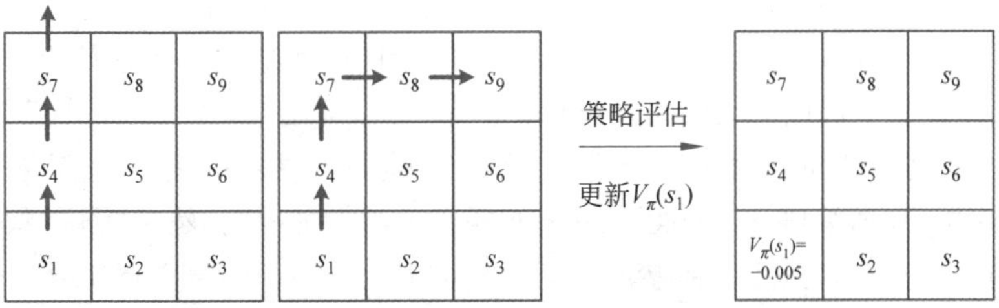

图 7.8　基于蒙特卡罗采样的策略优化方法(采样两次)

基于蒙特卡罗采样的策略评估方法不依赖状态转移概率，并且能将计算资源集中在感兴趣的(被采样的)状态上，大大地缓解了因状态空间太大造成的计算效率低下的问题。但该方法还有两个缺点：①由于从一个状态出发可以获得大量甚至无限多条轨迹，而蒙特卡罗方法采样的轨迹不能完全覆盖，这导致了该方法不能很准确地估计价值函数，且不同轨迹序列计算得到的价值函数之间的方差较大；②在一些实际的问题中，智能体只有到达终止状态时才能获得回报(正、负均可)，这就导致了采样轨迹长，计算效率低。基于时序差分的策略评估方法可以解决这些问题。

3）基于时序差分的策略评估方法

时序差分法可以看作蒙特卡罗法和动态规划法的结合，可以从实际经验里获取信息，无须提前已知环节模型的全部信息(类似蒙特卡罗法)，还能利用前序已知的信息进行在线实时学习，无须等到整个片段结束再进行价值函数的更新(类似动态规划法)。算法 7.3 是该方法的流程。

算法 7.3　基于时序差分的策略评估

输入：策略 π，最大迭代次数 MaxIter，奖励函数 r

输出：价值函数 V_π

算法流程：
1　随机初始化 V_π
2　迭代直至 V_π 收敛
3　　　选择一个状态 s 作为初始化状态
4　　　迭代直至到达终止状态
5　　　　　根据当前策略 π 选择一个可采取的动作 $a\sim\pi(s,\cdot)$
6　　　　　执行动作 a，获得奖励值 r 并转换到下一个状态 s'
7　　　　　计算价值函数值 $V_\pi(s)\leftarrow(1-\alpha)V_\pi(s)+\alpha[r+\gamma V_\pi(s')]$
8　　　　　转换到下一个状态 $s\leftarrow s'$
9　对于任意的 $s\in S$，返回 $V_\pi(s)$

从算法 7.3 可以看出，时序差分法综合了蒙特卡罗法和动态规划法。为了解决动态规划法需要预先知道状态转移概率的问题，时序差分法借鉴了蒙特卡罗法思想，通过采样 a 和 s'来估计 $\gamma V_\pi(s)$的取值 $r+\gamma V_\pi(s')$；为了解决蒙特卡罗法对价值函数估算不准的问题，时序差分法不是单纯使用估计值，而是对估计值和原有的价值函数值进行加权(第 7 行)：

$$V_\pi(s)\leftarrow(1-\alpha)V_\pi(s)+\alpha[r+\gamma V_\pi(s')]=V_\pi(s)+\alpha[r+\gamma V_\pi(s')-V_\pi(s)]$$

其中，$r+\gamma V_\pi(s')$为时序差分的目标，$r+\gamma V_\pi(s')-V_\pi(s)$为时序差分的偏差。可以看到，

与蒙特卡罗法不同，时序差分法不需要片段到达终止状态才能对价值函数进行更新(算法 7.2 中的第 4～10 行)，只需要从当前状态转换到下一状态即可对价值函数进行更新(算法 7.3 中的第 6～8 行)，这可以克服蒙特卡罗法由于采样稀疏性而造成每次估计得到的价值函数值方差较大的问题，也可以大大缩短反馈周期。

以机器人寻路问题为例，如图 7.9 所示，假设价值函数更新权重 $\alpha=0.5$，机器人当前位于状态 s_1。首先，根据策略 $\pi(s_1)$得到下一步采取动作“向上”。然后，通过状态转移概率 $P(\cdot|s_1,$“向上”$)$采样得到下一步状态 s_4，因此可以将 $V_\pi(s_1)$的值更新如下。

$$V_\pi(s_1)\leftarrow V_\pi(s_1)+\alpha[r+\gamma V_\pi(s_4)-V_\pi(s_1)]=0.1+0.5\times(0+0.99\times0.3-0.1)=0.199$$

图 7.9 彩图

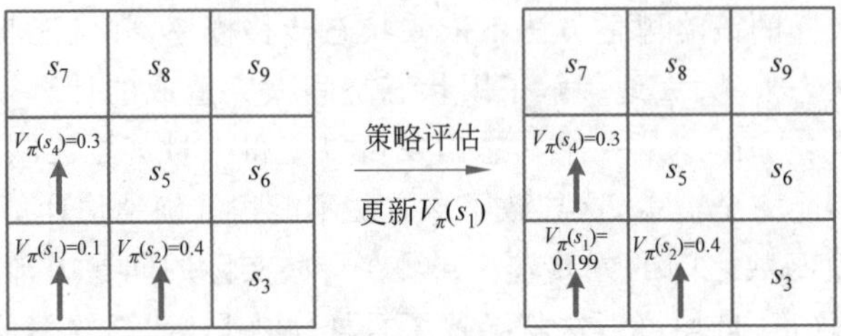

图 7.9　基于时序差分的策略优化方法

表 7.1 是以上三种不同的策略评估方法的对比。可以看到，时序差分法相比于动态规划法和蒙特卡罗法更适用于求解较大规模状态空间的强化学习问题。

表 7.1　三种策略评估方法的比较

	动态规划法	蒙特卡罗法	时序差分法
是否需要执行到片段结束	否	是	否
是否需要遍历所有可能的动作	是	否	否

7.2.2　基于价值的强化学习算法

7.2.1 节介绍了策略优化定理和策略迭代方法，基于此，将每一步中的价值函数调整为动作-价值函数，即可得到通用的强化学习算法。但这种方法存在以下两个问题。

(1) 策略评估方法是迭代方法，每次都要等待策略评估迭代完成后再进行策略优化，大大降低了算法运行效率。

(2) 随着策略评估次数的增多，动作-价值函数的变化会越来越小直至不足以影响新策略的取值。

对于这个问题，可以考虑在每次迭代中只对一个状态进行策略评估和策略优化，即价值迭代算法(算法 7.4)。算法 7.4 的第 4 行，实际上包含策略优化和策略评估两个阶段，可以在每次迭代中完成一次策略迭代。

算法 7.4　价值迭代算法

输入：马尔可夫决策过程 MDP＝$\{S,A,P,R,\gamma\}$

输出：策略 π

算法流程：

1　随机初始化 V_π

迭代直至 V_π 收敛

  对于任意的 $s \in S$

    $V_\pi(s) \leftarrow \max\limits_a q_\pi(s,a) = \max\limits_a \sum\limits_{s'} P(s' \mid s,a)[r(s,a,s') + \gamma V_\pi(s')]$

返回 $\pi(s) \leftarrow \arg\max\limits_a \sum_{s'} P(s' \mid s,a)[r(s,a,s') + \gamma V_\pi(s')]$

以机器人寻路问题为例，假设价值函数的初始值全为0（如图7.10(a)所示），完成一次算法7.4迭代后，状态 s_8 的价值函数 $V_\pi(s_8)$ 是如下 $q_\pi(s_8,$"向右"$)$ 和 $q_\pi(s_8,$"向上"$)$ 的最大值1，即

$$q_\pi(s_8,\text{“向右”}) = \sum_{s'} P(s' \mid s,\text{“向右”})[r(s,\text{“向右”},s') + \gamma V_\pi(s')]$$

$$= 1 \times (1 + 0.99 \times 0) + 0 \times \cdots = 1$$

$$q_\pi(s_8,\text{“向上”}) = \sum_{s'} P(s' \mid s,\text{“向上”})[r(s,\text{“向上”},s') + \gamma V_\pi(s')]$$

$$= 1 \times (-1 + 0.99 \times 0) + 0 \times \cdots = -1$$

同理可得，状态 s_6 的价值函数 $V_\pi(s_6)$ 也是1，由此可得图7.10(b)的结果。

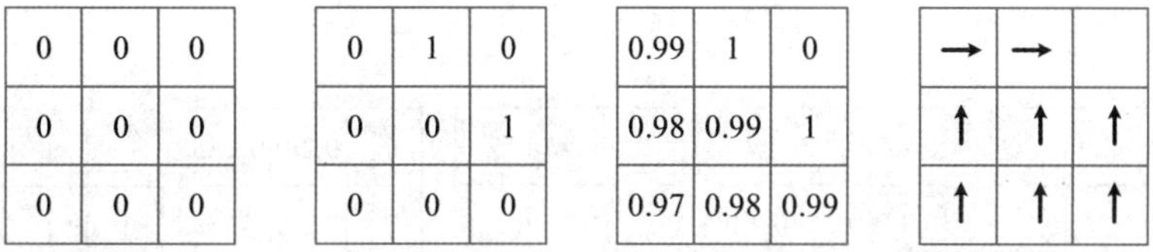

(a) 初始状态 (b) 迭代1次 (c) 迭代5次 (d) 更新后的动作

图 7.10 价值迭代法用于求解机器人寻路问题

图7.10(c)是经过5次算法7.4迭代后，价值函数的更新结果。图7.10(d)是更新后的动作。可以看到，经过5次算法迭代后，机器人将沿着 $s_1 \to s_4 \to s_7 \to s_8 \to s_9$ 到达目标。

从算法7.4容易看到，与基于动态规划的策略评估方法一样，价值迭代方法依赖于状态转移函数，且在计算所有状态时会带来效率低下的问题。为此，可以基于时序差分的策略评估方法对算法7.4进行改进，这就是Q学习算法(Q-Learning)，见算法7.5。其中，第5行通过寻找最大的动作-价值函数来确定当前的动作，这是策略优化的过程，先将当前策略更新为 $V_\pi(s) \leftarrow \max\limits_a q_\pi(s,a)$，再根据更新后的策略来选择动作。第7行更新的是动作-价值函数而不是价值函数，这就避免了对状态转移概率的依赖。

算法 7.5 Q-Learning 算法

输入：马尔可夫决策过程 MDP $=\{S,A,P,R,\gamma\}$

输出：策略 π

算法流程：

1 随机初始化 V_π

2 迭代直至 V_π 收敛

3   $s \leftarrow$ 初始状态

4   迭代直至 s 是终止状态

5     $a \leftarrow \max\limits_{a'} q_\pi(s,a')$

6   执行动作 a，获得奖励值 r 并转换到下一个状态 s'

计算价值函数值 $q_\pi(s,a) \leftarrow q_\pi(s,a)+\alpha[r+\gamma \max\limits_{a'} q_\pi(s',a')-q_\pi(s,a)]$

转换到下一个状态 $s \leftarrow s'$

返回 $\pi(s):=\underset{a'}{\operatorname{argmax}} q_\pi(s,a')\underset{a}{\operatorname{argmax}} q(s,a)$

以机器人寻路问题为例。在图 7.11 中，每个状态中标注了两个数字，分别代表智能体向上和向右的动作-价值函数，小方框代表智能体所在位置。在图 7.11(a)的初始状态中，除了终止状态以外，其他所有状态的向上的动作-价值函数全为 0.2，向右的动作-价值函数全为 0。从初始状态出发，可以根据策略求解智能体当前采取的行动为 $a=\max\limits_{a'} q_\pi(s_1,a')=$"向上"，执行该动作后，得到奖励 $r=0$ 并进入下一状态 $s'=s_4$，因此可以更新动作-价值函数为 $q_\pi(s_1,\text{“向上”}) \leftarrow q_\pi(s_1,\text{“向上”})+\alpha[r+\gamma \max\limits_{a'} q_\pi(s',a')-q_\pi(s,a)]=0.2+0.5\times[0+0.99\times\max\{0,0.2\}-0.2]=0.199$，这就完成了一次算法 7.5 中的内层循环，得到了图 7.11(b)。再执行一次内层循环得到图 7.11(c)，再执行一次内层循环得到图 7.11(d)。

在图 7.11(d)中，智能体到达了状态 s_d，获得一个负奖励，使 $q_\pi(s_7,\text{“向上”})$ 变为负值，此时策略 $\pi(s_7)$ 从"向上移动一格"变成了"向右移动一格"，至此智能体完成了一个片段(算法 7.5 中的外层循环)的更新。事实上，该机器人寻路问题在执行了三个片段更新后，就可以学习到按照路径 $s_1 \rightarrow s_4 \rightarrow s_7 \rightarrow s_8 \rightarrow s_9$ 到达目标策略。

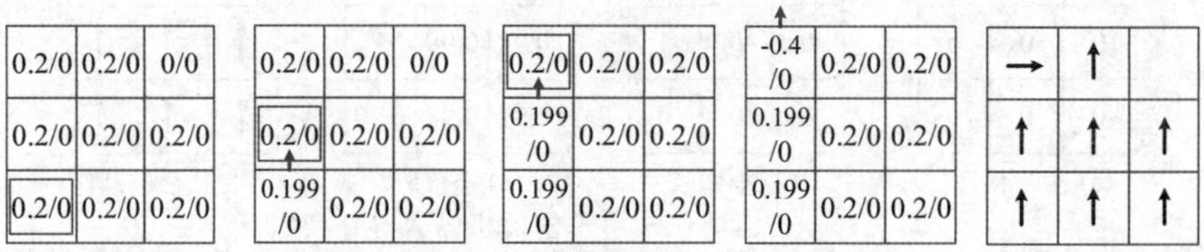

(a) 初始状态 (b) 循环一次 (c) 循环两次 (d) 循环三次 (e) 更新后的策略

图 7.11 Q-Learning 的一个片段迭代过程

7.2.3 Q-Learning 的 Python 实例

这里使用一个经典的游戏 MountainCar 来说明 Q-Learning 算法的编程实现。MountainCar 游戏很简单，如图 7.12 所示，通过将小车(看作智能体)往不同的方向推动，最终让小车到达右边的山顶。首先，定义如下几个与强化学习相关的重要概念。

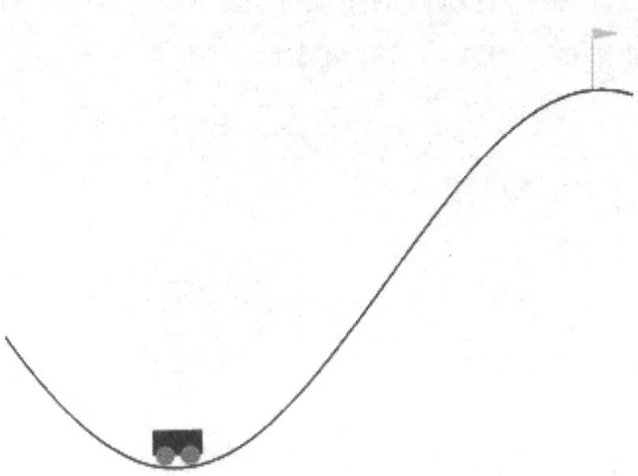

图 7.12 MountainCar 游戏

(1) 状态(State)：代表小车当前的位置和速度，用二元数据描述，如[0.5，−0.01]。

(2) 动作(Action)：代表小车对环境的影响。可以定义，0—向左推，1—不动，2—向右推。

(3) 奖励(Reward)：代表环境对小车的奖励值。每回合奖励值为−1，直至游戏结束。如果小车在200回合以内到达山顶，游戏结束，计算小车得分，即为−1×回合数；或者在200回合后小车还没到达山顶，游戏也结束，得分为最低分(−200分)。游戏结束后，得分越高，说明尝试回合数越少，意味着越早地到达山顶。

通过前面的介绍，我们知道，Q-Learning算法的关键是要通过迭代过程不断更新Q-table。因此，在本例中定义了两个.py文件如下：q_learning.py用于定义和更新Q-table，test_q_learning.py用于测试效果。

```
####Q-Learning训练 q_learning.py
#https://geektutu.com
import pickle
from collections import defaultdict
import gym                                    #0.12.5
import numpy as np

#默认将动作Action 0,1,2的价值初始化为0
Q = defaultdict(lambda: [0, 0, 0])

env = gym.make('MountainCar-v0')


def  transform_state(state):
    """将[位置, 速度]二元组通过线性转换映射到[0, 40]范围内"""
pos, v = state
    pos_low, v_low = env.observation_space.low
    pos_high, v_high = env.observation_space.high

    a = 40 * (pos - pos_low) / (pos_high - pos_low)
    b = 40 * (v - v_low) / (v_high - v_low)

    return int(a), int(b)

#print(transform_state([-1.0, 0.01]))
#eg: (4, 22)


lr, factor = 0.7, 0.95
episodes = 10000                              #训练10000次
score_list = []                               #记录所有分数
for i in range(episodes):
    s = transform_state(env.reset())
    score = 0
    while True:
        a = np.argmax(Q[s])
        #训练刚开始,多一点随机性,以便有更多的状态
```

```
        if np.random.random() > i * 3 / episodes:
            a = np.random.choice([0, 1, 2])
        #执行动作
        next_s, reward, done, _ = env.step(a)
        next_s = transform_state(next_s)
        #根据上面的公式更新 Q-table
        Q[s][a] = (1 - lr) * Q[s][a] + lr * (reward + factor * max(Q[next_s]))
        score += reward
        s = next_s
        if done:
            score_list.append(score)
            print('episode:', i, 'score:', score, 'max:', max(score_list))
            break
env.close()

#保存模型
with open('MountainCar-v0-q-learning.pickle', 'wb') as f:
    pickle.dump(dict(Q), f)
    print('model saved')

####测试代码 test_q_learning.py
#https://geektutu.com
import time
import pickle
import gym
import numpy as np

def  transform_state(state):
    """将[位置, 速度]二元组通过线性转换映射到[0, 40]范围内"""
    pos, v = state
    pos_low, v_low = env.observation_space.low
    pos_high, v_high = env.observation_space.high

    a = 40 * (pos - pos_low) / (pos_high - pos_low)
    b = 40 * (v - v_low) / (v_high - v_low)

    return int(a), int(b)

#加载模型
with open('MountainCar-v0-q-learning.pickle', 'rb') as f:
    Q = pickle.load(f)
    print('model loaded')

env = gym.make('MountainCar-v0')
s = env.reset()
score = 0
while True:
    env.render()
    time.sleep(0.01)
```

```
    #transform_state 函数与训练时的一致
    s = transform_state(s)
    a = np.argmax(Q[s]) if s in Q else 0
    s, reward, done, _ = env.step(a)
    score += reward
    if done:
        print('score:', score)
        break
env.close()
```

7.3 深度强化学习

7.3.1 深度强化学习算法

在 7.2 节介绍的基于价值的强化学习方法只适用于状态和动作的集合是有限的、离散的且数量较少的情况。强化学习的状态和动作需要人工预先设计，Q-Learning 的值需要存储在一个二维表格中。但在实际应用中，情况会变得复杂得多。

很多实际应用问题的输入数据是高维的(如图像、声音数据)，强化算法要根据它们来选择一个动作执行以达到某一预期的目标。例如，在自动驾驶任务中，算法要根据当前采集的图像决定车辆的动作(如行驶方向和速度)。在经典的强化学习算法(如 Q-Learning 算法)中，需要首先列举所有可能的动作和状态，再进行迭代构建 Q 表格(类似图 7.11)。如果状态和动作空间是高维且连续的，会出现维数灾难的问题。可以通过从输入数据中提取特征的方式来缓解，但如何提取好的特征也是一个难题。另一种思路是用一个函数来逼近价值函数或策略函数，该函数的输入是原始的数据，输出是价值函数值或策略函数值。例如，用如下的参数化函数来近似动作-价值函数为

$$q(s,a) \approx q(s,a;\theta) \tag{7.10}$$

深度强化学习也是基于这种思想的，使用深度学习拟合强化学习中的价值函数或策略函数。

使用神经网络来逼近强化学习的价值函数或策略函数的思想早在 1995 年就被提出了，该方法使用多层感知机来逼近状态价值函数，并应用于西洋双陆棋博弈中，取得了比人类选手更好的成绩，但在将算法推广到国际象棋、围棋、西洋跳棋时，效果较差。

在深度学习出现之后，将深度神经网络用于强化学习的方法被提出。深度神经网络能够实现端到端(end-to-end)的学习，无须提取特征，直接从高维输入数据中学习得到有用的特征。Sallans 等使用受限玻尔兹曼机表示价值函数，Heess 等则使用受限玻尔兹曼机表示策略函数。Riedmiller 提出了 NFQ(Neural Fitted Q-Learning)，采用 RPROP 算法更新 Q 网络参数，采用批量梯度下降法进行更新迭代。这种方法需要反复地对神经网络进行从头开始的上百次的迭代，效率低、不适合训练大规模的神经网络。Mnih 等人首次将卷积神经网络与传统的强化学习的 Q-Learning 学习算法相结合，提出了深度 Q 网络(Deep Q-Network，DQN)模型。

在 Q-Learning 算法 7.5 中，使用 $r+\gamma \max\limits_{a} q_{\pi}(s,a)$ 来更新 Q 表格值，在 DQN 中则使用 $r+\gamma \max\limits_{a} q_{\pi}(s,a;\theta)$ 来更新 Q 表格值，Q 为网络参数。DQN 的网络结构如图 7.13 所示，其算法流程见算法 7.6。相对于传统 Q-Learning 算法，DQN 主要做了如下三个改进。

（1）DQN 在训练过程中使用经验回放机制，能够在线处理状态转移样本：$e_t=(s_t, s_t, \gamma_t, s_{t+1})$。在每个时间步，将智能体与环境交互得到的转移样本存储到回放记忆单元 $D=\{e_1,\cdots,e_t\}$中。在训练过程中，每次从 D 中随机抽取小批量的转移样本，并使用随机梯度下降算法更新网络参数 θ。在训练深度网络时，通常要求样本之间是相互独立的。这种随机采样的方式，大大降低了样本之间的关联性，从而提升了算法的稳定性。

（2）DQN 使用深度卷积网络近似地表示当前的值函数，即使用 $q(s,a;\theta_i)$表示当前值网络的输出，用来评估当前状态动作对应的值函数。DQN 还单独使用另一个网络来产生目标 Q 值，即使用 $q(s,a;\theta_{i^-})$表示目标值网络的输出。

（3）DQN 将回报值和误差项缩小到有限的区间内，保证了 Q 值和梯度值都处于合理的范围内，提高了算法的稳定性。

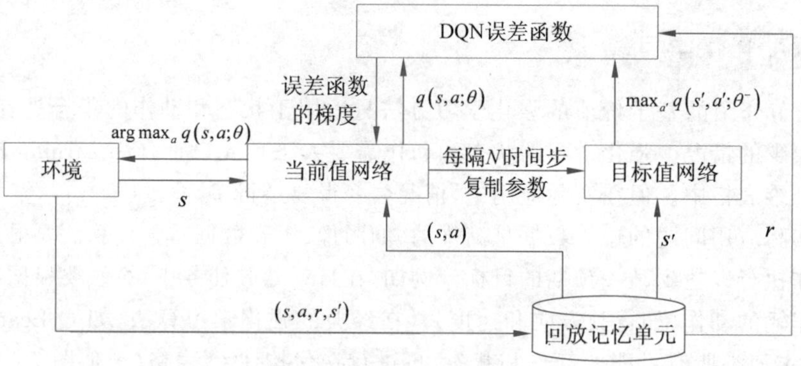

图 7.13 DQN 的结构

算法 7.6 DQN 算法

输入：马尔可夫决策过程 $\mathrm{MDP}=\{S,A,P,R,\gamma\}$

输出：策略 π

算法流程：

初始化回放记忆单元 D 至容量 N，使用随机权重 θ 初始化动作-价值函数 Q，使用权重 $\theta_-=0$ 初始化目标动作-价值函数
For episode$=1$ to M
  初始化序列 $s_1=\{x_1\}$并预处理序列 $\varphi_1=\varphi(s_1)$
  For $t=1$ to T
    以概率 ε 随机选择一个动作 a_t 或者选择 $a_t=\arg\max\limits_a q(\varphi(s_t),a;\theta)$
    执行动作 a_t，获得奖励值 r_t 和下一状态 s_{t+1}
    设置 $s_{t+1}=s_t, a_t; x_{t+1}$，预处理 $\varphi_{t+1}=\varphi_{s_{t+1}}$
    将$(\varphi_t, a_t, r_t, \varphi_{t+1})$存储到经验池 D 中
    从 D 中随机采样 m 个训练样本$(\varphi_j, a_j, r_j, \varphi_{j+1})$
    设置 y_j 为：

$$y_j=\begin{cases} r_j, & \varphi_{j+1}\text{为终止状态} \\ r_j+\gamma\max\limits_{a'}\hat{q}(\varphi_{j+1},d;\theta), & \varphi_{j+1}\text{为非终止状态}\end{cases}$$

    计算损失函数$(y_j-q(\varphi_j,a_j;\theta))^2$，采用梯度下降法更新网络参数 θ
    每 C 步重置 $\hat{q}=q$
返回 $\pi(s):=\arg\max\limits_a q(s,a)$

在深度强化学习 DQN 中，用深度学习来近似 Q 函数。网络的输入值为状态数据（如游戏控制中的游戏画面），输出值为当前状态下执行各种动作所得到的最大预期回报。训练样本为状态-目标 Q 函数值对。但是深度强化学习仍将面临如下几个问题。

（1）深度学习需要大量的有标签的训练样本，而在强化学习中，算法要根据标量回报值进行学习，这个回报值往往是稀疏的，即不是执行每个动作都立刻能得到回报。例如，前面所述的机器人寻路问题，只有当智能体到达目标位置或者超出界限时才有回报，其他时刻没有回报。同时，回报值有滞后性并且可能带有噪声，当前时刻的动作所得到的回报在未来才能得到体现。例如，在下棋时，当前所走的棋可能会延迟一段时间后才能体现其价值。

（2）有监督学习一般要求训练样本之间是相互独立的，但在强化学习中，样本可能是前后相关的序列。在某个状态下执行一个动作之后进入下一个状态，前后两个状态之间存在着明显的概率关系，不是相互独立的。

（3）在强化学习中，随着学习到新的动作，样本数据的概率分布会发生变化，而在深度学习中，要求训练样本的概率分布是固定的。

7.3.2　深度强化学习的应用

1. 强化学习应用于围棋对弈

在围棋对弈中，有明确的游戏规则，但围棋的状态空间巨大，同时状态的值函数难以估计，围棋是 AI 领域一个长期的难题。

2016 年 3 月，Google 公司研发的 AlphaGo 以 4∶1 的比分击败了传奇棋手李世石。2017 年 5 月，AlphaGo 的升级版 AlphaGo Zero 又战胜了“人类第一高手”柯洁。让 AlphaGo 战胜人类棋手的关键技术，就是强化学习和蒙特卡罗搜索算法。

在围棋博弈任务中，AlphaGo 是强化学习中的智能体，与 AlphaGo 对战的是强化学习中的环境，如图 7.14 所示。AlphaGo 的输入是棋盘和棋盘上双方的落子，输出是下一步落子的位置。AlphaGo 每下一个棋子，对手也会下一个棋子，AlphaGo 通过观察新的状态并输出一个新的落子位置。在对弈过程中，大部分时间 AlphaGo 的回报值都是 0，只有等棋局结束后，才会反馈一个回报值。如果赢了，回报值为 1，如果输了，回报值为 −1。

图 7.14 彩图

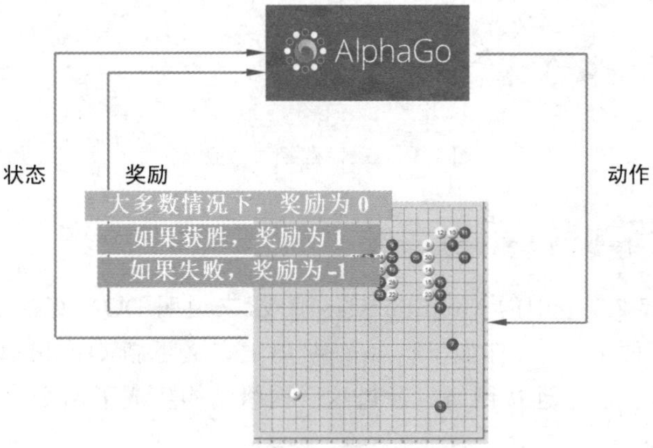

图 7.14　围棋博弈中的强化学习

为了模拟对弈的过程，首先使用人类棋手的棋谱对智能体进行训练，可以得到一个策略网络，该策略网络可以给出所有可落子点的概率值。将这个策略网络复制成两份，分别充当对弈的双方，并在对弈过程中记录每一步棋并标记最终获胜方或者失败方，这样就可以进行强化学习了。事实上，此时的强化学习可以看作一个“左右手互博”的过程，即通过自己与自己对弈，提高自己的水平。

2. 强化学习应用于路径寻优

路径寻优问题是人工智能的经典案例，其目标是要找到起始结点到终止结点之间的最短路径或开销最小的路径，这可以通过第 3 章的搜索方法来实现。但当结点数量庞大甚至无限、开销信息不全或者结点间转移不明确时，无法使用这些方法来求解。此时的路径寻优问题可以定义成强化学习问题来求解。

将各个结点看作强化学习中的各个状态；动作是指顺着相连的边从某个结点到达其邻居结点；转移模型是指从某个结点选择通过一条边后到达相应的邻居结点，当前状态或结点也会随之改变；奖赏可以使用刚通过的边的距离的负数或开销来描述。到达终止结点则该片段结束。折扣因子可以设为 1，这样就不用区分眼前的边的距离和将来的边的距离。

此时的目标是要找到一条从起始结点到终止结点的最短路径，并最大化整条路径上的收益(距离之和的负数，或花销的负数)。在某个结点，最优策略选择最好的邻居结点，转移过去，最后完成最短路径；而对于每个状态或结点，最优值函数则是从那个结点到终止结点的最大收益。

图 7.15 是一个经典的最短路径寻优的示例，要求找到从结点 S 到结点 G 的最短路径。需要注意的是，虽然在图 7.15 中已经知晓所有的结点连接和开销信息，但强化学习算法无须了解全部这些信息。此外，在初始结点 S，如果使用只关注当前利益的贪婪方法而选择最近结点 1，那么可能无法找到最短路径 S→2→5→G。而强化学习算法考虑了长期回报，可以找到最优解。

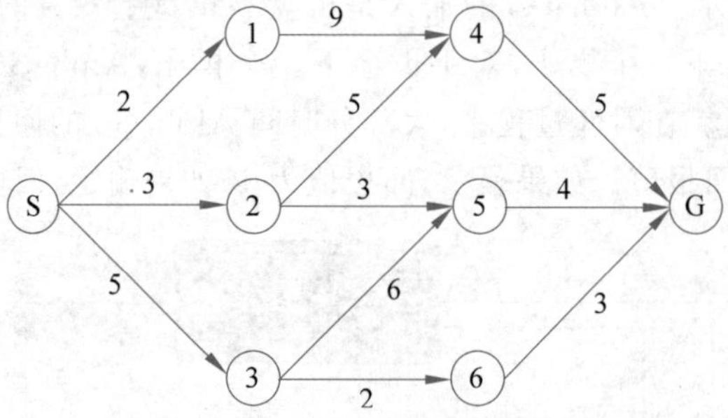

图 7.15 最短路径寻优示例

7.3.3 深度强化学习的 Python 实例

这里仍然使用 7.2.3 节中的 MountainCar 游戏，来说明 DQN 算法的编程实现[①]。与前面类似，这里定义了两个.py 文件如下。dqn.py 用于定义更新 Q-table 的深度学习网络，网络结构很简单，只有一层全连接网络。通过这个网络结构生成了两个 model，一个是预测时

① 源代码来源：https://github.com/geektutu/tensorflow-tutorial-samples，https://geektutu.com/post/tensorflow2-gym-dqn.html

使用的 model,另一个是训练时使用的 target_model。另一个 test_dqn.py 文件用于测试效果。

```
####DQN 训练 dqn.py
#https://geektutu.com
from collections import deque
import random
import gym
import numpy as np
from tensorflow.keras import models, layers, optimizers


class DQN(object):
    def __init__(self):
        self.step = 0
        self.update_freq = 200          #模型更新频率
        self.replay_size = 2000         #训练集大小
        self.replay_queue = deque(maxlen=self.replay_size)
        self.model = self.create_model()
        self.target_model = self.create_model()

    def create_model(self):
        """创建一个隐层为 100 的神经网络"""
        STATE_DIM, ACTION_DIM = 2, 3
        model = models.Sequential([
            layers.Dense(100, input_dim=STATE_DIM, activation='relu'),
            layers.Dense(ACTION_DIM, activation="linear")
        ])
        model.compile(loss='mean_squared_error',
                      optimizer=optimizers.Adam(0.001))
        return model

    def act(self, s, epsilon=0.1):
        """预测动作"""
        #刚开始时,加一点随机成分,产生更多的状态
        if np.random.uniform() < epsilon - self.step * 0.0002:
            return np.random.choice([0, 1, 2])
        return np.argmax(self.model.predict(np.array([s]))[0])

    def save_model(self, file_path='MountainCar-v0-dqn.h5'):
        print('model saved')
        self.model.save(file_path)

    def remember(self, s, a, next_s, reward):
        """历史记录,position >= 0.4 时给额外的 reward,快速收敛"""
        if next_s[0] >= 0.4:
            reward += 1
        self.replay_queue.append((s, a, next_s, reward))
```

```
    def train(self, batch_size=64, lr=1, factor=0.95):
        if len(self.replay_queue) < self.replay_size:
            return
        self.step += 1
        #每 update_freq 步,将 model 的权重赋值给 target_model
        if self.step % self.update_freq == 0:
            self.target_model.set_weights(self.model.get_weights())

        replay_batch = random.sample(self.replay_queue, batch_size)
        s_batch = np.array([replay[0] for replay in replay_batch])
        next_s_batch = np.array([replay[2] for replay in replay_batch])

        Q = self.model.predict(s_batch)
        Q_next = self.target_model.predict(next_s_batch)

        #使用公式更新训练集中的 Q 值
        for i, replay in enumerate(replay_batch):
            _, a, _, reward = replay
            Q[i][a] = (1 - lr) * Q[i][a] + lr * (reward + factor * np.amax(Q_next[i]))

        #传入网络进行训练
        self.model.fit(s_batch, Q, verbose=0)


env = gym.make('MountainCar-v0')
episodes = 1000                              #训练 1000 次
score_list = []                              #记录所有分数
agent = DQN()
for i in range(episodes):
    s = env.reset()
    score = 0
    while True:
        a = agent.act(s)
        next_s, reward, done, _ = env.step(a)
        agent.remember(s, a, next_s, reward)
        agent.train()
        score += reward
        s = next_s
        if done:
            score_list.append(score)
            print('episode:', i, 'score:', score, 'max:', max(score_list))
            break
    #最后 10 次的平均分大于 -160 时,停止并保存模型
    if np.mean(score_list[-10:]) > -160:
        agent.save_model()
        break
env.close()

import matplotlib.pyplot as plt
```

```
plt.plot(score_list, color='green')
plt.show()

####测试代码 test_dqn.py
#https://geektutu.com
import time
import gym
import numpy as np
from tensorflow.keras import models
env = gym.make('MountainCar-v0')
model = models.load_model('MountainCar-v0-dqn.h5')
s = env.reset()
score = 0
while True:
    env.render()
    time.sleep(0.01)
    a = np.argmax(model.predict(np.array([s]))[0])
    s, reward, done, _ = env.step(a)
    score += reward
    if done:
        print('score:', score)
        break
env.close()
```

习　题

7.1　蒙特卡罗方法可以解决哪些强化学习问题？

7.2　什么是同策略(on-policy)？什么是异策略(off-policy)？两者的优缺点各是什么？

7.3　为什么要引入价值函数逼近？它可以解决哪些问题？

7.4　什么是策略迭代算法？什么是价值迭代算法？两者的区别和联系是什么？

7.5　简述时间差分方法与蒙特卡罗方法、动态规划方法的区别和联系。

7.6　使用 DQN 算法编程实现图 7.2 中的机器人寻路问题。

附录A

数学基础

A.1 矩阵运算

向量是线性代数最基础、最根源的组成部分，也是机器学习的基础数据表示形式。机器学习中的投影、降维等概念，都是在向量的基础上实现的。线性代数通过将研究对象拓展到向量，对多维的数据进行统一研究，进而演化出一套计算的方法，可以非常方便地研究和解决真实世界中的问题。

A.1.1 向量

标量也称为“无向量”，是用一个单独的数表示其数值的大小(可以有正负之分)，可以是实数或复数，一般用小写的变量名称表示。例如，用 s 表示行走的距离，用 k 表示直线的斜率，用 n 表示数组中元素的数目，s、k、n 都可以看作标量。真实世界是多维度的，而且大多数的研究对象也具有非常多的维度，因此用一个数很难表达和处理真实世界中的问题，这就需要用一组数，也就是用向量来表达和处理高维空间中的问题。为表示一个整体，习惯上将这组数用方括号括起来。

定义 A.1 将 n 个有次序的数排成一行，称为 n 维行向量；将 n 个有次序的数排成一列，称为 n 维列向量。

如 $\boldsymbol{x}=[3,4,5,6]$，$\boldsymbol{y}=\begin{bmatrix}3\\4\\5\\6\end{bmatrix}$，分别为四维行向量和四维列向量。习惯上，如果未加声明，向量一般指列向量，而且将列向量 $\boldsymbol{y}$ 表示为 $\boldsymbol{y}=[3,4,5,6]^{\mathrm{T}}$。向量 $\boldsymbol{y}$ 的第 i 个分量用 y_i 表示，如 y_2 表示向量 $\boldsymbol{y}$ 的第二个分量，其值为 4。

从几何意义上看，向量既有大小又有方向，将向量的分量看作坐标轴上的坐标，该向量可以被看作空间中的一个点。以坐标原点为起点，以向量代表的点为终点，可以形成一条有向线段。有向线段的长度表示向量的大小，箭头所指的方向表示向量的方向，可以将任意一个位置作为起始点进行自由移动，但一般将原点看作起始点。如图 A.1 所示，点(3,4)和点(4,3)

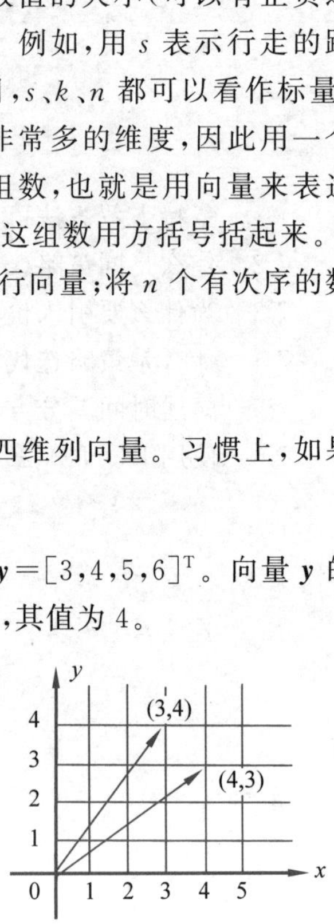

图 A.1 向量示例

分别对应向量$[3,4]^T$和向量$[4,3]^T$，显然向量是有序的，$[3,4]^T$和$[4,3]^T$分别代表不同的向量。

A.1.2　向量的加法和数乘

在一些机器学习的算法中，经常会用到向量的加法运算。求两个向量和的运算叫作向量的加法。向量加法的值等于两个向量的对应分量之和。以两个二维向量的加法为例，如$\boldsymbol{r}=[3,1]^T$和$\boldsymbol{s}=[2,3]^T$，则$\boldsymbol{r}+\boldsymbol{s}=[3+2,1+3]^T=[5,4]^T$。在二维平面内，可以将向量加法理解为求以这两个向量为边的平行四边形的对角线表示的向量。如图 A.2 所示，即从原点出发，先沿 x 轴方向移动 3 个单位，再沿 y 轴方向移动 1 个单位，得到 $\boldsymbol{r}$ 的位置，$\boldsymbol{r}$ 加上 $\boldsymbol{s}$，可以理解为继续沿着 x 轴方向移动 2 个位置，再沿 y 轴方向移动 3 个位置，最终到达的位置(5,4)就是 $\boldsymbol{r}+\boldsymbol{s}$ 对应的向量$[5,4]^T$。

数乘向量是数量与向量的乘法运算。一个数 m 乘一个向量 $\boldsymbol{r}$，结果是向量 $m\boldsymbol{r}$。以一个二维向量的数乘为例，如 $m=3$，$\boldsymbol{r}=[2,1]^T$，则 $m\boldsymbol{r}=[3\times2,3\times1]^T=[6,3]^T$。在二维平面内，$3\boldsymbol{r}$ 即 3 个 $\boldsymbol{r}$ 相加，可以理解为从 $\boldsymbol{r}$ 位置出发，沿着 x 轴方向再移动 2×2 个单位，沿着 y 轴方向再移动 2×1 个单位，到达的位置(6, 3)即 $3\boldsymbol{r}$ 对应的向量[6,3]，如图 A.3 所示。

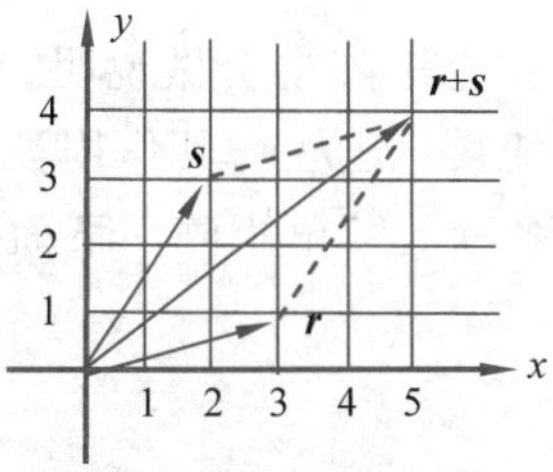

图 A.2　向量的加法

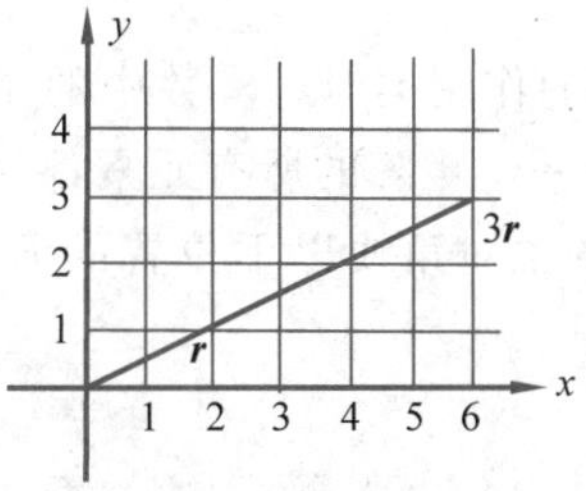

图 A.3　向量的数乘

A.1.3　矩阵的定义

标量是一个数，向量是对标量的扩展，是一组数；矩阵是对向量的扩展，可看作一组向量。在图像处理、人工智能等领域，常用矩阵来表示和处理大量的数据。矩阵是线性代数中最有用的工具。

1. 矩阵的定义

定义 A.2　由 $m\times n$ 个数 a_{ij}，$i=1,2,\cdots,m$，$j=1,2,\cdots,n$ 排成的 m 行 n 列的数表，称为 m 行 n 列矩阵，简称 $m\times n$ 阶矩阵，记作：

$$\boldsymbol{A}=\begin{bmatrix} a_{11} & a_{12} & \cdots & a_{1n} \\ a_{21} & a_{22} & \cdots & a_{2n} \\ \vdots & \vdots & a_{ij} & \vdots \\ a_{m1} & a_{m2} & \cdots & a_{mn} \end{bmatrix}\begin{matrix} \to\text{第 1 行} \\ \to\text{第 2 行} \\ \vdots \\ \to\text{第 } m \text{ 行} \end{matrix}$$

$$\begin{matrix} \text{第} & \text{第} & & \text{第} \\ 1 & 2 & \cdots & n \\ \text{列} & \text{列} & & \text{列} \end{matrix}$$

简记为 $\boldsymbol{A}=\boldsymbol{A}_{m\times n}=(a_{ij})_{m\times n}=(a_{ij})$。其中，$a_{ij}$ 称为矩阵的元素，a_{ij} 的第 1 个下标 i 称

为行标，表明该元素位于第 i 行；第 2 个下标 j 称为列标，表明该元素位于第 j 列。

向量可以看作一种特殊的矩阵，$n\times 1$ 阶矩阵可以称作一个 n 维列向量；$1\times n$ 阶矩阵也称为一个 n 维行向量。

矩阵所有行号和列号相等的元素 a_{ii} 的全体称为主对角线。如果一个矩阵除主对角线之外所有元素都为 0，则称为对角矩阵。下面是一个对角矩阵：

$$\begin{pmatrix}1 & 0 & 0\\ 0 & 2 & 0\\ 0 & 0 & 3\end{pmatrix}$$

该对角矩阵可以简记为

$$\mathrm{diag}(1,2,3)$$

通常将对角矩阵记为 $\boldsymbol{\Lambda}$。

如果一个矩阵的主对角线元素为 1，其他元素都为 0，则称为单位矩阵，记为 $\boldsymbol{I}$。下面是一个单位矩阵：

$$\begin{pmatrix}1 & 0 & 0\\ 0 & 1 & 0\\ 0 & 0 & 1\end{pmatrix}$$

单位矩阵的作用类似于实数中的 1，在矩阵乘法和逆矩阵中会做说明。n 阶单位矩阵记为 $\boldsymbol{I}_n$。如果一个矩阵的所有元素都为 0，则称为零矩阵，记为 0，其作用类似于实数中的 0。如果方阵的主对角线以下位置的元素全为 0，则称为上三角矩阵。下面是一个上三角矩阵：

$$\begin{pmatrix}1 & 1 & 0\\ 0 & 2 & 1\\ 0 & 0 & 3\end{pmatrix}$$

如果方阵的主对角线以上位置的元素都为 0，则称为下三角矩阵。下面是一个下三角矩阵：

$$\begin{pmatrix}1 & 0 & 0\\ 4 & 2 & 0\\ 6 & 5 & 3\end{pmatrix}$$

一个向量组 $\boldsymbol{x}_1,\cdots,\boldsymbol{x}_n$ 的格拉姆(Gram)矩阵是一个 $n\times n$ 的矩阵，其每一个元素 G_{ij} 为向量 $\boldsymbol{x}_i$ 和 $\boldsymbol{x}_j$ 的内积。即

$$\boldsymbol{G}=\begin{pmatrix}\boldsymbol{x}_1^{\mathrm{T}}\boldsymbol{x}_1 & \boldsymbol{x}_1^{\mathrm{T}}\boldsymbol{x}_2 & \cdots & \boldsymbol{x}_1^{\mathrm{T}}\boldsymbol{x}_n\\ \boldsymbol{x}_2^{\mathrm{T}}\boldsymbol{x}_1 & \boldsymbol{x}_2^{\mathrm{T}}\boldsymbol{x}_2 & \cdots & \boldsymbol{x}_2^{\mathrm{T}}\boldsymbol{x}_n\\ \vdots & \vdots & & \vdots\\ \boldsymbol{x}_n^{\mathrm{T}}\boldsymbol{x}_1 & \boldsymbol{x}_n^{\mathrm{T}}\boldsymbol{x}_2 & \cdots & \boldsymbol{x}_n^{\mathrm{T}}\boldsymbol{x}_n\end{pmatrix}$$

由于

$$\boldsymbol{x}_i^{\mathrm{T}}\boldsymbol{x}_j=\boldsymbol{x}_j^{\mathrm{T}}\boldsymbol{x}_i$$

因此格拉姆矩阵是一个对称矩阵。

2. 基本运算

矩阵的转置(Transpose)定义为行和列下标相互交换，一个 $m\times n$ 的矩阵转置之后为 $n\times$

m 的矩阵。矩阵 $\boldsymbol{A}$ 的转置记为 $\boldsymbol{A}^{\mathrm{T}}$。两个矩阵的加法为其对应位置元素相加，显然执行加法运算的两个矩阵必须有相同的尺寸。矩阵 $\boldsymbol{A}$ 和 $\boldsymbol{B}$ 相加记为 $\boldsymbol{A}+\boldsymbol{B}$。

加法和转置满足：

$$(\boldsymbol{A}+\boldsymbol{B})^{\mathrm{T}}=\boldsymbol{A}^{\mathrm{T}}+\boldsymbol{B}^{\mathrm{T}}$$

加法满足交换律和结合律：

$$\boldsymbol{A}+\boldsymbol{B}=\boldsymbol{B}+\boldsymbol{A},\boldsymbol{A}+\boldsymbol{B}+\boldsymbol{C}=\boldsymbol{A}+(\boldsymbol{B}+\boldsymbol{C})$$

两个矩阵的减法为对应位置元素相减，同样地，执行减法运算的两个矩阵必须尺寸相等。矩阵 $\boldsymbol{A}$ 和 $\boldsymbol{B}$ 相减记为 $\boldsymbol{A}-\boldsymbol{B}$。矩阵与标量的乘法，即数乘，定义为标量与矩阵的每个元素相乘。矩阵 $\boldsymbol{A}$ 和 k 数乘记为 $k\boldsymbol{A}$。

两个矩阵的乘法定义为用第一个矩阵的每个行向量和第二个矩阵的每个列向量做内积，形成结果矩阵的每个元素，显然第一个矩阵的列数要和第二个矩阵的行数相等。矩阵 $\boldsymbol{A}$ 和 $\boldsymbol{B}$ 相乘记为 $\boldsymbol{BA}$。

一个 $m\times p$ 和一个 $p\times n$ 的矩阵相乘的结果为一个 $m\times n$ 的矩阵。结果矩阵第 i 行第 j 列位置处的元素为 $\boldsymbol{A}$ 的第 i 行与 $\boldsymbol{B}$ 的第 j 列的内积 $\sum_{k=1}^{p}a_{ip}b_{pj}$ 。下面是两个矩阵相乘的例子：

$$\begin{pmatrix}1&1&0\\0&0&1\end{pmatrix}\times\begin{pmatrix}0&1\\0&0\\1&0\end{pmatrix}=\begin{pmatrix}1\times0+1\times0+0\times1&1\times1+1\times0+0\times0\\0\times0+0\times0+1\times0&0\times1+0\times0+1\times0\end{pmatrix}=\begin{pmatrix}0&1\\1&0\end{pmatrix}$$

结果矩阵的每个元素都需要执行 p 次乘法运算、$p-1$ 次加法运算得到，结果矩阵有 $m\times n$ 个元素，因此矩阵相乘的计算量是 $m\times n\times p$ 次乘法和 $m\times n\times(p-1)$次加法。

使用矩阵乘法可以简化线性方程组的表述，对于如下线性方程组：

$$\begin{cases}a_{11}x_1+a_{12}x_2+\cdots+a_{1n}x_n=b_1\\\vdots\\a_{n1}x_1+a_{n2}x_2+\cdots+a_{nn}x_n=b_n\end{cases}$$

定义系数矩阵为

$$\boldsymbol{A}=\begin{pmatrix}a_{11}&\cdots&a_{1n}\\\vdots&&\vdots\\a_{n1}&\cdots&a_{nn}\end{pmatrix}$$

定义解向量为

$$\boldsymbol{x}=\begin{pmatrix}\boldsymbol{x}_1\\\vdots\\\boldsymbol{x}_n\end{pmatrix}$$

定义常数向量为

$$\boldsymbol{b}=\begin{pmatrix}b_1\\\vdots\\b_n\end{pmatrix}$$

则可将方程组写成矩阵乘法形式：

$$\boldsymbol{Ax}=\boldsymbol{b}$$

numpy 的 dot()函数提供了矩阵乘法的功能。函数的输入参数为要计算乘积的两个矩阵,返回值是它们相乘的结果。

```
import numpy as np
A=np.array([1,0],[0,1])
B=np.array([[4,1],[2,2]])
C=np.dot(A,B)
print(C)
```

单位矩阵与任意矩阵的左乘和右乘都等于该矩阵本身,即 $\boldsymbol{IA}=\boldsymbol{A}$,$\boldsymbol{AI}=\boldsymbol{A}$。因此单位矩阵在矩阵乘法中的作用类似于1在标量乘法中的作用。

矩阵 $\boldsymbol{A}$ 左乘对角矩阵 $\boldsymbol{A}=\mathrm{diag}(k_1,\cdots,k_n)$ 相当于将 $\boldsymbol{A}$ 的第 i 行的所有元素都乘以 k_i：

$$\begin{pmatrix} k_1 & 0 & \cdots & 0 \\ 0 & k_2 & \cdots & 0 \\ \vdots & \vdots & & \vdots \\ 0 & 0 & \cdots & k_n \end{pmatrix}\begin{pmatrix} a_{11} & a_{12} & \cdots & a_{1n} \\ a_{21} & a_{22} & \cdots & a_{2n} \\ \vdots & \vdots & & \vdots \\ a_{n1} & a_{n2} & \cdots & a_{nn} \end{pmatrix}=\begin{pmatrix} k_1a_{11} & k_1a_{12} & \cdots & k_1a_{1n} \\ k_2a_{21} & k_2a_{22} & \cdots & k_2a_{2n} \\ \vdots & \vdots & & \vdots \\ k_na_{n1} & k_na_{n2} & \cdots & k_na_{nn} \end{pmatrix}$$

矩阵 $\boldsymbol{A}$ 右乘对角矩阵 $\boldsymbol{A}=\mathrm{diag}(k_1,\cdots,k_n)$ 相当于将 $\boldsymbol{A}$ 的第 i 列的所有元素都乘以 k_i：

$$\begin{pmatrix} a_{11} & a_{12} & \cdots & a_{1n} \\ a_{21} & a_{22} & \cdots & a_{2n} \\ \vdots & \vdots & & \vdots \\ a_{n1} & a_{n2} & \cdots & a_{nn} \end{pmatrix}\begin{pmatrix} k_1 & 0 & \cdots & 0 \\ 0 & k_2 & \cdots & 0 \\ \vdots & \vdots & & \vdots \\ 0 & 0 & \cdots & k_n \end{pmatrix}=\begin{pmatrix} k_1a_{11} & k_2a_{12} & \cdots & k_na_{1n} \\ k_1a_{21} & k_2a_{22} & \cdots & k_na_{2n} \\ \vdots & \vdots & & \vdots \\ k_1a_{n1} & k_2a_{n2} & \cdots & k_na_{nn} \end{pmatrix}$$

向量组 $\boldsymbol{x}_1,\boldsymbol{x}_2,\cdots,\boldsymbol{x}_n$ 的格拉姆矩阵可以写成一个矩阵与其转置的乘积：

$$\boldsymbol{G}=\begin{pmatrix} \boldsymbol{x}_1^{\mathrm{T}} \\ \vdots \\ \boldsymbol{x}_n^{\mathrm{T}} \end{pmatrix}(\boldsymbol{x}_1 \quad \cdots \quad \boldsymbol{x}_n)=\boldsymbol{X}^{\mathrm{T}}\boldsymbol{X}$$

其中,$(\boldsymbol{x}_1 \quad \cdots \quad \boldsymbol{x}_n)$ 是所有向量按列形成的矩阵。

可以证明矩阵的乘法满足结合律：

$$(\boldsymbol{AB})\boldsymbol{C}=\boldsymbol{A}(\boldsymbol{BC})$$

这由标量乘法的结合律可得,矩阵乘法和加法满足左分配律和右分配律：

$$\boldsymbol{A}(\boldsymbol{B}+\boldsymbol{C})=\boldsymbol{AB}+\boldsymbol{AC}$$

$$(\boldsymbol{A}+\boldsymbol{B})\boldsymbol{C}=\boldsymbol{AC}+\boldsymbol{BC}$$

需要注意的是,矩阵的乘法不满足交换律,即一般情况下

$$\boldsymbol{AB}\neq\boldsymbol{BA}$$

矩阵乘法和转置满足“穿脱原则”：

$$(\boldsymbol{AB})^{\mathrm{T}}=\boldsymbol{B}^{\mathrm{T}}\boldsymbol{A}^{\mathrm{T}}$$

如果将矩阵 $\boldsymbol{A}$ 和 $\boldsymbol{B}$ 看作依次穿到身上的两件衣服,在脱衣服的时候,外面的衣服要先脱掉,且翻过来(转置运算),即先有 $\boldsymbol{B}^{\mathrm{T}}$ 后有 $\boldsymbol{A}^{\mathrm{T}}$。

与向量相同,两个矩阵的阿达马积是它们对应位置的元素相乘形成的矩阵,记为 $\boldsymbol{A}\odot\boldsymbol{B}$,下面是两个矩阵的阿达马积。

$$\begin{pmatrix} 1 & 2 & 3 \\ 4 & 5 & 6 \end{pmatrix}\odot\begin{pmatrix} 1 & 2 & 4 \\ 3 & 6 & 9 \end{pmatrix}=\begin{pmatrix} 1\times1 & 2\times2 & 3\times4 \\ 4\times3 & 5\times6 & 6\times9 \end{pmatrix}=\begin{pmatrix} 1 & 4 & 12 \\ 12 & 30 & 54 \end{pmatrix}$$

有些时候会将矩阵用分块的形式表示，每个块是一个子矩阵。对于下面的矩阵：

$$\boldsymbol{A}=\begin{pmatrix}1&2&3&4&0&0&0\\5&6&7&8&0&0&0\\9&10&11&12&0&0&0\\0&0&0&0&1&0&0\\0&0&0&0&0&1&0\\0&0&0&0&0&0&1\\0&0&0&0&1&1&1\end{pmatrix}$$

可以将其分块表示为

$$\boldsymbol{A}=\begin{pmatrix}\boldsymbol{A}_{11}&\boldsymbol{A}_{12}\\\boldsymbol{A}_{21}&\boldsymbol{A}_{22}\end{pmatrix}$$

其中各个子矩阵为

$$\boldsymbol{A}_{11}=\begin{pmatrix}1&2&3&4\\5&6&7&8\\9&10&11&12\end{pmatrix}\quad\boldsymbol{A}_{12}=\begin{pmatrix}0&0&0\\0&0&0\\0&0&0\end{pmatrix}\quad\boldsymbol{A}_{21}=\begin{pmatrix}0&0&0&0\\0&0&0&0\\0&0&0&0\\0&0&0&0\end{pmatrix}\quad\boldsymbol{A}_{22}=\begin{pmatrix}1&0&0\\0&1&0\\0&0&1\\1&1&1\end{pmatrix}$$

如果矩阵的子矩阵为 0 矩阵或单位矩阵等特殊类型的矩阵，这种表示会非常有效。

如果对矩阵 $\boldsymbol{A}$ 和 $\boldsymbol{B}$ 进行分块后各个块的尺寸以及水平、垂直方向的块数量均相容，那么可以将块当作标量来计算乘积 $\boldsymbol{AB}$。对于下面两个分块矩阵：

$$\boldsymbol{A}=\begin{pmatrix}\boldsymbol{A}_{11}&\cdots&\boldsymbol{A}_{1s}\\\vdots&&\vdots\\\boldsymbol{A}_{r1}&\cdots&\boldsymbol{A}_{ms}\end{pmatrix}\quad\boldsymbol{B}=\begin{pmatrix}\boldsymbol{B}_{11}&\cdots&\boldsymbol{B}_{1t}\\\vdots&&\vdots\\\boldsymbol{B}_{s1}&\cdots&\boldsymbol{B}_{st}\end{pmatrix}$$

如果各个位置处对应的两个子块尺寸相容，那么可以进行矩阵乘积运算。则有

$$\boldsymbol{AB}=\begin{pmatrix}\sum_{i=1}^{n}\boldsymbol{A}_{1i}\boldsymbol{B}_{i1}&\cdots&\sum_{i=1}^{n}\boldsymbol{A}_{1i}\boldsymbol{B}_{it}\\\vdots&&\vdots\\\sum_{i=1}^{n}\boldsymbol{A}_{ri}\boldsymbol{B}_{i1}&\cdots&\sum_{i=1}^{n}\boldsymbol{A}_{ri}\boldsymbol{B}_{it}\end{pmatrix}$$

3. 逆矩阵

逆矩阵对应标量的倒数运算。对于 n 阶矩阵 $\boldsymbol{A}$，如果存在另一个 n 阶矩阵 $\boldsymbol{B}$，使得它们的乘积为单位矩阵 $\boldsymbol{AB}=\boldsymbol{I}$，$\boldsymbol{BA}=\boldsymbol{I}$。

对于 $\boldsymbol{AB}=\boldsymbol{I}$，$\boldsymbol{B}$ 称为 $\boldsymbol{A}$ 的右逆矩阵；对于 $\boldsymbol{BA}=\boldsymbol{I}$，$\boldsymbol{B}$ 称为 $\boldsymbol{A}$ 的左逆矩阵。

如果矩阵的左逆矩阵和右逆矩阵存在，则它们相等，统称为矩阵的逆，记为 $\boldsymbol{A}^{-1}$。下面给出证明。假设 $\boldsymbol{B}_1$ 是 $\boldsymbol{A}$ 的左逆，$\boldsymbol{B}_2$ 是 $\boldsymbol{A}$ 的右逆，则有

$$\boldsymbol{B}_1\boldsymbol{AB}_2=(\boldsymbol{B}_1\boldsymbol{A})\boldsymbol{B}_2=\boldsymbol{IB}_2=\boldsymbol{B}_2\quad\boldsymbol{B}_1\boldsymbol{AB}_2=\boldsymbol{B}_1(\boldsymbol{AB}_2)=\boldsymbol{B}_1\boldsymbol{I}=\boldsymbol{B}_1$$

因此 $\boldsymbol{B}_1=\boldsymbol{B}_2$。

如果矩阵的逆矩阵存在，则称其可逆。可逆矩阵也称为非奇异矩阵，不可逆矩阵也称为奇异矩阵。

如果矩阵可逆，则其逆矩阵唯一。下面给出证明。假设 $\boldsymbol{B}$ 和 $\boldsymbol{C}$ 都是 $\boldsymbol{A}$ 的逆矩阵，则有

$$\boldsymbol{AB}=\boldsymbol{BA}=\boldsymbol{I}$$
$$\boldsymbol{AC}=\boldsymbol{CA}=\boldsymbol{I}$$

从而有

$$\boldsymbol{CAB}=(\boldsymbol{CA})\boldsymbol{B}=\boldsymbol{IB}=\boldsymbol{B}$$
$$\boldsymbol{CAB}=\boldsymbol{C}(\boldsymbol{AB})=\boldsymbol{CI}=\boldsymbol{C}$$

因此 $\boldsymbol{B}=\boldsymbol{C}$。

对于线性方程组，如果能得到系数矩阵的逆矩阵，方程两边同乘以该逆矩阵，可以得到方程的解：

$$\boldsymbol{A}^{-1}\boldsymbol{Ax}=\boldsymbol{A}^{-1}\boldsymbol{b}\Rightarrow\boldsymbol{x}=\boldsymbol{A}^{-1}\boldsymbol{b}$$

这与一元一次方程的求解在形式上是统一的：

$$\boldsymbol{ax}=\boldsymbol{b}\Rightarrow\boldsymbol{x}=\boldsymbol{a}^{-1}\boldsymbol{b}$$

如果对角矩阵主对角 $\boldsymbol{A}$ 元素非零，则其逆矩阵存在，且逆矩阵为对角矩阵，主对角线元素为矩阵 $\boldsymbol{A}$ 的主对角线元素的逆。即有

$$\begin{pmatrix} a_{11} & \cdots & 0 \\ \vdots & & \vdots \\ 0 & \cdots & a_{nn} \end{pmatrix}^{-1}=\begin{pmatrix} a_{11}^{-1} & \cdots & 0 \\ \vdots & & \vdots \\ 0 & \cdots & a_{nn}^{-1} \end{pmatrix}$$

可以证明，上三角矩阵的逆矩阵仍然是上三角矩阵。

对于逆矩阵，可以证明有下面的公式成立：

$$(\boldsymbol{AB})^{-1}=\boldsymbol{B}^{-1}\boldsymbol{A}^{-1}\qquad(\boldsymbol{A}^{-1})^{-1}=\boldsymbol{A}$$
$$(\boldsymbol{A}^{\mathrm{T}})^{-1}=(\boldsymbol{A}^{-1})^{\mathrm{T}}\qquad(\lambda\boldsymbol{A})^{-1}=\lambda^{-1}\boldsymbol{A}^{-1}$$

上面第 1 个等式与矩阵乘法的转置类似。下面给出证明。

$$\boldsymbol{AB}(\boldsymbol{B}^{-1}\boldsymbol{A}^{-1})=\boldsymbol{ABB}^{-1}\boldsymbol{A}^{-1}=\boldsymbol{A}(\boldsymbol{BB}^{-1})\boldsymbol{A}^{-1}=\boldsymbol{AIA}^{-1}=\boldsymbol{AA}^{-1}=\boldsymbol{I}$$

因此第 1 个等式成立。这里利用了矩阵乘法的结合律。由于

$$\boldsymbol{AA}^{-1}=\boldsymbol{I}$$

根据逆矩阵的定义，第 2 个等式成立。由于

$$(\boldsymbol{A}^{-1})^{\mathrm{T}}\boldsymbol{A}^{\mathrm{T}}=(\boldsymbol{AA}^{-1})^{\mathrm{T}}=\boldsymbol{I}^{\mathrm{T}}=\boldsymbol{I}$$

根据逆矩阵的定义，第 3 个等式成立。根据该等式可以证明对称矩阵的逆矩阵也是对称矩阵。用类似的方法可以证明第 4 个等式成立。

矩阵的秩定义为矩阵线性无关的行向量或列向量的最大数量，记为 $r(\boldsymbol{A})$。对于下面的矩阵

$$\begin{pmatrix} 1 & 2 & 0 & 0 \\ 3 & 0 & 0 & 0 \\ 0 & 0 & 0 & 0 \\ 0 & 0 & 0 & 0 \end{pmatrix}$$

其秩为 2。该矩阵的极大线性无关组为矩阵的前两个行向量或列向量。如果 n 阶方阵的秩为 n，则称其满秩。矩阵可逆的充分必要条件是满秩。

对于 $m\times n$ 的矩阵 $\boldsymbol{A}$，其秩满足：

$$r(\boldsymbol{A})\leqslant\min(m,n)$$

即矩阵的秩不超过其行数和列数的较小值。关于矩阵的秩有以下结论成立：

$$r(\boldsymbol{A})=r(\boldsymbol{A}^{\mathrm{T}})$$

$$r(\boldsymbol{A}+\boldsymbol{B})\leqslant r(\boldsymbol{A})+r(\boldsymbol{B})$$

$$r(\boldsymbol{AB})\leqslant \min(r(\boldsymbol{A}),r(\boldsymbol{B}))$$

可以通过初等行变换计算逆矩阵。所谓矩阵的初等行变换是指以下 3 种变换。

(1) 用一个非零的数 k 乘矩阵的某一行。

(2) 把矩阵的某行的值加到另一行，这里 k 是任意实数。

(3) 互换矩阵中两行的位置。

可以证明，对矩阵做初等行变换，等价于左乘对应的初等矩阵。下面进行验证。对于第 1 种初等行变换有：

$$\begin{pmatrix}1&0&0\\0&k&0\\0&0&1\end{pmatrix}\begin{pmatrix}a_{11}&a_{12}&a_{13}\\a_{21}&a_{22}&a_{23}\\a_{31}&a_{32}&a_{33}\end{pmatrix}=\begin{pmatrix}a_{11}&a_{12}&a_{13}\\ka_{21}&ka_{22}&ka_{23}\\a_{31}&a_{32}&a_{33}\end{pmatrix}$$

对于第 2 种初等行变换有：

$$\begin{pmatrix}1&0&0\\0&1&0\\0&k&1\end{pmatrix}\begin{pmatrix}a_{11}&a_{12}&a_{13}\\a_{21}&a_{22}&a_{23}\\a_{31}&a_{32}&a_{33}\end{pmatrix}=\begin{pmatrix}a_{11}&a_{12}&a_{13}\\a_{21}&a_{22}&a_{23}\\a_{31}+ka_{21}&a_{32}+ka_{22}&a_{33}+ka_{23}\end{pmatrix}$$

对于第 3 种初等行变换有：

$$\begin{pmatrix}0&1&0\\1&0&0\\0&0&1\end{pmatrix}\begin{pmatrix}a_{11}&a_{12}&a_{13}\\a_{21}&a_{22}&a_{23}\\a_{31}&a_{32}&a_{33}\end{pmatrix}=\begin{pmatrix}a_{21}&a_{22}&a_{23}\\a_{11}&a_{12}&a_{13}\\a_{31}&a_{32}&a_{33}\end{pmatrix}$$

下面介绍使用初等行变换求逆矩阵的方法。如果矩阵 $\boldsymbol{A}$ 可逆，则可用初等行变换将其转换为单位矩阵，对应于依次左乘初等矩阵 $\boldsymbol{P}_1,\boldsymbol{P}_2,\cdots,\boldsymbol{P}_n$

$$\boldsymbol{P}_n\cdots\boldsymbol{P}_2\boldsymbol{P}_1\boldsymbol{A}=\boldsymbol{I}$$

上式两侧同时右乘 $\boldsymbol{A}^{-1}$ 可以得到

$$\boldsymbol{P}_n\cdots\boldsymbol{P}_2\boldsymbol{P}_1\boldsymbol{I}=\boldsymbol{A}^{-1}$$

以上两式意味着同样的初等行变换序列，在将矩阵 $\boldsymbol{A}$ 转换为单位矩阵的同时，可将矩阵 $\boldsymbol{I}$ 化为 $\boldsymbol{A}^{-1}$。

Python 中 linalg 的 inv() 函数实现了计算逆矩阵的功能，下面以示例代码计算如下矩阵的逆矩阵：

$$\begin{pmatrix}1&0&0\\0&1&0\\0&0&3\end{pmatrix}$$

程序代码如下。

```
Import numpy as np
A=np.array([[1,0,0],[0,1,0],[0,0,3]])
B=np.linalg.inv(A)
print(B)
```

4. 矩阵的范数

矩阵 $\boldsymbol{W}$ 的范数定义为

$$\|\boldsymbol{W}\|_p=\max_{x\neq 0}\frac{\|\boldsymbol{W}_x\|_p}{\|\boldsymbol{x}\|_p}$$

该范数通过向量的 L_p 范数定义，因此也称为诱导范数(Induced Norm)。上式右侧分母为向量 $\boldsymbol{x}$ 的 L_p 范数，分子是经过矩阵对应的线性映射作用之后的向量的 L_p 范数。因此诱导范数的几何意义是矩阵所代表的线性变换对向量进行变换后，向量长度的最大拉伸倍数。如果 $p=2$，此时诱导范数称为谱范数(Spectral Norm)。

$$\|\boldsymbol{W}\|=\max_{x\neq 0}\frac{\|\boldsymbol{W}_x\|}{\|\boldsymbol{x}\|}$$

矩阵的 Frobenius 范数(F 范数)定义为

$$\|\boldsymbol{W}\|_F=\sqrt{\sum_{i=1}^{m}\sum_{j=1}^{n}w_{ij}^2}$$

这等价于向量的 L_2 范数，将矩阵按行或按列展开之后形成向量，然后计算 L_2 范数。对于矩阵 $\boldsymbol{A}=\begin{pmatrix}1&2&3\\4&5&6\end{pmatrix}$，其 F 范数为

$$\|\boldsymbol{A}\|_F=\sqrt{1^2+2^2+3^2+4^2+5^2+6^2}=\sqrt{91}$$

根据柯西不等式，对于任意的 $\boldsymbol{x}$，下面的不等式成立：

$$\|\boldsymbol{Wx}\|\leqslant\|\boldsymbol{W}\|_F\cdot\|\boldsymbol{x}\|$$

如果 $\boldsymbol{x}\neq\boldsymbol{0}$，上式两边同除以 $\|\boldsymbol{x}\|$ 可以得到：

$$\frac{\|\boldsymbol{W}_x\|}{\|\boldsymbol{x}\|}\leqslant\|\boldsymbol{W}\|_F$$

因此 F 范数是谱范数的一个上界。矩阵的范数对于分析线性映射函数的特性有重要的作用，典型的应用是深度神经网络稳定性与泛化能力的分析。

5. 矩阵分解

矩阵分解是矩阵分析的重要内容，这种技术将一个矩阵分解为若干矩阵的乘积，通常为 2 个或 3 个矩阵的乘积。在求解线性方程组、计算逆矩阵和行列式，以及特征值、多重积分换元等问题上，矩阵分解有广泛的应用。

1) 楚列斯基分解

对于 n 阶对称半正定矩阵 $\boldsymbol{A}$，楚列斯基(Cholesky)分解将其分解为 n 阶下三角矩阵 $\boldsymbol{L}$ 及其转置 $\boldsymbol{L}^{\mathrm{T}}$：

$$\boldsymbol{A}=\boldsymbol{LL}^{\mathrm{T}}$$

如果 $\boldsymbol{A}$ 是实对称正定矩阵，则上式的分解唯一。楚列斯基分解可用于求解线性方程组。对于如下的线性方程组 $\boldsymbol{Ax}=\boldsymbol{b}$，如果 $\boldsymbol{A}$ 是对称正定矩阵，它可以分解为 $\boldsymbol{LL}^{\mathrm{T}}$，则有 $\boldsymbol{LL}^{\mathrm{T}}\boldsymbol{x}=\boldsymbol{b}$，如果令 $\boldsymbol{L}^{\mathrm{T}}\boldsymbol{x}=\boldsymbol{y}$，则可先求解线性方程组 $\boldsymbol{Ly}=\boldsymbol{b}$，得到 $\boldsymbol{y}$。然后求解 $\boldsymbol{L}^{\mathrm{T}}\boldsymbol{x}=\boldsymbol{y}$ 得到 $\boldsymbol{x}$。在实际应用中，如果系数矩阵 $\boldsymbol{A}$ 不变而常数向量 $\boldsymbol{b}$ 会改变，则预先将 $\boldsymbol{A}$ 进行楚列斯基分解，每次对于不同的 $\boldsymbol{b}$ 均可高效地求解。在求解最优化问题的拟牛顿法中，需要求解如下方程组：

$$\boldsymbol{B}_K d=-g_k$$

其中，$\boldsymbol{B}_K$ 为第 k 次迭代时的黑塞(Hessian)矩阵的近似矩阵。d 为牛顿方向，g_k 为第 k 次

迭代时的梯度值。此方程可以使用楚列斯基分解求解。

楚列斯基分解还可以用于检查矩阵的正定性。对一个矩阵进行楚列斯基分解，如果分解失败，则说明矩阵不是半正定矩阵；否则为半正定矩阵。

下面以 3 阶矩阵为例推导楚列斯基分解的计算公式。如果

$$\boldsymbol{A}=\begin{pmatrix} a_{11} & a_{12} & a_{13} \\ a_{21} & a_{22} & a_{23} \\ a_{31} & a_{32} & a_{33} \end{pmatrix}=\boldsymbol{L}\boldsymbol{L}^{\mathrm{T}}=\begin{pmatrix} l_{11} & 0 & 0 \\ l_{21} & l_{22} & 0 \\ l_{31} & l_{32} & l_{33} \end{pmatrix}\begin{pmatrix} l_{11} & l_{21} & l_{31} \\ 0 & l_{22} & l_{32} \\ 0 & 0 & l_{33} \end{pmatrix}$$

则有

$$\begin{pmatrix} l_{11}^2 & l_{21}l_{11} & l_{31}l_{11} \\ l_{21}l_{11} & l_{21}^2+l_{22}^2 & l_{31}l_{21}+l_{32}l_{22} \\ l_{31}l_{11} & l_{31}l_{21}+l_{32}l_{22} & l_{31}^2+l_{32}^2+l_{33}^2 \end{pmatrix}=\begin{pmatrix} a_{11} & a_{12} & a_{13} \\ a_{21} & a_{22} & a_{23} \\ a_{31} & a_{32} & a_{33} \end{pmatrix}$$

首先可以得到主对角的第一个元素：

$$l_{11}=\sqrt{a_{11}}$$

根据 l_{11} 可以得到第 2 行的所有元素：

$$l_{21}=\frac{a_{21}}{l_{11}},l_{22}=\sqrt{a_{22}-l_{21}^2}$$

进一步得到第 3 行的元素：

$$l_{31}=\frac{a_{31}}{l_{11}},l_{32}=\frac{1}{l_{21}}(a_{32}-l_{31}l_{21}),l_{33}=\sqrt{a_{33}-(l_{31}^2+l_{32}^2)}$$

所有元素逐行算出。首先计算出第 1 行的元素 l_{11}，然后计算出第 2 行的元素 l_{21}、l_{22}，接下来计算 l_{31}、l_{32}、l_{33}，以此类推。l_{ij}，$1<j\leqslant i$ 与 l_{pq}，$p\leqslant i,q<j$ 有关，这些值已经被算出。对于 n 阶矩阵，楚列斯基分解的计算公式为

$$l_{ii}=\left(a_{ii}-\sum_{k=1}^{i-1}l_{ik}^2\right)^{\frac{1}{2}}$$

$$l_{ji}=\frac{1}{l_{i1}}\left(a_{ji}-\sum_{k=1}^{i-1}l_{ik}l_{jk}\right),j=i+1,\cdots,n$$

Python 中 linalg 的 cholesky()函数实现了对称正定矩阵的楚列斯基分解，函数的输入是被分解矩阵，输出为下三角矩阵，下面是实现这种分解的示例 Python 代码。

```
Import numpy as np
A = np.array([[6,3,4,8,],[2,6,5,1],[4,5,10,7],[8,1,7,25]])
L = np.linalg.cholesky(A)
print(L)
```

2）特征值分解

特征值分解(Eigen decomposition)也称为谱分解(Spectral decomposition)，是矩阵相似对角化的另一种表述。对于 n 阶矩阵 $\boldsymbol{A}$，如果它有 n 个线性无关的特征向量，则可将其分解为如下 3 个矩阵的乘积 $\boldsymbol{A}=\boldsymbol{Q}\boldsymbol{\Lambda}\boldsymbol{Q}^{-1}$，其中，$\boldsymbol{\Lambda}$ 为对角矩阵，矩阵 $\boldsymbol{\Lambda}$ 的对角线元素为矩阵 $\boldsymbol{A}$ 的特征值：

$$\boldsymbol{\Lambda}=\begin{pmatrix}\lambda_1 & & \\ & \ddots & \\ & & \lambda_n\end{pmatrix}$$

$\boldsymbol{Q}$ 为 n 阶矩阵，它的列为 $\boldsymbol{A}$ 的特征向量，与对角矩阵中特征值的排列顺序一致：

$$\boldsymbol{Q}=(\boldsymbol{x}_1\cdots\boldsymbol{x}_n)$$

一个 n 阶矩阵可以进行特征值分解的充分必要条件是它有 n 个线性无关的特征向量。通常情况下，这些特征向量 $\boldsymbol{x}_i$ 都是单位化的。特征值分解可以用于计算逆矩阵。如果矩阵 $\boldsymbol{A}$ 可以进行特征值分解，且其所有特征值都非零，则

$$\boldsymbol{A}=\boldsymbol{Q}\boldsymbol{\Lambda}\boldsymbol{Q}^{-1}$$

其逆矩阵为

$$\boldsymbol{A}^{-1}=(\boldsymbol{Q}\boldsymbol{\Lambda}\boldsymbol{Q}^{-1})^{-1}=\boldsymbol{Q}\boldsymbol{\Lambda}^{-1}\boldsymbol{Q}^{-1}$$

对角矩阵的逆矩阵容易计算，是主对角线所有元素的倒数。

特征值分解还可用于计算矩阵的多项式或者幂。对于如下多项式

$$f(x)=a_nx^n+a_{n-1}x^{n-1}+\cdots+a_1x$$

则有

$$\begin{aligned}f(\boldsymbol{A})&=f(\boldsymbol{Q}\boldsymbol{\Lambda}\boldsymbol{Q}^{-1})=a_1\boldsymbol{Q}\boldsymbol{\Lambda}\boldsymbol{Q}^{-1}+a_2\boldsymbol{Q}\boldsymbol{\Lambda}\boldsymbol{Q}^{-1}\boldsymbol{Q}\boldsymbol{\Lambda}\boldsymbol{Q}^{-1}+\cdots=a_1\boldsymbol{Q}\boldsymbol{\Lambda}\boldsymbol{Q}^{-1}+a_2\boldsymbol{Q}\boldsymbol{\Lambda}^2\boldsymbol{Q}^{-1}+\cdots\\&=\boldsymbol{Q}(a_1\boldsymbol{\Lambda}+a_2\boldsymbol{\Lambda}^2+\cdots)\boldsymbol{Q}^{-1}=\boldsymbol{Q}f(\boldsymbol{\Lambda})\boldsymbol{Q}^{-1}\end{aligned}$$

对角矩阵的幂仍然是对角矩阵，是主对角线元素分别求幂，因此有

$$f(\boldsymbol{\Lambda})_{ii}=f(\boldsymbol{\Lambda}_{ii})$$

借助于特征值分解，可以高效地计算出 $f(\boldsymbol{A})$。特别地，有

$$\boldsymbol{A}^n=\boldsymbol{Q}\boldsymbol{\Lambda}^n\boldsymbol{Q}^{-1}$$

如果 $\boldsymbol{A}$ 是实对称矩阵，可对其特征向量进行正交化，特别值分解为

$$\boldsymbol{A}=\boldsymbol{Q}\boldsymbol{\Lambda}\boldsymbol{Q}^{\mathrm{T}}$$

其中，$\boldsymbol{Q}$ 为正交矩阵，它的列是 $\boldsymbol{A}$ 的正交化特征向量，$\boldsymbol{\Lambda}$ 同样为 $\boldsymbol{A}$ 的所有特征值构成的对角矩阵。

机器学习中常用的矩阵如协方差矩阵等都是实对称矩阵，因此都可以进行特征值分解。特征值分解可以由 Python 中 linalg 的 eig()函数实现。函数的输入为矩阵 $\boldsymbol{A}$，输出为所有特征值，以及这些特征值对应的单位化特征向量。

3）奇异值分解

特征值分解只适用于方阵，且要求方阵有 n 个线性无关的特征向量。奇异值分解(Singular Value Decomposition，SVD)是对它的推广，对于任意的矩阵均可用特征值与特征向量进行分解。其思路是对 $\boldsymbol{A}\boldsymbol{A}^{\mathrm{T}}$ 和 $\boldsymbol{A}^{\mathrm{T}}\boldsymbol{A}$ 进行特征值分解，对于任意矩阵 $\boldsymbol{A}$，这两个矩阵都是对称半正定矩阵，一定能进行特征值分解。并且这两个矩阵的特征值都是非负的，后面将会证明它们有相同的非零特征值。假设 $\boldsymbol{A}\in\boldsymbol{R}^{m\times n}$，其中，$m\geqslant n$，则有

$$\boldsymbol{U}^{\mathrm{T}}\boldsymbol{A}\boldsymbol{V}=\boldsymbol{\Sigma}$$

其中，$\boldsymbol{U}$ 为 m 阶正交矩阵，其列称为矩阵 $\boldsymbol{A}$ 的左奇异向量，也是 $\boldsymbol{A}\boldsymbol{A}^{\mathrm{T}}$ 的特征向量。$\boldsymbol{\Sigma}$ 为如下形式的 $m\times n$ 矩阵：

$$\boldsymbol{\Sigma}=\begin{pmatrix}\sigma_1 & 0 & \cdots & 0\\ 0 & \sigma_2 & \cdots & 0\\ \vdots & \vdots & & \vdots\\ 0 & 0 & \cdots & \sigma_n\\ 0 & 0 & \cdots & 0\\ \vdots & \vdots & & \vdots\\ 0 & 0 & \cdots & \cdots\end{pmatrix}=\begin{pmatrix}\boldsymbol{\Sigma}_n\\ \boldsymbol{0}_{(m-n)\times n}\end{pmatrix}$$

其尺寸与 $\boldsymbol{A}$ 相同。在这里 $\boldsymbol{\Sigma}_n$ 是 n 阶对角矩阵且主对角线元素按照其值大小降序排列：

$$\boldsymbol{\Sigma}_n=\mathrm{diag}(\sigma_1,\cdots,\sigma_n),\sigma_1\geqslant\sigma_2\geqslant\cdots\geqslant\sigma_n\geqslant 0$$

σ_i 称为 $\boldsymbol{A}$ 的奇异值，是 $\boldsymbol{A}\boldsymbol{A}^{\mathrm{T}}$ 特征值的非负平方根，也是 $\boldsymbol{A}^{\mathrm{T}}\boldsymbol{A}$ 特征值的非负平方根。$\boldsymbol{V}$ 为 n 阶正交矩阵，其行称为矩阵 $\boldsymbol{A}$ 的右奇异向量，也是 $\boldsymbol{A}^{\mathrm{T}}\boldsymbol{A}$ 的特征向量。上式两边左乘 $\boldsymbol{U}$，右乘 $\boldsymbol{V}^{\mathrm{T}}$，由于 $\boldsymbol{U}$，$\boldsymbol{V}$ 都是正交矩阵，因此有

$$\boldsymbol{A}=\boldsymbol{U}\boldsymbol{\Sigma}\boldsymbol{V}^{\mathrm{T}}$$

上式称为矩阵的奇异值分解。对于 $m\leqslant n$ 的情况，有类似的结果，此时

$$\boldsymbol{\Sigma}=\begin{pmatrix}\sigma_1 & 0 & \cdots & 0 & 0 & \cdots & \cdots\\ 0 & \sigma_2 & \cdots & 0 & 0 & \cdots & \cdots\\ \vdots & \vdots & & \vdots & 0 & \vdots & \vdots\\ 0 & 0 & \cdots & \sigma_m & 0 & \cdots & \cdots\end{pmatrix}=(\boldsymbol{\Sigma}_m \quad \boldsymbol{0}_{m\times(n-m)})$$

下面证明 $\boldsymbol{A}\boldsymbol{A}^{\mathrm{T}}$ 和 $\boldsymbol{A}^{\mathrm{T}}\boldsymbol{A}$ 有相同的非零特征值。假设 $\lambda\neq 0$ 是 $\boldsymbol{A}\boldsymbol{A}^{\mathrm{T}}$ 的特征值，$\boldsymbol{x}$ 是对应的特征向量，则有

$$\boldsymbol{A}\boldsymbol{A}^{\mathrm{T}}\boldsymbol{x}=\boldsymbol{\lambda}\boldsymbol{x}$$

上式两边同时左乘 $\boldsymbol{A}^{\mathrm{T}}$ 可以得到

$$\boldsymbol{A}^{\mathrm{T}}\boldsymbol{A}\boldsymbol{A}^{\mathrm{T}}\boldsymbol{x}=\boldsymbol{A}^{\mathrm{T}}\boldsymbol{\lambda}\boldsymbol{x}$$

即

$$\boldsymbol{A}^{\mathrm{T}}\boldsymbol{A}(\boldsymbol{A}^{\mathrm{T}}\boldsymbol{x})=\boldsymbol{\lambda}(\boldsymbol{A}^{\mathrm{T}}\boldsymbol{x})$$

下面证明 $\boldsymbol{A}^{\mathrm{T}}\boldsymbol{x}\neq 0$。上式两边同时左乘 $\boldsymbol{x}^{\mathrm{T}}$，由于 $\lambda\neq 0$，$\boldsymbol{x}\neq 0$：

$$\boldsymbol{x}^{\mathrm{T}}\boldsymbol{A}^{\mathrm{T}}\boldsymbol{A}\boldsymbol{x}=(\boldsymbol{A}\boldsymbol{x})^{\mathrm{T}}\boldsymbol{A}\boldsymbol{x}=\boldsymbol{\lambda}\boldsymbol{x}^{\mathrm{T}}\boldsymbol{x}>0$$

因此 $\boldsymbol{A}\boldsymbol{x}\neq 0$，$\lambda$ 是 $\boldsymbol{A}\boldsymbol{A}^{\mathrm{T}}$ 的特征值，$\boldsymbol{A}\boldsymbol{x}$ 是对应的特征向量。需要注意的是，$\boldsymbol{A}\boldsymbol{A}^{\mathrm{T}}$ 的 0 特征值不一定是 $\boldsymbol{A}^{\mathrm{T}}\boldsymbol{A}$ 的 0 特征值。如果 $m\geqslant n$，根据 $\boldsymbol{A}=\boldsymbol{U}\boldsymbol{\Sigma}\boldsymbol{V}^{\mathrm{T}}$ 有

$$\boldsymbol{A}^{\mathrm{T}}\boldsymbol{A}=(\boldsymbol{U}\boldsymbol{\Sigma}\boldsymbol{V}^{\mathrm{T}})^{\mathrm{T}}\boldsymbol{U}\boldsymbol{\Sigma}\boldsymbol{V}^{\mathrm{T}}=\boldsymbol{V}\boldsymbol{\Sigma}^{\mathrm{T}}\boldsymbol{U}^{\mathrm{T}}\boldsymbol{U}\boldsymbol{\Sigma}\boldsymbol{V}^{\mathrm{T}}=\boldsymbol{V}\boldsymbol{\Sigma}^{\mathrm{T}}\boldsymbol{\Sigma}\boldsymbol{V}^{\mathrm{T}}$$

即

$$\boldsymbol{A}^{\mathrm{T}}\boldsymbol{A}=\boldsymbol{V}\boldsymbol{\Sigma}^{\mathrm{T}}\boldsymbol{\Sigma}\boldsymbol{V}^{\mathrm{T}}$$

在这里

$$\boldsymbol{\Sigma}^{\mathrm{T}}\boldsymbol{\Sigma}=\begin{pmatrix}\boldsymbol{\Sigma}_n\\ \boldsymbol{0}_{(m-n)\times n}\end{pmatrix}^{\mathrm{T}}\begin{pmatrix}\boldsymbol{\Sigma}_n\\ \boldsymbol{0}_{(m-n)\times n}\end{pmatrix}=(\boldsymbol{\Sigma}_n \quad \boldsymbol{0}_{(m-n)\times n})\begin{pmatrix}\boldsymbol{\Sigma}_n\\ \boldsymbol{0}_{(m-n)\times n}\end{pmatrix}=\boldsymbol{\Sigma}_n^2$$

是 n 阶对角阵。上式就是 $\boldsymbol{A}^{\mathrm{T}}\boldsymbol{A}$ 的特征值分解。

类似地有

$$\boldsymbol{A}\boldsymbol{A}^{\mathrm{T}}=\boldsymbol{U}\boldsymbol{\Sigma}\boldsymbol{V}^{\mathrm{T}}\ (\boldsymbol{U}\boldsymbol{\Sigma}\boldsymbol{V}^{\mathrm{T}})^{\mathrm{T}}=\boldsymbol{U}\boldsymbol{\Sigma}\boldsymbol{V}^{\mathrm{T}}\boldsymbol{V}\boldsymbol{\Sigma}^{\mathrm{T}}\boldsymbol{U}^{\mathrm{T}}=\boldsymbol{U}\boldsymbol{\Sigma}\boldsymbol{\Sigma}^{\mathrm{T}}\boldsymbol{U}^{\mathrm{T}}$$

即

$$\boldsymbol{A}\boldsymbol{A}^{\mathrm{T}}=\boldsymbol{U}\boldsymbol{\Sigma}\boldsymbol{\Sigma}^{\mathrm{T}}\boldsymbol{U}^{\mathrm{T}}$$

在这里

$$\begin{aligned}\boldsymbol{\Sigma}\boldsymbol{\Sigma}^{\mathrm{T}}&=\begin{pmatrix}\boldsymbol{\Sigma}_n\\ \boldsymbol{0}_{(m-n)\times n}\end{pmatrix}\begin{pmatrix}\boldsymbol{\Sigma}_n\\ \boldsymbol{0}_{(m-n)\times n}\end{pmatrix}^{\mathrm{T}}=\begin{pmatrix}\boldsymbol{\Sigma}_n\\ \boldsymbol{0}_{(m-n)\times n}\end{pmatrix}(\boldsymbol{\Sigma}_n\quad \boldsymbol{0}_{n\times(m-n)})\\ &=\begin{pmatrix}\boldsymbol{\Sigma}_n^2 & \boldsymbol{\Sigma}_n\times\boldsymbol{0}_{n\times(m-n)}\\ \boldsymbol{0}_{(m-n)\times n}\times\boldsymbol{\Sigma}_n & \boldsymbol{0}_{(m-n)\times n}\times\boldsymbol{0}_{n\times(m-n)}\end{pmatrix}=\begin{pmatrix}\boldsymbol{\Sigma}_n^2 & \boldsymbol{0}_{n\times(m-n)}\\ \boldsymbol{0}_{(m-n)\times n} & \boldsymbol{0}_{(m-n)\times(m-n)}\end{pmatrix}\end{aligned}$$

是 m 阶对角阵。上式就是 $\boldsymbol{A}\boldsymbol{A}^{\mathrm{T}}$ 的特征值分解。对于 $m\leqslant n$ 有相同的结论。

如果 $\boldsymbol{A}$ 是对称矩阵，则 $\boldsymbol{A}^{\mathrm{T}}\boldsymbol{A}=\boldsymbol{A}\boldsymbol{A}^{\mathrm{T}}=\boldsymbol{A}\boldsymbol{A}$，因此 $\boldsymbol{A}^{\mathrm{T}}\boldsymbol{A}$ 和 $\boldsymbol{A}\boldsymbol{A}^{\mathrm{T}}$ 的特征值分解是相同的，这意味着 $\boldsymbol{U}$ 和 $\boldsymbol{V}$ 相同。假设 $\boldsymbol{\lambda}$ 是 $\boldsymbol{A}$ 的特征值，根据特征值的性质，$\boldsymbol{\lambda}^2$ 是 $\boldsymbol{A}^{\mathrm{T}}\boldsymbol{A}$ 与 $\boldsymbol{A}\boldsymbol{A}^{\mathrm{T}}$ 的特征值，因此 $\boldsymbol{A}$ 的奇异值为其特征值的绝对值：

$$\sigma=\sqrt{\boldsymbol{\lambda}^2}=|\boldsymbol{\lambda}|$$

A.2 最优化方法

A.2.1 基本概念

最优化问题的目标是求函数或泛函的极值(Extreme)，在基础数学、计算数学、应用数学，以及工程、管理、经济学领域均有应用。最优化算法是求解最优化问题的方法，确定优化目标函数之后，需要根据问题的特点以及现实条件的限制选择合适的算法。在机器学习中，最优化算法具有至关重要的作用，是实现很多机器学习算法与模型的核心。

1. 问题定义

接下来考虑的最优化问题是求解函数极值的问题，包括极大值与极小值。要计算极值的函数称为目标函数，其自变量称为优化变量。对于函数

$$f(x)=(x-3)^2+4$$

其极小值在 $x=3$ 点处取得，此时函数值为 4，$x=3$ 为该问题的解。

一般将最优化问题统一表述为极小值问题。对于极大值问题，只需要将目标函数反号，即可转换为极小值问题。要求 $f(x)$ 的极大值，等价于求 $-f(x)$ 的极小值。

最优化问题可以形式化地定义为

$$\min_{x} f(\boldsymbol{x}),\boldsymbol{x}\in\boldsymbol{X}$$

其中，$\boldsymbol{x}$ 为优化变量；f 为目标函数；$\boldsymbol{X}\in\boldsymbol{R}^n$ 为优化变量允许的取值集合，称为可行域(Feasible Set)，它由目标函数的定义域、等式及不等式约束(Constraint Function)共同确定。可行域之内的解称为可行解(Feasible Solution)。如不进行特殊说明，本章的目标函数均指多元函数，一元函数为其特例，无须单独讨论。

如果目标函数为一次函数(线性函数)，则称为线性规划。如果目标函数是非线性函数，则称为非线性规划。非线性规划的一种特例是目标函数为此函数，称为二次规划。在很多实际问题中出现的二次规划可以写成下面的形式：

$$\min_{x}\left(\frac{1}{2}\boldsymbol{x}^{\mathrm{T}}\boldsymbol{Q}\boldsymbol{x}+\boldsymbol{c}^{\mathrm{T}}\boldsymbol{x}\right)$$

$$\boldsymbol{A}\boldsymbol{x}\leqslant\boldsymbol{b}$$

其中，$\boldsymbol{x} \in \boldsymbol{R}^n$，$\boldsymbol{Q}$ 是 $n \times n$ 的二次项系数矩阵，$\boldsymbol{c} \in \boldsymbol{R}^n$ 是一次项系数向量。$\boldsymbol{A}$ 是 $m \times n$ 的不等式约束系数矩阵，$\boldsymbol{b} \in \boldsymbol{R}^m$ 是不等式约束的常数向量。

下面给出局部最优解与全局最优解的定义。假设 $\boldsymbol{x}^*$ 是一个可行解，如果对可行域内所有点 $\boldsymbol{x}$ 都有 $f(\boldsymbol{x}^*) \leqslant f(\boldsymbol{x})$，则称 $\boldsymbol{x}^*$ 为全局极小值。类似地可以定义全局极大值。全局极小值是最优化问题的解。对于可行解 $\boldsymbol{x}^*$，如果存在其 δ 邻域，使得该邻域内的所有点即所有满足 $\|\boldsymbol{x}-\boldsymbol{x}^*\| \leqslant \delta$ 的点 $\boldsymbol{x}$，都有 $f(\boldsymbol{x}^*) \leqslant f(\boldsymbol{x})$，则称 $\boldsymbol{x}^*$ 为局部极小值。类似地可以定义局部极大值。局部极小值可能是最优化问题的解，也可能不是。最优化算法的目标是寻找目标函数的全局极点值而非局部极点值。

2. 迭代法的基本思想

如果目标函数可导，那么可以利用导数信息确定极值点。微积分为求解可导函数极值提供了统一的方法，即寻找函数的驻点。根据费马引理，对于一元函数，局部极值点必定是导数为 0 的点；对于多元函数则是梯度为 0 的点（在数值计算中，也称为静止点（Stationary Point））。机器学习中绝大多数目标函数可导，因此这种方法是适用的。

对于大多数最优化问题通常只能近似求解，称为数值优化。一般采用迭代法，从一个初始可行点 $\boldsymbol{x}_0$ 开始，反复使用某种规则迭代直至收敛到最优解。具体地，在第 k 次迭代时，从当前点 $\boldsymbol{x}_{k-1}$ 移动到下一个点 $\boldsymbol{x}_k$。如果能构造一个数列 $\{\boldsymbol{x}_k\}$，保证它收敛到梯度为 0 的点，即下面的极限成立

$$\lim_{k \to +\infty} \nabla f(\boldsymbol{x}_k) = 0$$

则能找到函数的极值点。这类算法的核心是如何定义从上一个点移动到下一个点的规则。这些规则一般利用一阶导数（梯度）或二阶导数（黑塞矩阵）。因此，迭代法的核心是如何得到下式表示的迭代公式

$$\boldsymbol{x}_{k+1} = h(\boldsymbol{x}_k)$$

梯度下降法、牛顿法及拟牛顿法均采用了此思路，区别在于构造迭代公式的方法不同。迭代法的原理如图 A.4 所示。迭代法的另一个核心问题是初始点 $\boldsymbol{x}_0$ 的选择，通常用常数或随机数进行初始化。算法要保证对任意可行的 $\boldsymbol{x}_0$ 均收敛到极值点处。初始值设置的细节将在本章后续详细介绍。

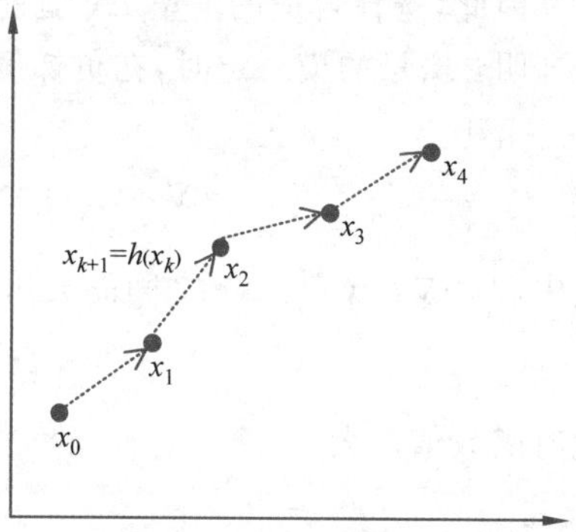

图 A.4 迭代法的原理

A.2.2 一阶优化算法

一阶优化算法利用目标函数的一阶导数构造迭代公式，典型代表是梯度下降法及其变种。本节介绍基本的梯度下降法、最速下降法、梯度下降法的其他改进版本（包括动量项、AdaGrad、RMSProp、DdaDelta、Adam 算法等）以及随机梯度的下降法。

1. 梯度下降法

梯度下降法（Gradient Descent Method）由数学家柯西提出，它沿着当前点 $\boldsymbol{x}_k$ 处梯度相反的方向进行迭代，得到 $\boldsymbol{x}_{k+1}$，直至收敛到梯度为 0 的点。其理论依据：在梯度不为 0 的任意点处，梯度正方向是函数值上升的方向，梯度反方向是函数值下降的方向。下面先通过例子说明，然后给出严格的证明。

首先考虑一元函数的情况。对于一元函数，梯度是一维的，只有两个方向：沿着 $\boldsymbol{x}$ 轴向右和向左。如果导数为正，则梯度向右；否则向左。当导数为正时，是增函数，$\boldsymbol{x}$ 变量向右移动时(即沿着梯度方向)函数值增大，否则减小。

接下来考虑二元函数，二元函数的梯度有无穷多个方向。将函数在 $\boldsymbol{x}$ 点处做一阶泰勒展开

$$f(\boldsymbol{x}+\Delta\boldsymbol{x})=f(\boldsymbol{x})+(\nabla f(\boldsymbol{x}))^{\mathrm{T}}\Delta\boldsymbol{x}+o(\|\Delta\boldsymbol{x}\|)$$

对上式变形，函数的增量与自变量增量、函数梯度的关系为

$$f(\boldsymbol{x}+\Delta\boldsymbol{x})-f(\boldsymbol{x})+(\nabla f(\boldsymbol{x}))^{\mathrm{T}}\Delta\boldsymbol{x}+o(\|\Delta\boldsymbol{x}\|)$$

如果令 $\Delta\boldsymbol{x}=\nabla f(\boldsymbol{x})$，则有

$$f(\boldsymbol{x}+\Delta\boldsymbol{x})-f(\boldsymbol{x})=(\nabla f(\boldsymbol{x}))^{\mathrm{T}}\nabla f(\boldsymbol{x})+o(\|\Delta\boldsymbol{x}\|)$$

如果 $\nabla\boldsymbol{x}$ 足够小，则可以忽略高阶无穷小项，有

$$f(\boldsymbol{x}+\Delta\boldsymbol{x})-f(\boldsymbol{x})\approx(\nabla f(\boldsymbol{x}))^{\mathrm{T}}\nabla f(\boldsymbol{x})\leqslant 0$$

如果在 $\boldsymbol{x}$ 点处梯度不为 0，则能保证移动到 $\boldsymbol{x}+\Delta\boldsymbol{x}$ 时函数值增大。相反地，如果令 $\Delta\boldsymbol{x}=-\nabla f(\boldsymbol{x})$，则有

$$f(\boldsymbol{x}+\Delta\boldsymbol{x})-f(\boldsymbol{x})\approx-(\nabla f(\boldsymbol{x}))^{\mathrm{T}}\nabla f(\boldsymbol{x})\leqslant 0$$

即函数值减小。事实上，只要确保

$$(\nabla f(\boldsymbol{x}))^{\mathrm{T}}\Delta\boldsymbol{x}\leqslant 0$$

则有

$$f(\boldsymbol{x}+\Delta\boldsymbol{x})\leqslant f(\boldsymbol{x})$$

因此，选择合适的增量 $\Delta\boldsymbol{x}$ 就能保证函数值下降，负梯度方向是其中的一个特例。接下来证明：增量的模一定时，在负梯度方向，函数值是下降最快的。

由于

$$(\nabla f(\boldsymbol{x}))^{\mathrm{T}}\Delta\boldsymbol{x}=\|\nabla f(\boldsymbol{x})\|\cdot\|\Delta\boldsymbol{x}\|\cdot\cos\theta$$

其中，θ 为 $\nabla f(\boldsymbol{x})$ 与 $\Delta\boldsymbol{x}$ 之间的夹角。因此，如果 $0\leqslant\theta<\frac{\pi}{2}$，则 $\cos\theta>0$，从而有

$$(\nabla f(\boldsymbol{x}))^{\mathrm{T}}\Delta\boldsymbol{x}\geqslant 0$$

此时函数值增大

$$f(\boldsymbol{x}+\Delta\boldsymbol{x})\geqslant f(\boldsymbol{x})$$

$\Delta\boldsymbol{x}$ 沿着正梯度方向是其特例。如果 $\pi>\theta\geqslant\frac{\pi}{2}$，则 $\cos\theta<0$，从而有

$$(\nabla f(\boldsymbol{x}))^{\mathrm{T}}\Delta\boldsymbol{x}\leqslant 0$$

此时函数值下降

$$f(\boldsymbol{x}+\Delta\boldsymbol{x})\leqslant f(\boldsymbol{x})$$

$\Delta\boldsymbol{x}$ 沿着负梯度方向即 $\theta=\pi$ 是其特例。由于 $-1\leqslant\cos\theta\leqslant 1$，因此，如果向量 $\Delta\boldsymbol{x}$ 的模大小一定，则 $\Delta\boldsymbol{x}=-\nabla f(\boldsymbol{x})$，即在梯度相反的方向函数值下降最快，此时 $\cos\theta=-1$。

梯度下降法每次得到迭代增量为

$$\Delta\boldsymbol{x}=-\alpha\nabla f(\boldsymbol{x})$$

其中，α 为人工设定的接近于 0 的正数，称为步长或学习率，其作用是保证 $\boldsymbol{x}+\Delta\boldsymbol{x}$ 在 $\boldsymbol{x}$ 的邻域内，从而可以忽略泰勒公式中的 $o(\|\Delta\boldsymbol{x}\|)$ 项，否则不能保证每次迭代时函数值下降。使

用该增量则有

$$(\nabla f(\boldsymbol{x}))^{\mathrm{T}}\Delta \boldsymbol{x}=-\alpha(\nabla f(\boldsymbol{x}))^{\mathrm{T}}(\nabla f(\boldsymbol{x}))\leqslant \mathbf{0}$$

函数值下降，由此得到梯度下降法的迭代公式。从初始点 $\boldsymbol{x}_0$ 开始，反复使用如下迭代公式：

$$\boldsymbol{x}_{k+1}=\boldsymbol{x}_k-\alpha\nabla f(\boldsymbol{x}_k)$$

只要没有到达梯度为 0 的点，函数值会沿序列 $\boldsymbol{x}_k$ 递减，最终收敛到梯度为 0 的点。从 $\boldsymbol{x}_0$ 出发，用上式进行迭代，会形成一个函数值递减的序列 $\{\boldsymbol{x}_i\}$：

$$f(\boldsymbol{x}_0)\geqslant f(\boldsymbol{x}_1)\geqslant f(\boldsymbol{x}_2)\geqslant\cdots\geqslant f(\boldsymbol{x}_k)$$

迭代终止的条件是函数的梯度值为 0(实际实现是接近于 0 即可)，此时认为已经达到极值点。梯度下降法的流程如算法 A.1 所示。

算法 A.1　梯度下降法

初始化 $\boldsymbol{x}_0$，$k=0$

while $\|\nabla f(\boldsymbol{x}_k)\|>$eps and $k<N$ do

$\boldsymbol{x}_{k+1}=\boldsymbol{x}_k-\alpha\nabla f(\boldsymbol{x}_k)$

$k=k+1$

end while

$\boldsymbol{x}_0$ 可初始化为固定值，如 0，或随机数(通常均匀分布或正态分布)，后者在训练神经网络时经常被采用。eps 为人工指定的接近于 0 的正数，用于判定梯度是否已经接近于 0；N 为最大迭代次数，防止死循环的出现。梯度下降法在每次迭代时只需要计算函数在当前点处的梯度值，具有计算量小、实现简单的优点。只要未到达驻点处且学习率设置恰当，每次迭代时均能保证函数值下降。学习率 α 的设定也是需要考虑的问题，一般情况下设置为固定的常数。在深度学习中，采用了更复杂的策略，可以在迭代时动态调整其值。

2. 二阶优化算法

梯度下降法只利用了一阶导数信息，收敛速度慢。通常情况下，利用二阶导数信息可以加快收敛速度，典型代表是牛顿法、拟牛顿法。牛顿法在每个迭代点处将目标函数近似为二次函数，然后通过求解梯度为 0 的方程得到迭代方向。牛顿法在每次迭代时需要计算梯度向量与黑塞矩阵，并求解一个线性方程组，计算量大且面临黑塞矩阵不可逆的问题。拟牛顿法是对它的改进，算法构造出一个矩阵作为黑塞矩阵或其逆矩阵的近似。

1) 牛顿法

牛顿法(Newton Method)寻找目标函数做二阶近似后梯度为 0 的点，逐步逼近极值点。根据费马引理，函数在点 $\boldsymbol{x}$ 处取得极值的必要条件是梯度为 0：

$$\nabla f(\boldsymbol{x})=0$$

直接计算函数的梯度然后解上面的方程组通常很困难。和梯度下降法类似，可以采用迭代法近似求解。对目标函数在 $\boldsymbol{x}_0$ 处做二阶泰勒展开：

$$f(\boldsymbol{x})=f(\boldsymbol{x}_0)+\nabla f(\boldsymbol{x}_0)^{\mathrm{T}}(\boldsymbol{x}-\boldsymbol{x}_0)+\frac{1}{2}(\boldsymbol{x}-\boldsymbol{x}_0)^{\mathrm{T}}\nabla^2 f(\boldsymbol{x}_0)(\boldsymbol{x}-\boldsymbol{x}_0)+o(\|\boldsymbol{x}-\boldsymbol{x}_0\|^2)$$

忽略二次以上的项，将目标函数近似成二次函数，等式两边同时对 $\boldsymbol{x}$ 求梯度，可得

$$\nabla f(\boldsymbol{x})\approx\nabla f(\boldsymbol{x}_0)+\nabla^2 f(\boldsymbol{x}_0)(\boldsymbol{x}-\boldsymbol{x}_0)$$

其中，$\nabla^2 f(\boldsymbol{x}_0)$为在 $\boldsymbol{x}_0$ 处的黑塞矩阵。从上面可以看出，这里至少要展开到二阶。如果只有一阶，那么无法建立梯度为 0 的方程组，因此此时一次近似函数的梯度值为常数。令函数的梯度为 0，有

$$\nabla f(\boldsymbol{x}_0)+\nabla^2 f(\boldsymbol{x}_0)(\boldsymbol{x}-\boldsymbol{x}_0)=0$$

解这个线性方程组可以得到

$$\boldsymbol{x}=\boldsymbol{x}_0-(\nabla^2 f(\boldsymbol{x}_0))^{-1}\nabla f(\boldsymbol{x}_0)$$

如果将梯度向量简写为 $\boldsymbol{g}$，黑塞矩阵简记为 $\boldsymbol{H}$，上式可以简写为

$$\boldsymbol{x}=\boldsymbol{x}_0-\boldsymbol{H}^{-1}\boldsymbol{g}$$

由于在泰勒公式中忽略了高阶项将函数进行了近似，因此这个解不一定是目标函数的驻点，需要反复用上式进行迭代。从初始点 $\boldsymbol{x}_0$ 处开始，计算函数在当前点处的黑塞矩阵和梯度向量，然后用下面的公式进行迭代

$$\boldsymbol{x}_{k+1}=\boldsymbol{x}_k-\alpha\boldsymbol{H}_k^{-1}\boldsymbol{g}_k$$

直至收敛到驻点处。即在每次迭代后，在当前点处将目标函数近似成二次函数，然后寻找梯度为 0 的点。$-\boldsymbol{H}^{-1}\boldsymbol{g}$ 称为牛顿方向。迭代终止的条件是梯度的模接近于 0，或达到指定的迭代次数，牛顿法的流程如算法 A.2 所示。其中，α 是人工设置的学习率。需要学习率的原因与梯度下降法相同，是为了保证能够忽略泰勒公式中的高阶无穷小项。如估计目标函数是二次函数，则黑塞矩阵是一个常数矩阵。且泰勒公式中的高阶项为 0，对于任意给定的初始点 $\boldsymbol{x}_0$，牛顿法只需要一次迭代即可收敛到驻点。

算法 A.2 牛顿法

```
初始化 x_0, k=0
while k<N do
    计算当前点处的梯度值为 g_k 以及黑塞矩阵 H_k
    if ‖g_k‖<阈值 then
        停止迭代
    end if
    d_k=-H_k^{-1} g_k
    x_{k+1}=x_k+αd_k
    k=k+1
end while
```

与梯度下降法不同，牛顿法无法保证每次迭代时目标函数值下降。为了确定学习率的值，通常使用直线搜索技术。具体做法是让 α 取一些典型的离散值，选择使得 $f(\boldsymbol{x}_k+\alpha\boldsymbol{d}_k)$ 最小化的步长值作为最优步长，保证迭代之后的函数值充分下降。与梯度下降法相比，牛顿法有更快的收敛速度，但每次迭代的成本也更高。按照式 $\boldsymbol{x}_{k+1}=\boldsymbol{x}_k-\alpha\boldsymbol{H}_k^{-1}\boldsymbol{g}_k$，每次迭代时需要计算梯度向量与黑塞矩阵，并计算黑塞矩阵的逆矩阵，最后计算矩阵与向量乘积。实现时通常不直接求黑塞矩阵的逆矩阵，而是求解如下方程组：

$$\boldsymbol{H}_K\boldsymbol{d}=-\boldsymbol{g}_k$$

求解线性方程组可使用迭代法，如共轭梯度法。牛顿法面临的另一个问题是黑塞矩阵可能不可逆，从而导致其失效。

2）拟牛顿法

拟牛顿法(Quasi-Newton Methods)的核心思路是不精确计算目标函数的黑塞矩阵然

后求逆矩阵，而是通过其他手段得到黑塞矩阵的逆。具体做法是构造一个近似黑塞矩阵或其逆矩阵的正定对称矩阵，用该矩阵进行牛顿法迭代。

由于要推导下一个迭代点 $\boldsymbol{x}_{k+1}$ 的黑塞矩阵需要满足的条件，并建立与上一个迭代点 $\boldsymbol{x}_k$ 处的函数值、导数值之间的关系，以指导近似矩阵的构造，因此需要在 $\boldsymbol{x}_{k+1}$ 点处做泰勒展开，并将 $\boldsymbol{x}_k$ 的值代入泰勒公式。将函数在 $\boldsymbol{x}_{k+1}$ 点处做二阶泰勒展开，忽略高次项，有

$$f(\boldsymbol{x}) \approx f(\boldsymbol{x}_{k+1}) + \nabla f(\boldsymbol{x}-\boldsymbol{x}_{k+1})^{\mathrm{T}}(\boldsymbol{x}_{k+1}) + \frac{1}{2}(\boldsymbol{x}-\boldsymbol{x}_{k+1})^{\mathrm{T}} \nabla^2 f(\boldsymbol{x}_{k+1})(\boldsymbol{x}-\boldsymbol{x}_{k+1})$$

上式两边同时对 $\boldsymbol{x}$ 取梯度，可以得到

$$\nabla f(\boldsymbol{x}) \approx \nabla f(\boldsymbol{x}_{k+1}) + \nabla^2 f(\boldsymbol{x}_{k+1})(\boldsymbol{x}-\boldsymbol{x}_{k+1})$$

如果令 $\boldsymbol{x}=\boldsymbol{x}_k$，则有

$$\nabla f(\boldsymbol{x}_{k+1}) - \nabla f(\boldsymbol{x}) \approx \nabla^2 f(\boldsymbol{x}_{k+1})(\boldsymbol{x}-\boldsymbol{x}_{k+1})$$

将梯度向量与黑塞矩阵简写，则有

$$\boldsymbol{g}_{k+1} - \boldsymbol{g}_k \approx \boldsymbol{H}_{k+1}(\boldsymbol{x}_{k+1}-\boldsymbol{x}_k)$$

这是牛顿法对一元函数的情况，梯度为一阶导数，黑塞矩阵为二阶导数。为了保证牛顿法收敛，还需要使用直线搜索，检查迭代之后的函数值是否充分下降。

A.2.3　凸优化问题

求解一般的最优化问题的全局最优解通常是困难的，至少会面临局部极值与鞍点问题，如果对优化问题加以限定，则可以有效地避免这些问题，保证求得全局极值点。典型的限定问题为凸优化(Convex Optimization)问题。

1. 数值优化算法面临的问题

基于导数的数值优化算法判断收敛的依据是梯度为 0，但梯度为 0 只是函数取得局部极值的必要条件而非充分条件，更不是取得全局极值的充分条件。因此，这类算法会面临如下问题：①无法收敛到梯度为 0 的点，此时算法不收敛；②能够收敛到梯度为 0 的点，但在该点处黑塞矩阵不正定，因此不是局部极值点，称为鞍点问题；③能够收敛到梯度为 0 的点，在该点处黑塞矩阵正定，找到了局部极值点，但不是群居极值点。

2. 凸集

首先介绍凸集(Convex Set)的概念。对于 n 维空间中的点集 $\mathbf{C}$，如果对该集合中的任意两点 $\boldsymbol{x}$ 和 $\boldsymbol{y}$，以及实数 $0 \leqslant \theta \leqslant 1$，都有

$$\theta \boldsymbol{x} + (1-\theta)\boldsymbol{y} \in \mathbf{C}$$

则称该集合为凸集。从直观上来看，凸集的形状是凸的，没有凹进去的地方。把集合中的任意两点用直线连起来，直线段上的所有点都属于该集合。

$$\theta \boldsymbol{x} + (1-\theta)\boldsymbol{y}$$

称为点 $\boldsymbol{x}$ 和 $\boldsymbol{y}$ 的凸组合。图 A.5 是凸集和非凸集的示例，左边为凸集，右边为非凸集。

下面列举实际应用中常见的凸集。

n 维实向量空间 $\mathbb{R}^n$ 是凸集。显然，如果 $\boldsymbol{x}, \boldsymbol{y} \in \boldsymbol{R}^n$，则有

$$\theta \boldsymbol{x} + (1-\theta)\boldsymbol{y} \in \boldsymbol{R}^n$$

给定 $m \times n$ 矩阵 $\boldsymbol{A}$ 和 m 维向量 $\boldsymbol{b}$，仿射子空间

$$\{\boldsymbol{A}\boldsymbol{x} = \boldsymbol{b}, \boldsymbol{x} \in \boldsymbol{R}^n\}$$

图 A.5　凸集和非凸集示例

是非齐次线性方程组的解，也是凸集。假设 $\boldsymbol{x},\boldsymbol{y}\in\boldsymbol{R}^n$ 并且 $\boldsymbol{Ax}=\boldsymbol{b},\boldsymbol{Ay}=\boldsymbol{b}$，对于任意 $0\leqslant\theta\leqslant 1$，有

$$\boldsymbol{A}(\theta\boldsymbol{x}+(1-\theta)\boldsymbol{y})=\theta\boldsymbol{Ax}+(1-\theta)\boldsymbol{Ay}=\theta\boldsymbol{b}+(1-\theta)\boldsymbol{b}=\boldsymbol{b}$$

因此结论成立。这一结论意味着，由一组线性等式约束条件定义的可行域是凸集。

多面体是如下线性不等式组定义的向量集合：

$$\{\boldsymbol{Ax}\leqslant\boldsymbol{b},\boldsymbol{x}\in\boldsymbol{R}^n\}$$

它也是凸集。对于任意 $\boldsymbol{x},\boldsymbol{y}\in\mathbb{R}^n$ 并且 $\boldsymbol{Ax}\leqslant\boldsymbol{b},\boldsymbol{Ay}\leqslant\boldsymbol{b},0\leqslant\theta\leqslant 1$，都有

$$\boldsymbol{A}(\theta\boldsymbol{x}+(1-\theta)\boldsymbol{y})=\theta\boldsymbol{Ax}+(1-\theta)\boldsymbol{Ay}\leqslant\theta\boldsymbol{b}+(1-\theta)\boldsymbol{b}=\boldsymbol{b}$$

因此结论成立。此结论意味着由线性不等式约束条件定义的可行域是凸集。实际问题中等式和等式约束通常是线性的，因此它们确定的可行域是凸集。

多个凸集的交集也是凸集。假设 $C_1,\cdots,C_k$ 为凸集，它们的交集为 $\bigcap_{i=1}^{k}C_i$，对于任意点 $\boldsymbol{x},\boldsymbol{y}\in\bigcap_{i=1}^{k}C_i$，并且 $0\leqslant\theta\leqslant 1$，由于 $C_1,\cdots,C_k$ 为凸集，因此有

$$\theta\boldsymbol{x}+(1-\theta)\boldsymbol{y}\in C_i,\forall i=1,\cdots,k$$

由此得到

$$\theta\boldsymbol{x}+(1-\theta)\boldsymbol{y}\in\bigcap_{i=1}^{k}C_i$$

这个结论意味着如果每个等式或者不等式约束条件定义的集合都是凸集，那么这些条件联合起来定义的集合还是凸集。凸集的并集不是凸集，这样的反例很容易构造。

给定一个凸函数 $f(\boldsymbol{x})$ 以及实数 α，此函数的 α 下水平集（Sub-level Set）定义为函数值小于或等于 α 的点构成的集合：

$$\{f(\boldsymbol{x})\leqslant\alpha,\boldsymbol{x}\in D(f)\}$$

其中，$D(f)$ 为函数 $f(\boldsymbol{x})$ 的定义域。对于下水平集中的任意两点 $\boldsymbol{x},\boldsymbol{y}$，它们满足

$$f(\boldsymbol{x})\leqslant\alpha$$

对于 $0\leqslant\theta\leqslant 1$，根据凸函数的定义有

$$f(\theta\boldsymbol{x}+(1-\theta)\boldsymbol{y})\leqslant\theta f(\boldsymbol{x})+(1-\theta)f(\boldsymbol{y})\leqslant\theta\alpha+(1-\theta)\alpha=\alpha$$

$\theta\boldsymbol{x}+(1-\theta)\boldsymbol{y}$ 也属于该下水平集，因此下水平集是凸集。

3. 凸优化问题及其性质

如果一个最优化问题的可行域是凸集且目标函数是凸函数，则该问题为凸优化问题。凸优化问题可以形式化地写成

$$\min_{x} f(\boldsymbol{x}),\boldsymbol{x}\in C$$

其中，$\boldsymbol{x}$ 为优化变量；f 为凸目标函数；C 是优化变量的可行域，为凸集。凸优化问题的另一

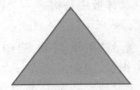

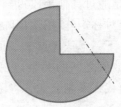

种通用写法是

$$\min_{x} f(\boldsymbol{x})$$
$$\boldsymbol{g}_i(\boldsymbol{x}) \leqslant 0, \quad i=1,\cdots,m$$
$$\boldsymbol{h}_i(\boldsymbol{x}) \leqslant 0, \quad i=1,\cdots,p$$

其中，$\boldsymbol{g}_i(\boldsymbol{x})$是不等式约束函数，为凸函数；$\boldsymbol{h}_i(\boldsymbol{x})$是等式约束函数，为仿射（线性）函数。对于凸优化问题，所有局部最优解都是全局最优解。这个特性可以保证在求解时不会陷入局部极值问题。如果找到了问题的一个局部最优解，则它一定也是全局最优解，这极大地简化了问题的求解。

A.2.4 带约束的优化问题

1. 拉格朗日乘数法

拉格朗日乘数法（Lagrange Multiplier Method）用于求解带等式约束条件的函数极值，给出了此类问题取得极值的一阶必要条件（First-order Necessary Conditions）。假设有如下极值问题：

$$\min_{x} f(\boldsymbol{x})$$
$$h_i(\boldsymbol{x})=0, i=1,\cdots,p$$

拉格朗日乘数法构造如下拉格朗日乘子函数：

$$L(\boldsymbol{x},\boldsymbol{\lambda})=f(\boldsymbol{x})+\sum_{i=1}^{p}\lambda_i h_i(\boldsymbol{x})$$

其中，$\boldsymbol{\lambda}$ 为新引入的自变量，称为拉格朗日乘子（Lagrange Multipliers）。在构造该函数之后，去掉了对优化变量的等式约束。对拉格朗日乘子函数的所有自变量求偏导数，并令其为0。这包括对 $\boldsymbol{x}$ 求导。得到下列方程组：

$$\nabla_x f(\boldsymbol{x})+\sum_{i=1}^{p}\lambda_i \nabla_x h_i(\boldsymbol{x})=0$$
$$h_i(\boldsymbol{x})=0$$

求解该方程组即可得到函数的候选极值点。显然，方程组的解满足所有的等式约束条件。拉格朗日乘数法的几何解释：在极值点处目标函数的梯度是约束函数梯度的线性组合。

$$\nabla_x f(\boldsymbol{x})=\sum_{i=1}^{p}\lambda_i \nabla_x h_i(\boldsymbol{x})$$

2. KKT 条件

KKT（Karush-Kuhn-Tucker）条件用于求解带有等式和不等式约束的优化问题，是拉格朗日乘数法的推广。KKT 条件给出了这类问题取得极值的一阶必要条件。对于如下带有等式和不等式约束的优化问题：

$$\min_{x} f(\boldsymbol{x})$$
$$g_i(\boldsymbol{x}) \leqslant 0, i=1,2,\cdots,q$$
$$h_i(\boldsymbol{x})=0, i=1,2,\cdots,p$$

与拉格朗日对偶的做法类似，为其构造拉格朗日乘子函数消掉等式和不等式约束：

$$L(\boldsymbol{x},\boldsymbol{\lambda},\boldsymbol{\mu})=f(\boldsymbol{x})+\sum_{j=1}^{p}\lambda_i h_j(\boldsymbol{x})+\sum_{i=1}^{q}\mu_i g_j(\boldsymbol{x})$$

$\boldsymbol{\lambda}$ 和 $\boldsymbol{\mu}$ 称为 KKT 乘子,其中,$\mu_i \geqslant 0, i=1,2,\cdots,q$。原始优化问题的最优解在拉格朗日乘子函数的鞍点处取得,对于 $\boldsymbol{x}$ 取极小值,对于 KKT 乘子变量取极大值。最优解 $\boldsymbol{x}$ 满足如下条件：

$$\nabla_x L(\boldsymbol{x},\boldsymbol{\lambda},\boldsymbol{\mu})=0,\quad \mu_i g_i(\boldsymbol{x})=0, h_j(\boldsymbol{x})=0,\quad g_i(\boldsymbol{x})\leqslant 0$$

等式约束 $h_j(\boldsymbol{x})=0$ 和不等式约束 $g_i(\boldsymbol{x})\leqslant 0$ 是本身应该满足的约束,$\nabla_x L(\boldsymbol{x},\boldsymbol{\lambda},\boldsymbol{\mu})=0$ 和拉格朗日乘数法相同。只多了关于 $g_i(\boldsymbol{x})$ 以及其对应的乘子变量 μ_i 的方程：

$$\mu_i g_i(\boldsymbol{x})=0$$

这可以分为两种情况讨论。

情况一：如果对于某个 k 有

$$g_k(\boldsymbol{x})<0$$

要满足 $\mu_k g_k(\boldsymbol{x})=0$ 的条件,则有 $\mu_k=0$。因此有

$$\begin{aligned}\nabla_x L(\boldsymbol{x},\boldsymbol{\lambda},\boldsymbol{\mu})&=\nabla_x f(\boldsymbol{x})+\sum_{j=1}^{p}\lambda_i\nabla_x h_j(\boldsymbol{x})+\sum_{i=1}^{q}\mu_i\nabla_x g_j(\boldsymbol{x})\\&=\nabla_x f(\boldsymbol{x})+\sum_{j=1}^{p}\lambda_i\nabla_x h_j(\boldsymbol{x})+\sum_{i=1,i\neq k}^{q}\mu_i\nabla_x g_j(\boldsymbol{x})=0\end{aligned}$$

这意味着第 k 个不等式约束不起作用,此时极值在不等式的约束围成的区域内部取得。

情况二：如果对于某个 k 有

$$g_k(\boldsymbol{x})=0$$

则 μ_k 的取值自由,只要满足大于或等于 0 即可,此时极值在不等式围成的区域的边界点处取得,不等式约束起作用。需要注意的是,KKT 条件只是取得极值的必要条件而非充分条件。如果一个最优化问题是凸优化问题,则 KKT 条件是取得极小值的充分条件。

A.3 概 率 论

A.3.1 概率论的基本概念

对于随机变量 X,如下定义的函数 F

$$F(x)=P\{X\leqslant x\},-\infty<x<+\infty$$

称为 X 的累计分布函数(Cumulative Distribution Function, CDF),简称分布函数。因此,对任一给定的实数 x,分布函数等于该随机变量小于或等于 x 的概率。假设 $a\leqslant b$,由于事件$\{X\leqslant a\}$包含于事件$\{X\leqslant b\}$,可知前者的概率 $F(a)$小于或等于后者的概率 $F(b)$。换句话说,$F(x)$是 x 的非降函数。

如果一个随机变量最多有可数多个可能取值,则称这个随机变量为离散的。对于一个离散型随机变量 X,定义它在各特定取值上的概率为其概率质量函数(Probability Mass Function, PMF),即 X 的概率质量函数为

$$\rho(a)=P\{X=a\}$$

概率质量函数 $p(a)$在最多可数个 a 上取非负值,也就是说,如果 X 的可能取值为 x_1,x_2,…,那么 $p(x_i)\geqslant 0, i=1,2,\cdots$;对于所有其他 x,则有 $p(x)=0$。由于 X 必取值于$\{x_1$,

$x_2,\cdots\}$，因此有

$$\sum_{i=1}^{\infty} p(x_i)=1$$

离散型随机变量的可能取值个数或者是有限的，或者是无限的。除此之外，还有一类随机变量，它们的可能取值是无限不可数的，这种随机变量就称为连续型随机变量。

对于连续型随机变量 X 的累积分布函数 $F(x)$，如果存在一个定义在实轴上的非负函数 $f(x)$，使得对于任意实数 x，有下式成立：

$$F(x)=\int_{-\infty}^{\infty} f(t)\mathrm{d}t$$

则称 $f(x)$ 为 X 的概率密度函数(Probability Density Function，PDF)。显然，当概率密度函数存在的时候，累积分布函数是概率密度函数的积分。

由定义知道，概率密度函数 $f(x)$ 具有以下性质。

(1) $f(x)\geqslant 0$。

(2) $\int_{-\infty}^{\infty} f(x)\mathrm{d}x=1$。

(3) 对于任意实数 a 和 b，且 $a\leqslant b$，则根据牛顿-莱布尼茨公式，有

$$P\{a\leqslant X\leqslant b\}=F(b)-F(a)=\int_{a}^{b} f(x)\mathrm{d}x$$

在上式中令 $a=b$，可以得到

$$P\{X=\alpha\}=\int_{\alpha}^{\alpha} f(x)\mathrm{d}x=0$$

也就是说，对于一个连续型随机变量，取任何固定值的概率都等于 0。因此对于一个连续型随机变量，有

$$P\{X<\alpha\}=P\{X\leqslant\alpha\}=F(\alpha)\int_{-\infty}^{\alpha} f(x)\mathrm{d}x$$

概率质量函数与概率密度函数的不同之处在于：概率质量函数是对离散随机变量定义的，其本身就代表该值的概率；而概率密度函数是对连续随机变量定义的，它本身并不是概率，只有对连续随机变量的概率密度函数在某区间内进行积分后才能得到概率。

对于一个连续型随机变量而言，取任何固定值的概率都等于 0，也就是说，考察随机变量在某一点上的概率取值是没有意义的。因此，在考察连续型随机变量的分布时，看的是它在某个区间上的概率取值。这时更需要的是其累积分布函数。以正态分布为例，做其累积分布函数。对于连续型随机变量而言，累积分布函数是概率密度的积分。用数学公式表达，则标准正态分布的概率密度函数为

$$\rho(x)=\frac{1}{\sqrt{2\pi}}\mathrm{e}^{-\frac{x^2}{2}}(-\infty<x+\infty)$$

所以有

$$y=F(x_i)=P\{X\leqslant x_i\}=\int_{-\infty}^{x_i}\frac{1}{\sqrt{2\pi}}\mathrm{e}^{-\frac{x^2}{2}}\mathrm{d}x$$

这也符合前面所给出的结论，即累积分布函数 $F(x_i)$ 是 x_i 的非降函数。

分位数是在连续随机变量场合中使用的另外一个常见概念。设连续随机变量 X 的累积分布函数为 $F(x)$，概率密度函数为 $p(x)$，对于任意 a，$0<a<1$，假如 x 满足条件

$$F(x_a)=\int_{-\infty}^{x_a}\rho(x)\mathrm{d}x=\alpha$$

则称为 x_a 是 X 分布的 a 分位数，或称 a 下侧分位数。假如 x_a' 满足条件

$$1-F(x'_a)=\int_{-\infty}^{x_a}p(x)\mathrm{d}x=a$$

则称 x_a' 是 X 分布的 a 上侧分位数。易见，$x_a'=x_{1-a}$，即 a 下侧分位数可转换为 $1-a$ 上侧分位数。中位数就是 0.5 分位数。

从分位数的定义中还可以看出，分位数函数是相应累积分布函数的反函数，则有 $x_a=F^{-1}(\alpha)$。如图 A.6 所示为正态分布的累积分布函数及其反函数（将自变量与因变量的位置对调）。根据反函数的基本性质，它的函数图形与原函数图形关于 $x=y$ 对称。

累积分布函数就是值到其在分布中百分等级的映射。如果累积分布函数 CDF 是 x 的函数，其中，x 是分布中的某个值，计算给定 x 的 CDF(x)，就是计算样本中小于或等于 x 的值的比例。分布函数则是累积分布函数的反函数，它的自变量是一个百分等级，而它输出的值是该百分等级在分布中对应的值。这就是分位数函数的意义。

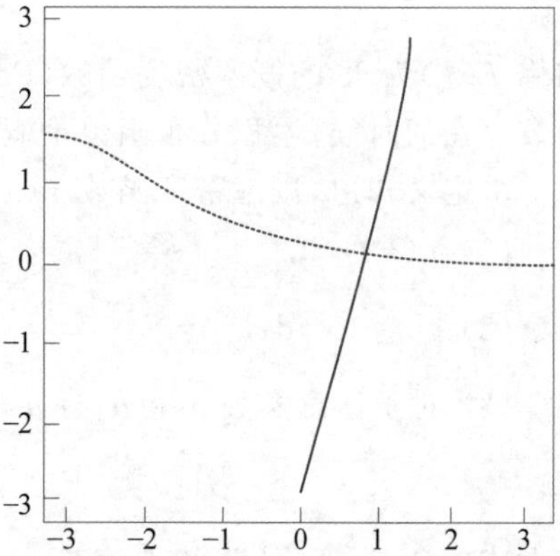

图 A.6　积累分布函数及其反函数

当随机变量 X 和 Y 相互独立时，从它们的联合分布求出 $X+Y$ 的分布常常是十分重要的。假如 X 和 Y 是相互独立的连续型随机变量，其概率密度函数分别是 f_X 和 f_Y，那么 $X+Y$ 的分布函数可以如下得到：

$$\begin{aligned}F_{X+Y}(a)&=P\{X+Y\leqslant\alpha\}\\&=\iint\limits_{x+y\leqslant a}f_X(x)f_Y(y)\mathrm{d}x\mathrm{d}y\\&=\int_{-\infty}^{\infty}\int_{-\infty}^{a-y}f_X(x)f_Y(y)\mathrm{d}x\mathrm{d}y\\&=\int_{-\infty}^{\infty}\int_{-\infty}^{a-y}f_X(x)\mathrm{d}xf_Y(y)\mathrm{d}y\\&=\int_{-\infty}^{\infty}F_X(a-y)f_Y(y)\mathrm{d}y\end{aligned}$$

可见，分布函数 F_{X+Y} 是分布函数 F_X 和 F_Y（分别表示 X 和 Y 的分布函数）的卷积。通过对上式求导，还可以得到 $X+Y$ 的概率密度函数 f_{X+Y} 如下。

$$\begin{aligned}f_{X+Y}(a)&=\frac{\mathrm{d}}{\mathrm{d}a}\int_{-\infty}^{\infty}F_X(a-y)f_Y(y)\mathrm{d}y\\&=\int_{-\infty}^{\infty}\frac{\mathrm{d}}{\mathrm{d}a}F_X(a-y)f_Y(y)\mathrm{d}y\\&=\int_{-\infty}^{\infty}f_X(a-y)f_Y(y)\mathrm{d}y\end{aligned}$$

设随机变量 X 和 Y 相互独立，$X\sim N(\mu_1,\sigma_1^2)$，$Y\sim N(\mu_2,\sigma_2^2)$，则由上述结论还可以推得 $Z=X+Y$ 仍然服从正态分布，且有 $Z\sim N(\mu_1+\mu_2,\sigma_1^2+\sigma_2^2)$。这个结论还能推广到 n 个

独立正态随机变量之和的情况。即如 $x_i \sim N(\mu_i, \sigma_i^2)$，$i=1,2,\cdots,n$，且它们相互独立，则它们的和 $Z=X_1+X_2+\cdots+X_n$ 仍然服从正态分布，且有 $Z\sim N(\mu_1+\mu_2+\cdots+\mu_n, \sigma_1^2+\sigma_2^2+\cdots+\sigma_n^2)$。更一般地，可以证明有限个相互独立的正态随机变量的线性组合仍然服从正态分布。

A.3.2　随机变量数字特征

随机变量的累积分布函数、离散型随机变量的概率质量函数或者连续型随机变量的概率密度都可以较完整地对随机变量加以描述。除此之外，一些常数也可以被用来描述随机变量的某一特征，而且在实际应用中，人们往往对这些常数更感兴趣。由随机变量的分布所确定的，能刻画随机变量某一方面特征的常数称为随机变量的数字特征。

1. 期望

概率中一个非常重要的概念就是随机变量的期望。如果 X 是一个离散型随机变量。并且有概率质量函数

$$p(x_k)=P\{X=x_k\},k=1,2,\cdots$$

如果级数

$$\sum_{k=1}^{\infty} x_k p(x_k)$$

绝对收敛，则称上述级数的和为 X 的期望，记为 $E[X]$，即

$$E[X]=\sum_{k=1}^{\infty} x_k p(x_k)$$

换言之，X 的期望就是 X 所有可能取值的加权平均，每个值的权重就是 X 取该值的概率。

如果 X 是一个连续型随机变量，其概率密度函数为 $f(x)$，则积分

$$\int_{-\infty}^{\infty} x f(x)\mathrm{d}x$$

绝对收敛，则称上述积分的值为随机变量 X 的数学期望，记为 $E[X]$，即

$$E(X)=\int_{-\infty}^{\infty} x f(x)\mathrm{d}x$$

定理 A.1　设 Y 是随机变量 X 的函数，$Y=g(X)$，g 是连续函数。如果 X 是离散型随机变量，它的概念质量函数为 $p(x_k)=P\{X=x_k\}$，$k=1,2,\cdots$，若

$$\sum_{k=1}^{\infty} g(x_k)p(x_k)$$

绝对收敛，则有

$$E(Y)=E[g(X)]=\sum_{k=1}^{\infty} g(x_k)p(x_k)$$

如果 X 是连续型随机变量，它的概率密度函数为 $f(x)$，若

$$\int_{-\infty}^{\infty} g(x)f(x)\mathrm{d}x$$

绝对收敛，则有

$$E(Y)=E[g(X)]=\int_{-\infty}^{\infty} g(x)f(x)\mathrm{d}x$$

该定理的重要意义在于当求 $E(Y)$时，不必算出 Y 的概率质量函数(或概率密度函数)，

利用 X 的概率质量函数(或概率密度函数)即可。这里不具体给出该定理的证明,但由此定理可得推论：若 a 和 b 是常数,则 $E[aX+b]=aE[X]+b$。

2. 方差

方差(Variance)是用来度量随机变量及其数学期望之间偏离程度的量。

定义 A.3 设 X 是一个随机变量,X 的期望 $\mu=E(X)$,若 $E[(X-\mu)^2]$存在,则称 $E[(X-\mu)^2]$为 X 的方差,记为 $D(X)$或 $\mathrm{var}(X)$,即

$$D(X)=\mathrm{var}(X)=E\{[X-E(X)]^2\}$$

在应用上还引用大量$\sqrt{D(X)}$,记为 $\sigma(X)$,记为标准差或均方差。

随机变量的方差是刻画随机变量相对于期望值的散度程度的一个度量。下面导出 $\mathrm{var}(X)$的另一个公式：

$$\begin{aligned}\mathrm{var}(X)&=E[(X-\mu)^2]\\&=\sum_x(x-\mu)^2p(x)\\&=\sum_x(x^2-2\mu x+\mu^2)p(x)\\&=\sum_x x^2p(x)-2\mu\sum_x p(x)+\mu^2\sum_x p(x)\\&=E[X^2]-2\mu^2+\mu^2=E[X^2]-\mu^2\end{aligned}$$

也即

$$\mathrm{var}(X)=E[X^2]-(E[X])^2$$

可见,X 的方差等于 X^2 的期望减去 X 期望的平方。这也是实际应用中最方便的计算方差的方法。上述结论对于连续型随机变量的方差也成立。

最后,给出关于方差的几个主要性质。

(1) 设是 C 常数,则 $D(C)=0$。

(2) 设 X 是随机变量,C 是常数,则有：$D(CX)=C^2D(X)$,$D(X+C)=D(X)$。

(3) 设 X、Y 是两个随机变量,则有：$D(X+Y)=D(X)+D(Y)+2E\{[X-E(X)][Y-E(Y)]\}$。

特别地,如果 X、Y 彼此独立,则有：$D(X+Y)=D(X)+D(Y)$。

这一性质还可以推广到任意有限多个相互独立的随机变量之和的情况。

(4) $D(X)=0$ 的充要条件是 X 以概率 1 取常数 $E(X)$,即：

$$P\{X=E(X)\}=1$$

设随机变量 X 具有数学期望 $E(X)=\mu$,方差 $D(X)=\sigma^2\neq0$,记：

$$X=\frac{x-\mu}{\sigma}$$

则 X 的数学期望为 0,方差为 1,并称 X 为标准化变量。

证明：

$$E(X)=\frac{1}{\sigma}E(X-\mu)=\frac{1}{\sigma}[E(X)-\mu]=0$$

$$D(X)=E(X^2)+[E(X)]^2=E\left[\left(\frac{x-\mu}{\sigma}\right)^2\right]=\frac{1}{\sigma^2}E[(X-\mu)^2]=\frac{\sigma^2}{\sigma^2}=1$$

若 $X_i \sim N(\mu_i, \sigma_i^2), i=1,2,\cdots,n$，且相互独立，则它们的线性组合 $C_1X_1+C_2X_2+\cdots+C_nX_n$ 仍服从正态分布，$C_1, C_2, \cdots, C_n$ 是不全为 0 的常数。于是，由数学期望和方差的性质可知：

$$C_1X_1+C_2X_2+\cdots+C_nX_n \sim N\left(\sum_{i=1}^{n} C_i\mu_i, \sum_{i=1}^{n} C_i^2\sigma_i^2\right)$$

3. 协方差与协方差矩阵

前面谈到，方差是用来度量随机变量和其数学期望之间偏离程度的量。随机变量与其数学期望之间的偏离其实就是误差。所以方差也可以认为是描述一个随机变量内部误差的统计量。与此相对应地，协方差(Covariance)是一种用来度量两个随机变量之总体误差的统计量。更为正式的表述应该是：设 (X, Y) 是二维随机变量，则称 $E\{[X-E(X)][Y-E(Y)]\}$ 为随机变量 X 与 Y 的协方差，记为 $\text{cov}(X, Y)$，即

$$\text{cov}(X,Y)=E\{[X-E(X)][Y-E(Y)]\}$$

协方差表示的是两个变量的总体误差。如果两个变量的变化趋势一致，也就是说，如果其中一个大于自身的期望值，另一个也大于自身的期望值，那么两个变量之间的协方差就是正值。如果两个变量的变化趋势相反，即其中一个大于自身的期望值，另外一个却小于自身的期望值，那么两个变量之间的协方差就是负值。

与协方差息息相关的另外一个概念是相关系数(或称标准协方差)，它的定义为：设 (X, Y) 是二维随机变量，若 $\text{cov}(X,Y)$、$D(X)$、$D(Y)$ 都存在，且 $D(X)>0$，$D(Y)>0$，则称 ρ_{XY} 为随机变量 X 与 Y 的相关系数，即

$$\rho_{XY}=\frac{\text{cov}(X,Y)}{\sqrt{D(X)}\sqrt{D(Y)}}$$

还可以证明：$-1 \leqslant \rho_{XY} \leqslant 1$。

如果协方差的结果为正值，则说明两者是正相关的；结果为负值就说明是负相关的；如果结果为 0，也就是统计上说的“相互独立”，即二者不相关。另外，从协方差的定义上也可以看出一些显而易见的性质，例如：

(1) $\text{cov}(X,X)=D(X)$。

(2) $\text{cov}(X,Y)=\text{cov}(Y,X)$。

显然第一个性质其实就表明：方差是协方差的一种特殊情况，即当两个变量是相同的情况。

两个随机变量之间的关系可以用一个协方差表示。对于由 n 个随机变量组成的一个向量，我们想知道其中每对随机变量之间的关系，就会涉及多个协方差。协方差多了就自然会想到用矩阵形式表示，也就是协方差矩阵。

设 n 维随机变量 $(X_1, X_2, \cdots, X_n)$ 的二阶中心矩存在，记为

$$c_{ij}=\text{cov}(X_i,Y_j)=E\{[X_i-E(X_i)][Y_j-E(Y_j)]\},\ i,j=1,2,\cdots,n$$

则称矩阵

$$\boldsymbol{\Sigma}=(C_{ij})_{n\times n}=\begin{bmatrix} c_{11} & c_{12} & \cdots & c_{1n} \\ c_{21} & c_{22} & \cdots & c_{2n} \\ \vdots & \vdots & & \vdots \\ c_{n1} & c_{n2} & \cdots & c_{nn} \end{bmatrix}$$

为 n 维随机变量$(X_1,X_2,\cdots,X_n)$的协方差矩阵。

A.3.3 基本概率分布模型

概率分布是概率论的基本概念之一，它被用来表述随机变量取值的概率规律。从广义上说，概率分布是指称随机变量的概率性质；从狭义上说，它是指随机变量的概率分布函数(Probability Distribution Function，PDF)，或称累积分布函数。可以将概率分布大致分为离散和连续两种类型。

1. 离散概率分布

1）伯努利分布

伯努利分布(Bernoulli Distribution)又称两点分布。设实验只有两个可能的结果：成功(记为 1)与失败(记为 0)，则称此实验为伯努利实验。若一次伯努利实验成功的概率为 p，则其失败的概率为 $1-p$，而一次伯努利实验的成功的次数就服从一个参数为 p 的伯努利分布。伯努利分布的概率质量函数是

$$P(X=k)=p^k\,(1-p)^{1-k},k=0,1$$

显然，对于一个随机实验，如果它的样本空间只包含两个元素，即 $S=\{e_1,e_2\}$，总能在 S 上定义一个服从伯努利分布的随机变量来描述这个随机实验的结果。可以证明，如果随机变量 X 服从伯努利分布，那么它的期望为 p，方差为 $p(1-p)$。

2）二项分布

考查由 n 次独立实验组成的随机现象，它满足以下条件：重复 n 次随机实验，且这 n 次实验相互独立；每次实验中只有两种可能的结果，而且这两种结果发生与否相互对立，即每次实验成功的概率为 p，失败的概率为 $1-p$。事件发生与否的概率在每一次独立实验中都保持不变。显然，这一系列实验构成了一个 n 重伯努利实验。重复进行 n 次独立的伯努利实验，实验结果所满足的分布就称为二项分布(Binomial Distribution)。当实验次数为 1 时，二项分布就是伯努利分布。

设 X 为 n 次独立重复实验中成功出现的次数，显然 X 是可以取 $0,1,2,\cdots,n$ 共 $n+1$ 个值的离散随机变量，则当 $X=k$ 时，其概率质量函数表示为

$$P(X=k)=\tbinom{n}{k}p^k\,(1-p)^{n-k}$$

很容易证明，服从二项分布的随机变量 X 以 np 为期望，以 $np(1-p)$为方差。

3）负二项分布

如果伯努利实验独立重复进行，每次成功的概率为 p，$0<p<1$，一直进行到累积出现了 r 次成功时停止实验，则实验失败的次数服从一个参数为$(r,\ p)$的负二项分布。可见，负二项分布与二项分布的区别在于：二项分布是固定实验总数的独立实验中，成功次数为 k 的分布；而负二项分布是累积到成功 r 次时即终止的独立实验中，试验总次数的分布。如果令 X 表示实验的总次数，则

$$P(X=n)=\binom{n-1}{r-1}p^r\,(1-p)^{n-r},n=r,r+1,r+2,\cdots$$

上式之所以成立，是因为要使得第 n 次实验时正好是第 r 次成功，那么前 $n-1$ 次实验中有 $r-1$ 次成功，且第 n 次实验必然是成功的。前 $n-1$ 次实验中有 $r-1$ 次成功的概率是$\tbinom{n-1}{r-1}p^{r-1}(1-p)^{n-r}$。而第 n 次实验成功的概率为 p。因为这两件事相互独立，将两个

概率相乘就得到前面给出的概率质量函数。而且还可以证明：如果实验一直进行下去，那么最终一定能得到 r 次成功，即有

$$\sum_{n-1}^{\infty} p(X=n)=\sum_{n-1}^{\infty}\binom{n-1}{r-1}p^{r}(1-p)^{n-r}=1$$

若随机变量 X 的概率质量函数由前面的式子给出，那么称 X 为参数 (r,p) 的负二项随机变量。负二项分布又称帕斯卡分布。特别地，参数为 $(1,p)$ 的负二项分布就是下面将要介绍的几何分布。可以证明，服从负二项分布的随机变量 X 之期望为 r/p，而它的方差为 $r(1-p)/p^2$。

4）多项分布

二项分布的典型例子是扔硬币，硬币正面朝上概率为 p，重复扔 n 次硬币 k 次为正面的概率即为一个二项分布概率。把二项分布公式推广至多种状态，就得到了多项分布(Multinomial Distribution)。一个典型的例子就是投掷 n 次骰子，出现 1 点的次数为 y_1，出现 2 点的次数为 y_2，…，出现 6 点的次数为 y_6，那么实验结果所满足的分布就是多项分布，或称多项式分布。多项分布的 PMF 为

$$p(y_1,y_2,\cdots,y_k,p_1,p_2,\cdots,p_k)=\frac{n!}{y_1!y_2!\cdots y_k!}p_1^{y_1}p_2^{y_2}\cdots p_k^{y_k}$$

其中，

$$n=\sum_{i=1}^{k}y_i$$

$$P(y_1)=p_1,P(y_2)=p_2,\cdots,P(y_K)=p_K$$

5）几何分布

考虑独立重复实验，每次的成功率为 p，$0<p<1$ 直进行到实验成功。如果令 X 表示需要实验的次数，那么

$$P(X=n)=(1-p)^{n-1}p,\quad n=1,2,\cdots$$

上式成立是因为要使得 X 等于 n，充分必要条件是前一次实验失败而第 n 次实验成功。又因为假定各次实验都是相互独立的，于是得到上式成立。

由于

$$\sum_{n-1}^{\infty}p(X=n)=p\sum_{n-1}^{\infty}(1-p)^{n-1}=\frac{p}{1-(1-p)}=1$$

这说明实验最终会成功的概率为 1。若随机变量的概率的质量函数由前式给出，则称该随机变量是参数为 p 的集合随机变量。可以证明，服从几何分布的随机变量 X 之期望等于 $1/p$，而它的方差等于 $(1-p)/p^2$。

6）泊松分布

最后考虑另外一种重要的离散概率分布——泊松(Poisson)分布。单位时间、单位长度、单位面积、单位体积中发生某一事件的次数常可以用泊松分布刻画。例如，某段高速公路上一年内的交通事故数和某办公室一天中收到的电话数可以认为近似服从泊松分布。泊松分布可以看成是二项分布的特殊情况。在二项分布的伯努利实验中，如果实验次数 n 很大，而二项分布的概率 p 很小，且乘积 $\lambda=np$ 比较适中，则事件出现次数的概率可以用泊松分布逼近。事实上，二项分布可以看作泊松分布在离散时间上的对应物。泊松分布的概率

质量函数为

$$p(X=k)=\frac{e^{-\lambda}\lambda^{k}}{k!}$$

其中,参数 λ 是单位时间(或单位面积)内随机事件的平均发生率。

2. 连续概率分布

1) 均匀分布

均匀分布是最简单的连续概率分布。如果连续型随机变量 X 具有如下概率密度函数：

$$f(x)=\begin{cases}\dfrac{1}{a-b}, & a<x<b\\ 0, & \text{其他}\end{cases}$$

则称 X 在区间(a,b)上服从均匀分布,记为 $X\sim U(a,b)$。

在区间(a,b)上服从均匀分布的随机变量 X,具有如下意义的等可能性,即它落在区间(a,b)中任意长度的子区间内的可能性是相同的。或者说它落在区间(a,b)的子区间内的概率只依赖于子区间的长度,而与子区间的位置无关。

由概率密度函数的定义式,可得服从均匀分布的随机变量 X 的累积分布函数为

$$F(x)=\begin{cases}0, & x<a\\ \dfrac{x-a}{b-a}, & a\leqslant x<b\\ 1, & x\geqslant b\end{cases}$$

如果随机变量 X 在(a,b)上服从均匀分布,那么它的期望就等于该区间的中点的值,即$(a,b)/2$,而它的方差则等于$(b-a)^2/12$。

2) 指数分布

泊松过程中的等待时间服从指数分布。若连续型随机变量 X 的概率密度函数为

$$f(x)=\begin{cases}\lambda e^{-\lambda x}, & x>0\\ 0, & \text{其他}\end{cases}$$

其中,$\lambda>0$ 为常数,则称 X 服从参数为 λ 的指数分布。

由前面给出的概率密度函数,可得满足指数分布的随机变量 X 的分布函数如下：

$$F(x)=\begin{cases}1-e^{-\lambda x}, & x>0\\ 0, & \text{其他}\end{cases}$$

特别地,服从指数分布的随机变量 X 具有以下特别的性质：对于任意 $s,t>0$,有

$$p\{X>s+t\mid X>s\}=P\{X>t\}$$

这是因为

$$\begin{aligned}p\{X>s+t\mid X>s\}&=\frac{p\{(X>s+t)\cap(X>s)\}}{P\{X>s\}}\\&=\frac{p\{X>s+t\}}{P\{X>s\}}=\frac{1-F(s+t)}{1-F(s)}\\&=\frac{e^{-\lambda(s+t)}}{e^{-\lambda s}}=e^{-\lambda s}=p\{X>t\}\end{aligned}$$

上述性质称为无记忆性。如果 X 是某一元件的寿命,那么该性质表明：已知元件使用了 s 小时,它总共能用至少 $s+t$ 小时的条件概率,与从开始使用时算起它至少能使用 t 小

时的概率相等。这就是说，元件对它已使用过 s 小时是没有记忆的。指数分布的这一特性也正是其应用广泛的原因所在。

A.3.4 二维随机变量

1. 二维随机变量的联合分布函数

定义 A.4 设(X,Y)是二维随机变量，对于任意实数 x,y，有如下二元函数，则称这个函数为二维随机变量(X,Y)的分布函数，或称为随机变量(X,Y)的联合分布函数。

$$F(x,y)=p\{(X\leqslant x)\cap(Y\leqslant y)\}=P\{X\leqslant x,Y\leqslant y\}$$

如果把二维随机变量(X,Y)看作平面上具有随机坐标(X,Y)的点，则二维随机变量概率分布函数 $F(x,y)=p\{X\leqslant x,Y\leqslant y\}$表示随机点$(X,Y)$落入如图 A.7 所示区域内的概率。

根据图 A.8 中二维随机变量概率分布函数 $F(x,y)$的几何意义，随机点(X,Y)落在灰色矩形区域的概率为 $P\{x_1<X\leqslant x_2,y_1<Y\leqslant y_2\}$。具体推导过程如下。

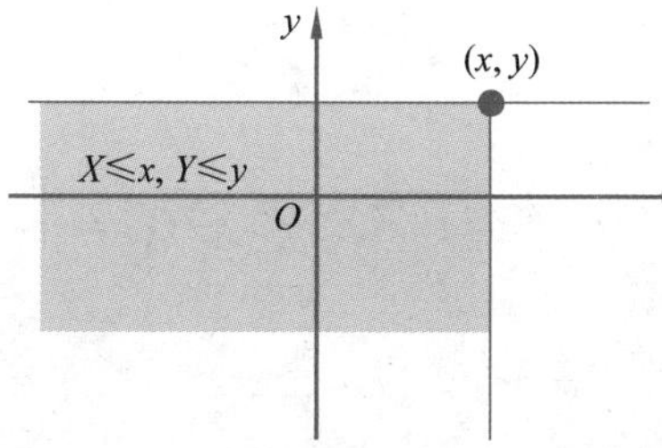

图 A.7 二维随机变量概率分布函数

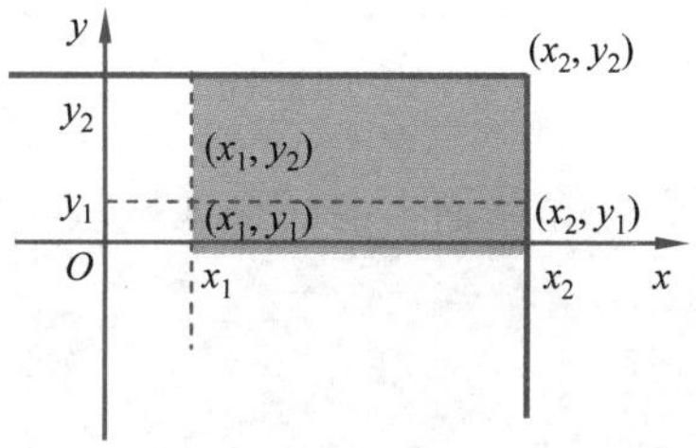

图 A.8 $P\{x_1<X\leqslant x_2,y_1<Y\leqslant y_2\}$的几何意义

$$\begin{aligned}P\{x_1<X\leqslant x_2,y_1<Y\leqslant y_2\}&=P\{x_1<X\leqslant x_2,Y\leqslant y_2\}-P\{x_1<X\leqslant x_2,Y\leqslant y_1\}\\&=P\{X\leqslant x_2,Y\leqslant y_2\}-P\{X\leqslant x_1,Y\leqslant y_2\}-\\&\quad P\{X\leqslant x_2,Y\leqslant y_1\}+P\{X\leqslant x_1,Y\leqslant y_1\}\\&=F(x_2,y_2)-F(x_2,y_1)-F(x_1,y_2)+F(x_1,y_1)\end{aligned}$$

随机变量 X 和 Y 的联合分布函数性质如下。

(1) $F(x,y)$对 x 和 y 是单调非降的，即对任意固定的 x，$F(x,y_1)\leqslant F(x,y_2)$，$y_1<y_2$；对任意固定的 x，$F(x_1,y)\leqslant F(x_2,y)$，$x_1<x_2$。

(2) $0\leqslant F(x,y)\leqslant 1$，且有对任意固定的 y，$F(-\infty,y_1)=0$；对任意固定的 x，$F(x,-\infty)=0$；$F(-\infty,-\infty)=0$，$F(+\infty,+\infty)=1$。

(3) $F(x,y)$对 x 和 y 分别右连接。

(4) 对任意的(x_1,y_1)和(x_2,y_2)，当 $x_1<x_2$，$y_1<y_2$ 时，$F(x_2,y_2)+F(x_1,y_1)-F(x_1,y_2)-F(x_2,y_1)\geqslant 0$。

2. 二维离散型随机变量

如果二维随机变量(X,Y)的所有可能取值只有有限对或可列对，则称(X,Y)为二维离散型随机变量(或二维离散型随机向量)。

定义 A.5 设二维离散型随机变量(X,Y)所有可能取的值为(x_i,y_j)，$i,j=1,2\cdots$，则有

$$P(x_i,y_j)=P\{X=x_i,Y=y_j\},\quad i,j=1,2,\cdots$$

$P(x_i, y_j)$为二维随机变量(X, Y)的联合概率函数，简写为P_{ij}。

与一维离散随机变量的概率函数类似，联合概率函数也具有以下性质。

(1) 非负性：$P(x_i, y_j) \geqslant 0, i, j = 1, 2, \cdots$

(2) 规范性：$\sum\limits_i \sum\limits_j P(x_i, y_j) = 1$。

3. 二维连续型随机变量

如果二维随机变量(X, Y)的所有可能取值不可以逐个列举出来，而是取平面某一区间内的任意点，那么称为二维连续型随机变量。

与一维随机变量相似，对于二维随机变量(X, Y)的分布函数$F(x, y)$和概率密度函数$f(x, y)$存在以下关系。

定义 A.6 对于任意的x和y有

$$F(x, y) = \int_{-\infty}^{y} \int_{-\infty}^{x} f(u, v) \mathrm{d}u \mathrm{d}v$$

概率密度函数$f(x, y)$具有以下性质。

(1) $f(x, y) \geqslant 0$。

(2) $\int_{-\infty}^{y} \int_{-\infty}^{x} f(x, y) \mathrm{d}x \mathrm{d}y = F(-\infty, +\infty) = 1$。

(3) 设G是平面上的一个区域，点(X, Y)落在G内的概率为$P\{(X, Y) \in G\} = \iint\limits_G f(x, y) \mathrm{d}x \mathrm{d}y$，若$f(x, y)$在点$(x, y)$上连续，则有$\dfrac{\partial^2 F(x, y)}{\partial x \partial y} = f(x, y)$。

第(3)条性质中$P\{(X, Y) \in G\} = \iint\limits_G f(x, y) \mathrm{d}x \mathrm{d}y$的几何意义表示$P\{(X, Y) \in G\}$的值等于以$G$为底，以曲面$z = f(x, y)$为顶面的柱体体积。

4. 边缘分布

二维随机变量(X, Y)的分布函数$F(x, y)$是对随机变量(X, Y)概率特性的整体描述，而X和Y本身都是一维随机变量，它们有各自的一维分布函数，这几个分布函数之间的关系如何？给出如下定义。

定义 A.7 设二维随机变量(X, Y)具有分布函数$F(x, y)$，其中，X和Y都是随机变量，也各有自己的分布函数，将它们分别记为$F_X(x)$、$F_Y(y)$，称为二维随机变量(X, Y)关于X和Y的边缘分布函数。

若二维随机变量(X, Y)的分布函数$F(x, y)$已知，则

$$F_X(x) = P\{X \leqslant x\} = P\{X \leqslant x, Y < +\infty\} = F(x, +\infty)$$

其中，$F(x, +\infty) = \lim\limits_{y \to +\infty} F(x, y)$。

同理，$F_Y(y) = F(+\infty, y)$，其中，$F(+\infty, y) = \lim\limits_{y \to +\infty} F(x, y)$。

上式告诉我们：边缘分布函数$F_X(x)$，$F_Y(y)$可由分布函数$F(x, y)$确定。

从图 A.9 中可知，边缘分布函数$F_X(x)$相当于联合分布函数$F(x, y)$落在$\{X \leqslant x\}$区间的概率；同理，$F_Y(y)$相当于联合分布函数$F(x, y)$落在$\{Y \leqslant y\}$区间的概率。

定义 A.8 对于二维离散型随机变量的边缘分布，(X, Y)关于X的边缘概率分布为

$$F_X(x) = P\{X = x_i\} = P\{X = x_i, Y < +\infty\} = \sum_{i=1}^{+\infty} p_{ij} = p_{i\cdot}, i = 1, 2, \cdots$$

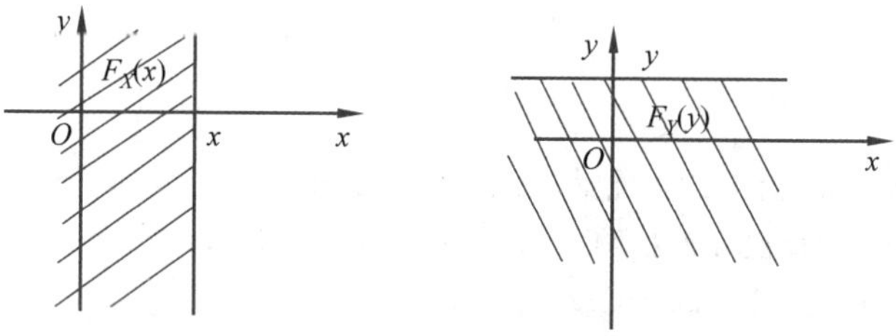

图 A.9　边缘分布函数 $F_X(x)$ 和 $F_Y(y)$

关于 Y 的边缘概率分布为

$$F_Y(y)=P\{Y=y_i\}=P\{X<+\infty,Y=y_i\}=\sum_{j=1}^{+\infty}p_{ij}=p_{\cdot j},j=1,2,\cdots$$

定义 A.9　对于二维连续型随机向量(X,Y)，联合概率密度和分布函数分别为 $f(x,y)$ 和 $F(x,y)$，则关于 X 的边缘分布函数为

$$F_X(x)=P(X\leqslant x)=F(x,+\infty)=\int_{-\infty}^{x}\left[\int_{-\infty}^{+\infty}f(x,y)\mathrm{d}y\right]\mathrm{d}x$$

且其关于 X 的边缘密度函数为 $f_X(x)=\int_{-\infty}^{+\infty}f(x,y)\mathrm{d}y$ 。

同理可得 Y 的边缘分布密度为

$$F_Y(y)=P\{Y\leqslant y\}=F(+\infty,y)=\int_{-\infty}^{y}\left[\int_{-\infty}^{+\infty}f(x,y)\mathrm{d}x\right]\mathrm{d}y$$

且其关于 Y 的边缘密度函数为 $f_Y(y)=\int_{-\infty}^{+\infty}f(x,y)\mathrm{d}x$ 。

参考文献

[1] 王万良. 人工智能导论[M]. 5 版. 北京：高等教育出版社，2020.

[2] 吴飞. 人工智能导论：模型与算法[M]. 北京：高等教育出版社，2020.

[3] 马少平. 跟我学 AI[M]. 北京：AI 光影社，2022.

[4] 周志华. 机器学习[M]. 北京：清华大学出版社，2016.

[5] 李德毅，等. 人工智能导论[M]. 北京：中国科学技术出版社，2018.

[6] 焦李成，等. 简明人工智能[M]. 西安：西安电子科技大学出版社，2020.

[7] 斯图尔特·罗素(Stuart Russell). 人工智能：现代方法[M]. 张博雅，等译. 4 版. 北京：人民邮电出版社，2022.

[8] 邱锡鹏. 神经网络与深度学习[M]. 北京：机械工业出版社，2020.

[9] 塞巴斯蒂安·拉施卡(Sebastian Raschka). Python 机器学习[M]. 高明，等译. 北京：机械工业出版社，2017.

[10] 蔡自兴，徐光祐. 人工智能及其应用[M]. 3 版. 北京：清华大学出版社，2004.

[11] 马少平，等. 人工智能[M]. 北京：清华大学出版社，2004.

[12] 王士同，等. 人工智能教程[M]. 北京：电子工业出版社，2001.